职业教育应用化工类专业教材系列

涂料生产技术

（修订版）

黄健光　主　编
刘　宏　副主编

科学出版社
北　京

内 容 简 介

本书是根据高职高专院校的教学特点和涂料工业的生产实际，精选内容并理论联系实际编写而成，是精细化工类专业的专用教材。全书共分七章。第一章介绍涂料的基本知识和工业概况，第二章介绍涂料的最重要的生产原料——合成树脂，第三章介绍溶剂型色漆的生产技术，第四章介绍乳胶漆的生产技术，第五章介绍粉末涂料的生产技术，第六章介绍非转化型涂料的生产技术，第七章简单介绍了几类常见的特种涂料。

本书既可作为高等职业院校涂料专业、化工类专业的教材，也可作为精细化工类企业工程技术人员的参考书。

图书在版编目（CIP）数据

涂料生产技术/黄健光主编. —北京：科学出版社，2014.9
（职业教育应用化工类专业教材系列）
ISBN 978-7-03-028618-5

Ⅰ.①涂… Ⅱ.①黄… Ⅲ.①涂料-生产工艺-高等学校：技术学校-教材 Ⅳ.①TQ630.6

中国版本图书馆 CIP 数据核字（2010）第 158440 号

责任编辑：沈力匀 / 责任校对：王万红
责任印制：吕春珉 / 封面设计：东方人华平面设计部

科学出版社 出版
北京东黄城根北街 16 号
邮政编码：100717
http：//www. sciencep. com
北京中科印刷有限公司印刷
科学出版社发行 各地新华书店经销
*
2014 年 9 月第 一 版 开本：787×1092 1/16
2021 年 8 月修 订 版 印张：17
2025 年 3 月第十次印刷 字数：403 000

定价：59.00 元

（如有印装质量问题，我社负责调换）
销售部电话 010-62136131 编辑部电话 010-62137026

前　　言

高等职业教育近年来在我国蓬勃发展，高等职业院校的数量约占高等院校的一半，未来更有继续高速发展的趋势。中国是世界上仅次于美国的第二大涂料生产国，涂料行业对于涂料技术应用型人才的需求十分旺盛。因应行业的发展，众多的高职院校设立了涂料专业或以涂料为主要方向的化工专业。

本书编写的目的，其一是满足国内高等职业院校涂料专业或以涂料为主要方向的化工专业教学的需求，为老师和学生提供一本合适的教材；其二是为从事涂料行业的相关人员提供一本合适的培训读本。编者具在多年的教学和涂料企业实践的基础上，听取了大量的来自涂料企业一线技术人员的有益建议和经验，编写了本书。

本书注重知识的实用性，内容贴近涂料生产实际，简单易懂，重要内容均通过具体的生产实例进行进一步的解读。本书不仅可以作为高等职业院校涂料专业或化工类专业（涂料方向）教材，同时也可以作为涂料企业员工培训的教材或参考书。

本书由黄健光担任主编，刘宏担任副主编。具体编写分工如下：本书第一章、第二章、第三章和第六章由顺德职业技术学院黄健光、广东轻工职业技术学院龚盛昭、广西工业职业技术学院王宗军、金华职业技术学院胡玲霞编写，第四章和第五章由湖南化工职业技术学院刘宏编写，第七章由顺德职业技术学院姜佳丽编写。在本书编写过程中，顺德职业技术学院刘洪波老师、欧阳玉章，佛山神洲化工有限公司苏振祥以及佛山市顺德区鸿昌涂料实业有限公司曾晋提供了有益的帮助，也提出了一些宝贵的意见，在此表示感谢。

本书在编写过程中得到了顺德职业技术学院以及湖南化工职业技术学院等单位领导的大力支持和帮助，在此一并致谢。

由于编者水平有限，加之时间仓促，书中难免有不足之处，敬请读者批评指正，以便我们在重印及修订时加以纠正。

前言

目　　录

第一章　绪　　论

学习目标

掌握涂料的组成、涂料的作用；了解涂料工业和涂料生产技术的历史和发展。

必备知识

学生需具备无机化学、有机化学、分析化学等基础化学知识以及涂料化学的基本知识。

选修知识

学生可选修高分子化学等知识。

案例导入

漆在中国有着悠久的历史。早在原始社会末期（距今约4300年），人们就开始使用漆。考古研究表明，舜在位时兴起了使用漆器之风，用漆器做食器，虽然这在当时是奢侈的，是与当时的道德观念相悖的，但是却为制漆和用漆技术的发展起到了历史性的作用。大禹在位时期则用漆作祭器，对漆工艺也起到推动作用。随着历史的发展，漆在饮器、兵器、铜器、木器、乐器、服饰等方面的使用也逐渐流行起来。

现在，油漆（准确来说应该叫“涂料”）在国民经济各部门、人民生活各方面都起着不可缺少的作用。工业漆、木器漆和装修漆等名词如雷贯耳，很多人都耳熟能详，这正是油漆（涂料）具有重要地位的具体表现。

课前思考题

中国民间以前用石灰水刷墙，对墙体起到保护和装饰作用。这种做法现在还在部分地区存在。请问石灰水属于涂料的范畴吗？

涂料是一种涂覆在物体（被保护和被装饰对象）表面并能形成牢固附着的连续薄膜的配套性工程材料。早期的涂料是以油脂和天然树脂（主要是漆树的漆胶）为原料，因此涂料也称做“油漆”。随着科学技术的发展，各种高分子合成树脂广泛用做涂料的原料，使油漆产品的面貌发生了根本变化，因此，沿用油漆一词难以涵盖所有的涂料品种，因此有了“有机涂料”的概念，简称涂料。油漆一词虽然仍在使用，但是含义已经发生了变化，业内人士所讲的油漆，主要是指溶剂型涂料。

第一节　涂料的组成和作用

一、涂料的组成

涂料在使用前可以是溶液、胶体或者粉末等，但不管涂料品种的形态如何，基本以下列形式组成：

- 涂料
  - 成膜物
    - 油脂
    - 天然或合成的树脂
    - 不挥发的活性稀释剂
  - 溶剂（有机）、水
  - 颜料、填料
  - 助剂

（一）成膜物质

成膜物质主要由天然或合成树脂、油脂以及部分不挥发的活性稀释剂中的一种或多种组成，它是使涂料牢固附着在被涂物表面上形成连续薄膜的主要物质，是构成涂料的基础，决定着涂料的基本性能。成膜物质是涂料中必不可少的组成部分。

（二）有机溶剂或水

有机溶剂或水是涂料的分散介质，它们的主要作用是使成膜基料分散而形成黏稠状液体。有机溶剂或水都不是成膜物质。它们的使用有助于提高施工性能和改善涂膜的某些性能。成膜物质和分散介质常以混合物的形式共同存在，习惯上称为漆料。有机溶剂或水不是涂料中必不可少的组成部分，在一些涂料品种中，可以没有有机溶剂或水，例如，粉末涂料中就不存在有机溶剂和水。

（三）颜料和填料

颜料和填料都可以称为颜料，它们本身不能单独成膜，主要用于着色和改善涂膜性能，增强涂膜的保护、装饰和防锈作用，同时还可以降低涂料的成本。颜料和填料不是涂料中必不可少的组成部分，在一些涂料品种中，可以没有颜料和填料，例如，清漆中就没有颜料和填料。

（四）助剂

助剂，顾名思义，就是起到辅助作用的药剂，是原料的辅助材料。例如，成膜助剂、防霉剂、杀菌剂、催干剂、流平剂、防结皮剂、防沉剂、抗老化剂、固化剂、增塑剂等。这些物质一般不能成膜，用量较少，但对基料形成涂膜的过程与涂膜性能起着十分重要的作用。

二、涂料的作用

涂料的作用，主要包括保护作用、装饰作用、标志作用和一些特殊作用等。

（一）保护作用

物体暴露在大气中，受大气中的水气，O_2、H_2S、氮氧化合物、NH_3、碳氧化合物和其他化学气体、酸、碱、盐水溶液以及有机溶剂等的侵蚀，从而发生金属锈蚀、木材腐朽、水泥风化等破坏现象。物体表面涂上涂料，使得被涂物与大气隔离或者利用涂料本身的性质降低被涂物发生反应的速度，可使被涂物免遭或少受侵蚀，延长使用寿命。涂料的这种作用称为涂料的保护作用。

（二）装饰作用

俗语说“人要衣装，佛靠金装”，一个人没有得体的“衣装”，一尊佛没有辉煌的“金装”，都会显得有所欠缺甚至不受欢迎。涂料对于物体的装饰作用就像得体的衣着对人的装扮或辉煌的金箔对于佛身的升华一样。各类建筑物、家具、汽车以及其他产品，有了涂料的涂装，变得更加美观、丰富多彩，更受人们的欢迎。

（三）标志作用

道路上的各类画线、各种交通标志用涂料，公共场所指示牌用涂料，化学工业中输送不同物料的化工管道外壁用不同颜色涂料，利用涂料作色彩标志，以表示警告、危险、安全、前进、停止等各类信号，方便人们按提示进行，这就是涂料的标志作用。如图 1.1 所示。

图 1.1　涂料的标志作用

（四）特殊作用

各种专用涂料还具有其特殊作用，如最近发展较快的节能涂料、防腐蚀涂料、防火涂料、船舶防污涂料、示温涂料、伪装涂料、防辐射涂料、自清洁涂料、防蚊虫涂料等。这些特种的涂料在各自的工作领域起着一些特殊的作用，本书第七章将对其中的部分特种涂料进行阐述，在此不再赘述。

如上所述，涂料确是工业品的外衣，是国民经济各部门和国防工业不可缺少的一种配套材料。据国外一些报道说明，涂料产量虽约为钢铁产量的 2%，但其产值占化学工业总产值的 4%～5%。可见涂料工业在经济建设中起着重要的作用。

第二节　涂料产品的分类

涂料品种繁多，而且随着社会的发展，涂料品种会越来越多。涂料的分类方法也很多，例如，根据涂料中是否有颜料可以分为清漆和色漆；根据涂料的形态可以分为水性涂料、溶剂型涂料、粉末涂料、高固体分涂料和无溶剂涂料等；根据涂料的用途可以分为建筑涂料、地坪漆、汽车漆、木器漆等；根据涂料的施工方法可以分为喷漆、浸漆、烘漆、电泳漆等；根据涂料的施工工序可以分为底漆、腻子、中涂、面漆、罩光漆等；根据涂料涂装后的效果可以分为绝缘漆、防火涂料、防锈漆、防污漆、防腐蚀漆等。

这些分类各有侧重，难以全面反映涂料的本质。经原化学工业部 1967 年确定，1975 和 1982 年两次修改，按涂料中成膜物质为基础分为 17 大类，另加辅助材料 1 类，共 18 大类。现将其序号、名称、代号、主要成膜物质等项列于表 1.1 中。若主要成膜物质由两种以上的树脂混合组成，则按在成膜物质中起决定作用的一种树脂为基础作为分类的依据。

表 1.1　涂料分类表

序号	代号	发音	成膜物质类别	主要成膜物质
1	Y	衣	油性漆类	天然动植物油、清油（熟油）、合成油
2	T	特	天然树脂漆类	松香及其衍生物、虫胶、乳酪素、动物胶、大漆及其衍生物
3	F	佛	酚醛树脂漆类	改性酚醛树脂、纯酚醛树脂、二甲苯树脂
4	L	肋	沥青漆类	天然沥青、石油沥青、煤焦沥青、硬脂酸沥青
5	C	雌	醇酸树脂漆类	甘油醇酸树脂、季戊四醇醇酸树脂、改性醇酸树脂
6	A	啊	氨基树脂漆类	脲醛树脂、三聚氰胺甲醛树脂
7	Q	欺	硝基漆类	硝基纤维素、改性硝基纤维素
8	M	模	纤维素漆类	乙基纤维、苄基纤维、羟甲基纤维、醋酸纤维、醋酸丁酯纤维、其他纤维及酯类
9	G	哥	过氯乙烯漆类	过氯乙烯树脂、改性过氯乙烯树脂
10	X	希	乙烯漆类	氯乙烯共聚树脂、聚醋酸乙烯及其共聚物、聚乙烯醇缩醛树脂、聚二乙烯乙炔树脂
11	B	玻	丙烯酸漆类	丙烯酸酯树脂、丙烯酸共聚物及其他改性树脂
12	Z	资	聚酯漆类	饱和聚酯树脂、不饱和聚酯树脂
13	H	喝	环氧树脂漆类	环氧树脂、改性环氧树脂
14	S	思	聚氨酯漆类	聚氨基甲酸酯
15	W	吴	元素有机漆类	有机硅、有机钛、有机铝等元素有机聚合物
16	J	基	橡胶漆类	天然橡胶及其衍生物、合成橡胶及其衍生物
17	E	额	其他漆类	未包括在以上所列的其他成膜物质，如无机高分子材料、聚酰亚氨树脂等
18			辅助材料	稀释剂、防潮剂、催干剂、脱漆剂、固化剂

辅助材料按其不同用途分类名称如表 1.2 所示。

表 1.2 辅助材料分类表

序 号	代 号	发 音	名 称
1	X	希	稀释剂
2	F	佛	防潮剂
3	G	哥	催干剂
4	T	特	脱漆剂
5	H	喝	固化剂

第三节 涂料生产的现状与发展

一、我国涂料生产的现状

我国虽然从 4000 多年前就开始使用漆，但是真正的化学漆问世却只有不到 100 年的历史，而聚合物涂料的历史则更短。由于现代涂料工业起步较晚，我国涂料的生产技术还相对落后。目前，我国的涂料生产具有如下的特点。

（一）间歇式生产为主，自动化水平较低

我国涂料产生企业众多，但是生产的自动化水平较低，生产方式以间歇生产为主。在中国涂料之乡广东顺德，注册的涂料企业有 260 余家，但是装备了全自动生产线的企业却是屈指可数。甚至有些企业即使购置了自动化的设备，也没有派上用场。这一方面是由于涂料行业整体的生产水平和管理水平不高，涂料生产企业难以推广自动化水平高的装备；另一方面则是由于国内劳动力价格低廉，企业家不愿意使用成本更高的自动化设备。

（二）敞开式生产为主，劳动环境比较恶劣

从生产设备的角度来看，目前我国大多数涂料企业的生产过程采用的都是敞开式的设备。常见的研磨分散设备如三辊机和高速分散机，均为敞开式操作。由于大多数的涂料品种都属于溶剂型涂料，敞开式的设备必然会扩散出大量的挥发性溶剂，从而使整个工作环境变得十分恶劣。即便是生产水性涂料，敞开式的操作也必然会产生大量的粉尘，这些粉尘同样会使工作环境恶化。

（三）模仿式开发为主，自主创新较少

虽然几乎所有的涂料企业都会设有技术开发部门，但在涂料配方及其生产工艺研发方面，国内的大多数涂料企业的投入仍然比较低，开发工作以模仿为主，缺乏自主创新的主动性和客观基础。用低价的原料代替已有配方中价格较高的原料，获得性能稍差、成本较低的产品，成了较多涂料企业技术开发部门的一项主要工作。这对于涂料产品的创新是不利的。

（四）小规模零散生产为主，大规模专一生产较少

目前，国内大多数的涂料企业都是根据订单进行生产的。由于涂料生产设备本身具有较强的柔性，可以生产不同品种的涂料，所以部分的涂料企业都是接到什么样的订单就生产什么样的产品，有时候甚至需求量只有几十千克的订单都照样生产。有些涂料企业虽然已经形成了自己的特点，确立了自身发展的一个或几个方向，有自己的特色产品，但是在某些类别的品种上层次太多，品牌太杂，也难以实现专一化生产，在生产水平上也难以提高。

二、涂料生产的发展趋势

（一）连续式、自动化和专一化生产

现有的设备和工艺水平，基本上能实现涂料生产的连续化和自动化。连续式自动化的生产能大大提高生产效率，但是大多数的企业依然采用的却是间歇式的非自动化的生产方式。究其原因，是因为大多数的企业都是采用同一套（或多套）设备生产多个品种的产品，如果要实现连续式、自动化的生产，则在工艺参数的调整、生产过程的管理等方面需要投入大量的人力，并且不一定能完全达到每一个品种的要求，更换品种时设备清洗等工作也将非常耗时、耗料。因此，要真正实现连续式、自动化的生产，涂料企业还必须改变现有的经营风格，由多门类、多品种改变为少门类、专一化的大规模生产。只有这样，连续式、自动化的生产才能体现出其优势。随着行业的发展和技术的进步，各涂料企业将会重点发展各自的优势品种，摒弃一些附属品种；或是不同企业之间通过兼并、重组等形式，集中优势，逐渐实现专业化生产，朝着连续式、自动化的生产方式方向迈进。

（二）密闭式生产

随着环保及劳保要求的不断提高，涂料企业必须解决敞开式生产所带来的溶剂泄漏和粉尘漂浮等问题。解决的唯一办法就是实现涂料生产过程的密闭化。密闭式的生产装置其实已有投入生产的案例，如著名的民营涂料企业华润涂料就有一条密闭式生产的涂料生产线。密闭式的生产主要通过自动称量、液体原料的管道输送、粉体的气力输送、密闭研磨分散和自动化封装系统等组成，从化工单元操作的角度看其实并不存在任何的难度。但是在生产实际中还要注意一些问题，例如，原材料品质和来源的稳定、工艺参数的优化以及出料质量的监控与反馈等。从目前我国涂料企业的总体水平来看，短时间内还难以实现密闭式的生产。这一方面是因为企业未达到专一化生产的程度，花色品种的更换对于密闭式的生产设备来说比较麻烦；另一方面是因为企业员工素质未达到要求，密闭式生产设备的操作与管理都需要高层次的人才，我国目前的大多数涂料企业的

生产员工还不普遍具备这样的能力。即便目前不能马上实现，密闭化的生产仍然是涂料生产的发展方向，在将来必然会实现。

（三）加强自主研发

涂料企业要发展、壮大，必须要有企业的核心竞争力。加强自主研发是企业发展的主要途径。在现有的基础上，我国涂料行业在研发方面，除了引起重视，加大投入力度外，还需要从以下几个方面入手。

1. 节能

在国际的技能减排的大环境下，涂料生产也必须把节能放到重要的位置上。这里的节能有两方面的含义。第一层含义是生产过程的节能，即用更低能耗的生产技术来生产涂料。根据“中国涂料行业‘十一五’科技创新发展目标”的要求，单位综合能耗要比目前下降20%。第二层含义就是涂料产品本身的节能。这主要是要从涂料的配方方面研究。保温涂料、隔热涂料等就是节能涂料的典型例子。

2. 环保

环保是涂料品种的重要发展方向。环保型涂料替代非环保型涂料的工作一直都在进行，并且会继续进行下去。环保是一个相对的概念，在这里，非环保涂料主要指低固体分溶剂型涂料，而相对的环保涂料主要包括高固体分溶剂型涂料、水性涂料、粉末涂料、辐射固化涂料以及活性体系涂料等。图1.2是世界工业涂料总机技术的发展趋势图，由图1.2可知，非环保型的低固体分溶剂型涂料和高固体分溶剂型涂料的比例都在下降，低固体分溶剂型涂料的下降速度更快；而其他的环保型涂料，如粉末涂料、活性

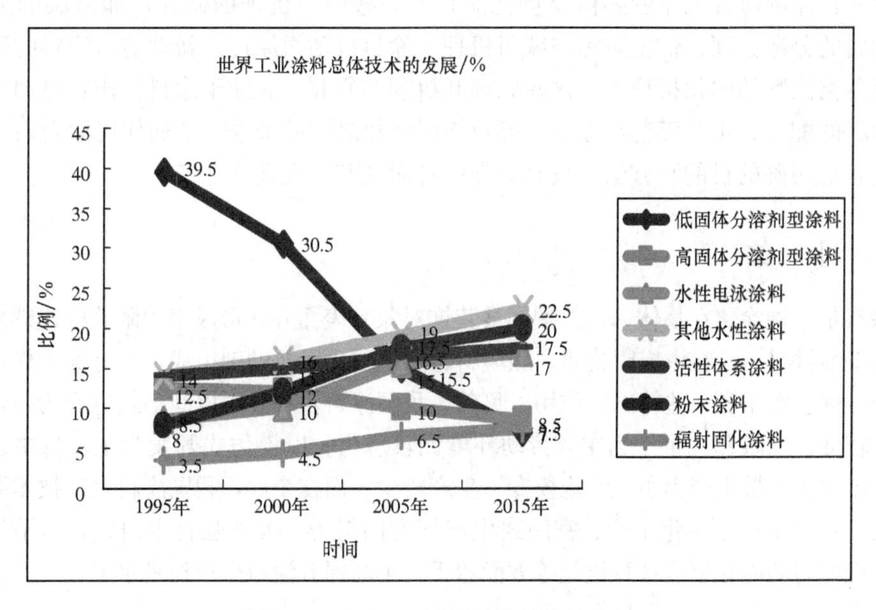

图1.2 世界工业涂料总体技术的发展

体系涂料、辐射固化涂料、水性电泳涂料以及其他的水性涂料的比例都在不断上升，呈现出环保型涂料取代非环保型涂料的趋势。

3. 高性能化与功能化

随着社会的发展，人们对于涂料的性能要求越来越高。不断提高涂料产品的性能，是涂料科技工作者的一项重要任务。高性能化也是涂料发展的一个重要趋势。如木器面漆需要更高的硬度和丰满度，建筑乳胶漆需要更好的耐洗刷性能，室外使用的涂料需要更好的耐候性、保色性等。

与此同时，人们还希望涂料具备某些方面的功能，如具备防火功能的防火涂料、具备防水功能的防水涂料、具备强防腐蚀功能的防腐涂料、具备自清洁功能的自清洁涂料、具备防蚊虫功能的防蚊虫涂料等。开发具备特殊功能的涂料，实现涂料的功能化，是涂料发展的一个新趋势。

4. 计算机化

涂料配方试验设计的计算机化，是涂料配方设计的一个重要发展方向。由于涂料配方比较复杂，寻找科学的设计方法，合理运用现代计算机技术，将能大大缩短涂料配方设计的周期，提高开发速度，加速产品的更新换代。在涂料颜色调配方面，目前已有成型的仪器及配套软件用于乳胶漆的测色与配色，但是在溶剂型涂料和粉末涂料领域，电脑调色技术尚未成熟，仍需要不断地探索与完善。涂料生产工艺的控制，也需要用到计算机技术，如工艺参数的采集、分析、反馈和控制等多个控制环节，都需要以计算机技术为基础。随着计算机技术的高速发展，相信越来越多的涂料生产领域会利用到这种技术，以提高劳动生产率。

此外，涂料研发工作者还需要重视涂料的一些内在机理的研究，如涂层的失效机理、颜料的分散原理、仿生防污与减阻机理、涂料抗玷污原理、新型防腐涂料的防腐原理以及各类涂料的固化机理等。这些原理和机理的研究，有助于涂料工作者更加深入地理解涂料的配方、生产工艺与涂料性能及涂料固化之间的关系，从而使得涂料新品种的开发具有更明确的目的与方法，具有更强的针对性和方向性。

小　结

涂料是一种涂覆在物体（被保护和被装饰对象）表面并能形成牢固附着的连续薄膜的配套性工程材料。涂料由成膜物质、颜填料、溶剂或水以及助剂组成，具有保护作用、装饰作用、标志作用和一些特殊的作用。目前，我国涂料生产技术以间歇式生产为主，自动化水平较低；以敞开式生产为主，劳动环境比较恶劣；以模仿式开发为主，自主创新较少；以小规模零散生产为主，大规模专一生产较少。而在今后，我国涂料生产技术要朝着连续式、自动化和专一化生产、密闭式生产等方向努力，要加强自主研发，从节能、环保、高性能与功能化以及计算机化等方面着手，不断提升涂料生产技术水平。

与工作任务相关的作业

阅读相关书籍，查找3个以上的涂料配方，并分析配方中各组分属于涂料的哪一组成部分？

知识链接

漆树与漆

漆树（*Toxicodendron vernicifluum*（*Stokes*）*F. A. Barkl.*），为中国植物图谱数据库收录的有毒植物，其毒性为树的汁液有毒，对生漆过敏者皮肤接触即引起红肿、痒痛，误食引起强烈刺激，如口腔炎、溃疡、呕吐、腹泻，严重者可发生中毒性肾病。

漆树属漆树科，落叶乔木，高达20m，有乳汁。天然漆树分布于亚洲的东部，其中以中国产量最大，质量最佳。其次是越南、朝鲜、日本和缅甸。这也是为什么油漆起源于中国的原因。我国漆树分布广泛，大体在北纬25°～42°，东经95°～125°之间的山区。秦巴山地和云贵高原为漆树分布集中的地区，云南、四川、贵州三省的产量最多。在国际市场上，我国湖北省毛坝的漆属于名牌产品，纯度比普通漆高出25%，是我国的名漆。在古代，有“漆树人多种之，以金州为佳，故世称金漆”的说法，认为在金州（现陕西省安康）出产的大漆最好，因此大漆又叫金漆。

漆树是我国重要的特用经济林。漆树的汁液为生漆；漆籽可榨取宝贵的漆油；树皮可制作单宁；树材坚软适中，纹理美观，系优良用材；干漆、漆叶、漆花都可入药（图1.3）。

图1.3　漆树

漆树的天然漆液，称为生漆，俗称大漆，又称为“国漆”（可见其地位之重要），经日照、搅拌、掺入桐油，空气氧化后称为熟漆。纯净的天然大漆呈灰乳色，被空气氧化后呈粟壳色。干固以后为褐色。

天然的大漆具有很强的附着力，可用于粘结竹器、木器等。人们也常用“如胶似漆”这个词来形容情人之间形影不离的关系。正是由于大漆具有良好附着力的这一特点，使得大漆成为了“涂料”的始祖。

第二章　涂料用树脂的生产

学习目标

掌握生产涂料用树脂的主要原料；掌握涂料用树脂的分类和主要用途；掌握涂料用树脂的油度划分和计算方法；掌握涂料用树脂的生产方法。

必备知识

学生需具备无机化学、有机化学、分析化学等基础化学知识以及涂料化学的基本知识。

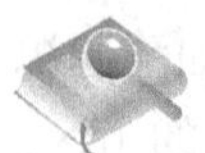

选修知识

学生可选修高分子化学等知识。

案例导入

树脂可分为天然树脂和合成树脂。天然树脂一般认为是植物组织的正常代谢产物或者分泌物，通常和挥发油一起存在于植物的分泌细胞、树脂道或导管中，尤其是多年生木本植物心材部位的导管中。天然树脂多为混合物，一般为无定型固体，表面有光泽，质地坚硬而脆，也有少部分为半固体。天然树脂不溶于水，也不会吸水膨胀；一般易溶于乙醇、乙醚和氯仿等有机溶剂。加热后软化、熔融，燃烧时有浓烟，并伴有特殊的香气或臭气。常见的天然树脂有松香和安息香等。合成树脂是指由简单的有机化合物经过化学合成或者某些天然产物经过化学反应而得到的树脂产物。合成树脂为黏稠状液体或加热可软化的固体，受热时往往有熔融或软化的温度范围。合成树脂种类繁多，按主链结构可分为碳链合成树脂、杂链合成树脂和非碳链合成树脂；按合成反应特征可分为加聚型合成树脂和缩聚型合成树脂；按树脂的热行为可分为热塑性树脂和热固性树脂；按树脂的重复单元结构还可以分为醇酸树脂、氨基树脂、酚醛树脂、聚氨酯树脂和丙烯酸树脂等。合成树脂的原料来源丰富，早期以煤焦油产品和电石碳化钙为主，现在则主要以石油和天然气的产品为主，如乙烯、丙烯、苯系物、甲醛和尿素等。常用的合成方法有本体聚合、悬浮聚合、乳液聚合、熔融聚合和界面聚合等。合成树脂是涂料的主要成膜物质，已逐步取代了天然树脂在涂料工业中的地位。2007 年，我国合成树脂的表观消费量为 4578.04kt，预计 2010 年将达到 6400kt。

课前思考题

涂料的基本组成中最重要的是成膜物质，成膜物质中最重要的是合成树脂，涂料厂是如何得到合成树脂的？有些涂料企业用的合成树脂是买回来的，有些则是自己生产的。那么如何才能生产出涂料生产所需要的合成树脂呢？

第一节　醇酸树脂的生产

醇酸树脂是 Kienle 于 1927 年提出的，是由多元酸和多元醇酯化并经植物油或植物油中的脂肪酸改性得到的产物。聚酯树脂也是由多元醇和多元酸酯化得到的产物，但是二者有区别。前者经过植物油或植物油中的脂肪酸改性，可以由脂肪酸直接合成，而后者不可以。

一、醇酸树脂的主要原料

由醇酸树脂的定义可以知道，生产醇酸树脂的主要原料有多元醇、一元酸和多元酸以及植物油（或其中的脂肪酸）等。

（一）多元醇

生产醇酸树脂最常用的多元醇及其部分物化性质见表 2.1。

表 2.1　常用多元醇部分物化性能

原　　料	状态（25℃）	相对分子质量	熔点/℃	沸点/℃	相对密度（25℃）
乙二醇（EG）	液	62	－13	198	1.12
1,2-丙二醇（PG）	液	76.1	－60	187.3	1.033
一缩乙二醇	液	106.12	－8	244	1.12
1,6-己二醇	固	118	43	250	0.950/50℃
2-甲基-1,3-丙二醇（MP-Diol）	液	90	－91	213	1.015
2,2,4-三甲基戊二醇（TMPD）	固	146	46～55	225	1.06
新戊二醇（NGP）	固	104.2	125	204～210	1.06
环己烷二甲醇（CHDM）	固	144	41～61	—	—
羟基新戊酸羟基新戊酯（HPHP）	固	189.2	46～50	293	1.06
2-丁基-2-乙基-1,3,-丙二醇（BEPD）	固	160	39～40	262	0.929
95%环己烷二甲酯（DMCD）	液	200.23	—	259	1.12
氢化双酚 A	固	240	125	—	0.955
100%精甘油	液	92.1	－72	290	1.2621
99%精甘油	液	—	—	—	—
工业甘油（>95%）	液	—	—	160	1.2491
三羟甲基乙烷（TME）	固	120.3	185～195	—	1.220
三羟甲基丙烷（TMP）	固	134.12	57～59	295	1.220
单季戊四醇（98.5%）	固	136.15	250～258	—	1.395
工业级季戊四醇（单 88%，双 12%）	固	136.15	180～240	—	1.355
混合工业季戊四醇（>96%）	固	142	钠法 175，钙法 230	—	1.380
双季戊四醇（工业级）	固	261	222	—	1.37
双季戊四醇（90%）	固	254	217～219	—	1.335

其中，以甘油和季戊四醇最为常用。季戊四醇还含有二聚体和三聚体，具有很高的反应活性，常用于合成含60％以上脂肪酸的长油度醇酸树脂。有时也会把季戊四醇和乙二醇或丙二醇等混用，以降低成本，用于合成含30％～50％脂肪酸的中油度和短油度醇酸树脂。

（二）单元酸和多元酸

生产醇酸树脂最常用的单元酸和多元酸及其部分物化性质见表2.2。

表2.2　常用单元酸和多元酸物化性能

原　　料	状态（25℃）	熔点/℃	相对密度（25℃）	酸值/(mgKOH/g)
松香酸	固	＞70（软）	1.070	165
苯甲酸	固	122	1.27	459.80
对叔丁基苯甲酸	固	165	1.15	315
松浆油酸	液	—	0.90	195
单酸	液	—	0.90	1.80
椰子油酸	液	—	0.88	273.60
绵子油酸	液	—	0.90	193
豆油酸	液	—	0.90	200
脱水蓖麻油酸	液	—	0.90	200
蓖麻油酸	液	—	0.94	188.1
亚麻仁油酸	液	—	0.90	202
桐油酸	固	α型48.5，β型71	—	200
合成脂肪酸（C_5～C_9）	固	—	—	360～420
合成脂肪酸（C_{10}～C_{19}）	液	—		220～240
异壬酸	液	＜－62	0.885	355
二聚酸	液			190～198
己二酸（AD）	固	152	1.37	768
邻苯二甲酸酐（PA）	固	131	1.52	758
间苯二甲酸酐（IPA）	固	345～348	1.54	676
对苯二甲酸酐（TPA）	固	＞300（升华）	1.54	676
顺丁烯二酸酐（MA）	固	55	1.47	1145
反丁烯二酸（FA）	固	200（升华）	1.62	967
1,4-环己烷二甲酸（1,4-CHDA）	固	164～167	138	652.30
间本二甲酸-5-磺酸钠（5-SSIPA）	固	—	—	—
四氢苯酐（THPA）	76.07	1.20（105℃）		730～738
六氯内亚甲基四氢苯酐（HET）	固	240	1.73	302.60
四溴苯酐	固	270	—	242.50
偏苯三酸酐（TMA）	固	165	1.55	876.50
均苯四酸（二）酐（PMDA）	固	286	1.68	1029

（三）植物油

植物油的主要成分是甘油三脂肪酸酯（简称甘油三酸酯），其通式为

$$\begin{array}{l} H_2C-OOCR_1 \\ \quad | \\ HC-OOCR_2 \\ \quad | \\ H_2C-OOCR_3 \end{array}$$

式中的 R_1、R_2、R_3分别表示脂肪酸的烃基部分，其中—RCOOH 为脂肪酸基，是体现油类性质的主要部分。除甘油三酸酯外，油类中尚含有少量磷脂、固醇、色素等杂质，这些杂质对油漆制造有害，必须除去。

植物油有个很重要的指标叫碘值。碘值是指 100g 油所能吸收的碘的克数，是测定油类不饱和度的主要方法，也是表明油类干燥速度的重要指标。

【例 2.1】　计算亚油酸的理论碘值。

解：设亚油酸的理论碘值为 x

$$C_{18}H_{32}O_2+3I_2 \longrightarrow C_{18}H_{32}O_2I_6$$

$$\begin{array}{cc} 278 & 3\times 254 \\ 100 & x \end{array}$$

由
$$\frac{278}{3\times 254}=\frac{100}{x}$$

得
$$x=274.1$$

答：亚油酸的理论碘值为 274.1。

涂料工业用的植物油，按干燥性能，根据其碘值的大小可以分为干性油、半干性油和不干性油三大类。

干性油的碘值在 140 以上。油分子中的平均双键数超过 6 个。它们在空气中就能被氧化干燥成几乎不溶于有机溶剂、加热不软化的油膜。常用的干性油有桐油、亚麻油、梓油和苏籽油等。

半干性油的碘值为 100～140，平均双键数在 4～6 之间。其涂膜在空气中虽能干燥成膜，但干燥速度慢、漆膜软、加热时会软化及熔融，比较容易溶解于有机溶剂中。豆油、玉米油、葵花籽油、花椒油和棉籽油属于这一类。

不干性油的碘值在 100 以下，平均双键数在四个以下。在空气中不能氧化干燥成膜。如蓖麻油、椰子油、米糠油等。

但是需要说明的是，植物油的组成和质量除受气候、产地的影响外，还受到榨取方法、提炼工艺、储存条件等的影响。因此植物油的碘值不是一个值，而是一个范围。比如说豆油的碘值在 120～141 之间，最大值虽然大于 140，但是主要范围还是落在半干性油的范围内，因此它属于半干性油。

使用不同的植物油生产醇酸树脂，在漆膜性能方面会有一定的区别，并成一定的变化规律，如表 2.3 所示。

表 2.3　油脂（脂肪酸）对漆膜性能的主要影响

油类（脂肪酸）		碘值/(g/100g)	色　泽	干　性	保色性	保干性
干性油	桐油	160～173	↓	↑	↓	↑
	亚麻仁油	175～195				
	梓油	165～187				
	脱水蓖麻油	125～140				
半干性油	豆油	125～140				
	橡胶籽油	120～130				
	棉子油	110～116				
	葵花籽油	110～137				
	花生油	80～110				
不干性油	茶籽油	80～100				
	蓖麻油	80～90				
	椰子油	>10				
	合成脂肪酸	—				

二、醇酸树脂的分类、主要用途

（一）醇酸树脂的分类

醇酸树脂有很多类型，也有很多的分类方法。

一种分类方法是分为氧化型和非氧化型醇酸树脂。氧化型醇酸树脂的交联机理与干性油相同；非氧化型醇酸树脂常用做聚合物增塑剂或作羟官能树脂，与异氰酸酯等交联剂交联固化。

另一种划分方法把醇酸树脂分为未改性和改性醇酸树脂两类。改性醇酸树脂除了多元醇、多元酸和脂肪酸外，还含有其他单体，如有机单体改性，二聚酸改性醇酸树脂等。

还有一种分类方法以生产中所用的单元脂肪酸（或甘油三酸酯）与生成树脂的理论产量之比为基础进行分类。

定义一个量“油度”：

$$油度=\frac{“油”质量}{醇酸树脂理论产量}\times100 \tag{2.1}$$

$$油度=\frac{1.04\times脂肪酸质量}{醇酸树脂理论产量}\times100 \tag{2.2}$$

式（2.1）中，“油”的质量是指相当于脂肪酸的甘油三酸酯的质量。醇酸树脂的理论产量是醇和酸（以及油）的质量之和减去反应中生成的水的质量。式（2.2）中的系数 1.04 是将脂肪酸质量换算为相应的甘油三酸酯的质量的系数。

根据上述定义算出醇酸树脂的油度，当油度大于 60 时称为长油度醇酸树脂，油度在 40～60 之间时称为中油度醇酸树脂，油度小于 40 时称为短油度醇酸树脂。在不同的文献中，划分油度的界限会有一定的差异，也有文献把油度划分的很细，如划分为无油、超短、短、中、长、极长油度等，在此不做进一步的探讨。

（二）醇酸树脂在涂料中的应用

醇酸树脂是涂料生产中使用最多的一类树脂。在我国，醇酸树脂占了涂料用合成树脂总量的一半以上。醇酸树脂应用的场合很广，可以用于生产清漆、色漆、工业专用漆和一般普通漆等。下面分类说明各类醇酸树脂的应用情况。

1. 干性短油度醇酸树脂

干性短油度醇酸树脂，油度30％～40％，苯二甲酸酐含量>35％，由桐油、豆油、梓油等干性、半干性植物油改性得到。由干性短油度醇酸树脂生产的涂料具有漆膜凝聚快、附着力好、耐候性优良、光泽度高、保光性好以及烘干干燥迅速等优点。常用于生产汽车、玩具、机器部件等金属制品的底漆和面漆；也有与脲醛树脂合用用于生产家具漆。

2. 干性中油度醇酸树脂

干性中油度醇酸树脂，油度45％～60％，苯二甲酸酐含量30％～35％，是醇酸树脂中最主要的品种，也是用途最广的一种。干性中油度醇酸树脂生产的涂料具有干燥快、光泽很高、耐候性极好、柔韧性极好等特点。用于生产自干或烘干瓷漆和清漆，用做金属制品装饰漆、家具漆、建筑涂料、船舶涂料、汽车修补漆等。

3. 干性长油度醇酸树脂

干性长油度醇酸树脂，油度60％～70％，苯二甲酸酐含量20％～30％。有干性长油度醇酸树脂生产的涂料具有漆膜干燥快、弹性好、光泽高、保光性和耐候性好等优点，但也在硬度、韧性、耐摩擦性能等方面存在一定的不足。常用于生产钢铁结构涂料、建筑涂料等。

4. 不干性醇酸树脂

不干性醇酸树脂是由蓖麻油、椰子油、月桂酸及其他饱和脂肪酸和中、低碳合成脂肪酸等制成。

中短油度醇酸树脂常与硝基纤维素合用，以提高硝基纤维素的附着力、光泽、丰满度、漆膜厚度和耐候性等方面的性能，用于制造汽车和高级家具用硝基纤维素漆。

醇酸树脂还能与氨基树脂合用，醇酸树脂分子上的游离羟基、羧基能与氨基树脂分子上的羟甲基起缩合反应，成为醇酸氨基树脂。短油度醇酸氨基树脂制得的涂料具有漆膜硬而坚韧、保光性好、保色性好等优点，且具有一定的抗潮性、耐溶剂性和抗中等强度的酸、碱溶液的能力以及耐油、耐污染和耐洗涤剂等性能，常用于电冰箱、自行车、汽车、机械、电气设备等方面。

三、醇酸树脂的制备

醇酸树脂的制备方法主要有四种，即醇解法、酸解法、脂肪酸法以及脂肪酸-油法。

（一）醇解法

如前所述，醇酸树脂是植物油改性的聚酯，即由植物油、多元酸和多元醇反应得到。但是当植物油、多元醇和多元酸在一起加热时，由于多元醇和多元酸反应的倾向更大，首先生成聚酯，而聚酯是不溶于植物油的，所以形成了非均相体系，且由于在较低的反应程度下就会产生凝胶化，所以油难以实际参与到反应中，反应产物并不是希望得到的醇酸树脂。

为了解决该问题，出现了醇解法。醇解法的做法是先将多元醇和油混合在一起，在适当的温度及催化剂的作用下，发生醇解反应。

$$\underset{\text{油脂}}{\begin{array}{l}CH_2OCOR_1\\ |\\ CHCOR_2\\ |\\ CH_2COR_3\end{array}} + \underset{\text{甘油}}{\begin{array}{l}CH_2OH\\ |\\ CHOH\\ |\\ CH_2OH\end{array}} \xrightarrow[220\sim240^{\circ}C]{LiOH} \underset{\text{甘油一酸酯}}{\begin{array}{l}CH_2OH\\ |\\ CHOH\\ |\\ CH_2OCOR_3\end{array}} + \underset{\text{甘油二酸酯}}{\begin{array}{l}CH_2OCOR_1\\ |\\ CHOCOR_2\\ |\\ CH_2OH\end{array}}$$

上述反应是在碱性催化剂的作用下进行的，除了氢氧化锂外，还有氧化钙、氢氧化钙、环烷酸钙、氧化铅、环烷酸铅等碱性催化剂。醇解反应还可以在酸性催化剂下进行，如用间苯二甲酸等。

醇解后的油由于露出了具有反应活性的醇羟基，因此当加入多元酸时即可与多元酸发生酯化反应，生成醇酸树脂。

醇解法生产醇酸树脂的工艺一般是：在惰性气体保护下，加入油，在搅拌情况下升温至220～250℃，然后加入多元醇和催化剂，维持反应釜内温度220～250℃进行醇解。当醇解达到终点时，加入多元酸（酐），并在210～260℃下进行聚酯化反应，得到醇酸树脂。

醇解的终点可以用高碘酸氧化法进行化学分析或气相层析法求得，但这些方法因操作繁琐，在实际正常生产中不太适用。在生产实际中，一般都采用甲醇或乙醇容忍度方法以及电导测定法（醇解仪）来测试和控制醇解反应终点。

1. 甲醇容忍度法

甲醇容忍度法主要常用于短油度和中油度甘油醇酸树脂产品中控制醇解物的终点。具体的做法是取1体积反应混合物与3体积无水甲醇混合，在25℃下，如能得到透明溶液，即达到醇解终点，否则应继续醇解。

2. 乙醇容忍度法

乙醇容忍度法用于长油度甘油醇酸树脂和季戊四醇醇酸树脂产品中控制其醇解物的终点。具体的做法是取一体积反应混合物与4体积95%乙醇混合，在25℃下，如能得到透明溶液，即达到醇解终点，否则应继续醇解。

3. 电导测定法

电导测定法又叫醇解仪法，该法是利用电导仪的两个电极装入反应釜内，在醇解过程中，观察仪表上的电导率曲线变化，待电导率曲线升到高峰点（即拐点）后，又突然下降，然后曲线再趋向平衡，此刻的高峰点就作为醇解终点。

（二）酸解法

酸解法是利用多元酸先与油发生反应后再与多元醇酯化而得到聚酯的方法。酸解法中最常见的多元酸是间苯二甲酸和对苯二甲酸。以间苯二甲酸酸解为例。

首先是酸解得到间苯二甲酸甘油酯：

$$\begin{array}{l} CH_2OCOR_1 \\ | \\ CHOCOR_2 \\ | \\ CH_2OCOR_3 \end{array} + C_6H_4(COOH)_2 \longrightarrow \begin{array}{l} CH_2COO-C_6H_4-COOH \\ | \\ CHOCOR_2 \\ | \\ CH_2OCOR_3 \end{array} + R_1COOH$$

油脂　间苯二甲酸　间苯二甲酸甘油酯　脂肪酸

间苯二甲酸甘油酯带有羧基，能与多元醇发生酯化反应，生成醇酸树脂。

（三）脂肪酸法

脂肪酸法就是把多元醇、多元酸（酐）和脂肪酸全部同时加到反应釜中，搅拌升温至220～260℃进行酯化反应，直到所需要的聚合度。然后把产物溶解为溶液并过滤净化。

但是由于多元醇不同位置的羟基、脂肪酸的羧基、苯二甲酸酐的酐基、苯二甲酸酐形成的半酯羧基之间的反应活性不同，且不同酯结构之间酯交换非常缓慢，同时加入所有原料的方法并不是很好。因此，Kraft提出了一个改进的方法，也就是先将全部多元醇、苯二甲酸酐和一部分脂肪酸加进反应釜，反应至一定程度后，再加入配方中剩余量的脂肪酸进行进一步的反应，生成所需要的醇酸树脂。工艺中第一步反应的目的是生成高分子质量的树脂主链，第二步反应的目的是在树脂主链上接上一定数量的侧链。

脂肪酸法的配方灵活性较强，并且可以通过调整各种原料的种类和配比来得到性质各异的醇酸树脂。但是脂肪酸法中使用的脂肪酸一般都是通过油脂的分解而得到的，这实际上是增加了生产工序，同时也增加了生产成本；反应过程中原料有较强的酸性，对反应设备有较高的防腐蚀要求；脂肪酸一般熔点比较高，反应过程需要加热和保温，增加了能耗。

（四）脂肪酸-油法

脂肪酸-油法其实也是脂肪酸法的一种改进形式。它是将脂肪酸、植物油、多元醇和多元酸（一般都是二元酸）混合物一起加入反应釜，在搅拌下升温至210～280℃，并保温至酯化终点。脂肪酸和油的比例一般以达到均相反应混合物体系为准。该法由于用一部分的植物油代替了脂肪酸法中的部分脂肪酸，降低了生产的成本。

在生产实际中，脂肪酸法和醇解法是最为常用的方法。

四、影响醇酸树脂制备的各种因素

影响醇酸树脂制备的因素很多，下面对其中主要的因素做简单的介绍。

（一）催化剂的用量和温度的影响

碱性条件下的醇解反应一般选用氧化铅、氧化钙、环烷酸钙、氢氧化锂等作为催化剂。催化剂用量一般为以油质量的0.02%～0.10%。若催化剂用量太少，会导致醇解反应的时间过长，从而使醇解物黏度增大，并最终影响酯化反应时的酸值和黏度。加大催化剂的用量，可以缩短醇解工序的反应时间。但是有些催化剂会使树脂色泽加深，且酯化时的黏度上升加快。有时还会造成树脂发浑、不够透明，过滤困难，甚至有时还会降低漆膜耐水性和耐久性等。因此，催化剂的用量应严格控制。

（二）油度对醇解的影响

在同样条件下，油度对醇解的影响见表2.4。

表2.4　油度对醇解的影响

油　度	醇解速度	醇解温度	醇解时间	容忍度
长—中—短	↓快	↑高	↑长	↓大

（三）植物油的质量和碘值对醇解的影响

制造醇酸树脂用的植物油，一般都要经过精制。精制的目的是除去油中的游离脂肪酸、色素、蛋白质等杂质。若植物油未经精制就直接使用，会使醇解速度受到影响，色泽加深，透明度变差，干性变慢，甚至影响树脂的内在质量。植物油精制的方法有碱漂和土漂等。

植物油的碘值越大，则醇解速度就越快。如亚麻油（碘值174）>豆油（碘值125～140）>玉米油（碘值114）>棉籽油（碘值102）。

（四）各种多元醇及其用量对醇解的影响

在相同条件下，多元醇的醇解速度规律是：三羟甲基丙烷>甘油>季戊四醇。如果多元醇用量增加，其醇解速度则相应加速。这一点可以用化学平衡理论给予解释。

甘油和三羟甲基丙烷的含量和质量对产品质量有很大影响，如果含量偏低，将影响醇解，酸值下降很慢，反应终点很难控制，同时也能影响到树脂色泽等质量问题，所以一定要严格控制原材料的质量。

钠法生产的季戊四醇熔点比钙法的熔点要低，醇解时的温度一定要达到其熔点的温度，否则就不能使醇解物形成均相体系，并导致醇解缓慢使反应时间过长而对质量不利。

季戊四醇含有盐类等杂质，会影响到树脂质量。钠法生产的季戊四醇如有甲酸钠存在会引起树脂色泽变深；钙法生产的季戊四醇如有甲酸钙则会引起透明度下降。

工业季戊四醇不是纯净物，由于季戊四醇之间会发生醚化反应，在季戊四醇中会存在着二季戊四醇、三季戊四醇等。若二季戊四醇、三季戊四醇等杂质含量过大，会使生成物黏度上升过快，影响树脂的质量，增加树脂净化的难度。

（五）惰性气体的影响

在生产醇酸树脂时，要通入一定量惰性气体作为保护气，把反应物和空气隔离开，避免或减少氧化聚合等副反应的发生，保证树脂质量。惰性气体还可以使反应生成的水等挥发物迅速排出，同时也能起到了辅助搅拌的作用，促使反应顺利进行。

常用的惰性气体有二氧化碳、氮气等。在条件允许的情况下，选用二氧化碳比选用氮气效果要好。这是因为二氧化碳密度较大，在液面上停留时间较长，隔离效果好，使用时消耗量比用氮气时少。所以只要条件允许，都应选用二氧化碳作为惰性气体，以达到降低生产成本的目的。当然，如果从环保的角度出发，氮气要更环保一些。

第二节　氨基树脂的生产

涂料用氨基树脂是指含有氨基（$—NH_2$）官能团的化合物与醛类（主要是甲醛）加成缩合，然后把生成的羟甲基（$—CH_2OH$）用脂肪一元醇进行部分醚化或完全醚化而得到的产物。

一、氨基树脂分类

涂料用氨基树脂可大致分为如下四类。

（一）脲醛树脂

脲醛树脂按所用醇类的不同可分为丁醇醚化脲醛树脂、甲醇醚化脲醛树脂及混合醇醚化脲醛树脂。

（二）三聚氰胺甲醛树脂

三聚氰胺甲醛树脂按所用醇类的不同可分为丁醇（或异丁醇）醚化三聚氰胺甲醛树脂、甲醇醚化三聚氰胺甲醛树脂和混合醇醚化三聚氰胺甲醛树脂。其中，丁醇醚化三聚氰胺甲醛树脂是氨基树脂中最主要的品种。按其醚化程度的不同又可分为高低两种醚化度的三聚氰胺甲醛树脂。

（三）苯鸟粪胺甲醛树脂

鸟粪胺是三聚氰胺中一个氨基被氨基以外的其他基团所取代的产物。例如有用氢、烷基、烯丙基取代的鸟粪胺。其中用苯基取代的苯鸟粪胺广泛地用于涂料中。这类树脂以及 *N*-苯基三聚氰胺甲醛树脂和 *N*-丁基三聚氰胺甲醛树脂通称烃基三聚氰胺甲醛树脂。根据使用醇类不同也可分为丁醇醚化和混合醇醚化两类。

（四）共缩聚树脂

共缩聚树脂分三聚氰胺、尿素甲醛共缩聚和三聚氰胺、苯代三聚氰胺甲醛共缩聚树脂两种。

二、氨基树脂的特性和用途

氨基树脂是一种多官能度的聚合物，树脂中存在着氨基、羟基等活泼基团，在加热时，自身能发生缩聚反应而交联固化成膜。但是，单独用氨基树脂作成膜物制漆，制得的漆膜太硬，而且发脆，对底材的附着性也差。为了更好地利用氨基树脂，通常将氨基树脂和能与其相溶，并且通过加热可交联的其他类型预聚物并用。换句话说，氨基树脂可作为油改性醇酸树脂、无油醇酸树脂、丙烯酸树脂、环氧树脂以及环氧酯等的交联剂。这样的匹配，通过加热，能够得到三维网状结构的有强韧性的漆膜。根据所使用的氨基树脂和预聚物的性质的变化，得到的漆膜性质也各有特色。

用氨基树脂作交联剂的漆膜具有优良的光泽、保色性、硬度、耐药品性、耐水以及耐候性等。所以，以氨基树脂作交联剂的涂料广泛地用于汽车、农业机械、钢制家具、家用电器和金属预涂等工业涂料。此外，氨基烘漆还具有防潮、防湿热性能，可用于湿热带地区的机电、仪表的涂装，能达到B级绝缘要求。

三、氨基树脂的主要生产原料

由氨基树脂的定义可以知道，生产氨基树脂的主要原料包括氨类化合物、醛类化合物以及醇类化合物。

（一）氨基树脂常用氨类化合物

氨基树脂常用氨类化合物如表2.5所示。

表2.5　氨基树脂常用氨类化合物

胺类化合物	熔点/℃	在水中溶解性（20℃）/（g/100mL）	氨基对甲醛官能度
三聚氰胺	354	0.325	2
苯鸟粪胺	227	<0.005	1.3～1.5
尿素	132.6	105	1.2

（二）氨基树脂常用醛类化合物

氨基树脂常用醛类化合物如表2.6所示。

表 2.6　氨基树脂所用醛类化合物性能

指标名称	37%甲醛水溶液（福尔马林）	多聚甲醛	甲醛丁醇溶液
外观	无色透明液体在低温时能自聚呈微浑	白至微黄粉末有刺激味	无色透明液体
甲醛含量/(g/100g)	37±0.5	93～95	39.5～40.5
铁含量/(g/100mL)	≤0.0005	≤0.0005	
灼烧残渣含量/(g/100mL)	≤0.005	≤0.1	
熔程/℃	—	120～170	
水含量/%	—	—	6.5～7.5
闪点/℃	60	71.1	71.1
沸点/℃	96		107
储存温度/℃	15.6～32.2	—	20

（三）氨基树脂常用醇类化合物

氨基树脂常用醇类化合物如表 2.7 所示。

表 2.7　氨基树脂常用醇类化合物

指标名称		甲　醇	正 丁 醇	异 丁 醇
外观		无色透明液体	无色透明液体	无色透明液体
相对密度		0.791～0.792	0.809～0.813	0.802～0.807
馏程	蒸馏范围（101.3kPa 绝压）/℃	64.0～65.5	117.2～118.2	105～110
	馏出体积/%	≥98.8	≥95	≥95
游离酸（以乙酸计）含量/%		0.003	0.003	0.01
水分含量/%		0.08	—	—
不挥发物含量/%		—	≤0.0025	≤0.005
游离碱（以 NH_3 计）含量/%		≤0.001	—	—

四、氨基树脂的生产方法

（一）脲醛树脂

脲醛树脂的生产分两步进行，第一步是尿素和甲醛发生加成缩合反应，第二步用一元醇对第一步的产物进行醚化。

以生产丁醇醚化脲醛树脂为例，当尿素、甲醛和丁醇的物质的量比为 1∶2∶1 时，制备原理如下：

$$\begin{matrix} NH_2 \\ / \\ C{=}O \\ \backslash \\ NH_2 \end{matrix} + 2HCHO \longrightarrow \begin{matrix} HN{-}CH_2OH \\ / \\ C{=}O \\ \backslash \\ HN{-}CH_2OH \end{matrix}$$

$$
\begin{matrix} HN-CH_2OH \\ / \\ C=O \\ \backslash \\ NH-CH_2OH \end{matrix} + C_4H_9OH \xrightarrow{\text{弱酸性条件下}} \begin{matrix} HN-CH_2OC_4H_9 \\ / \\ C=O \\ \backslash \\ HN-CH_2OH \end{matrix} + H_2O
$$

$$
\longrightarrow \begin{matrix} HN-CH_2OC_4H_9 \\ / \\ C=O \\ \backslash \quad H_2 \\ HN-C-N-CH_2OC_4H_9 \\ | \\ C=O \\ | \\ HN-CH_2OH \end{matrix}
$$

原料配比不同，醚化程度不同，所生成的树脂的缩合度，对烃类溶剂的溶解性、固化性能等会有较大的差异。醚化所用的一元醇，除丁醇外，有时也用低级醇或高级醇，制备的原理一致。改性醇的碳原子数越小，树脂的固化性能越高，但是同时，其相容性和在溶剂中的溶解性降低，水溶性增加。甲醇醚化的脲醛树脂，常用于生产水溶性涂料。

【例 2.2】 涂料用脲醛树脂的生产。

生产配方见表 2.8。

表 2.8 脲醛树脂生产配方

原料	相对分子质量	用量/mol	用量（质量）/份
尿素	60	1	14.5
37%甲醛	30	2.184	42.5
丁醇（A）	74	1.09	19.4
丁醇（B）	74	1.09	19.4
二甲苯	—	—	4
苯二甲酸酐	—	—	0.3

生产过程如下：

(1) 将配方量甲醛投入反应釜中，用 10%氢氧化钠溶液调整 pH 为 7.5～8.0，然后慢慢地加入尿素。

(2) 加热至尿素全部溶解后，加入丁醇（A），再用 10%氢氧化钠溶液调整 pH 为 8.0。

(3) 升温，保持回流 1h。

(4) 加入二甲苯、丁醇（B），以苯二甲酸酐调整 pH4.5。

(5) 回流脱水至 105℃以上，用 200# 溶剂汽油测容忍度达 1∶2.5 透明为终点。

(6) 蒸出过量丁醇，调整黏度达到规定要求，降温、过滤。

生产过程中，丁醇分两次加入，主要是为了避免直接生成 1,3-二丁氧甲基脲而阻止了氨基树脂主链的正常聚合，同时又能保证最后基本上能把生成的氨基树脂上的羟基都能用丁醇醚化，不降低树脂的性能。加入二甲苯的作用是让二甲苯与反应生成的水形成共沸体系，促进水分的脱除。反应初始阶段体系呈弱碱性，有利于尿素和甲醛的加成缩合，能发生丁醇醚化反应而限制了氨基氢和丁醇的缩合反应；加入丁醇（B）后体系调整为弱酸性，有利于控制醚化反应与缩合反应的进行，生成所需要的产品。

（二）三聚氰胺甲醛树脂

三聚氰胺树脂是由三聚氰胺和甲醛缩合并经脂肪醇醚化而成。三聚氰胺对甲醛的官能度为 6。调整二者的比例，理论上能够制得从单羟甲基三聚氰胺到六羟甲基三聚氰胺中的任意一种产物，实际生产中得到的是以某一种为主的混合物。涂料交联剂用的三聚氰胺树脂，是由 1mol 三聚氰胺与 4～6mol 的甲醛反应，然后用脂肪醇醚化得到。如果用丁醇将羟甲基醚化，得到的树脂与各种醇酸树脂相溶性很好，而且在比较低的温度下能够得到三维网状交联的强韧漆膜，所以，可用做氨基醇酸树脂涂料和热固性丙烯酸树脂涂料的交联剂。如果用甲醇将羟甲基醚化，得到的树脂可用于生产水溶性涂料。

以丁醇醚化三聚氰胺甲醛树脂的生产为例，甲醛与三聚氰胺的比例为 1∶(5～8)，制备原理如下：

1. 生成多羟甲基三聚氰胺

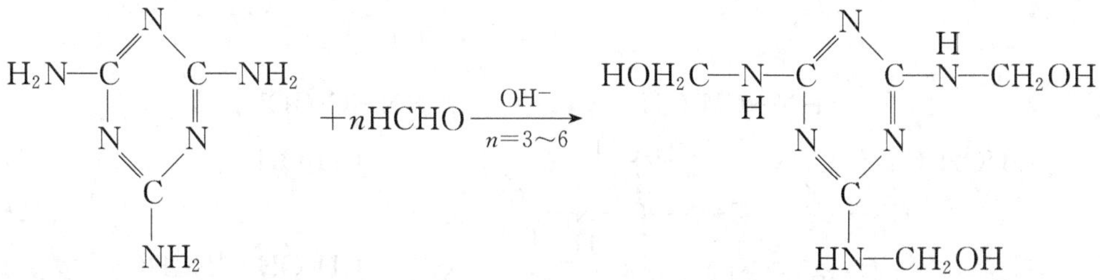

```
            N                                                  N         H
          //  \                                              //  \       |
H2N—C        C—NH2                          HOH2C—N—C        C—N—CH2OH
     |        ||      + nHCHO --OH⁻-->               |   |        ||
     N        N              n=3～6                   H   N        N
      \\    /                                              \\    /
         C                                                    C
         |                                                    |
        NH2                                              HN—CH2OH
```

这里需要说明的是，三聚氰胺分子有 6 个活泼的氨基氢，最多可以与 6 个甲醛分子发生加成缩合反应。但事实证明，当生成的羟甲基数不多于 3 个时，反应进行的很快，且不可逆；羟甲基数多于 3 个时，反应变得较缓慢，且是可逆反应。涂料中使用的三聚氰胺甲醛树脂一般每个三聚氰胺环上有 4～5 个羟甲基，因此需要甲醛过量。

2. 自身的缩聚

多羟甲基三聚氰胺，含有活泼氢和活泼羟基，本身可进一步缩聚成大分子，缩聚反应分两种方式进行。

(1) 羟甲基和未反应的活性氢原子缩合成次甲基键。

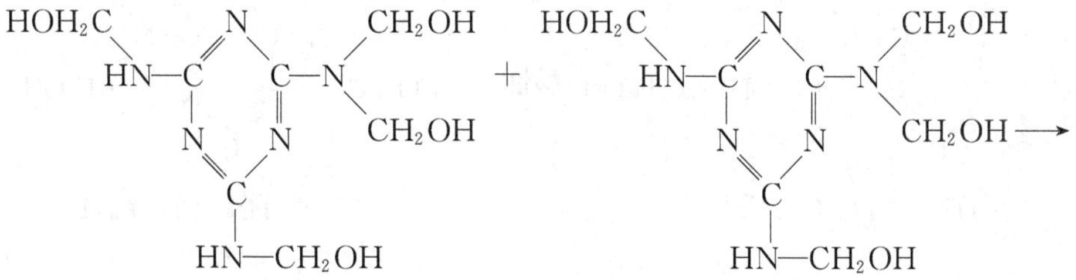

```
HOH2C          N        CH2OH        HOH2C          N        CH2OH
     \       //  \     /                  \       //  \     /
      HN—C        C—N           +          HN—C        C—N
          |        ||   \                      |        ||   \
          N        N     CH2OH                 N        N     CH2OH  ——→
           \\    /                              \\    /
              C                                    C
              |                                    |
          HN—CH2OH                             HN—CH2OH
```

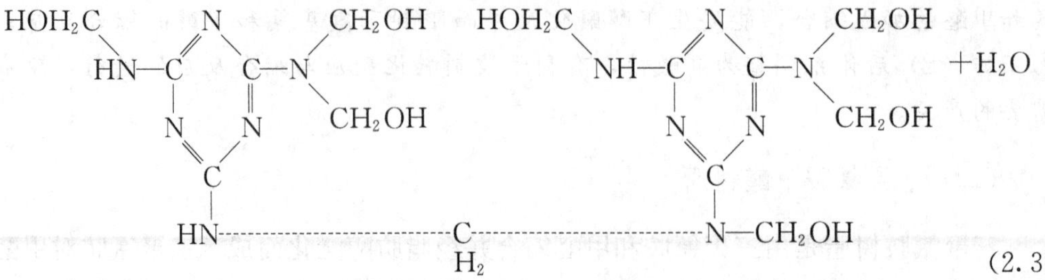

```
HOH2C      N      CH2OH    HOH2C       N      CH2OH
    \    /   \    /            \     /   \    /
    HN—C      C—N               NH—C      C—N          +H2O
       |      ‖   \                 |      ‖   \
       N      N    CH2OH            N      N    CH2OH
        \\   /                       \\   /
          C                            C
          |                            |
          HN-----------C---------------N—CH2OH
                       H2
```

(2.3)

(2) 羟甲基和羟甲基之间的缩聚反应，先生成醚键，再进一步脱去1分子甲醛成次甲基键。

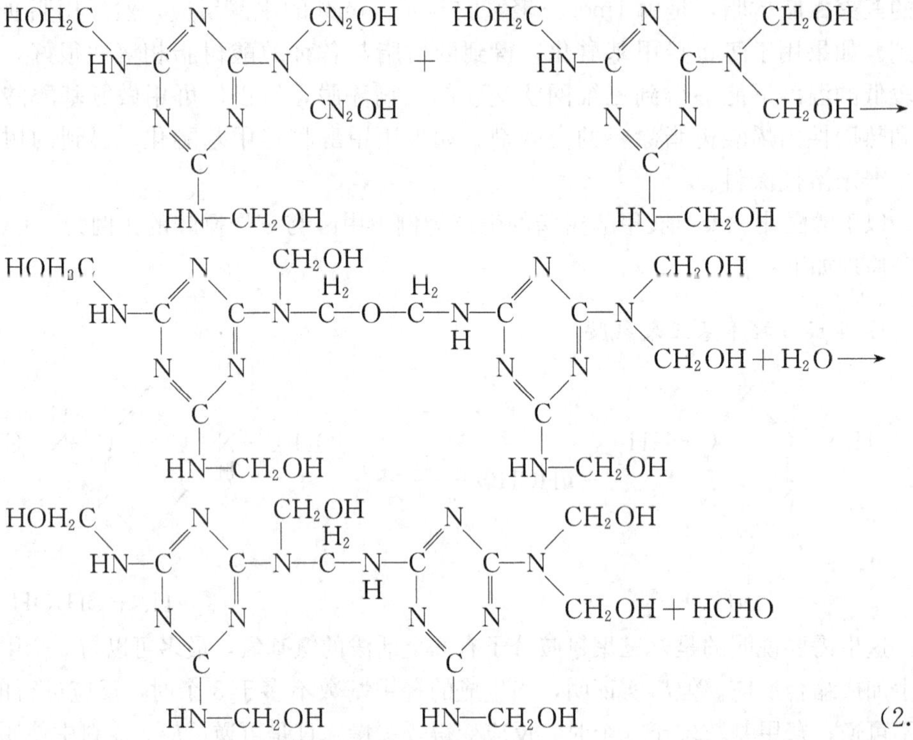

```
HOH2C      N      CN2OH        HOH2C      N      CH2OH
    \    /   \    /                \    /   \    /
    HN—C      C—N          +       HN—C      C—N
       |      ‖   \                   |      ‖   \
       N      N    CN2OH              N      N    CH2OH ——→
        \\   /                         \\   /
          C                              C
          |                              |
          HN—CH2OH                       HN—CH2OH

HOH2C      N     CH2OH                     N      CH2OH
    \    /   \     |   H2      H2        /   \    /
    HN—C      C—N—C—O—C—N—C      C—N
       |      ‖                    H   |      ‖   \
       N      N                        N      N    CH2OH + H2O ——→
        \\   /                          \\   /
          C                               C
          |                               |
          HN—CH2OH                        HN—CH2OH

HOH2C      N     CH2OH              N      CH2OH
    \    /   \     |   H2         /   \    /
    HN—C      C—N—C—N—C      C—N
       |      ‖            H   |      ‖   \
       N      N                N      N    CH2OH + HCHO
        \\   /                  \\   /
          C                       C
          |                       |
          HN—CH2OH                HN—CH2OH
```

(2.4)

反应（2.3）比（2.4）反应速度快些。因为反应（2.3）反应一步形成次甲基键，而反应（2.4）反应羟甲基间的缩聚反应，要两步才能形成。所以羟甲基三聚氰胺含羟甲基越多其缩聚反应越慢；反之，羟甲基越少，剩下的活性氢原子越多，羟甲基三聚氰胺缩聚反应越快，稳定性越差。

3. 丁醇醚化

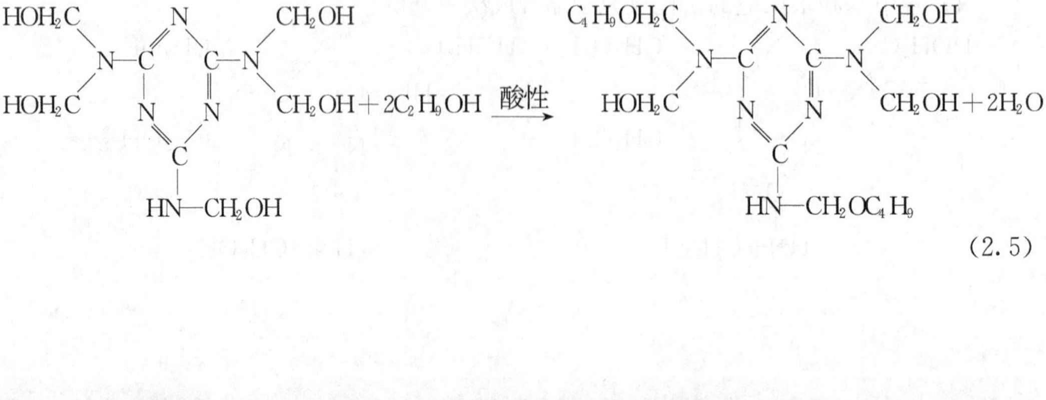

```
HOH2C        N      CH2OH                           C4H9OH2C        N      CH2OH
     \     /   \    /                                       \     /   \    /
      N—C       C—N                                          N—C       C—N
     /   |      ‖   \                         酸性           /   |      ‖   \
HOH2C    N      N    CH2OH + 2C2H9OH  ————→       HOH2C      N      N    CH2OH + 2H2O
          \\   /                                               \\   /
            C                                                    C
            |                                                    |
            HN—CH2OH                                             HN—CH2OC4H9
```

(2.5)

由于存在前面所述的自身的缩聚反应，所以得到的丁醇醚化的三聚氰胺甲醛树脂的并非如式（2.5）所示，典型的丁醇醚化的三聚氰胺甲醛树脂结构如下：

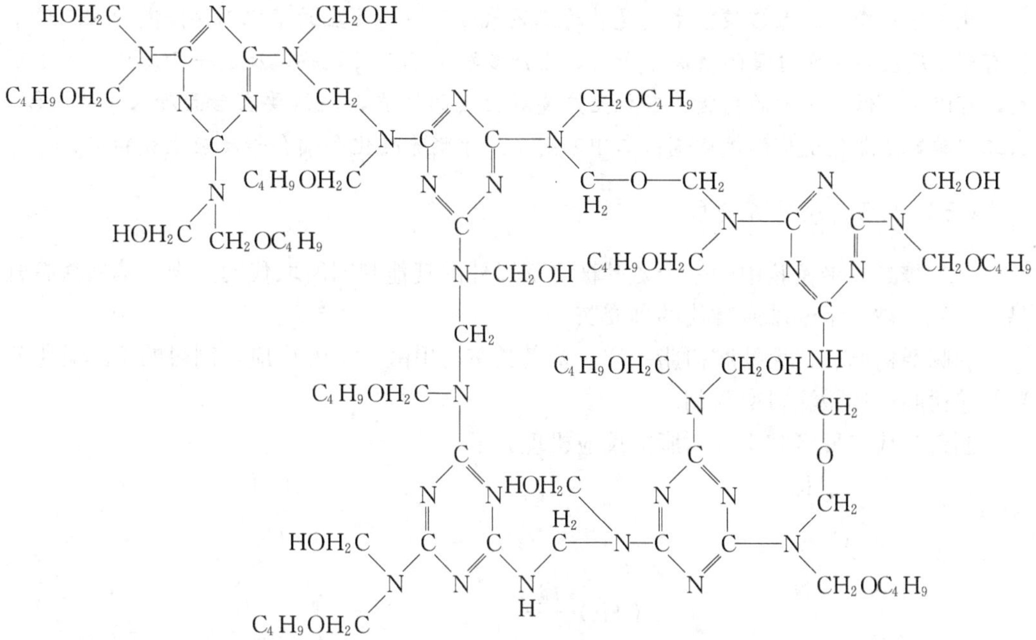

HOH_2C N CH_2OH
N—C C—N
$C_4H_9OH_2C$ N N CH_2 N $CH_2OC_4H_9$
C N—C C—N
N $C_4H_9OH_2C$ N N C—O—CH_2 N CH_2OH
HOH_2C $CH_2OC_4H_9$ C H_2 N—C C—N
N—CH_2OH $C_4H_9OH_2C$ N N $CH_2OC_4H_9$
CH_2 C
$C_4H_9OH_2C$ CH_2OH NH
$C_4H_9OH_2C$—N N CH_2
C C O
N N HOH_2C N N CH_2
HOH_2C C C H_2 C—N—C C—N
N N N N $CH_2OC_4H_9$
$C_4H_9OH_2C$ H

【例 2.3】　涂料用丁醇醚化三聚氰胺甲醛树脂的生产。

生产配方如表 2.9 所示。

表 2.9　典型的丁醇醚化三聚氰胺树脂配方

原　　料	相对分子质量	低醚化度		高醚化度	
		物质的量/mol	质量/kg	物质的量/mol	质量/kg
三聚氰胺	126	1	126	1	126
37%甲醛	30	6.24	506	6.24	506
丁醇（A）	74	5.4	399.6	5.4	399.6
丁醇（B）	74	—	—	0.9	66.6
碳酸镁	—	—	0.4	—	0.4
苯二甲酸酐	—	—	0.44	—	0.44
二甲苯	—	—	50	—	50

生产过程如下：

（1）将甲醛、丁醇（A）、二甲苯投入反应釜，在搅拌下加入碳酸镁，慢慢加入三聚氰胺，搅拌均匀，开加热蒸气升温，升至 80℃，取样观察，树脂溶液应清澈透明，pH 在 6.5～7，继续升温到 90～92℃，回流反应。

（2）在 90～92℃回流反应 1.5h，关搅拌，停蒸气，静置 1～2h，尽量分净下层废水。

（3）在搅拌下，升温常压脱水并使丁醇回流（后期可在减压下进行），记录出水量，随水分的分离，温度逐步上升，当温度达到 140℃左右，对高醚化度的加入丁醇（B），取样测树脂容忍度和黏度；符合要求后可冷却过滤。

生产过程中，加入碳酸镁主要是作为三聚氰胺和甲醛反应的催化剂；慢慢加入三聚氰胺有利于反应在甲醛过量的情况下进行，生产多羟甲基三聚氰胺；反应一开始就加入了丁醇，可以生产低醚化度的树脂，若要生产高醚化度的树脂，还需要在后面加入丁醇（B）；苯二甲酸酐是醚化反应的催化剂；二甲苯则是用于脱除醚化和缩合等反应生成的水。

（三）苯鸟粪胺甲醛树脂

鸟粪胺是三聚氰胺中的一个氨基被氨基以外的其他基团所取代的产物，苯鸟粪胺就是一个氨基被一个苯基所替代的鸟粪胺。

和脲醛树脂、三聚氰胺树脂一样，苯鸟粪胺与甲醛、丁醇反应，制得的丁醇醚化苯鸟粪胺树脂可用做涂料交联剂。

制备苯代三聚氰胺甲醛树脂的反应机理如下：

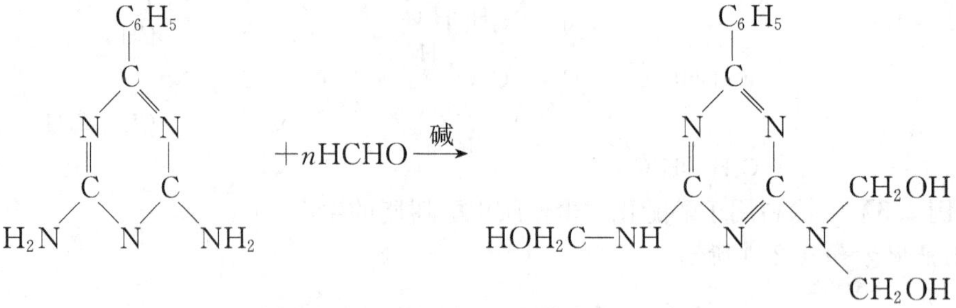

C_6H_5–C(三嗪环)–(NH_2)$_2$ $+ n HCHO \xrightarrow{碱}$ C_6H_5–C(三嗪环)–$NHCH_2OH$, –$N(CH_2OH)_2$

苯代三聚氰胺　　　　多羟甲基苯基三聚氰胺

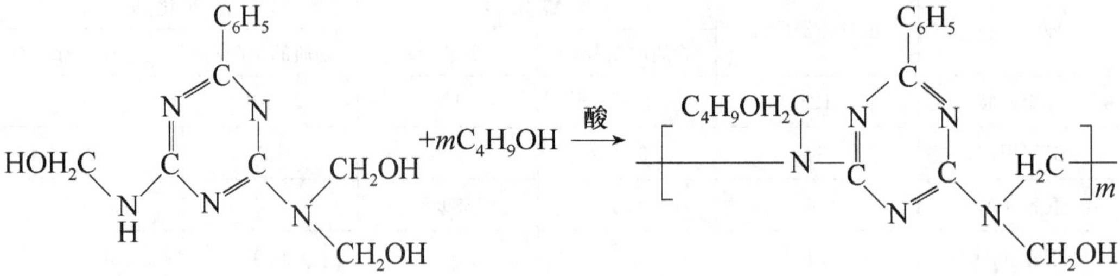

多羟甲基苯基三聚氰胺 $+ m C_4H_9OH \xrightarrow{酸}$ $[\,$–$N(CH_2OC_4H_9)$–三嗪环(C_6H_5)–$N(CH_2OH)$–CH_2–$\,]_m$

多羟甲基苯基三聚氰胺　　丁醇　　丁醇醚化苯代三聚氰胺甲醛树脂

【例 2.4】 苯代三聚氰胺甲醛树脂的生产。

生产配方见表 2.10 所示。

表 2.10　苯代三聚氰胺甲醛树脂的生产配方

原料名称	相对分子质量	物质的量/mol	质量/g
苯代三聚氰胺	187	1	187
37%甲醛	30	3.2	269
丁醇	74	4	296
苯二甲酸酐	—	—	0.6
二甲苯	—	—	66

生产过程如下：

(1) 将甲醛用10%NaOH溶液调节pH为8，加入丁醇及二甲苯。

(2) 在搅拌下慢慢地加入苯代三聚氰胺，升温至沸腾，在常压下回流脱除部分水分后冷却。

(3) 加入苯二甲酸酐，调pH为5.5～6.5，继续升温回流脱水，至水分基本除尽。

(4) 当温度达105℃以上时，取样测其与苯的溶解性，当树脂∶纯苯=1∶4时若不浑浊，则已达到反应终点；否则继续反应。

(5) 蒸出过量丁醇，冷却过滤。

生产过程中，加入NaOH是为了调节体系的碱性至适宜于苯鸟粪胺与甲醛发生加成缩合反应；先脱除部分水再加入苯二甲酸酐可以提高所有反应物的浓度，有利于提高苯二甲酸酐的效率，也有利于反应的快速进行；加入苯二甲酸酐后发生醚化反应，生成的水需要及时脱除，否则影响反应的速度；反应终点利用容忍度法判断。

(四) 共缩聚树脂

涂料使用的脲醛树脂、三聚氰胺树脂及苯鸟粪胺树脂的性能各有优劣，为了得到性能更加全面、优越的氨基树脂，通常按照上述三种树脂的优缺点，取长补短，制成综合性能好的氨基共缩聚树脂（表2.11）。

表2.11 涂料用氨基树脂性能比较

项目	脲醛树脂	三聚氰胺树脂	苯鸟粪胺树脂
加热固化温度范围	窄，100～180℃	宽，90～250℃	宽，90～250℃
热固化性及漆膜硬度	慢，漆膜硬度高	快，漆膜硬度高	慢，漆膜硬度高
酸固化性	好，选择 适当的酸可室温固化	差，80℃以下难固化	差，80℃以下难固化
柔韧性、附着力	有柔韧性，附着力差	硬脆，附着力差	硬，有柔韧性，附着力好
耐水、耐碱性	差	好	最好
光泽	差	好	最好
耐溶剂性	差	好	好
户外耐候性	差	好	差
涂料稳定性	差	与醚化度高低有关	好
价格	低	高	高

共聚树脂可以分三聚氰胺和尿素共缩聚树脂以及三聚氰胺和苯鸟粪胺共缩聚树脂两种。以三聚氰胺和尿素共缩聚树脂为例，用苯代三聚氰胺取代部分三聚氰胺，可以改进三聚氰胺与其他树脂的混溶性，显著地提高漆膜的光泽、耐水性和耐碱性。但对三聚氰胺树脂的耐候性有一定影响。一般苯代三聚氰胺的物质的量为三聚氰胺的1/3左右。

【例 2.5】 聚氰胺和尿素共缩聚树脂的生产

生产配方见表 2.12。

表 2.12 聚氰胺

原料名称	相对分子质量	物质的量/mol	质量/g
三聚氰胺	126	0.75	94.5
苯代三聚氰胺	187	0.25	46.7
37%甲醛	30	65.5	446
丁醇	74	5	370
碳酸镁	—	—	0.4
苯二甲酸酐	—	—	0.4
二甲苯	—	—	55.5

生产过程如下：

(1) 将甲醛、丁醇、二甲苯、碳酸镁、三聚氰胺、苯代三聚氰胺加入反应釜，在搅拌下约用 1h 升温到 92～93℃，保温反应，并回流脱水，至出水达 180 份左右时冷却。

(2) 加入苯二甲酸酐，继续升温回流出水，当温度到达 104℃以上，出水量较少时，取样测树脂对苯的混溶性，要求达到树脂∶纯苯＝1∶4 不浑浊。用 200 号溶剂汽油测容忍度，要求达到 1∶3 左右，冷却过滤。

生产过程中，要不断回流脱除甲醛带进去的水和反应生成的水，以提高反应的速度；苯二甲酸酐在高温下加入容易造成生产事故，因此一般需要冷却后加入。

五、氨基树脂的生产工艺流程

氨基树脂的生产工艺可分为“一步法”和“两步法”。

所谓“一步法”，就是整个反应过程自始至终都是在酸性介质中（pH4～5）进行的，其优点是生产周期短，操作简单，容易控制。但用这种方法生产的树脂质量稳定性差，生成漆膜硬度低。由于“一步法”始终是在酸性介质中进行的，所以在羟甲基化的同时也进行醚化反应，产物的容忍度很容易达到要求。但在储存过程中，溶解在树脂中的酸性催化剂苯二甲酸酐与过量丁醇在较高的环境温度下，继续缓慢地进行醚化反应，使容忍度逐渐升高，而醚化过程产生的微量水被树脂中低分子亲水性物质吸收，不断地从溶液中析出来，聚集成絮状沉淀物，使树脂变浑。虽然在树脂中加入胺类稳定剂和采用水洗树脂的方法都可以提高氨基树脂的贮存稳定性，但会提高生产的成本。

“两步法”就是先在碱性条件下进行羟甲基化反应，然后在酸性条件下进行醚化反应，文中已有较多的描述，在此不再赘述。

不管是哪一种氨基树脂，其生产工艺流程都类似。以各种醇类改性三聚氰胺甲醛树脂为例，其制备反应原理如下：

HOH_2C　CH_2OH / N / C / N　N / HOH_2C　C　C　CH_2OH / N　N　N / HOH_2C　CH_2OH $\xrightarrow{pH2\sim3}$ H_3COH_2C　CH_2OCH_3 / N / C / N　N / H_3COH_2C　C　C　CH_2OCH_3 / N　N　N / H_3COH_2C　CH_2OCH_3

NH_2 / C / N　N / C　C / H_2N　N　NH_2 $\xrightarrow[\text{羟甲基化}]{HCHO}$ HOH_2C　CH_2OH / N / C / N　N / C　C / HN　N　N—CH_2OH / CH_2OH　CH_2OH $\xrightarrow{\text{部分醚化}}$

$\xrightarrow{CH_3OH}$ H_3COH_2C　CH_2OH / N / C / N　N / H_3COH_2C—N(H)—C　C—N(CH_2OCH_3)(CH_2OCH_3) / N

$\xrightarrow{C_4H_9OH}$ $C_4H_9OH_2C$　CH_2OH / N / C / N　N / $C_4H_9OH_2C$—N(H)—C　C—N($CH_2OC_4H_9$)($CH_2OC_4H_9$) / N

HOH_2C—NH / C / N　N / C　C / HN　N　NH / CH_2OH　CH_2OH →

$\xrightarrow{CH_3OH}$ H / N—CH_2OCH_3 / H / H_3COH_2C—N—C　N—C / N / N=C / N—CH_2OCH_3 / H

$\xrightarrow{C_4H_9OH}$ H / N—$CH_2OC_4H_9$ / H / $C_4H_9OH_2C$—N—C　N—C / N / N=C / N—$CH_2OC_4H_9$ / H

氨基树脂生产流程图见图 2.1。

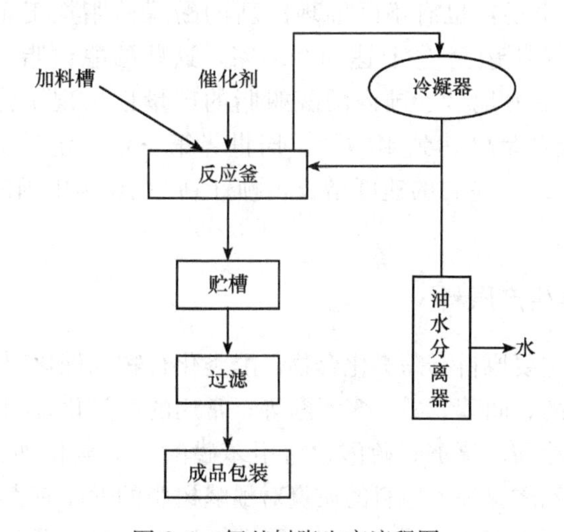

图 2.1　氨基树脂生产流程图

第三节　酚醛树脂的生产

酚与醛经聚合制得的合成树脂统称为酚醛树脂，其中以苯酚-甲醛树脂最重要。酚醛树脂有热塑性和热固性两类。热塑性酚醛树脂，为浅色至暗褐色脆性固体，溶于乙醇、丙酮等溶剂中，长期具有可溶性和可熔性，仅在六亚甲基四胺或聚甲醛等交联剂存在下才会固化。主要用于制造压塑粉，也用于制造层压塑料、清漆和胶黏剂。热固性酚醛树脂，可根据需要制成固体、液体和乳液，都可在热或（和）酸作用下不用交联剂即可交联固化。酚醛树脂的固化过程可分为 A、B、C 三个阶段。具有可溶、可熔性的预聚体称做 A 阶酚醛树脂；交联固化为不溶、不熔的最终状态称为 C 阶酚醛树脂；在溶剂中溶胀但又不完全溶解，受热软化但不熔化的中间状态称为 B 阶酚醛树脂。热固性酚醛树脂存放过程中黏度逐渐增大，最后可变成不熔的 C 阶树脂。因此，其存放期一般不超过 3～6 个月。热固性酚醛树脂可用于制造各种层压塑料、压塑粉、清漆、耐腐蚀塑料、胶黏剂和改性其他高聚物。

苯酚-甲醛树脂是最早实现工业化的合成树脂。1905～1909 年 L. H. 贝克兰对酚醛树脂及其成型工艺进行了系统地研究，1910 年在柏林吕格斯工厂建立通用酚醛树脂公司，实现了工业生产。1911 年 J. W. 艾尔斯沃思提出用六亚甲基四胺固化热塑性酚醛树脂，并制得了性能良好的塑料制品，获得了广泛地应用。1969 年，由美国金刚砂公司开发了以苯酚-甲醛树脂为原料制得的纤维，随后由日本基诺尔公司投入生产。酚醛树脂的生产至今不衰，2004 年全球酚醛树脂总生产能力为每年 453.9 万 t，产量 319.5 万 t。

中国自 20 世纪 40 年代开始生产，但酚醛树脂的产量在 1978 年以前增长速度很慢，1955 年的酚醛树脂产量尚不足 2000t，至 1978 年的 23 年间，产量增加不多，且技术仍基本停留在原水平，远远落后于先进工业国。改革开放后酚醛树脂产量随着国民经济的高速发展而快速增加，尤其是 2000 年以后，酚醛树脂行业发展迅速，既有国外企业落户中国市场，也有不断涌现的新的酚醛树脂加工企业。据行业协会统计，2006 年我国酚醛树脂生产企业达 500 多家，这些酚醛树脂生产企业主要集中在经济相对发达的东部沿海地区。国内酚醛树脂的产量也出现了惊人的增长速度，至 2006 年我国酚醛树脂产量已达到 45 万 t，居世界第三位。统计资料显示，近几年国内酚醛树脂行业在以 15%左右的速度增长，预计到 2010 年中国酚醛树脂的产量将达到 78.7 万吨。

一、酚醛树脂的主要生产原料

生产酚醛树脂的主要原料有酚类化合物、醛类化合物和催化剂三大类。常用的酚类化合物有苯酚、二甲酚、间苯二酚、多元酚等；常用的醛类化合物有甲醛、乙醛、糠醛等；常用的催化剂有盐酸、草酸、硫酸、对甲苯磺酸、氢氧化钠、氢氧化钾、氢氧化钡、氨水、氧化镁和乙酸锌等。原料的质量对酚醛树脂的性能有直接影响。原料的选择应根据对产品性能的要求而定，因此，制造酚醛树脂首先要掌握原料的成分、性质及如何安全操作。

二、纯酚醛树脂的制造

由酚类化合物（如苯酚、甲酚、二甲酚、间苯二酚、叔丁酚、双酚 A 等）与醛类化合物（如甲醛、乙醛、多聚甲醛、糠醛等）在碱性或酸性催化剂作用下，经加成缩聚反应制得的树脂统称为酚醛树脂。酚与醛的反应是比较复杂的，由于苯酚与甲醛的摩尔比、所用催化剂的不同，加成与缩聚反应的速度和生成物也有差异。

（一）碱性催化剂的反应

很多无机碱和有机碱都可用做碱性催化剂，常用的有氢氧化钠、氢氧化钡、氢氧化铵、氢氧化钙、乙胺等。1mol（有时高达 2.5mol）甲醛在碱性催化剂条件下，加成反应占优势，而缩合反应进行较慢，生成的初期树脂为甲阶酚醛树脂，主要反应历程如下：

1. 加成反应（羟甲基化）

苯酚与甲醛首先进行加成反应，生成 1～3 羟甲基苯酚。

2. 缩合反应（亚甲基化）

羟甲基酚进一步缩合形成初期树脂或称热固性酚醛树、甲阶树脂、一步树脂。

（1）苯酚与羟甲基酚进行反应生成二-羟苯基甲烷。

（2）羟甲基酚之间进行反应。

（3）苯酚或羟甲基与二聚体或多聚体进行反应，多聚体之间进行反应。

（二）酸性催化剂的反应

酸性催化剂是较强的酸，包括无机酸和有机酸，常用的有盐酸、硫酸、草酸、苯磺酸、石油磺酸和氯代醋酸等。在酸性催化反应中，一般采均用苯酚与甲醛的摩尔比大于 1∶0.9，生成的羟甲基与酚核的缩合速度远远超过甲醛与苯酚的加成速度，得到的树脂呈线型结构，是可熔的。因此称为热塑性酚醛树脂或线型酚醛树脂。反应历程如下：

（1）甲醛与水结合可形成亚甲基二醇（$HOCH_2OH$），在酸性介质中，亚甲基二醇生成羟甲基正离子（CH_2OH^+）；羟甲基正离子在苯酚的邻位和对位上进行亲电取代反应，生成邻羟甲基苯酚和对羟甲基苯酚。

（2）羟甲基苯酚现苯酚缩合生成二羟苯基甲烷。二羟苯基甲烷有三种异构体：2,2′-二羟苯基甲烷；2,4′-二羟苯基甲烷和 4,4′-二羟苯基甲烷。三种异构体的比例与反应介质的 pH 有关，在酸性反应介质中，后两种异构体为主要产物。

上述 3 种异构体与甲醛进行加成反应，生成的羟甲基再与苯酚进行缩合反应，如此反复生成酚醛树脂低聚物。在合成热塑性酚醛树脂时，苯酚的过量限制了树脂相对分子质量的增大，平均每个分子约含有 5～6 个苯环，不存在没有反应的羟甲基，即使长期加热也仅能熔化而不会固化，因此称为热塑性酚醛树脂。由于苯酚的三个官能团没有全部反应，与六次甲基四胺和多聚甲醛受热时即能转变为热固性酚醛树脂。

（三）生产方法

生产过程包括缩聚和脱水两步。按配方将原料投入反应器并混合均匀，加入催化剂，搅拌，加热至55～65℃，反应放热使物料自动升温至沸腾。此后，继续加热保持微沸腾（96～98℃）至终点，经减压脱水后即可出料。

影响树脂合成和性能的主要因素为酚与醛的化学结构、摩尔比和反应介质的pH。酚与醛的摩尔比大于或等于1时，初始产物为一羟甲基酚，缩聚时生成线型树脂；小于1时，生成多羟甲基酚衍生物，形成的缩聚树脂可交联固化。反应介质的pH小于7时，生成的羟甲基酚很不稳定，易缩聚成线型树脂；大于7时，缩聚缓慢，有利于多羟甲基酚衍生物的生成。

生产热塑性酚醛树脂常用盐酸、磷酸、草酸作催化剂（见酸碱催化剂）使介质pH为0.5～1.5。为避免剧烈沸腾，催化剂可分多次加入。沸腾反应时间一般为3～6h。脱水可在常压或减压下进行，最终脱水温度为140～160℃。树脂的相对分子质量为500～900。

生产热固性酚醛树脂可用氢氧化钠、氢氧化钡、氨水和氧化锌作催化剂，沸腾反应时间1～3h，脱水温度一般不超过90℃，树脂的相对分子质量为500～1000。强碱催化剂有利于增大树脂的羟甲基含量和与水的相溶性。氨催化剂能直接参加树脂化反应，相同配方制得的树脂分子质量较高，水溶性差。氧化锌催化剂能制得贮存稳定性好的高邻位结构酚醛树脂。

【例2.6】 浅色酚醛树脂的生产。

生产配方见表2.13。

表2.13 浅色酚醛树脂的生产

原　料	物质的量/mol	用量/kg
苯酚（99%）	1	100
甲醛（37%）	1.2	102.4
氨水（25%）	0.09	6.8
添加剂I	—	6
添加剂II	—	4
酒精（90%）	—	60～80

生产过程如下：

（1）将熔化的苯酚加入反应釜，搅拌；加入甲醛和添加剂I；加入氨水，在20min内升温到65℃，反应20min。

（2）在60min内升温到95℃，约反应20min出现浑浊，降温到90℃±1℃下反应25min，减压脱水至反应液透明，冷却至65℃。

(3) 加入添加剂Ⅱ，搅拌至全溶，65℃下保温 10min 后放入酒精；搅拌、冷却出料，得浅米黄色透明树脂。

三、松香改性酚醛树脂的制造

松香改性酚醛树脂是一种具有良好脂溶性和溶剂相容性、光泽高、硬度高、干燥速度快且具有良好耐水性的可溶性酚醛树脂。松香改性酚醛树脂主要用于油墨工业，是生产高级胶印油墨的重要生产原料；在涂料工业中也有应用，如热熔路标漆等。

松香改性酚醛树脂的合成原理基本上都可以分为三步。第一步是合成甲阶酚醛缩合物，第二步是甲阶酚醛缩合物与松香的缩合，第三步是松香缩合物与多元醇的酯化。

甲阶酚醛缩合物也就是 A 阶酚醛树脂，由酚和醛在催化剂的作用下反应得到。

$$\text{(OH, R)} + HCHO \xrightarrow{\text{催化剂}} \text{(OH, }CH_2OH\text{, R)} + HCHO \longrightarrow HOH_2C-\text{(OH, R)}-CH_2OH$$

$$\xrightarrow{\triangle} HOH_2C-\text{(OH, R)}-CH_2-\text{(OH, R)}-CH_2OH$$

甲阶酚醛缩合物在加热的条件下，可以与松香中的碳碳双键发生加成缩合反应，形成苯并氧六环结构。

最后是松香酚醛缩合物与多元醇的酯化。因为松香的主要成分是树脂酸，含有羧基，且在第二步中发生反应时羧基并未参加，在缩合物中依旧存在，所以能与醇羟基发生酯化反应。以 R′代表松香酚醛缩合物中羧基以外的基团，用甘油进行酯化，则反应为

$$R'COOH + \begin{array}{l} CH_2OH \\ | \\ CHOH \\ | \\ CH_2OH \end{array} \xrightarrow{\triangle} \begin{array}{l} CH_2OOCR' \\ | \\ CHOOCR' \\ | \\ CH_2OOCR' \end{array}$$

松香改性酚醛树脂的生产工艺可分为一步法和两步法。

一步法的生产工艺如下：

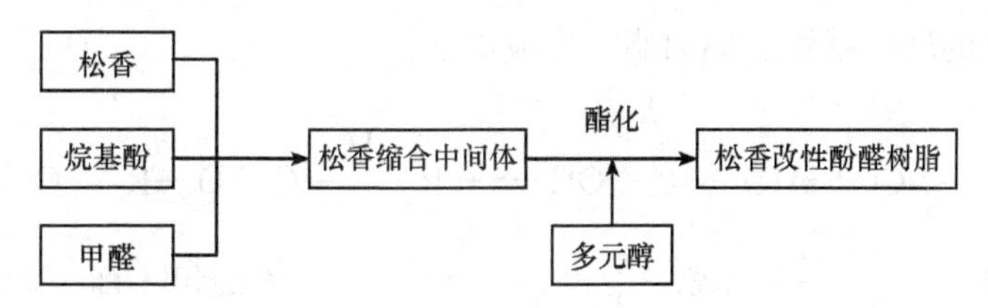

两步法的生产工艺如下：

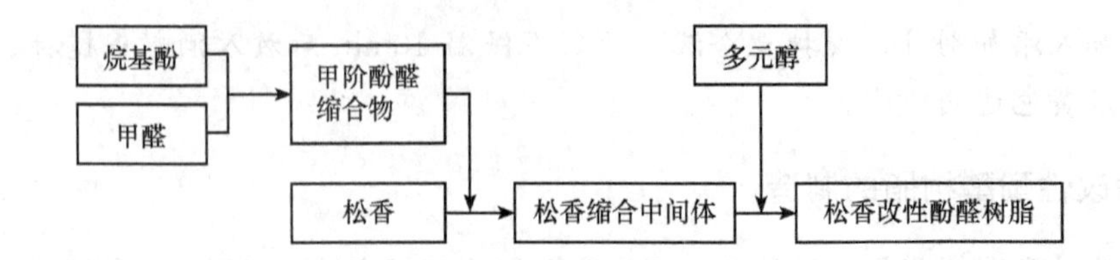

一步法的特点是将酚、醛等原料与松香混合后直接反应，工艺形式简单，但后续各步升温等控制要求较高；二步法的特点是预先合成酚醛缩合物中间体，再与松香体系反应，经各个特定反应阶段最后形成高软化点、具有相当分子质量和一定矿油溶剂溶解性的树脂。

【例 2.7】 一步法生产 2116# 松香改性酚醛树脂。

生产配方见表 2.14。

表 2.14 一步法生产 2116# 松香改性酚醛树脂生产配方

原　料	用量/kg	原　料	用量/kg
松香	1000	多聚甲醛	60
甘油	88	催化剂	0.2
双酚 A	68		

生产过程如下：

(1) 将配方量的松香加入反应釜，加热至熔融状态，开动搅拌装置，降温至 120℃。

(2) 向反应釜中加入配方量的甘油、双酚 A、多聚甲醛和催化剂，密闭反应，加热至 130℃，保温反应 2h。

(3) 降温泄压脱水。

(4) 4h 升温至 265℃，并在此温度下反应 4h。

(5) 取样检验，调整黏度，合格后抽真空 10min，出料。

第四节　聚氨酯树脂的生产

聚氨酯，是聚氨基甲酸酯的简称。

一、聚氨酯树脂的基本结构和组成

聚氨酯的分子结构特征是具有氨基甲酸酯结构单元。氨基甲酸酯是由异氰酸酯基与羟基通过逐步加成聚合反应（加聚反应）形成的。多异氰酸酯与多羟基物进行加聚反应，形成大分子的聚氨基甲酸酯树脂，反应如下：

$$m\mathrm{NCO{-}R{-}NCO} + m\mathrm{HO{-}R'{-}OH} \longrightarrow \left[\mathrm{R{-}\overset{H}{N}{-}\overset{O}{\overset{\|}{C}}{-}O{-}R'{-}O{-}\overset{O}{\overset{\|}{C}}{-}\overset{H}{N}} \right]_m$$

多异氰酸酯　　多羟基物　　聚氨基甲酸酯

值得注意的是，合成聚氨酯树脂的原料不是氨基甲酸酯，而是多异氰酸酯与多羟基物（单体或树脂）。氨基甲酸酯结构在树脂制造中和漆膜固化时才形成。实际上，聚氨酯树脂固化后的结构比上述结构复杂得多，一般不会只有氨基甲酸酯一种结构。

二、聚氨酯树脂的特性和应用

聚氨酯树脂是一大类性能优良、应用广泛的树脂，常用于生产涂料。用聚氨酯树脂生产的涂料，具有如下特点：

(1) 漆膜机械性能良好，坚韧且耐磨；装饰性好，漆膜丰满、光亮。常用做家具涂料、装修涂料等。

(2) 漆膜具有良好的耐腐蚀性和电气绝缘性，常用做防腐蚀漆和电气绝缘漆等工业涂料。

(3) 涂膜固化要求低，可以在室温甚至低温下固化；可以制造不需经烘烤就能固化的高耐候涂料，常用做飞机、航天器、汽车、铁路车辆、桥梁、塔、罐等大型户外建筑的耐久性保护涂料。

(4) 用聚氨酯树脂生产的涂料，随着配方的变化，能得到性能各异、应用广泛的品种。正是由于聚氨酯涂料能在各种场合使用，它被称为涂料领域的多面手。

三、聚氨酯树脂的主要生产原料

用于生产聚氨酯树脂的原料主要包括多异氰酸酯类、含活泼氢的化合物与树脂、溶剂、催化剂和各类助剂等。本节重点介绍多异氰酸酯类和含活泼氢的化合物与树脂，其他原料不作详细介绍。

（一）多异氰酸酯

用于制造聚氨酯树脂的多异氰酸酯一般为二异氰酸酯，其结构通式为

$$O=C=N-R-N=C=O$$

式中—R—为烃基。根据—R—的结构，二异氰酸酯可以分为芳香族二异氰酸酯和脂肪族二异氰酸酯两大类。芳香族二异氰酸酯就是—NCO基直接连接在芳香烃环上，如苯环、萘环上的二异氰酸酯，而脂肪族二异氰酸酯就是—NCO基连接在脂肪、脂环烃基上或者芳环的脂肪族取代基上的二异氰酸酯。

1. 芳香族二异氰酸酯

1) 甲苯二异氰酸酯（TDI）

TDI在常温下是一种具有刺激气味的低黏度无色或微黄色液体。它有两种异构体，分别是2,4-TDI与2,6-TDI。

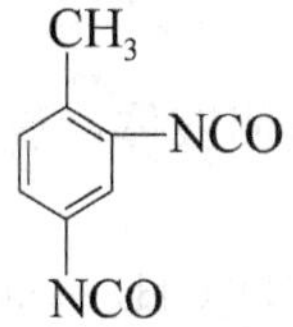

CH_3　NCO　NCO　　CH_3　OCN　NCO

2,4-TDI 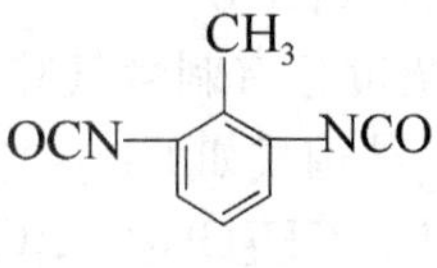　　2,6-TDI

其分子式为$C_9H_6N_2O_2$，相对分子质量为174.15。

TDI是涂料领域中用量最大，应用最广的二异氰酸酯。工业TDI有三种规格，分别是T100、T80和T65，区别在于组成中的两种异构体的比例，T100中2,4体含量为97.5%，T80为80%±2%，T65为65%±2%。相应的技术指标可从相关书籍中查到。

三种规格中，以T80生产工艺最简便、产量最大，应用也最普遍。TDI虽然应用最广泛，但是也有一些自身固有的缺点，如蒸气压高、易挥发、有明显刺激性与毒性、用它制备的涂料漆膜易泛黄、耐候性较差。

TDI在涂料中的应用形式，主要是通过与多元醇反应制成多异氰酸酯基加成物或预聚物，自聚成为具有异氰脲酸酯环状结构的多异氰酸酯基聚合物。这些产品用做双组分聚氨酯漆固化剂或者独自作为基料树脂。

2）4，4-二苯基甲烷二异氰酸酯（MDI）

MDI在常温下是一种结晶固体，其结构式如下：

$$OCN-C_6H_4-CH_2-C_6H_4-NCO$$

其分子式为$C_{15}H_{10}N_2O_2$，相对分子质量为250.1。工业品MDI的规格、技术指标见表2.15。

表2.15　工业品MDI的技术指标

项　　目	技术指标	项　　目	技术指标
外观	白色至微黄色片状固体	沸点（1999.8Pa）/℃	215～217
纯度/%	≥99.5	闪点/℃	201
凝固点/℃	38.0	水解氯含量/%	≤0.05
相对密度（20℃/4℃水）	1.19	总氯含量/%	≤0.1
沸点（666.6Pa）/℃	190	—	—

MDI的挥发性很低，是低毒性的二异氰酸酯。以它制备的涂料漆膜强度高、耐磨性好，但非常容易泛黄。

由于MDI在常温下为白色到浅黄色片状固体，熔点38℃，使用起来不方便，因此常通过几种异构体的混合来降低熔点，或者通过改性产生碳化二亚胺结构，使之成为液态产品，工业上称之为液化MDI，用做聚氨酯、聚脲等涂料的多异氰酸酯组分。

芳香族二异氰酸酯的最大缺点是涂膜长期暴露在阳光下容易变黄，这是因为由异氰酸酯基衍变成的芳香环端氨基交易被氧化。因此，在一些需要较好耐黄变性能的涂料中，不能大量使用TDI或MDI生产的树脂。而脂肪族二异氰酸酯则是一个较好的选择。

2. 脂肪族二异氰酸酯

1）六亚甲基二异氰酸酯（HDI）

HDI是一种水白色到微黄色有刺激气味的透明液体，蒸气压较高，毒性较大，为典型的脂肪族二异氰酸酯，结构式如下：

$$OCN-CH_2CH_2CH_2CH_2CH_2CH_2-NCO$$

其分子式为$C_8H_{12}N_2O_2$，其相对分子质量为168.2。HDI的技术指标见表2.16。

表 2.16　工业 HDI 的技术指标

项　目	技术指标	项　目		技术指标
外观	水白色至微黄色透明液体	沸点/℃	(133.3Pa)	92～96
纯度/%	≥99.5		(1333.2Pa)	120～125
凝固点/℃	−67		(2666.4Pa)	140～142
相对密度（20℃/4℃水）	1.05	水解氯含量/%		≤0.01
闪点/℃	130	总氯含量/%		≤0.1
折射率（n_D^{25}）	1.4501	—		—

HDI 最突出的特点是可以制得高耐候，保光、保色性优良的外用聚氨酯涂料。其缺点亦是挥发性较强，有明显的刺激性与毒性，价格比 TDI 高得多。

HDI 在涂料中的主要应用形式是与水反应制造线型结构的多异氰酸酯固化剂——HDI 缩二脲，或者聚合成为具有异氰脲酸酯环状结构的多异氰酸酯固化剂—HDI 三聚体。

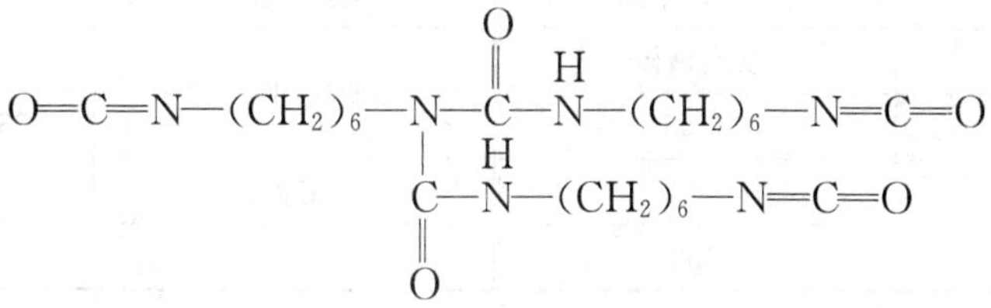

$$O{=}C{=}N{-}(CH_2)_6{-}N(C(=O)NH{-}(CH_2)_6{-}N{=}C{=}O){-}C(=O){-}NH{-}(CH_2)_6{-}N{=}C{=}O$$

HDI 缩二脲

$$\text{三个 }(CH_2)_6{-}N{=}C{=}O\text{ 基连接于异氰脲酸酯环的 N 原子上}$$

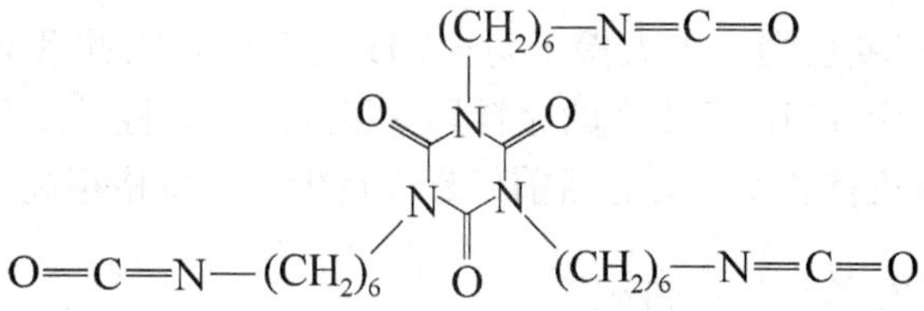

HDI三聚体

2）异佛尔酮二异氰酸酯（IPDI）

IPDI 是一种水白色到淡黄色的液体，它是具有饱和环己烷基的脂肪族二异氰酸酯，结构如下：

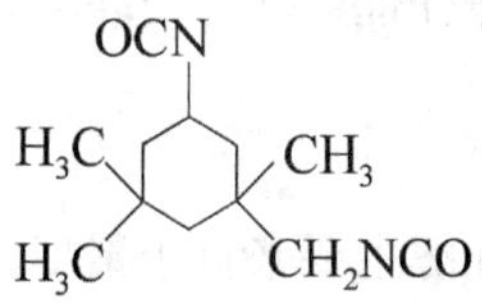

OCN, H_3C, CH_3, H_3C, CH_2NCO

其分子式为 $C_{12}H_{18}N_2O_2$，相对分子质量为 222.3。IPDI 的技术指标见表 2.17。

表 2.17　工业品 IPDI 技术指标

项　目	技术指标	项　目	技术指标
外观	水白色至微黄色透明液体	沸点（1999Pa)/℃	158～159
相对密度（20℃/4℃水）	1.058～1.064	熔点/℃	−60
折射率（n_D^{25}）	1.4828	水解氯含量/%	≤0.02
闪点/℃	155	总氯含量/%	≤0.05

IPDI 同样具有脂肪族异氰酸酯的优点，所制的涂料漆膜不泛黄，耐候性好。其预

聚物可溶性好。IPDI 在涂料中的主要应用形式是制成 IPDI 三聚体固化剂。工业上的 IPDI 是顺式和反式异构体的混合物，比例为 70∶30。

3）四甲基苯二亚甲基二异氰酸酯（TMXDI）

TMXDI 结构如下：

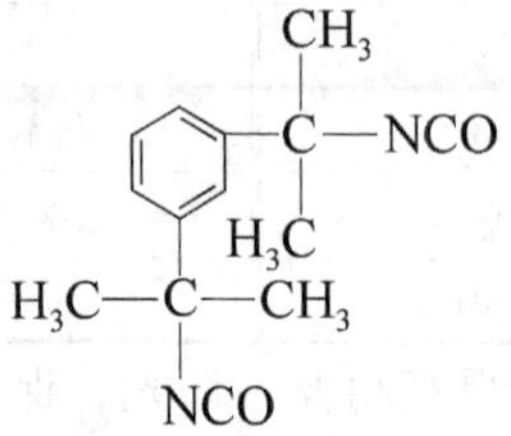

CH_3
C—NCO
H_3C
H_3C—C—CH_3
NCO

其分子式为 $C_{14}H_{16}N_2O_2$，其相对分子质量为 244.3。TMXDI 技术指标见表 2.18。

表 2.18　TMXDI 技术指标

项　目	技术指标	项　目	技术指标	
外观	无色液体	黏度/(mPa·s)	0℃	25
相对密度（20℃/4℃水）	1.05		25℃	9
熔点/℃	−10	总氯含量	≤0.005%	
沸点（390Pa)/℃	150	—	—	

TMXDI 是典型的叔碳异氰酸酯，不会产生自缩聚反应，它的预聚物黏度低，而且—NCO 基与水反应速度也慢，大大慢于与—OH 的反应，因此 TMXDI 的预聚物适宜制造水性聚氨酯漆。用 TMXDI 生产的涂料具有很好的耐候性、耐久性、耐水解性、保光保色性和突出的断裂伸长率。但它目前仅是少量生产，价格很高。

（二）含活性氢的化合物与树脂

含活性氢的物质中，最重要的是多元醇与多羟基树脂，它们可用于与二异氰酸酯反应以制造多异氰酸酯预聚物（在这种场合被称为多异氰酸酯预聚物的多元醇母体），也可以在—NCO/—OH 型双组分涂料中作为羟基组分。胺类亦是重要的含有活性氢的物质，常用做催化剂、扩链剂或者兼任催化剂与交联剂。

1. 多元醇

在聚氨酯树脂的生产中，多元醇主要来自于聚酯、聚醚、醇酸树脂和丙烯酸树脂。

聚酯多元醇主要指含有端羟基的饱和聚酯。聚酯多元醇黏度较大，价格较高。用聚酯多元醇生产的聚氨酯树脂，具有良好的拉伸强度、弯曲强度、耐磨性和耐油性，但容易水解。

聚醚多元醇是合成聚氨酯树脂的主要原料之一，据统计，用于合成聚氨酯树脂的多元醇 90%都是聚醚多元醇。但是值得注意的是，用聚醚多元醇合成的聚氨酯树脂，却很少用于涂料生产，这主要是因为此类树脂生产的涂料涂膜具有高透湿性，户外耐久性不理想。

醇酸树脂和丙烯酸树脂也都含有活泼氢，在合成聚氨酯树脂时都有使用。醇超量的多羟基醇酸树脂是—NCO/—OH 型双组分聚氨酯漆羟基组分树脂的重要品种。近年来，大量低档聚氨酯漆则以醇酸树脂作为合成预聚物固化剂的羟基母体。用做—NCO/—OH 双组分聚氨酯羟基组分树脂的羟基丙烯酸树脂，其典型的应用是与脂肪族多异氰酸酯固化剂配制高耐候户外用漆。

2. 胺类

胺类也是重要的含活性氢物质，它常起催化、扩链、交联等作用。但是要注意，对于聚氨酯涂料最有普遍意义的胺，并非来自外加，而是其自身的—NCO 基与水反应生成的胺。

$$—R—NCO+H_2O \longrightarrow —R—\overset{H}{N}—COOH \longrightarrow —R—NH_2+CO_2$$

氨基甲酸　　　　胺

形成的胺进一步反应，造成多异氰酸酯的变质，影响其储存安全，而它在聚氨酯涂料的固化中又起重大作用，并且影响着漆膜的结构与性能。

多元胺用做多异氰酸酯的扩链剂和交联剂。二元伯胺与—NCO 反应非常迅速，但 4,4′-二氨基3,3′-二氯二苯基甲烷（MOCA）由于—NH_2受其邻位—Cl 的位阻与吸电子效应影响，活性较低，与多异氰酸酯混合后，可以有较长的施工时限，便于使用。

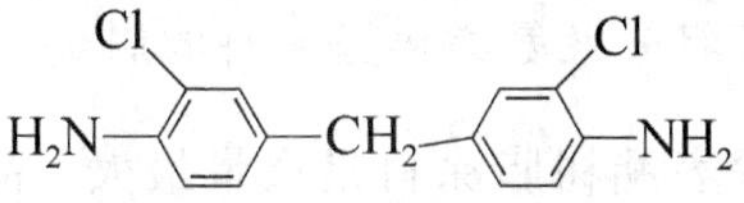

Cl　　　　　　Cl

H_2N—⟨苯环⟩—CH_2—⟨苯环⟩—NH_2

4,4′-二氨基 3,3′-二氯二苯基甲烷（MOCA）

含有—OH 的叔胺，除了催化作用，还能参与交联。例如，二甲基乙醇胺（DMEA）、甲基二乙醇胺（MDEA）、四羟丙基乙二胺（403 聚醚）等。

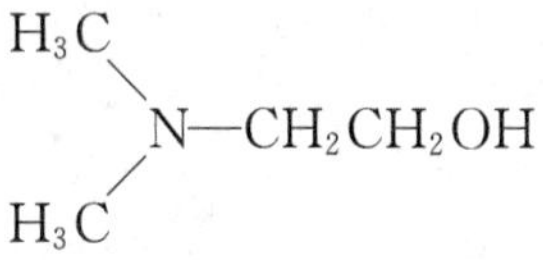

$(H_3C)_2N—CH_2CH_2OH$

DMEA

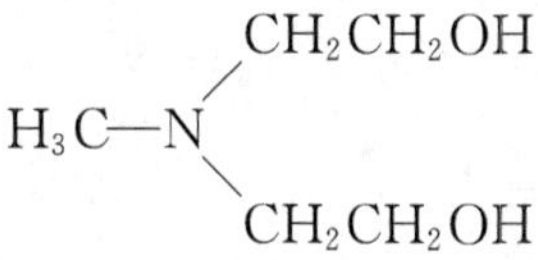

$H_3C—N(CH_2CH_2OH)_2$

MDEA

$(HOHCH_2C(H_3C))_2NCH_2CH_2N(CH_2CHOH(CH_3))_2$

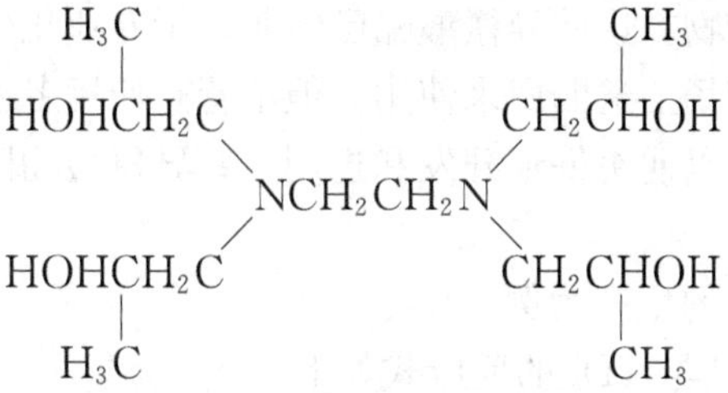

N403

另一类是仲胺，只有一个活泼氢，活性高，可与—NCO 定量反应，用做分析—NCO 含量的试剂。如二丁胺（二正丁基胺）、六氢吡啶。

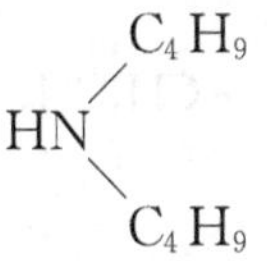

$HN(C_4H_9)_2$

二丁胺

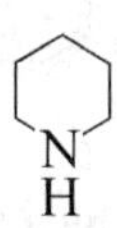

六氢吡啶（环状 NH）

还有一些胺类的衍生物，如酮亚胺，作为催化固化型聚氨酯涂料的潜固化剂。

3. 其他含端羟基的聚合物

其他含端羟基的聚合物主要包括含有端羟基的聚丁二烯的均聚物或共聚物、含端羟基的聚异丁烯、含端羟基的聚丙烯酸酯类和环氧树脂类等。

4. 酚类

酚类也是具有活性氢的化合物，常用做—NCO基的封闭剂。

四、聚氨酯树脂的生产

聚氨酯树脂中的氨基甲酸酯结构，一般是在聚氨酯涂料固化过程中才最终形成的，因此讨论聚氨酯树脂的生产实质上就是讨论聚氨酯树脂涂料的生产。

聚氨酯涂料包括氨酯油涂料、封闭型聚氨酯涂料、—NCO/—OH双组分聚氨酯树脂涂料和单组分湿固化聚氨酯树脂涂料等类型。本文着重讨论—NCO/—OH双组分聚氨酯树脂涂料和单组分湿固化聚氨酯树脂涂料。

（ ）—NCO/—OH 双组分聚氨酯树脂涂料的制造

—NCO/—OH双组分聚氨酯树脂涂料是产量最大、品种最多、用途最广的聚氨酯树脂涂料。顾名思义，该涂料包括两个组分，分别是甲组分（或称为A组分）和乙组分（或称为B组分）。甲组分为含—NCO的异氰酸酯和无水溶剂组分，乙组分则是含—OH的化合物或树脂以及颜料、填料、溶剂、催化剂和其他添加剂等的混合体系。

1. 甲组分的制造

甲组分中的异氰酸酯，也就是聚氨酯涂料的固化剂，主要为TDI、HDI、MDI等的预聚物、加成物或缩聚物。这些异氰酸酯已经实现了专业化生产，很多涂料企业不再单独生产，而是直接从市场上选购回来使用。但不管是使用者还是生产者，都有必要了解它的生产原理与工艺，以便更好地开发和选用这些异氰酸酯固化剂。

1）预聚物

以TMP/TDI预聚物的生产为例。

（1）反应原理。TMP与TDI的反应式如下：

$$CH_3CH_2-C(CH_2OH)_3 + 3\ CH_3C_6H_3(NCO)_2 \longrightarrow CH_3CH_2-C[CH_2OC(=O)-NH-C_6H_3(NCO)-CH_3]_3$$

理论上，1molTMP 与 3molTDI 反应，由于 2,4-TDI 中 4 位的—NCO 反应活性较 2 位大，首先与 TMP 中的—OH 进行氨基甲酸酯化反应，最后生成保留有三个 2 位的—NCO 的多异氰酸酯，称为 TMP/TDI 加成物。

事实上，由于生产实际中使用的是 T80 规格的 TDI，它除了 2,4 体，还含有 20% 的 2,6 体。产物除了 TMP/TDI 加成物外，还有其他的成分，分子质量分布比较宽。一般把这个混合产物称为预聚物。其实，即便是使用纯的 2,4-TDI 来反应，也不会得到上述纯净的 TMP/TDI 加成物，因为 4 位与 2 位—NCO 反应活性区别只是反应几率的大小，并不是可否反应的绝对差别。

(2) 配方（表 2.19）与工艺。TMP/TDI 预聚物的合成工艺，大都是 TMP 与溶剂回流脱水，再加入 TDI 进行氨基甲酸酯化反应而成。回流脱水溶剂，早期用环己酮，而近来大都采用醋酸丁酯，整个溶剂体系也一般是以醋酸丁酯为主的酯类与芳烃的混合溶剂。

表 2.19　聚氨酯树脂的生产配方

原料名称	规格	用量/kg	原料名称	规格	用量/kg
TMP	—	9.70	醋酸丁酯 B	无水	10.0
醋酸丁酯 A	—	30.0	二甲苯	无水	10.0
TDI	T80	10.30	—	—	—

配方参数：—NCO∶—OH＝2.13∶1（物质的量比）。

理论固体分：50。

理论—NCO 含量：10.32%。

工艺如下：

把醋酸丁酯 A 与 TMP 加入配备回流冷凝器与分水器的脱水釜，搅拌、蒸气夹套加热到约 130℃，回流，脱水 0.5～1h，降温，抽入高位贮槽，60℃左右保温，备用。

在反应釜中，先抽入 TDI 与醋酸丁酯 B，搅拌、升温到 40℃，在 1h 内把经脱水的 TMP 醋酸丁酯液分 4 批加入其中，控制反应温度不超过 70℃，羟基液加完后，在 70℃保温 2h，升到 90℃，保温 1～2h，取样测定—NCO 的含量。待—NCO 的含量＜10.5%之后，加入二甲苯稀释，降温到 40℃以下，出料，过滤包装。

2）缩聚物

以 HDI 缩二脲的生产为例。

HDI 缩二脲由 3molHDI 与 $1molH_2O$ 缩合而成：

$$3OCN(CH_2)_6NCO + H_2O \longrightarrow OCN(H_2C)_6-N\begin{cases} \overset{O}{\overset{\|}{C}}-NH(CH_2)_6NCO \\ \underset{O}{\underset{\|}{C}}-NH(CH_2)_6NCO \end{cases}$$

HDI 缩二脲

HDI缩二脲是一种具有三官能度的脂肪族多异氰酸酯。用该缩聚物生产的涂料不泛黄、耐候性好。通常以HDI缩二脲与饱和羟基聚酯、羟基丙烯酸树脂配套，制造常温固化户外用漆，如用于大型汽车、火车、飞机等的涂料。

3）异氰酸酯聚合体

二异氰酸酯在催化剂（如三丁基膦）的作用下，可以自聚成为具有稳定的异氰脲酸酯环结构的具有多个—NCO基的聚合物。由3mol二异氰酸酯自聚得到三聚体，由5mol二异氰酸酯自居可以得到五聚体。

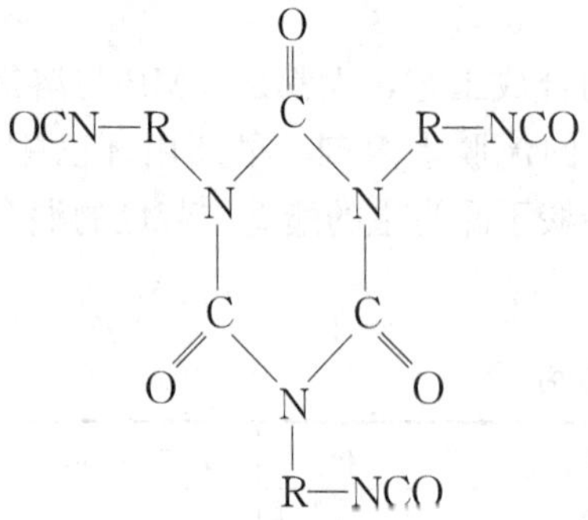

三聚体 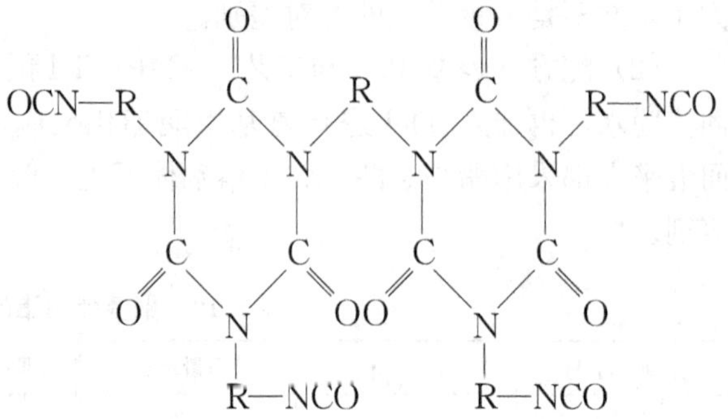　　　　五聚体

上式中R表示各种二异氰酸酯的烃基。

工业产品的组成以三聚体为主，但还有一定比例的五聚体、七聚体，其至更高的聚合体，但习惯统称三聚体固化剂。异氰酸酯聚合体一般配制成50%醋酸丁酯溶液使用。

异氰酸酯聚合体干燥比较迅速，主要用做木材清漆，供流水线连续涂装用。

4）具有多种结构的固化剂

与很多有机化学反应一样，在制造固化剂时不可能得到单一的某一种结构的固化剂，而是得到以某个或某些结构为主的各种结构并存的产物。

如多元醇与TDI通过氨基甲酸酯化制造预聚物时，为了提高TDI的转化率，往往在反应后期提高温度，就会有部分脲基甲酸酯结构生成。

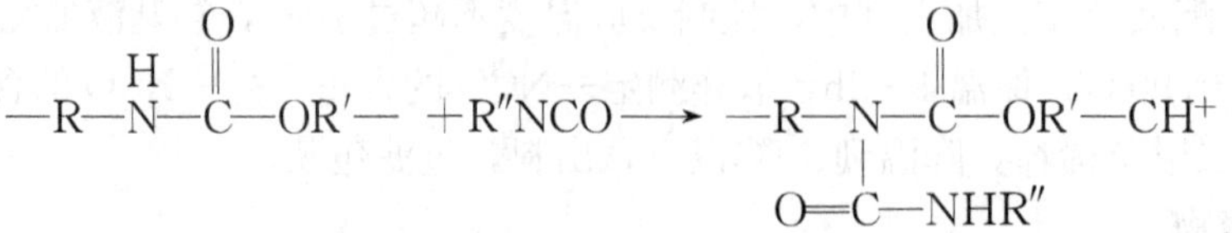

$$—R—NH—C(=O)—OR'— + R''NCO \longrightarrow —R—N(—C(=O)—NHR'')—C(=O)—OR'—CH^{+}$$

脲基甲酸酯

有些副反应我们在生产时要尽量避免，但是也有些副反应是我们需要的。有些时候也可以有意识地让某些副反应发生，以制造出具有多种结构的固化剂，以满足性能与成本等方面的要求。

如TDI三聚体具有快干、坚硬等优点，但太脆，与其他树脂相容性较差。为了改善其性能，可以加入柔性的多元醇进行改性，既可以在三聚体形成后改性，也可以多元醇与TDI的一个—NCO反应后再使另一个—NCO基进行聚合，结果形成同时具有氨基甲酸酯结构与异氰脲酸酯环结构的固化剂，前者为柔性部分，后者为刚性部分，性能得到了平衡。

2. 乙组分的制造

从定义上看，凡是含有羟基的物质，都能作为—NCO/—OH 双组分聚氨酯涂料的乙组分。但是需要注意的是，乙组分的选择必须与甲组分有很好的相容性，要有足够多的羟基与—NCO 交联成膜，并且没有低分子单体和水分等杂质，酸价也要尽可能低。

可用做乙组分的有聚酯、聚己内酯、聚醚、醇酸树脂、含羟基丙烯酸树脂、环氧树脂、蓖麻油衍生物以及含羟基乙烯树脂等。其中大部分的树脂在本章中有介绍，此处不再赘述。

3. 甲组分与乙组分的选择与匹配

甲组分必须具有低气压、溶解性好、黏度适中、储存稳定性好以及与乙组分混溶性好等特点，同时还需要较低含量的游离二异氰酸酯单体。常用的异氰酸酯主要为 TDI、HDI 和 MDI 等的预聚物、加成物和缩聚物。

常见的异氰酸酯的特点如下：

(1) TDI 的加成物价格较低，但是容易泛黄，耐候与工作任务相关的作业性差，一般只能用于生产室内涂料。

(2) TDI 三聚体干性好，一般用做快干型木器清漆。

(3) HDI 缩二脲成本较高，但不易泛黄，保光性好，可用做户外高级涂料。

(4) XDI 加成物不泛黄，保光性较好，耐候与工作任务相关的作业性介于 TDI 和 HDI 之间，成本也是高于 TDI 而低于 HDI 缩二脲。

(5) IPDI 加成物不泛黄，保光性好，反应活性很低，可施工时间较长。

在选用甲组分是可根据具体的使用场合和性能要求进行筛选。

乙组分则要求与甲组分有很好的相容性，并且具有较多的羟基，以便和甲组分中的—NCO 反应，交联成膜。同时，乙组分还应该不含低分子单体和水分等杂质，酸价也要尽可能的低。

除此，还应根据具体的要求选择合适的乙组分。如选择聚丙烯酸酯、聚酯或醇酸树脂等用于生产耐户外暴晒的涂料，选择对苯二甲酸聚酯用于生产耐高温的涂料，选择环氧树脂、聚醚树脂等用于生产耐化学腐蚀的涂料等。

在选择好甲组分和乙组分之后，下一步重要的工作就是确定二者之间的比例了。—NCO/—OH 的值一般通过实验确定，一般在 1.1～1.2 范围内，考虑到一些特殊的性能需求，—NCO∶—OH 的取值范围可以大一些，可达 0.9～1.5。甲组分过多或过少都会带来一些不好的影响。甲组分过多，未反应的—NCO 将于空气中的水分发生反应，生成脲，使得漆膜变脆，耐冲击性能变差；甲组分过少，则漆膜发软、发黏，且剩余的—OH 是的漆膜耐水和耐化学药品性能下降。

在选择好甲组分和乙组分之后，可以利用查图的方法求得两个组分的配比。图 2.2 是用于计算二者配比的计算图。标尺甲、乙上的数字分别表示甲组分中—NCO 的百分含量和乙组分中—OH 的百分含量，标线 $W_{甲}$ 的数字表示每 100 份（质量）乙组分所需要的甲组分的分数（质量）。具体计算时可分为理论上完全反应和理论上非完全反应两者情况。即

① 当—NCO∶—OH=1∶1时，理论上甲、乙组分完全反应。此时在甲、乙两条标线上分别找出—NCO%和—OH%两个数值对应的点，通过两个点做一条直线，与标线$W_{甲}$相交于一点，则此点的读数就是100份（质量）乙组分所需要的甲组分的分数（质量）。

② 当—NCO∶—OH=n∶1时，理论上甲、乙组分不能完全反应。此时在甲、乙两条标线上分别找出—NCO%和—OH%两个数值对应的点，通过两个点做一条直线，与标线$W_{甲}$相交于一点，若此点的读数为W_0，则100份（质量）乙组分所需要的甲组分的分数（质量）为$W_{需}=n\times W_0$。

在实际生产中，颜填料、助剂等是添加到乙组分当中的，而在配方设计中往往对全漆的固含量、颜料体积浓度以及助剂含量等提出要求，因此在配制乙组分时应根据实际要求加以调整，以便尽可能满足全漆配方要求、包装要求等。

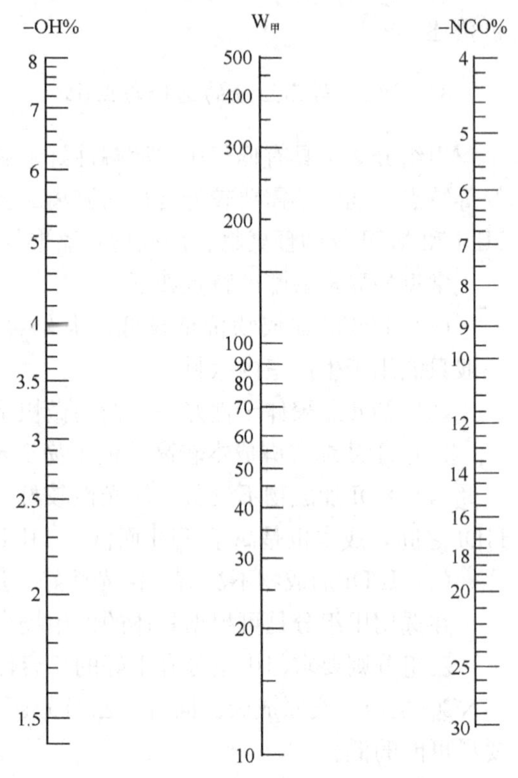

图 2.2 双组分聚氨酯涂料配方计算图

—NCO/—OH双组分聚氨酯涂料的固化，实际上并非单纯的—NCO与—OH反应交联。在漆膜固化过程中，涂料由液态渐变为固态，黏度急剧增大，分子移动随着反应的进行变得越来越难，—NCO与—OH难以充分接触，即使是—NCO过量，也不可能保证—OH全部反应。但是如果—OH过量，则—NCO能全部反应，因为空气中的水分子对漆膜的渗透促成了—NCO的湿固化交联反应。因此，不必过于强调—NCO∶—OH的值，而是大体上取—NCO∶—OH为1∶1，再根据所配制的涂料的性能能否符合预定目标来调整配方。

【例2.8】 聚酯型缩二脲聚氨酯耐候漆的配制。

生产配方见表2.20。

表2.20 聚酯型缩二脲聚氨酯耐候漆的配方

原料名称	规格	用量/%	原料名称	规格	用量/%
甲组分HDI缩二脲	75%溶液	25.3	乙组分650聚酯	含羟基8%	18.6
钛白	—	14.8	醋酸溶纤剂	—	30.3
甲苯	—	9.9	环烷酸锌	—	0.1
醋酸丁酸纤维素	—	1.0	—	—	—

工艺：

甲组分与含有颜料、填料、助剂等的乙组分混合均匀即可使用，此处不做详细讨论。

（二）单组分湿固化聚氨酯树脂的制造

单组分湿固化聚氨酯涂料又称为“潮气固化”聚氨酯涂料，是聚氨酯涂料家族中的一个重要品种。质量较好的单组分湿固化聚氨酯涂料，漆液清澈水白，漆膜丰满、光亮，且坚韧耐磨，市场上美其名曰“水晶地板漆”。单组分涂料，树脂做出来后加上助剂就成了涂料产品，使用时无需配漆，十分方便。但是由于它依靠空气中水气干燥，在干冷的天气下干性较差，这又限制了它的应用。

1. 单组分湿固化聚氨酯涂料固化反应原理

湿固化聚氨酯树脂，为含—NCO端基的预聚物，主要依靠—NCO与空气中的水反应来固化。—NCO基与水反应生成氨基甲酸，进而分解，放出CO_2同时生成胺，含活泼氢的胺再与预聚物中的—NCO反应形成脲键，最终形成聚脲。

$$n\text{—R—NCO} \xrightarrow{H_2O} n\text{—R—NH—COOH} \xrightarrow{-CO_2} n\text{—R—NH}_2 \xrightarrow{n\text{—R}'\text{—NCO}} \left(\text{—R—HN—}\overset{\overset{\displaystyle O}{\|}}{C}\text{—NH—R}'\text{—}\right)_n$$

预聚物　　氨基甲酸　　胺　　预聚物　　聚脲

固化了的漆膜中除了预聚物分子中本来存在的氨基甲酸酯结构之外，又有相当多固化过程中形成的聚脲结构。而聚脲结构能明显提高漆膜的强度、耐磨性与抗化学性。因而使得单组分湿固化聚氨酯涂料具有比较好的性能。

由于这类涂料是依赖空气中的水气来固化成膜的，所以固化速度取决于空气的湿度和温度。空气湿度大，温度高，则反应速度快，固化时间短；反之则固化时间长。在环境温度下，当空气相对湿度大于30%时，固化速度一般都能满足施工要求。但是在较低温度和相对湿度下，固化反应十分缓慢。在寒冷、干燥的地区，此类涂料的应用受到了一定的限制。

2. 单组分湿固化聚氨酯涂料的制造

1）单组分湿固化聚氨酯清漆的制造

单组分湿固化聚氨酯清漆常使用蓖麻油醇解物和TDI反应制得含有—NCO的预聚体，其中—NCO含量一般在10%～15%的范围内。为了克服单组分湿固化聚氨酯涂料在低温干燥环境下难以固化成膜的缺点，常在涂料中添加加速固化的催化剂。有时采用二异氰酸酯与聚醚多元醇在—NCO∶—OH<2的情况下反应，先制成含有氨基甲酸酯键的端羟基聚醚，然后与二异氰酸酯反应制备含—NCO的预聚体。这种预聚体在潮气作用下不需要添加任何催化剂即可快速固化。

2）单组分湿固化聚氨酯色漆的制造

由于所用树脂对水分十分敏感，易与颜料、填料中的水分发生反应而固化，所以对于相对湿度较大的地区，制造单组分湿固化聚氨酯色漆十分困难，即使生产出来，也会在储存、运输过程中出现鼓罐等问题。为了能生产出合格的单组分湿固化聚氨酯色漆，必须先除掉颜料、填料中的水分。

工业上，常采用色浆反应法和色浆球磨法来实现单组分湿固化聚氨酯色漆的生产。

色浆反应法就是将颜料、填料与用于制造预聚体的羟基树脂一起研磨分散，并将全部溶剂加入反应釜中，共沸脱水。冷却后加入配方量的二异氰酸酯进行反应，即可制得稳定的色漆。

色浆球磨法需要先测定颜料、填料的含水量，计算出消耗掉这些水分所需要的二异氰酸酯的量。然后，将全部颜料、填料和所需的二异氰酸酯一起加入球磨机中分数。分散过程中注意适时排放产生的二氧化碳。待反应结束后，加入含有端—NCO的预聚体，再次充分研磨至细度合格，即可得到合格的色漆产品。

其中，色浆反应法最为常用。该法对于大多数颜料适用，且产品质量稳定。但该法对于不耐高温（共沸脱水温度）的颜料不适用。而色浆球磨法过程较为复杂，操作烦琐，产品质量稳定性一般，因而应用不如色浆反应法广泛。

第五节　丙烯酸树脂的生产

丙烯酸树脂是指丙烯酸酯或者甲基丙烯酸酯的均聚物和与其他烯类单体的共聚物。对丙烯酸类单体及树脂的研究已有200多年的历史，但是真正实现工业化生产的时间只有80年，而丙烯酸树脂用于涂料生产，则只有50余年的历史。

一、单体的制备

用于生产丙烯酸树脂的单体有很多种，下面简单介绍部分单体的性质及其制备方法。

（一）常用单体的性质（表2.21）

表2.21　常用丙烯酸树脂单体的性质

名称	性状	相对密度（d_4^{20}）	熔点/℃	沸点/℃	折射率（n_D^{20}）	溶解性
丙烯酸丁酯	无色液体	0.8988	−64.6	146～148	1.4185	溶于乙醇、乙醚、丙酮，几乎不溶于水
丙烯酸	无色透明液体	1.0511	12.1	140.9		溶于水、乙醇、乙醚
甲基丙烯酸甲酯	无色液体	0.9440	−48	100～101	1.4147	溶于乙醇、乙醚、丙酮
甲基丙烯酸	无色透明液体	1.066		96	1.447（d_D^{25}）	溶于热水、乙醇、乙醚及大多数溶剂
丙烯腈	无色透明液体	0.8060	83～84	77.5	1.3911	溶于丙酮、苯、四氯化碳、乙醚、乙醇
丙烯酸乙酯	无色液体	0.945（d_D^{25}）	−75		1.404（d_D^{25}）	能溶于醇、醚
甲基丙烯酰胺	白色结晶	0.9022（d_D^{25}）	109～110		1.4680～1.4862（200℃）	能溶于醇，微溶于醚

（二）制备方法

1. 丙烯酸丁酯的制备方法

丙烯酸与正丁醇在硫酸催化下进行酯化，再经中和、水洗、脱醇、精馏得成品丙烯酸丁酯。

$$H_2C{=\!=}CHCOOH + C_4H_9OH \longrightarrow H_2C{=\!=}CHCOOC_4H_9 + H_2O$$

2. 丙烯酸的制备方法

丙烯酸有两者制备方法。

方法一：丙烯腈水解。

$$H_2C{=}CHCN + H_2SO_4 + H_2O \longrightarrow H_2C{=}CHCONH_2H_2SO_4 \xrightarrow{H_2O} H_2C{=}CHCOOH + NH_4HSO_4$$

方法二：氧化法，即将丙烯氧化为烯醛，再进一步氧化，生成丙烯酸。

3. 基丙烯酸甲酯的制备方法。

甲基丙烯酸甲酯的制备方法有三种。

方法一：丙酮氰醇路线法。

丙酮氰醇与硫酸反应生成甲基丙烯酰胺硫酸盐，经水解后再与甲醇酯化得甲基丙烯酸甲酯粗品，然后经盐析、粗馏、精馏得成品。

方法二：异丁烯路线法。

异丁烯在钼催化剂存在下用空气两步氧化。异丁烯先氧化生成甲基丙烯醛，再进一步氧化成甲基丙烯酸。甲基丙烯酸与甲醇酯化得甲基丙烯酸甲酯。

方法三：丙烯路线法。

丙烯、一氧化碳与甲醇进行羰化反应生成 2-甲氧基异丁酸甲酯，然后通过水解反应分解成甲基丙烯酸甲酯和甲醇。

4. 甲基丙烯酸的制备方法

甲基丙烯酸的工业生产方法有两种，即丙酮氰醇法和异丁烯（叔丁醇）氧化法。

方法一：丙酮氰醇法。

丙酮与氢氰酸反应生成丙酮氰醇，再与硫酸反应生成甲基丙烯酰硫酸盐，经水解得甲基丙烯酸。生产中要求丙酮氰醇和硫酸中均不含水，否则会产生丙酮或 α-羟基异丁酸甲酯留在产品中而影响产品质量。

$$(CH_3)_2CO \xrightarrow{HCN} (CH_3)_2C(OH)CN \xrightarrow{H_2SO_4} H_2C{=\!=}\overset{\overset{\displaystyle CH_3}{|}}{C}{-\!-}\overset{\overset{\displaystyle O}{\|}}{C}{-}NHH_2SO_4 \xrightarrow{H_2O} H_2C{=\!=}\overset{\overset{\displaystyle CH_3}{|}}{C}COOH$$

方法二：异丁烯（叔丁醇）氧化法。

异丁烯经过两步氧化，第一步生成甲基丙烯醛，第二步生成甲基丙烯酸，然后精馏可得合格产品。也可以用叔丁醇代替异丁烯进行生产。

$$H_2C{=\!=}C(CH_3)CH_3 \xrightarrow{O_2} H_2C{=\!=}C(CH_3)CHO \xrightarrow{O_2} H_2C{=\!=}C(CH_3)COOH$$

5. 丙烯腈的制备方法

目前，用于生产丙烯腈的最有工业生产价值的制法是丙烯氨氧化法。即以丙烯、氨、空气和水为原料，按其一定量的配比进入沸腾床或固定床反应器在以硅胶作载体的磷钼铋系或锑铁系催化剂作用下，在 400～500℃温度和常压下，生成丙烯腈，然后经中和塔用稀硫酸除去未反应的氨。再经吸收塔用水吸收丙烯腈等气体，形成水溶液，使该水溶液经萃取塔分离乙腈，在脱氢氰酸塔除去氢氰酸。经脱水、精馏而得丙烯腈产品。

6. 丙烯酸乙酯的制备方法

丙烯酸乙酯有四种生产方法。

方法一：丙烯腈方法。

先将丙烯腈与硫酸一起加热水解生成丙烯酰胺硫酸盐，再与醇酯化生成相应的丙烯酸酯。

方法二：β-丙内酯法。

乙烯酮与无水甲醛在三氯化铝存在下，在 25℃进行气相反应生成丙烯酸酯。

方法三：乙炔为原料的雷珀法。

此法又可分为化学计量法和催化法两个子方法。反应方程式分别是

$$HC{\equiv}CH + CH_3CH_2OH \xrightarrow[HCl]{Ni(CO)_4} H_2C{=}\underset{H}{C}-\overset{\overset{O}{\|}}{C}-OCH_2CH_3$$

和

$$HC{\equiv}CH + CH_3CH_2OH \xrightarrow[CO]{Ni} H_2C{=}\underset{H}{C}-\overset{\overset{O}{\|}}{C}-OCH_2CH_3$$

方法四：丙烯直接氧化法。

首先，丙烯氧化为丙烯醛，再进一步氧化为丙烯酸。丙烯酸与乙醇在离子交换树脂催化剂存在下，在沸点下连续进行酯化反应制得丙烯酸乙酯。

$$H_2C{=}C(CH_3)CH_3 \xrightarrow{O_2} H_2C{=}C(CH_3)CHO \xrightarrow{O_2} H_2C{=}C(CH_3)COOH$$

$$H_2C-CHCOOH + CH_3CH_2OH \longrightarrow H_2C{=}\underset{H}{C}-\overset{\overset{O}{\|}}{C}-OCH_2CH_3$$

7. 甲基丙烯酰胺的制备方法

以氰化钠为原料与硫酸进行反应制得氢氰酸，氢氰酸再与丙酮反应生成丙酮氰醇，再与浓硫酸反应生成甲基丙烯酸盐，然后原水中和制得成品甲基丙烯酰胺。

$$NaCN \xrightarrow{H_2SO_4} HCN \xrightarrow{(CH_3)_2CO} (CH_3)_2C(OH)CN \xrightarrow{H_2SO_4} H_2C{=}\overset{\overset{CH_3}{|}}{C}-\overset{\overset{O}{\|}}{C}-NH_2\,H_2SO_4$$

$$\xrightarrow{NH_3} H_2C{=}\overset{\overset{CH_3}{|}}{C}CONH_2$$

二、丙烯酸酯单体的聚合反应及聚合方法

（一）丙烯酸树脂的聚合反应原理

合成丙烯酸树脂的基本反应为自由基反应，可分为链引发、链增长和链终止三个基本反应，同时会发生链转移反应。

1. 链引发

链引发是指处于稳定态的分子吸收了外界的能量，如加热、光照或加引发剂，使它分解成自由原子或自由基等活性传递物。例如，

$$I \longrightarrow 2R\cdot$$

$$R\cdot + H_2C{=}CHX \longrightarrow RCH_2{-}\dot{C}HX$$

上述反应式中，I 为引发剂，R · 是自由基，$H_2C{=}CHX$ 为丙烯酸酯或佳绩丙烯酸脂类乙烯基单体。

2. 链增长

链增长是指由链引发产生的自由基或自由原子经反应后消失，同时又新生成一个或数个自由原子或自由基，并由这些新生的自由原子或自由基继续反应和传播下去，使得分子链不断增长。例如，

$$RCH_2{-}\dot{C}HX + nH_2C{=}CHX \longrightarrow R\ (CH_2CHX)_{n+1}\cdot$$

3. 链终止

链终止是指两个活性传递物相碰形成稳定分子或发生歧化，失去活性；或与器壁相碰，形成稳定分子，放出的能量被器壁吸收，造成反应停止。例如，

偶合链终止：

$$R(CH_2CHX)_n\cdot + R(CH_2CHX)_m\cdot \longrightarrow R(CH_2CHX)_{n+m}{-}R$$

歧化链终止：

$$R(CH_2CHX)_n\cdot + R(CH_2CHX)_m\cdot \longrightarrow$$

$$R(CH_2CHX)_{n-1}{-}\underset{}{\overset{H}{C}}{=}CHX + R(CH_2CHX)_{m-1}{-}CH_2CH_2X$$

4. 链转移

链转移是指链式聚合反应的活性中心从增长链转移到其他一些化合物上的反应。根据这些化合物的特点，链转移分为向单体转移、向大分子转移、向溶剂转移和向链转移剂转移等多种情况。例如，

向单体转移：

$$R(CH_2CHX)_n{-}\dot{C}H_2CHX + H_2C{=}CHX \longrightarrow R(CH_2CHX)_n{-}\underset{H}{C}{=}CHX + H_3C{-}\dot{C}HX$$

向大分子转移：

$$R(CH_2CHX)_n—\dot{C}H_2CHX + R(CH_2CHX)_n—CH_2CHXR' \longrightarrow$$
$$R(CH_2CHX)_n—CH_2CH_2X + R(CH_2CHX)_m—CH_2\dot{C}XR'$$

向溶剂或者链转移剂转移：

$$R(CH_2CHX)_n—\dot{C}H_2CHX + HSR'' \longrightarrow R(CH_2CHX)_n—CH_2CH_2X + \dot{S}R''$$

（二）丙烯酸树脂的聚合方法

合成丙烯酸树脂的聚合方法有溶液聚合法、乳液聚合法、本体聚合法和悬浮聚合法等四种方法，在涂料用丙烯酸酯的生产中，以溶液聚合法和乳液聚合法最为常用。

溶液聚合法是将单体和引发剂溶于合适的溶剂中进行聚合的方法；乳液聚合法是将单体和分散介质混合，并用乳化剂配制成乳液状态进行聚合的方法；本体聚合法是单体本身或者单体加上少量引发剂进行聚合的方法；悬浮聚合法是将单体以液滴状悬浮于水中进行聚合的方法，该聚合体系中包括单体、水、引发剂和分散剂四种组分。

四种方法的比较见表 2.22。

表 2.22 四种自由基聚合方法比较

项目 \ 聚合方法	溶液聚合	乳液聚合	本体聚合	悬浮聚合
主要组分	单体、引发剂、溶剂	单体、水性引发剂、乳化剂、水	单体、引发剂	单体、引发剂、分散剂、水
聚合场合	溶液内部	胶束及乳胶粒内	本体内	悬浮液滴内部
生产特点	可连续式生产，但不宜制成干燥粉状或颗粒状树脂，热量容易散出	可连续式生产，制成固态树脂时，需要经过凝聚、洗涤、干燥等工艺过程，热量易散出	一般是间歇式生产，也有连续式生产，生产设备简单，但热量不易散出	间歇式生产，需要有分离、洗涤、干燥等工艺过程，热量容易散出
产品特点	一般聚合液直接使用	有少量乳化剂和其他助剂残留	聚合物纯净，适宜用于透明浅色制品的生产，分子质量分布较宽	聚合物比较纯净，会有少量分散剂残留

1. 丙烯酸树脂的自由基溶液聚合

【例 2.9】 丙烯酸丁酯-苯乙烯共聚物的生产。

生产配方见表 2.23。

表 2.23 丙烯酸丁酯—苯乙烯共聚物的生产配方

原 料	用量/kg	原 料	用量/kg
丙烯酸丁酯	200	醋酸丁酯	150
苯乙烯	100	甲苯	150
丙烯酸	9	过氧化二苯甲酰（BPO）	1

工艺流程如下：

将丙烯酸丁酯、苯乙烯和丙烯酸混合，构成单体混合物。将全部醋酸丁酯、甲苯和少量的单体混合、引发剂 BPO 加入反应釜，加热至回流温度并保持在该温度范围内进行反应。根据具体要求以一定速度滴加余下的单体混合物。滴加完单体混合物后继续保温进行聚合。充分聚合后进行冷却，即得产品。

2. 丙烯酸树脂的自由基悬浮聚合

【例 2.10】 热塑性丙烯酸树脂的生产。

生产配方见表 2.24。

表 2.24　热塑性丙烯酸树脂的生产配方

原　料	用量/kg	原　料	用量/kg
甲基丙烯酸甲酯	20	引发剂 BPO	1.5
甲基丙烯酸丁酯	70	水	400
丙烯酸丁酯	5	聚乙烯醇	0.04
甲基丙烯酸	5	—	—

工艺流程如下：

(1) 将配方量的引发剂加入不锈钢槽中，按顺序加入甲基丙烯酸甲酯、甲基丙烯酸丁酯、丙烯酸丁酯和甲基丙烯酸，充分搅拌，使单体和引发剂混合均匀成混和单体，过 300 目筛备用。

(2) 将配方量的水全部加入反应釜，并加入水量 0.01%的聚乙烯醇，充分搅拌、溶解。加热，使体系升温至 73～74℃，然后加入之前准备好的混合单体，搅拌分散，使油性单体以均匀小粒状悬浮于水中。再次是升温至 73～74℃，保温反应。聚合反应开始后，由于反应放热，体系温度自行上升，当温度上升到最高点后回落时，继续保温 0.5～1h，出料。继续降温至 40℃以下，用离心机过滤出珠状固体树脂，用水洗涤3 次，在 60～70℃范围烘干即可。

注意事项：

聚合反应发生时要注意严格控制温度，不可让反应釜温度上升过快，否则易引起反应物粘连和溢锅。烘干温度一般不易太高，最好控制在 70℃以下。

乳液聚合法将在本章第六节中重点介绍，本节从略。

第六节　合成树脂乳液的生产

乳液聚合是自由基聚合方式之一。它是在水相中，单体在乳化剂的作用下分散成乳状液，由水溶性引发剂所引发的一系列复杂的聚合反应。所得聚合物不是一个均相的溶液，而是在水相中一个稳定的分散体系，称为聚合物乳液，或称为合成树脂乳液。本节将重点讨论乳液聚合法的理论及生产工艺。

一、乳液聚合定性理论

20 世纪 40 年代，Harkins 在大量研究的基础上提出了著名的乳液聚合定性理论，即 Harkins 理论。Harkins 认为，乳液聚合大致可以划分为三个阶段，第一阶段为乳胶粒生成阶段，第二阶段为乳胶粒长大阶段，第三阶段为聚合反应完成阶段。下面将详细介绍此三个阶段及阶段 I 之前的诱导期。

（一）诱导期

当水溶性的引发剂加入到反应体系后，加热至反应温度，引发剂便会分解出自由基。然而，自由基产生后并不马上进行聚合反应，因为反应体系中的氧气或其他的一些阻聚剂会首先捕获这些为数不多的自由基，阻止了聚合反应的进行。直到这些氧气或者阻聚剂消耗完毕，才能进入真正的反应阶段。这个产生了自由基而不发生聚合反应的阶段，称为诱导期。在加料前，如果先把单体及各种添加剂提纯，能缩短诱导期，但是很难完全避免诱导期。

诱导期结束，自由基开始引发单体进行聚合，进入阶段Ⅰ。

（二）乳胶粒生产阶段——阶段Ⅰ

乳化剂从分子分散的溶液状态到开始形成胶束的转变浓度称为临界胶束浓度(CMC)。而在乳液聚合反应体系中，乳化剂浓度约为CMC的100倍，因此大部分乳化剂分子处于胶束状态。

单体为油性，在水中溶解度很低，在搅拌的作用下形成液滴。液滴表面会吸附大量乳化剂分子，在水中可稳定存在。部分单体进入胶束内部，宏观上单体的溶解度增加，因此这一过程称为“增溶”。增溶后，球形胶束的直径增加，一般由4～5nm增大到6～10nm。在乳液聚合体系中，每毫升反应物中约有胶束10^{17}～10^{18}个，单体液滴10^{10}～10^{12}个，即单体液滴的数量约为胶束数量的10^{-7}～10^{-6}。当然，在水中也有少量呈溶液状态的单体分子。实际上，单体在水、胶束和液滴三者中呈动态平衡状态。

自由基产生后，可以进入胶束，也可以进入液滴，同时还可以留在水中，能分别引发水、胶束和液滴三者中的单体进行聚合反应。但是，水中溶解的单体非常少，在很多情况下聚合反应可以忽略不计（但是单体溶解度较大时不能忽略）；虽然液滴中单体数量很多，但是如前所述，胶束的数量远大于单体液滴的数量，所以自由基进入胶束的机会也远大于进入单体液滴的机会。因此，在乳液聚合反应体系中，自由基优先进入胶束，并引发其中的单体进行聚合反应。

一旦聚合反应发生，则胶束内的单体浓度下降，从而打破了原来水、胶束和液滴三者中单体的动态平衡。水中的单体会扩散到胶束内，而单体液滴内的单体则会扩散至水中，以维持一个动态的平衡状态。在宏观上，单体不断地从液滴扩散至水中，而水中的单体则不断扩散到胶束内，为聚合反应提供原料，如图2.3所示。阶段结束时，胶束消失。

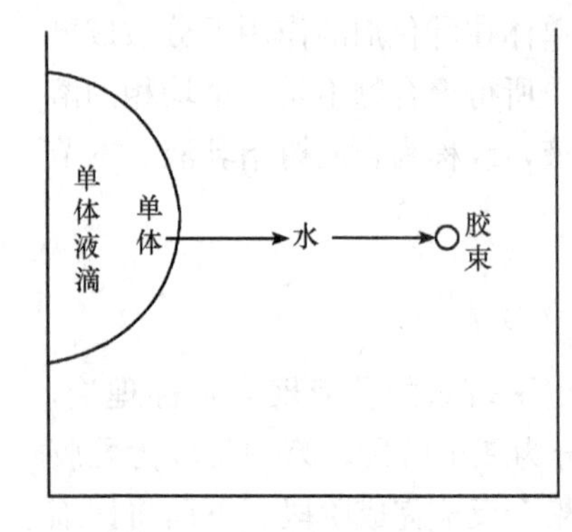

图2.3 阶段Ⅰ单体宏观移动方向

在阶段Ⅰ，单体的转化率一般只有0～10%，转化率的大小与单体有关。水溶性大的单体，进入阶段Ⅱ的时间较短，转化率较低；反之，则转化率较高。

（三）乳胶粒长大阶段——阶段Ⅱ

在此阶段，体系中的乳胶粒数量恒定，不再增加；而体积则是随着聚合反应的进行不断增大。单体液滴继续不断通过扩散作用向乳胶粒中输送单体，并在乳胶粒中保持恒定的体积分数，聚合反应以恒定的速度进行（通过精确的实验发现，应该是接近恒定）。乳胶粒的粒径最后可达到 50～150nm，体积比刚刚成核时增长近千倍。阶段结束时，单体液滴全部消失。

在阶段Ⅱ，单体的转化率一般为 10%～40%，转化率的大小与单体的种类有关。单体的水溶性大，溶胀聚合物的程度大时，转化率就较低；反之则较高。也有一些单体在这一阶段的转化率很高，达到 70%以上，如氯乙烯。

（四）聚合反应完成阶段——阶段Ⅲ

在这一阶段，由于单体液滴全部消失，缺少了源源不断的单体的输入，乳胶粒内的单体浓度随着聚合反应的进行不断下降，聚合反应速度不断下降，直至反应结束。

但是事实有时并非如此。聚合反应速度不但不下降，反而上升，甚至大大上升。原因是决定聚合反应速度的不是单体的浓度，而是引发剂分解而成的自由基的浓度。在阶段Ⅰ和阶段Ⅱ，转化率不高，乳胶粒内部黏度不算太大，引发剂分解而成的自由基在乳胶粒内能瞬间引发聚合或发生链终止，故自由基的数量是恒定的；而在阶段Ⅲ，由于转化率已较高，乳胶粒内黏度较大，自由基活动受到限制，因而发生链终止的可能性也下降，从而导致乳胶粒内自由基的浓度比阶段Ⅱ要高，则聚合的速率反而增大。这种在阶段Ⅲ聚合反应速度不降反增的现象称为凝胶效应，即 Trommstorff 效应。

对于一些单体在某些特定条件下进行的聚合反应，有时候反应速度大于某值时，会突然大幅下降，甚至到零。这种现象称为玻璃化效应。这是因为，乳胶粒有一个玻璃化温度 Tg，体系也有一个反应温度 T。在阶段Ⅰ和阶段Ⅱ，Tg 一般较 T 小，故乳胶粒内部未固化，单体、自由基的扩散能进行。随着转化率增大，Tg 会不断升高，当上升到 $Tg=T$ 时，乳胶粒内就会固化成玻璃态，单体和自由基在其中受到极大的阻碍，甚至不能宏观运动，从而导致反应速度迅速下降，直至变成零。

二、乳液聚合定量理论

乳液聚合定量理论就是用于定量描述乳液聚合体系中各种物料之间的相互关系、相互影响、相互作用以及相互转变的规律。

主要包括聚合反应速率和乳胶粒数目计算两方面的内容。

（一）乳胶粒内的聚合反应速率

1. 某个乳胶粒内的聚合反应速率

在乳液聚合反应体系中有很多乳胶粒，现随机选取当中的第 n 个乳胶粒作为研究对象。假设在该乳胶粒中单体浓度为 $[D]_n$（mol/cm^3），自由基浓度为 $[R]_n$（mol/

cm^3），则该聚合反应的反应速率可用式 2.6 表示：

$$-\frac{d[D]}{dt}=k[D]_n[R]_n \tag{2.6}$$

式中，k 为聚合反应链增长速率常数。

$-d[D]_n/dt$ 为第 n 个乳胶粒中单体 D 在 dt 时间微元内浓度的变化。

若第 n 个乳胶粒的体积为 V_n（cm^3），则式 2.6 两侧同时乘以 V_n 等式仍成立，即

$$-V_n\frac{d[D]_n}{dt}=kV_n[D]_n[R]_n \tag{2.7}$$

令 N_n 为第 n 个乳胶粒这聚合物的 mol 链节数，由于 mol 链节数的增加速率与单体数的减少速率相等（每一个单体构成聚合物的一个链节），所以有

$$-V_n\frac{d[D]_n}{dt}=\frac{dN_n}{dt} \tag{2.8}$$

由式（2.7）和式（2.8）得

$$\frac{dN_m}{dt}=kV_n[D]_n[R]_n \tag{2.9}$$

若该乳胶粒中自由基的数量为 r_n，则自由基浓度 $[R]_n$ 为

$$R_n=\frac{r_n}{N_AV_n} \tag{2.10}$$

式中，N_A 为 Avogadro 常数。

若取 φ 为该乳胶粒中单体所占的体积分数（实际上同一体系中的乳胶粒中 φ 都相同），则

$$\varphi=V[D]_n \tag{2.11}$$

式中，V 为单体的 mol 体积，单位 cm^3/mol。

若 φ 已知，

则

$$[D]_n=\frac{\varphi}{V} \tag{2.12}$$

将式（2.12）和式（2.10）代入式（2.9）中，整理得第 n 个乳胶粒中聚合反应速率的计算式

$$\frac{dN_n}{dt}=\frac{k\varphi r_n}{N_AV} \tag{2.13}$$

值得注意的是，φ 在阶段Ⅰ和阶段Ⅱ是常数，在阶段 III 则随转化率升高而下降。由式 2.13 可知，乳胶粒内聚合反应的速率，可用聚合物的摩尔链节数的增长速率表示，与单体在乳胶粒内的体积分数 φ 和乳胶粒内自由基的数量 r_n 成正比，与单体的摩尔体积 V 成反比。

2. 在 $1cm^3$ 水中聚合物的体积增长速率

若 N_p 为 $1cm^3$ 水（实际上是水分散体系）中含有的乳胶粒的个数，G 为反应进行到某时刻 t 时 $1cm^3$ 水中已转化为聚合物的单体的体积，单位 cm^3/cm^3。对于某一个乳胶

粒来说，这个体积为摩尔链节数和单体摩尔体积的乘积，对于1cm³水中的所有乳胶粒来说，则有

$$G = V\sum_{n=1}^{N_p} N_n \tag{2.14}$$

对式（2.14）两边进行微分，得

$$\frac{dG}{dt} = V\sum_{n=1}^{N_p}\frac{dN_n}{dt} \tag{2.15}$$

联立式（2.15）和式（2.13）得

$$\frac{dG}{dt} = V\sum_{n=1}^{N_p}\frac{k\varphi r_n}{N_A V} = \frac{k\varphi}{N_A}\sum_{n=1}^{N_p} r_n \tag{2.16}$$

若去 Q 为体系中每个乳胶粒内的自由基数，则有

$$Q = \frac{1}{N_p}\sum_{n=1}^{N_p} r_n \tag{2.17}$$

即

$$\sum_{n=1}^{N_p} r_n = N_p Q \tag{2.18}$$

代入式（2.16）得

$$\frac{dG}{dt} = \frac{k\varphi}{N_A} N_p Q \tag{2.19}$$

若以 G_p 表示1cm³水中聚合物的体积，则

$$G_p = (d/d_p)G \tag{2.20}$$

式中，d 为单体的密度；d_p 为聚合物的密度。

联立式（2.19）和式（2.20）得

1cm³水中聚合物体积的增长速率为

$$\frac{dG_p}{dt} = \frac{k\varphi d}{N_A d_p} N_p Q \tag{2.21}$$

由式（2.21）可知，

1cm³水中聚合物体积的增长速率与单体在乳胶粒内的体积分数 φ，1cm³水中乳胶粒的数量 N_p 和每个乳胶粒内的自由基数 Q 成正比，还与单体密度和聚合物密度之比成正比。在单体密度已知的情况下，聚合物的密度越大，单位反应体系内聚合物的体积增长率就越小。

3. 单体转化率

若反应体系中单体和水的相比为 M，即每克水中有 M 克单体；若以 Y_p 表示单体的转化率，则

$$Y_p = \frac{G_p d_p}{M} \tag{2.22}$$

式中，G_p 是1cm³中聚合物的体积，d_p 是聚合物的密度。

对式（2.22）两侧取微分得

$$\frac{\mathrm{d}Y_p}{\mathrm{d}t}=\frac{\mathrm{d}\dfrac{G_p d_p}{N}}{\mathrm{d}t}=\frac{\mathrm{d}_p}{M}\frac{\mathrm{d}G_p}{\mathrm{d}t} \tag{2.23}$$

联立式（2.21）和式（2.23）得

$$\frac{\mathrm{d}Y_p}{\mathrm{d}t}=\frac{k\varphi d}{N_A M}N_p Q \tag{2.24}$$

其中，相比 M 是由该反应的配方决定的，单体密度 d 对于特定配方中的单体来说是一个定值。对于某些特定的单体，在乳液聚合反应的阶段Ⅰ和阶段Ⅱ，单体在乳胶粒中所占的体积分数 φ 也是一个定值，在阶段Ⅲ，φ 则是单体转化率则是单体转化率 Y_p 的函数，可以由式（2.25）计算

$$\varphi=\frac{1-Y_p}{1-Y_p\left(1-\dfrac{d}{d_p}\right)} \tag{2.25}$$

由式（2.24）可知，对于一个特定的乳液聚合反应来说，要计算该反应的转化率，还需要确定 $1\mathrm{cm}^3$ 水中的乳胶粒的数目 N_p 和平均每个乳胶粒中的自由基数量 Q。当这些量都已知时，对式（2.24）进行积分即可得到单体的转化率。

对于理想的乳液聚合体系，平均每个乳胶粒内的自由基数为 0.5，但是实际上有些情况大于 0.5，也有些情况小于 0.5，此处不进行深入的探讨。下面主要讨论一下乳胶粒的数目 N_p 的计算。

（二）乳胶粒数目的计算

20 世纪 40 年代后期，在 Harkins 定性理论的基础上，Smith 和 Edwart 等探讨了乳胶粒数目的计算问题，现简单介绍如下。

为了简化处理复杂的情况，Smith 和 Edwart 做了如下假设：

（1）水相中溶解和吸附在单体珠滴表面上的乳化剂可以忽略不计。

（2）每一个乳化剂分子在乳胶粒上和在胶束上覆盖的面积相等。

（3）成核机理只存在胶束成核一种。

（4）胶束的体积可以忽略不计。

（5）所有的乳胶粒体积增长的速率都相等。

在此假设前提下，可以得到计算乳胶粒数量的上限方程和下限方程。

1. 上限方程

$$N_p=0.53\left(\frac{\rho}{\mu}\right)^{\frac{2}{5}}(a_s c_S N_A)^{\frac{3}{5}} \tag{2.26}$$

式中，μ 是一个乳胶粒体积增长速率，$\mathrm{cm}^3/\mathrm{min}$；

ρ 是自由基生成速率，个/（$\mathrm{cm}^3\cdot\mathrm{min}$）；

c_S 是乳化剂的浓度，$\mathrm{mol/cm}^3$；

a_s是一个乳化剂分子所能提供的覆盖面积，cm^2。

2. 下限方程

$$N_p = 0.37\left(\frac{\rho}{\mu}\right)^{\frac{2}{5}}(a_s c_S N_A)^{\frac{3}{5}} \tag{2.27}$$

也就是说，实际反应体系中，$1cm^3$ 水中的乳胶粒数量处于 $0.37\left(\frac{\rho}{\mu}\right)^{\frac{2}{5}}(a_s c_S N_A)^{\frac{3}{5}}$ 与 $0.53\left(\frac{\rho}{\mu}\right)^{\frac{2}{5}}(a_s c_S N_A)^{\frac{3}{5}}$之间。上限方程和下限方程也可以写出统一的一个方程，即

$$N_p = K\left(\frac{\rho}{\mu}\right)^{\frac{2}{5}}(a_s c_S N_A)^{\frac{3}{5}} \tag{2.28}$$

此为上限方程和下限方程的通式。式中，$0.37<K<0.53$。

后来，Nomura 和 Hansen 等在上、下限方程的基础上，考虑了单体存在连转移的情况以及在阶段Ⅰ时自由基在胶粒上发生吸附-解吸-再吸附等方面的因素，对上、下限方程的通式进行了修正，改为

$$N_p = K\left(\frac{\rho}{\mu}\right)^{(1-z)}(a_s c_S N_A)^{z} \tag{2.29}$$

式中，z 为一取决于链转移常数和单体的水溶性的数值，$0.6<z<1.0$。

三、乳液聚合工艺

目前，乳液聚合的基本工艺包括间歇聚合、半连续聚合、连续聚合、预乳化以及种子乳液聚合等。下面逐一进行介绍。

（一）间歇聚合工艺

间歇聚合，就是将配方量的所有原料，包括水、乳化剂、单体、引发剂等一次性全部加到聚合反应釜中，搅拌乳化后加热至反应温度进行聚合反应，达到规定的转化率（或者规定的物性指标，如黏度等）后结束反应，然后经过降温、过滤等过程既能得到合格的聚合物乳液。

间歇聚合工艺具有一般间歇化工操作的优点：设备简单、固定投资和管理费用低；操作方便，生产灵活性强。此外，间歇聚合工艺生产得到的聚合物乳液粒径分布较窄。

但是，间歇聚合工艺也存在一些间歇化工操作固有的不足：生产效率较低；不同时期的反应不均匀。

此外，由于乳液聚合反应通常会存在一个发热密集期，大量的热会使得反应体系温度急剧上升，若温度高于水或者单体的沸点，有可能导致“冲料”事故的发生。即便没有发生“冲料”事故，急剧释放的热量也只能白白浪费掉，难以利用，且需要消耗冷却剂；而在反应的开始阶段和结束阶段，往往又需要加热。加热和冷却的交替进行，使得热量的利用变得困难，必然导致能量的浪费。若聚合反应为乳液共聚，由于不同单体的反应活性不一样，反应活性强的单体先聚合，活性弱的单体后

聚合，这样就使得反应前一阶段和后一阶段得到的聚合物的组成很不一致，使得产品的质量受到影响。

因此，间歇聚合工艺一般只适用于制备具有均相乳胶粒结构的聚合物乳液，对于具有异形结构的乳胶粒的聚合物乳液则不适用。

（二）半连续聚合工艺

半连续聚合工艺就是先把部分的单体、引发剂、乳化剂以及分散介质（如水）等投入反应釜中进行反应，待聚合反应进行到一定程度以后再将余下的单体、引发剂等原料以一定的速度和加料方式连续地添加到反应釜中，并与釜中的原料或半成品继续进行反应，直至反应结束（一般是达到规定的物性指标，如黏度等）。

半连续聚合工艺根据单体的加料速度，可将反应体系划分为三种状态。

第一种是饥饿态，是指单体加料速度小于聚合反应的速率，单体一加进去即反应消耗掉，反应体系始终都未有多余的单体，即对单体处于饥饿状态。这样的状态，能有效控制反应的速率和反应过程的放热速率，能有效保证体系处于较平稳的状态下进行聚合反应，且避免了间歇工艺中某一时间段反应体系集中放热的问题，减少了“冲料”事故发生的可能性。如果反应中用到多种单体，则可以通过单体的加料顺序等控制乳胶粒的结构形态。

第二种状态是半饥饿态，是指先将一种单体全部加入反应釜中，再按一定的程序滴加另一种单体，体系对前一种单体不饥饿，而对后一种滴加的单体饥饿的状态。后一种单体也是一加进去即反应消耗掉。

第三种状态是充溢态，是指单体的加料速度大于反应体系的聚合速率，反应体系中始终都有多余的单体存在，单体加进去后并不能马上消耗掉，而是随着加料过程的进行越积越多。

实际上，在工业生产上这三种状态都有应用。具体选用哪一种状态，要根据单体的性质、反应体系的特点以及对于产品的要求来决定。

（三）连续聚合工艺

连续聚合工艺是指在聚合过程中，连续加入单体、引发剂、乳化剂以及水等原料进行连续的乳液聚合反应，并且连续地取出乳液产品的聚合工艺。在生产稳定以后，反应体系中的物料组成、进料的组成以及出料的组成都基本保持不变。

连续聚合工艺易于进行自动化控制，生产效率比较高，且产品质量稳定。但是并非任何情况下都可以使用连续聚合工艺，因为在乳液聚合反应过程中，随着反应的进行，体系的黏度会增大（连续聚合工艺始终保持在一个恒定的较高的黏度状态），由于反应釜的搅拌装置绝对不能使釜内的任一点受到均匀地搅拌，尤其是反应釜周边和底部，处于层流底层的乳液会黏附在釜壁及底部，且会越积越厚，造成黏釜或者挂胶，影响了产品的品质和反应的平稳进行，而必须停下来进行必要的清理。因此，容易黏釜和挂胶的反应体系不适宜使用连续聚合工艺进行生产。关于黏釜和挂胶问题，有研究发现，对连续聚合工艺来说，如果存在气液两相界面，会加速凝胶的生成，加速黏釜和挂胶；如果从一点加入单体也会有类似情况。如果采取满釜装料和在多釜连续反应器的下游多点加入单体则能有效延缓黏釜和挂胶。此外，多点加料还能提高聚合反应釜的生产效率，并能控制乳液聚合物的共聚组成及乳胶粒形态。

（四）预乳化工艺

预乳化，顾名思义就是预先乳化。预乳化工艺是指预先将单体乳化成乳化液，然后再加入反应釜进行聚合的工艺过程。预乳化工艺常与半连续乳液聚合工艺或连续乳液聚合工艺结合使用。

预乳化工艺的具体操作在预乳化罐中进行，一般是先把分散介质（一般都是去离子水）投入预乳化罐，然后加入乳化剂并搅拌，溶解后慢慢加入单体，继续搅拌，直至加完单体并使得单体以珠滴的形式稳定地分散在分散介质中，形成稳定的单体乳化液。制好的单体乳化液，按照半连续乳液聚合工艺或连续乳液聚合工艺的要求以合适的方法加入到反应釜中进行乳液聚合反应。

在半连续乳液聚合工艺和连续乳液聚合工艺中引入预乳化工艺，必然增加了工艺的复杂性，但是却带来了很多的优点。

（1）预乳化过的单体加入反应釜中，由于单体外围已经被乳化剂所包覆，所以这些单体珠滴不会从周围的环境中吸附乳化剂，避免了体系由于乳化剂的转移而产生的不稳定，减少了凝胶的产生。而对于未经预乳化就直接加入到反应釜中的单体来说，一般都会从周围的环境（包括水相和乳胶粒上）吸附乳化剂，有时甚至把部分的乳胶粒吸收并溶解在单体珠滴中，严重影响乳液体系的稳定性，较容易产生凝胶。

（2）采用预乳化工艺可以有效控制乳胶粒的尺寸。对于未采用预乳化工艺的情况，一般在反应开始时都要预先加入较高浓度的乳化剂，其结果就是一开始便形成了数目较多的乳胶粒，使得乳胶粒的粒径较小。而采用预乳化工艺，在反应开始时的乳化剂浓度不需要太大，因为在加入单体时会源源不断地加入乳化剂，这就使得形成的乳胶粒数目不会太大，而且可以通过调整开始时乳化剂的浓度来调节乳胶粒的数目，因而可以控制乳胶粒的大小。

（3）对于混合单体的情况，预乳化工艺可以使得各种单体混合得比较均匀，避免了由于单体混合不均带来的共聚物成分前后不一致的情况。

（五）种子乳液聚合工艺

种子乳液聚合工艺是指先在一个反应釜（称为种子釜）中加入分散介质（如水）、乳化剂、单体和引发剂等进行乳液聚合反应，生成数量较多、粒径较小的乳胶粒，这时的乳液称为种子乳液。然后把种子乳液、分散介质（如水）、乳化剂、单体和引发剂等物料加入另一个反应釜（聚合釜），这时反应体系将以种子乳液中的乳胶粒为反应核心，在这些乳胶粒的表面上继续进行聚合反应，使得乳胶粒不断增大。

采用种子乳液聚合工艺可以有效地控制乳胶粒的粒径和粒径分布。由于单体的浓度是一定的，加入的种子乳液的量越多，得到的乳胶粒的粒径越小；相反，加入的种子乳液的量越少，得到的乳胶粒的粒径将越大。利用该工艺生产得到的乳液中乳胶粒的粒径分布一般比较窄，对于改善乳液的流变性能比较有利。

为了得到粒径较均匀的乳胶粒，必须严格控制乳化剂在聚合釜中的添加速度（或者说在聚合釜中的浓度），防止在聚合釜中形成新的乳胶粒。因为一旦有新的乳胶粒形成，则新的乳胶粒的粒径和种子乳液中乳胶粒的粒径就难以控制到相近，也就无法保证得到粒径分布较窄的乳胶粒了。

四、常用乳液的制造

下面介绍几种乳胶漆中常用的乳液的生产配方及工艺。

（一）聚醋酸乙烯酯的乳液聚合

聚醋酸乙烯酯是涂料和胶黏剂行业中常用的乳液之一，用量很大。适用对象是木材、纸张和织物等多孔性的表面。

1. 生产配方（表 2.25）

表 2.25　聚醋酸乙烯酯的生产配方

分类 \ 组分	名　称	用量（质量）/份
单体	醋酸乙烯酯	414.0
引发剂	$(NH_4)_2S_2O_8$（溶于 10mL 水中）	1.0
增塑剂	邻苯二甲酸二丁酯	41.3
乳化剂溶液	负离子型 SBBS	4.0
	非离子型 OEO	6.2
	聚乙烯醇（保护胶体）	16.5
	水	517.0

2. 生产工艺（半连续乳液聚合工艺）

(1) 将水、负离子型 SBBS、非离子型 OEO 和聚乙烯醇加入反应釜，加热至 90℃，搅拌以制得乳化剂溶液。

(2) 冷却至 65℃，加入配方量 10%的单体和全部的引发剂（溶液），回流 30min，温度上升至 80℃。

(3) 在 2h 内把余下 90%的单体滴加完毕，滴加过程中体系温度保持在 80℃±2℃。

(4) 滴加完毕后升温至 90℃，保持 3min，聚合完成。

(5) 冷却至 50℃，加入配方量的增塑剂邻苯二甲酸二丁酯。

(6) 冷却至室温，用 10%的氨水调节 pH 至 7 左右，得到白色乳液产品。

（二）醋酸乙烯-乙烯共聚乳液（EVA 乳液）聚合

EVA 乳液可以用来制造热熔胶粘接塑料、木材、纸张、金属等，在包装、装订、木材加工等行业中有比较广泛的应用。在乳胶漆方面，由于 EVA 乳液成膜温度较低，成膜性好，且涂膜具有较好的耐水性、耐碱性耐候性和耐玷污性，可以在没有成膜助剂、助溶剂的情况下单独使用，能够实现零 VOC（挥发性有机化合物，Volatile Organic Compound），是重要的绿色涂料的成膜物质，在欧洲具有十分重要的地位。随着世界各国对于环保要求的提高和 EVA 乳液性能的改进，相信 EVA 乳液会有更大的发展。下面介绍一般的 EVA 乳液聚合生产配方与工艺。

1. 生产配方（表 2.26）

表 2.26　醋酸乙烯-乙烯共聚浮液生产配方

组分 分类	名　称	用量（质量）/份
单体	乙烯	88
	醋酸乙烯	394
引发剂	过硫酸钾	6.7
pH 调节剂	柠檬酸	1.2
	磷酸氢二钠	0.6
乳化剂溶液	去离子水	450.4
	聚氧乙烯（n=35）壬酚醚	14.1
	聚氧乙烯（n=10）壬酚醚	8.4
	乙烯磺酸钠（稳定剂）	2.8
还原剂	甲醛化亚硫酸氢钠（4%水溶液）	33.8

2. 生产工艺（半连续乳液聚合工艺）

（1）将除还原剂、引发剂和乙烯外的所有生产原料全部投入高压反应釜。

（2）向反应釜中通入氮气以驱清釜内的空气，然后加入引发剂过硫酸钾。

（3）加热至 50℃，通入乙烯，压力为 3.55MPa，维持。

（4）在约 4h 内将甲醛化亚硫酸氢钠溶液滴加完毕。

（5）滴加完甲醛化亚硫酸氢钠溶液后停止通入乙烯，冷却，降压，过筛出料。

上述配方得到的 EVA 溶液聚合物乙烯含量约为 18%。由于醋酸乙烯和乙烯的反应活性接近，只要调整乙烯和醋酸乙烯的配比，即可得到不同乙烯含量的产品，因此灵活性较强，能根据对乳液性能的要求设计各种含量的配方。

（三）苯丙乳液共聚

苯丙乳液是性价比较好的乳液之一，也是我国和欧洲各国在建筑乳胶漆中使用最多的乳液之一。它既能用于内墙乳胶漆，又能用于外墙乳胶漆，是乳液中的多面手。

1. 生产配方（表 2.27）

表 2.27　苯丙乳液生产配方

分类＼组分	名　称	用量（质量）/份
单体	丙烯酸乙酯	59
	苯乙烯	0～40
	甲基丙烯酸甲酯	0～40
	甲基丙烯酸	0～2
引发剂	过硫酸铵	0.5
保护剂	聚甲基丙烯酸钠	0.5
乳化剂溶液	MS—1	2.5
	碳酸氢钠（缓冲剂）	0.3
	去离子水	108

2. 生产工艺

（1）向反应釜中加入大部分去离子水（小部分用于配制乳化剂、引发剂和缓冲剂的水溶液）。

（2）开动搅拌，加热至 80℃，加入一半左右的引发剂过硫酸铵和全部的保护剂聚甲基丙烯酸钠的水溶液。

（3）升温至 86℃±2℃，滴加乳化剂、引发剂和缓冲剂的水溶液和混和单体，约在 3h 内滴加完毕。

（4）在 85～89℃范围内保温 1h，降温、出料。

小　结

醇酸树脂是由多元酸和多元醇酯化并经植物油或植物油中的脂肪酸改性得到的产物。生产醇酸树脂的主要原料有多元醇、一元酸和多元酸以及植物油（或其中的脂肪酸）等。根据油度，醇酸树脂可分为长油度醇酸树脂、中油度醇酸树脂和短油度醇酸树脂。醇酸树脂可用于生产清漆、色漆、工业专用漆和一般普通漆等。醇酸树脂的制备方法主要有四种，包括醇解法、酸解法、脂肪酸法以及脂肪酸-油法等。

涂料用氨基树脂是指含有氨基（$—NH_2$）官能团的化合物与醛类（主要是甲醛）加成缩合，然后把生成的羟甲基（$—CH_2OH$）用脂肪一元醇进行部分醚化或完全醚化而得到的产物。生产氨基树脂的主要原料包括氨类化合物、醛类化合物以及醇类化合物。涂料用氨基树脂可大致分为脲醛树脂、三聚氰胺甲醛树脂、苯鸟粪胺甲醛树脂和共缩聚树脂四大类。氨基树脂通常作为油改性醇酸树脂、无油醇酸树脂、丙烯酸树脂、环氧树脂以及环氧酯等的交联剂。氨基树脂的生产工艺可分为“一步法”和“两步法”。“一步法”的整个反应过程自始至终都是在酸性介质中（pH4～5）进行，生产周期短，操作简单，容易控制；但得到的树脂质量稳定性差，生成漆膜硬度低。“两步法”先在碱性条件下进行羟甲基化反应，然后在酸性条件下进行醚化反应而得到产品，操作相对“一步法”复杂，控制难度加大，但树脂质量提高。

酚与醛经聚合制得的合成树脂统称酚醛树脂，其中以苯酚-甲醛树脂最为重要。生产酚醛树脂的主要原料有酚类化合物、醛类化合物和催化剂三大类。酚醛树脂有热塑性和热固性两类。热塑性酚醛树脂主要用于制造压塑粉，也用于制造层压塑料、清漆和胶黏剂；热固性酚醛树脂可用于制造各种层压塑料、压塑粉、清漆、耐腐蚀塑料、胶黏剂和改性其他高聚物。生产热塑性酚醛树脂常用酸碱催化剂，使介质 pH 为 0.5～1.5。沸腾反应时间一般为 3～6h。脱水可在常压或减压下进行，最终脱水温度为 140～160℃。生产热固性酚醛树脂可用碱性催化剂，沸腾反应时间 1～3h，脱水温度一般不超过 90℃。

聚氨酯是聚氨基甲酸酯的简称。其分子结构特征是具有氨基甲酸酯结构单元。氨基甲酸酯结构单一由异氰酸酯基与羟基通过逐步加成聚合反应（加聚反应）形成。用于生产聚氨酯树脂的原料主要包括多异氰酸酯类、含活泼氢的化合物与树脂、溶剂、催化剂和各类助剂等。聚氨酯树脂是涂料用树脂的多面手，在家具涂料、装修涂料、工业涂料以及大型户外建筑的耐久性保护涂料等领域均有应用。聚氨酯树脂中的氨基甲酸酯结构，一般是在聚氨酯涂料固化过程中才最终形成的，因此讨论聚氨酯树脂的生产实质上就是讨论聚氨酯树脂涂料的生产。聚氨酯涂料包括氨酯油涂料、封闭型聚氨酯涂料、—NCO/—OH 双组分聚氨酯树脂涂料和单组分湿固化聚氨酯树脂涂料等类型。—NCO/—OH 双组分聚氨酯树脂涂料由甲组分和乙组分组成，甲组分为含—NCO 的异氰酸酯和无水溶剂组分，乙组分则是含—OH 的化合物或树脂以及颜料、填料、溶剂、催化剂和其他添加剂等的混合体系。生产时两组分单独生产，并按照一定的比例进行包装，应用时则把两组分混合。单组分湿固化聚氨酯涂料又称为“潮气固化”聚氨酯涂料，单组分湿固化聚氨酯清漆常使用蓖麻油醇解物和 TDI 反应制得含有—NCO 的预聚体，其中—NCO 含量一般在 10%～15%的范围内。而单组分湿固化聚氨酯色漆在工业上常采用色浆反应法和色浆球磨法生产。

丙烯酸树脂是指丙烯酸酯或者甲基丙烯酸酯的均聚物和与其他烯类单体的共聚物。用于生产丙烯酸树脂的单体有很多种，包括丙烯酸丁酯、丙烯酸、甲基丙烯酸甲酯、甲基丙烯酸、丙烯腈、丙烯酸乙酯和甲基丙烯酰胺等。合成丙烯酸树脂的基本反应为自由基反应，可分为链引发、链增长和链终止三个基本反应，同时会发生链转移反应。合成丙烯酸树脂的聚合方法有溶液聚合法、乳液聚合法、本体聚合法和悬浮聚合法等四种方法，在涂料用丙烯酸酯的生产中，以溶液聚合法和乳液聚合法最为常用。

在水相中，单体在乳化剂的作用下分散成乳状液，由水溶性引发剂所引发的一系列复杂的聚合反应。所得聚合物不是一个均相的溶液，而是在水相中一个稳定的分散体系，称为聚合物乳液，或称为合成树脂乳液。乳液聚合大致可以划分为三个阶段，第一阶段为乳胶粒生成阶段，第二阶段为乳胶粒长大阶段，第三阶段为聚合反应完成阶段。乳液聚合的基本工艺包括间歇聚合、半连续聚合、连续聚合、预乳化以及种子乳液聚合等。

与工作任务相关的作业

查找醇酸树脂、氨基树脂、酚醛树脂、聚氨酯树脂、丙烯酸树脂以及合成树脂乳液的具体生产工艺，分析其工艺的合理性并提出可能的改进意见和建议。

知识链接

天然树脂

在合成树脂大量使用之前，天然树脂在涂料生产中占有十分重要的地位，即使是合成树脂高度发展的今天，天然树脂在涂料生产中仍有应用。

天然树脂主要来源于植物渗（泌）出物的无定形半固体或固体有机物。受热时变软，并可熔化，在应力作用下有流动的倾向，一般不溶于水，而能溶于醇、醚、酮及其他有机溶剂。天然树脂种类繁多，既有来源于植物的品种，如松香、大漆、琥珀和达玛树脂等；也有来源于动物的品种，如来自于紫胶虫分泌物的虫胶等。

天然树脂可按照不同的分类方法进行分类。如按照树脂的基本组分可分为三大类，分别是：

（1）纯树脂，即由萜类物质及粗香精油组成的树脂状物质。一般不溶于水，而溶于有机溶剂，如松香等。

（2）含树胶脂或称树胶树脂，是由多醣类物质组成，可溶于水或遇水溶胀，而不溶于醇及有机溶剂，如乳香等。

（3）含油树脂或称香胶，是指含有较多精油、能溶于油中的树脂。按树脂的形成历史可分为化石树脂、半化石树脂和新鲜树脂。后者是最重要的天然树脂来源。有些天然树脂由最早集运出口的港口名称得名，如达玛树脂、柯巴树脂等。

天然树脂主要用做涂料，也可用于造纸、绝缘材料、胶黏剂、医药、香料等的生产过程；有些可作装饰工艺品的原料（如琥珀等）；还有的如加拿大胶，其折光指数与普通玻璃相似，故作为显微镜等光学器材的透明胶黏剂。

松香是涂料工业中应用最广的一种天然树脂，它从松树分泌的黏稠液体中精制而得，是一种透明脆性的固体物质，颜色由微黄至棕红色。根据采集方法的不同，松香可分为脂松香和木松香。脂松香又称胶松香，是从松香树干上直接割口收集流出的黏稠汁液，经蒸出松节油并精制后得到的产品，其特点是颜色浅、酸值高、软化点高。木松香是从残留的松香桩或树根，经溶剂萃取、蒸馏分离挥发性油后而制得，质量不如脂松香好。松香的品质由颜色、酸值、软化点等的不同而分级。松香中 90%以上为各种同分异构的松香酸，其余是这些酸的酯类和一些不皂化物。松香酸是一种弱酸，可以进行酯化、皂化等反应；对氧的作用很敏感，氧化后使松香颜色变深，也能聚合形成二聚体；在 250～260℃下受热会分解。松香经改性制成的各种加工产品，如松香皂、松香酯等可用于涂料工业。松香在我国产量很大，主要产于西南和华南地区。

柯巴树脂和达玛树脂是从非洲和新西兰等地的木本植物分泌物得到的一类树脂。根据产地和植物来源不同，柯巴树脂有多种名称，产于非洲的有刚果柯巴、马达加斯加柯巴等，产于新西兰的有高里柯巴等，产于菲律宾的有马尼拉柯巴等。从植物直接采取制得的是软质柯巴，如马尼拉柯巴等；若树木分泌物长期埋藏于地下，则会转化为化石树脂，变成硬质柯巴或化石柯巴，如刚果柯巴等。采得的粗树脂经过精制即可得到各种软化点约在 100～300℃的柯巴树脂，其主要成分为各种树脂酸。达玛树脂是龙脑香科植物的分泌物。达玛树脂和柯巴树脂在 19 世纪曾用做涂料的生产原料，但目前已几乎不用。

虫胶又称为紫胶，是印度、马来西亚和中国云南等地产的紫胶虫由于新陈代谢作用而分泌出的胶质积累在树枝上的一种动物质树脂。从树枝上剥取的分泌物，经过精制即成为虫胶片。虫胶能溶于乙醇。目前，虫胶在涂料工业中还有少量的应用。

琥珀也是一种天然树脂，它是松树分泌的树脂在地下长期埋藏而得到的一种化石树脂，多用于珠宝、其他工艺品。一般不用于涂料工业。

第三章　溶剂型色漆的生产

学习目标

掌握溶剂型色漆的生产工艺；了解溶剂型色漆的基本生产原料—颜料、溶剂和助剂的名称及性能等。

必备知识

学生需具备无机化学、有机化学、分析化学等基础化学知识以及涂料化学的基本知识；化工基础知识。

选修知识

学生可选修化学工艺、高分子化学等知识。

案例导入

颜色有着很特别的作用，例如，白色能给人以轻快、凉爽的感觉；黄色能使人的心情愉悦，给人一种轻松和宽广的感觉；橙色可以使人的精神振奋，给人以温暖感；红色能提高兴奋度和紧张度，使人温暖，但也会使人疲惫和心悸；紫色易使人疲劳，给人带来狭窄和笨重的感觉；蓝色属于冷色，有镇静作用，使人感到凉快，但也会使人感到忧郁；绿色给人一种凉快的感觉，也有镇静作用，还可以降低眼内压力，保护视力等。还有很多的颜色，在此不再一一枚举。在不同的场合往往会选择不一样的颜色或者颜色搭配，如深圳市就选择了蓝色作为城市的颜色，因为深圳处于亚热带地区，常年高温，蓝色会给人们带来凉快的感觉；北京比较多的建筑物外墙则是选择了暗红色，因为北京地处温带，一年当中有相当长的时间都会比较凉快甚至寒冷，暗红色能给人以温暖的感觉。研究表明，不同的颜色对于运动员的比赛成绩也有影响，其中身穿红色比赛服最有利于提高比赛成绩，我们在各种各样的比赛当中都能看到红色的比赛服，这是因为红色能提高紧张度和兴奋度，同时让对手看久了感觉到疲惫；橙色比赛服的效果也不错，因为橙色也能使人精神振奋，脉搏加快，足球强队荷兰队通常穿的就是橙色球衣。在生产、生活的各个领域，颜色同样起着重要作用。而在生产、生活的各个领域，我们所看到的建筑物、工业设备、家具、地面、指示牌、汽车车身以及各种各样的生活用品，它们的颜色，基本上都是由涂料提供的，除了建筑物中使用的较多的乳胶漆外，大多数使用的就是溶剂型的色漆。

课前思考题

色漆中含有树脂、颜料、溶剂和助剂，大分子质量的树脂和颜料都不是溶解在溶剂中的，而是分别以胶体和固体颗粒的形式分散在涂料分散体中的。那么这些不同相态的物质是如何形成一个稳定的体系的呢？

涂料产品根据其是否含有颜料可分成两大类，其中不含有颜料的涂料称为清漆，清漆涂覆于物体表面得到一层透明的涂膜，不具有遮盖力；而含有颜料的涂料称为色漆，涂覆于物体表面可以得到一层不透明的彩色涂膜，具有一定的遮盖力，能将物体遮盖起来。

第一节　色漆的组成与分类

本章所讨论之色漆，均指溶剂型的色漆。

溶剂型色漆是将颜料（包括填料）分散于树脂溶液（漆料）中，形成具有一定颜色的黏稠状液固混合物，将其用刷涂、喷涂、浸涂以及辊涂等涂装方法涂覆在施工对象表面上，能形成一层牢固附着的不透明的涂膜。该层涂膜可以对被涂物表面起到保护、装饰和其他特殊作用。简言之，色漆就是颜料分散在漆料中而制成的黏稠状液固混合物质，将其涂覆在物体表面可以转化成牢固附着的不透明的涂膜，从而对被涂物起到保护、装饰和其他特殊作用的一种工程材料。

一、色漆的组成

尽管色漆的品种繁多，成分各不相同，但是作为涂料的一类，它们也都由涂料的四大组成部分组成，即由成膜物质、颜料、溶剂以及助剂组成。

溶剂型色漆的成膜物质是油料或树脂（包括合成树脂，改性松香树脂和天然树脂）。它们通常总是以树脂真溶液或胶体溶液的形式用于色漆制造的。该树脂溶液通常称做“漆料”。颜料被分散到漆料中，在漆料的作用下与漆料一起黏附在物体表面上，形成可以牢固附着在物体表面的彩色涂膜。色漆干燥以后，由成膜物质形成连续的膜，而颜料则以非连续的状态分散在其中。可以想象，没有成膜物质，颜料是无法附着到被涂物表面的，成膜物质对于漆膜的牢固附着起到决定性的作用，所以被称为“基料”，也就是说它是构成色漆涂膜的基础性材料。

由溶剂型色漆的定义可知，颜料是构成色漆涂膜的不可缺少的组分之一，因为没有颜料就不能称之为色漆了。颜料可以赋予漆膜颜色和遮盖力，同时还可以改变漆液和涂膜的物理和化学性能。根据颜料在色漆中所起作用的不同，可将其分为着色颜料、防锈颜料和体质颜料三类。

在溶剂型色漆中，溶剂也是必需的。溶剂包括真溶剂、助溶剂和稀释剂。溶剂在树脂储存、涂料生产以及涂料施工中均需要用到。通常，成膜物质（树脂等）以一定的浓度（即固体分）溶于有机溶剂后形成漆料，用于涂料的生产。生产时，将颜料分散于漆料之中。涂料施工时，往往也需要用稀释剂调整涂料的黏度以便涂装。当色漆涂膜固化以后，成膜物和颜料保留在涂膜之中，而有机溶剂则挥发到大气中去。习惯上，称成膜物和颜料为不挥发分或固体分，而称有机溶剂为挥发分。而有机溶剂就是涂料重要检测项目之一的“VOC”（Volatile Organic Compound，挥发性有机化合物）的主要贡献者。VOC的排放与环保理念是相悖的，所以溶剂型涂料的市场份额也在环境保护的压力下不断地下降。

助剂，亦称添加剂，它们在色漆产品中用量虽然很少，用量一般在1%以下，但是作用十分明显，对改善色漆的加工性能、储存性能、施工性能或涂膜性能都起着显著作用。

二、色漆的分类

色漆的分类方法较多，有的根据色漆的成膜物质分，这在第一章中已经介绍过，此处不在赘述；有的根据色漆应用的对象分，把色漆划分为金属漆、地坪漆、木器漆等；有的根据色漆用途分，把色漆划分为防水涂料、防火涂料、防腐蚀涂料、防蚊虫涂料、保温涂料等。在这里我们介绍一种比较简单的分类方法，即根据色漆在涂层中的作用来划分，把色漆分为底漆和面漆两大类。

不同被涂物的材质、形状、表面状态各异，使用环境也有较大的差别。妄想生产一种“万金油”式的色漆，以满足不同被涂物、不同使用环境的所有要求是不可能的。对于应用上遇到的这些问题，目前涂料行业主要从两个方面去解决：一是不断研制性能优越的涂料用树脂品种；二是生产两大类涂料，一类主要用于表面装饰，称为面漆，另一类主要用于保护和连接底材与面漆，称为底漆。

底漆和面漆互相配合，发挥各自优势，才能保证涂料的综合性能最佳。

色漆的分类如表3.1所示。

表3.1　色漆的分类

<table>
<tr><th>大　类</th><th>子　类</th><th>大　类</th><th colspan="2">子　类</th></tr>
<tr><td rowspan="2">底漆</td><td rowspan="2">头道底漆
腻子
中涂漆（二道底漆）
封闭漆
防锈漆</td><td rowspan="2">面漆</td><td>磁漆（实色漆）</td><td>有光磁漆
半光磁漆
无光磁漆</td></tr>
<tr><td>特种面漆</td><td>金属漆
珠光漆
美术漆
功能涂料</td></tr>
</table>

下面简单介绍一下底漆和面漆的特点、作用。

1. 底漆

底漆，顾名思义，就是在涂层中处于底层的漆。它是色漆复合涂层中起“承上启下”作用的重要涂层。它具有较强地牢固附着在底材表面上的能力，同时与它上面的涂层又能很好地粘接，机械性能良好，还可以提供与面漆相适应的保护作用。用于金属表面的，有含铅丹、锌铬黄、铝粉等颜料的防锈漆，主要起抗腐蚀作用；以及含氧化铁等颜料的打底漆，主要起填平、修补、封闭等作用。用于木面的，有虫胶漆，可起封闭作用。

如前所述，在复合涂膜中，涂层由底漆到面漆，客观上要求性能不能一样，底漆要求具有保护作用，能牢固附着在底材上，面漆则要求具有较好的装饰性和耐久性。底漆在涂层中的作用就是作为面漆和底材之间的一个过渡层，避免面漆和底材之间的不配套。由于底漆和面漆之间具有配套性，所以在进行涂料施工时，一般选用同一品牌、配套的底漆和面漆，而不能使用不同品牌、不同类型的底漆和面漆。底漆依其用途不同，又分为头道底漆、腻子、中涂漆（二道底漆）、封闭漆和防锈漆。

头道底漆，也就是第一道的底漆，它直接接触被涂物表面，对被涂物表面要有很好的附着力，涂膜坚牢，机械强度高，表面呈细腻的低光毛面，易于和它上面的涂层结合，为它上面的涂层提供良好的附着基础，同时对被涂物表面有一定的防锈作用。

防锈漆其实是头道底漆的一种。特点是配方中选用了防锈颜料，以强化防锈作用。一般的底漆主要通过屏蔽作用起防锈作用，防锈底漆则是在屏蔽作用的基础上增加了缓蚀作用和阴极保护作用，因此具有优于一般头道底漆的防锈作用。

腻子、中涂漆和封闭漆都是色漆配套涂膜的中间层。

腻子是添加了大量体质颜料的厚浆状涂料。它主要用于填补被涂物体表面不平整的地方，如洞眼、纹路等，以便得到平整的表面，涂漆后得到平整的涂膜，提高涂膜的装饰性。腻子通常用刮涂法涂在头道底漆上，干透之后要进行打磨以得到平整的表面。腻子需要具有坚牢不裂、硬而易磨的特点。腻子的使用，实际上使施工变得复杂，增加了施工成本，且使涂层的机械强度大幅度下降，所以一般尽量少用或不用。

中涂漆，也就是二道底漆，是一种颜料含量较高但较细腻的品种，易于用砂纸打磨平整。刮涂腻子的表面经打磨后易出现细小的针孔，可以用中涂漆填平。在头道底漆和面漆之间涂覆中涂漆可以增加涂膜厚度，提高面漆涂膜的丰满度，同时也可均衡色漆复合涂膜的力学性能。

封闭漆，就是一种起到封闭作用的涂料，它的作用在底漆和面漆之间形成一道封闭的屏障，防止底漆和面漆之间的漆料相互渗透，保持面漆涂膜的树脂组分或光泽，防止面漆装饰性的下降。在涂层之间附着力较差的情况下，用中涂漆进行层间过渡还可以增加涂层之间的附着力。

2. 面漆

面漆是色漆涂膜直接暴露于表面的涂层，在整个色漆涂层中主要发挥装饰作用、功能作用，决定着涂层的耐久性。

面漆的主要品种是磁漆，即实色漆，施工后一般是平整的涂膜，具有鲜艳的色彩，适度的光泽，较高的遮盖力，较好的力学性能。户外使用的面漆，还要求有较好的耐候性。根据光泽的不同，磁漆可分为亮光、丝光和哑光。哑光又称亚光，哑光磁漆的漆膜表面有点发毛，像毛玻璃的表面那样。反射光是“漫反射”，没有眩光，不刺眼，给人以稳重素雅的感觉。亮光则表面光洁，反射光镜面反射，有眩光。给人以明亮华丽的感觉。丝光则是介于二者之间。亮光磁漆一般不含或含少量有体质颜料，丝光和哑光磁漆则需要使用体质颜料及消光剂。主要成膜物的化学结构和着色颜料的选择对磁漆的装饰性能和耐久性能都起着相当重要的作用。

金属漆（Metallic Paint），又叫金属闪光漆，是目前流行的一种汽车面漆。在它的漆料中加有微细的非浮型闪光铝粉。光线射到铝粉颗粒上后，又被铝粒透过气膜反射出来。因此，看上去好像金属在闪闪发光一样。改变铝粉颗粒的形状和大小，就可以控制金属闪光漆膜的闪光度。在金属漆的外面，一般加有一层清漆予以保护。

珠光漆，又叫云母漆，也是目前流行的一种汽车面漆。它的原理与金属漆是基本相同的。它用云母代替铝粉。在它的漆料中加有涂有二氧化钛和氧化铁的云母颜料。光线射到云母颗粒上后，先带上二氧化钛和氧化铁的颜色，然后在云母颗粒中发生复杂的折射和干涉。同时，云母本身也有一种特殊的、有透明感的颜色。这样，反射出来的光线，就具有一种好像珍珠般的闪光。而且，二氧化钛本身具有黄色，斜视时又改变为浅蓝色，从不同的角度去看，具有不同的颜色，这在涂料中被称为“变色龙”。因此，珠光漆就给人一种新奇的、五光十色、琳琅满目的感觉

美术漆包括了如裂纹漆、锤纹漆、橘纹漆、皱纹漆等品种，该类面漆均以其不同的美术效果，提供了特殊的表面装饰效果。

裂纹漆是由硝化棉、颜料、体质颜料、有机溶剂、辅助剂等研磨调制而成的可形成各种颜色的硝基裂纹漆，也正是如此裂纹漆也具有硝基漆的一些基本特性，属挥发性自干油漆，无需加固化剂，干燥速度快。因此裂纹漆必须在同一特性的一层或多层硝基漆表面才能完全融合并展现裂纹漆的另一裂纹特性。由于裂纹漆粉性含量高，溶剂的挥发性大，因而它的收缩性大，柔韧性小，喷涂后内部应力产生较高的拉扯强度，形成良好、均匀的裂纹图案，增强涂层表面的美观，提高装饰性。裂纹漆效果如图 3.1 所示。

锤纹漆能形成类似锤打花纹的漆，有自干型和烘干型两种。由铝粉、合成树脂、溶剂等制成。喷涂干燥成膜后，漆面呈不规则而微凹的圆斑，美观耐久，广泛用于涂饰仪器、仪表、电器等。锤纹漆效果如图 3.2 所示。

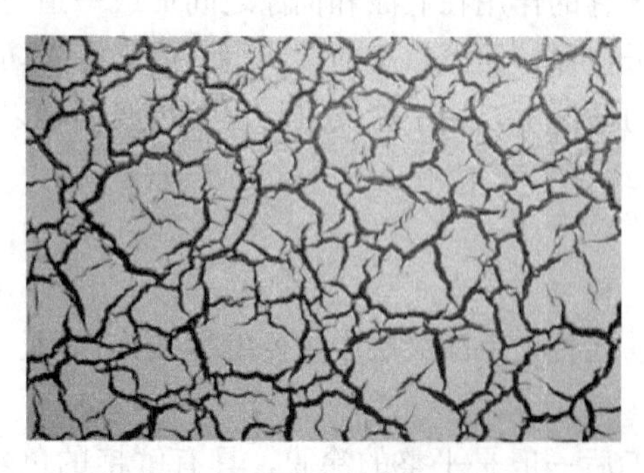

图 3.1　裂纹漆

图 3.2　锤纹漆

橘纹漆在被涂物表面能形成具有立体感的凹凸橘纹涂层的建筑涂料，分溶剂型和水性两种。喷涂施工要均匀，才能得到均匀的花纹，花纹大小与喷枪压力、涂料喷出量及涂装距离有关，主要用于装配式建筑、大楼、办公室的混凝土表面、板壁、走廊等的内装饰。橘纹漆效果如图 3.3 所示。

皱纹漆是一种装饰用美术漆。因涂膜上形成美丽均匀的皱纹而得名。花纹起伏，所以反光度弱，从而得以掩饰物体表面不太显著的凹凸不平的缺陷，增加美观。其组成成分中含有聚合不足的桐油和较多的钴干料。当其干燥成膜时涂层表面干得快、里层干得慢而使涂层起皱，并可利用颜料种类和数量的不同来调节花纹的粗细。常用于仪器仪表外壳的涂装。皱纹漆效果如图 3.4 所示。

图 3.3　橘纹漆

图 3.4　皱纹漆

功能涂料就是能赋予涂膜特殊功能的涂料，包括防火涂料、防污涂料、标志涂料、示温涂料、自清洁涂料、防蚊虫涂料和绝缘涂料等品种。这将在第七章中做详细介绍。

第二节　色漆常用生产原料

在第一章中我们已经谈到，涂料的主要成分包括成膜物质、颜料（包括填料）、溶剂（或水）和助剂，成膜物质在第二章中已有介绍，此处只介绍颜料、溶剂和助剂。

一、颜料

颜料就是能使物体染上颜色的物质。颜料有不同的分类方法，根据溶解性可分为可溶性颜料和不可溶性颜料；根据主要成分的化学性质可分为无机颜料和有机颜料；根据来源可分为天然颜料和合成颜料等。可溶性颜料也叫染料，可以用溶液直接印染织物。不溶性颜料要磨细加入介质中，如油、水等，然后涂布到需要染色的物体表面形成覆盖层。人类很早就知道使用无机颜料，利用有色的土和矿石，在岩壁上作画和涂抹身体。有机颜料一般取自植物和海洋动物，如茜蓝、藤黄和古罗马从贝类中提炼的紫色。人类首先使用的是天然的颜料，然而随着人类对色相细分的需要不断提高，天然颜料已经难以应付，于是人类通过化学的方法合成出了各种各样的合成颜料。

在涂料工业中，一般不是按照上述几种方法对颜料进行分类的，而是根据颜料在涂料中的作用进行划分，可分为着色颜料、防锈颜料和体质颜料三大类。

（一）着色颜料

着色颜料就是使涂料带上一定颜色的颜料，它是涂料用颜料中品种最多的一类。着色颜料要求具有良好的遮盖力和着色力，能使涂膜呈现出鲜艳纯正、符合用户要求的颜色。同时，着色颜料还要求物化性质稳定，不溶于水、油和溶剂，耐光、耐热。着色颜料根据其颜色可以分为白、红、橙、蓝、绿、紫、黑、金属光泽和珠光色等类别。

1. 白色颜料

所有的白色颜料都是无机的，用得最多的是二氧化钛。常见的白色颜料及其发现时间见表 3.2。

表 3.2　常见白色颜料及其发现时间

颜料名称	发现时间	颜料名称	发现时间
铅白	公元前 4 世纪	锐钛型 TiO_2	1919 年
氧化锌	18 世纪中叶	金红石型 TiO_2	1939 年
锌钡白	19 世纪中叶	—	—

1）铅白

铅白的主要成分是 $2PbCO_3 \cdot Pb(OH)_2$，与酸性黏接剂反应生成强硬及耐久的弹性漆膜。能与工业大气中的硫磺成分反应变黑。并且铅白为含铅化合物，有毒，因而铅白的应用严格受限。尤其是欧盟 RoHS 指令实施以来，家电中的铅含量受到更严格的限制，家电外壳上的涂料更不能使用铅白等含铅颜料了。

2）氧化锌

氧化锌，分子式是 ZnO，俗称锌白，主要由不定型的针状小颗粒组成，具有明显的针状结构。氧化锌遮盖力不如锌钡白和二氧化钛，且不易粉化。氧化锌纯度大于 95%时能达到很高的白度。含铅或镉等杂质时显黄色，含金属锌和微量矿物时呈灰色。氧化锌是两性化合物，通过其碱性可以与酸性物质结合。在低酸指数的结合中，氧化锌产生锌皂，提高了颜料的润湿性，使分散更为容易，同时促使涂料黏度略为提高并减少了沉淀。但在高酸指数的黏接剂里，在容器中会容易增稠。

在二氧化钛出现以前，氧化锌曾广泛应用，但现在应用下降。目前一般作为 TiO_2 的辅助颜料使用，能提高抗粉化能力，也可与锌钡白合用。氧化锌已经很少单独作为白色颜料使用，但可作为紫外线吸收剂、固化剂或杀真菌剂使用。

氧化锌与空气中的湿气和二氧化碳反应，形成团聚体，使分散性恶化。故氧化锌在储存时应注意保持干燥。

氧化锌的性能指标如表 3.3 所示。

表 3.3　氧化锌性能指标

项　目	性　能	项　目	性　能
折射率	2.03	吸油量	12～20g/100g
密度	$5.67g/cm^3$	热稳定性	极好
表面积	$3\sim11m^2/g$	耐晒性和耐候性	极好

3）锌钡白

锌钡白，商品名称“立德粉”，主要成分为 $30\%ZnS/70\%BaSO_4$ 或 $60\%ZnS/40\%BaSO_4$，其中 $BaSO_4$ 具有菱形晶体结构，ZnS 具有立方体或六边形晶体结构。锌钡白对碱不起作用，遇酸则分解放出硫化氢，因此应该注意不要和酸性树脂共用。锌钡白不耐光，遇光变暗。当含水或水溶盐时更为严重，故应注意洗净烘干。

用锌钡白制成的色漆，成膜后耐候性不好，易脱粉，制漆后易增稠。因此自 20 世纪 80 年代始在面漆中的用量不断减少。但锌钡白的价格相对比较低，近年来随价格相对低廉的醇酸调合漆的发展，使锌钡白替代了部分的钛白粉，成为其主要白色颜料，加之内墙乳胶漆的用量增加，锌钡白的用量开始增长。由于锌钡白耐碱性好，因此适用于氯化橡胶和聚氨酯的耐碱涂料中。在作为底漆用的无光漆中加入锌钡白可赋予涂膜以足够的遮盖力、优良的流动性。

锌钡白的性能指标如表 3.4 所示。

表 3.4　锌钡白性能指标

项　目	性　能	项　目	性　能
折射率	2	pH	8～9.5
密度/(g/cm³)	4.2	遮盖力	有限
吸油量/(g/100g)	10～12	化学稳定性	好，pH<3 的酸除外

4）钛白粉

钛白粉的化学名称是二氧化钛，分子式是 TiO_2，是涂料中最重要的白色颜料。二氧化钛有三种晶体形态，即板钛矿、锐钛矿和金红石。其中板钛矿不能作为颜料使用；锐钛矿可以作为颜料使用，但是晶格空间大、不稳定、耐候性差，一般用于底漆、内用漆或低档漆中；金红石是最常用的晶体形态，晶格致密、稳定、耐候性好、不易粉化，适合于户外用漆及高档漆。

二氧化钛是一种理想的白色颜料，如颜色透明，能抵抗多数的化学物质、有机溶剂，耐热，且具有高折射率，遮盖力强。此外，二氧化钛耐久性好，不受工业大气的影响，但其光敏性降低了某些颜料和几乎全部有机彩色颜料的耐晒性。TiO_2 性能极佳，价格合适，因此应用极广。

钛白粉的遮盖力受折射率和粒度的影响。金红石折射率高，不透明性更强。TiO_2 的遮盖力优于其他白色颜料。锐钛矿结构松软，白色较好。除蓝色被吸收外，二氧化钛对可见光的漫射能力强。该现象能明显区分金红石与锐钛矿。金红石比锐钛矿偏黄。金红石粉化趋势较小。可使用无机氧化物处理晶体表面的光敏基团，大大提高抗粉化能力，这些无机氧化物包括氧化铝、氧化硅和氧化锌等。钛白粉是最惰性的颜料，pH 呈中性，耐强碱性能好。

钛白粉的性能指标如表 3.5 所示。

表 3.5　钛白粉性能指标

项　目	性　能	
	锐钛矿	金红石
折射率	2.72	2.55
密度/(g/cm³)	4.2	3.9
表面积/(m²/g)	12～17	10
吸油量/(g/100g)	13～24	19～20
热稳定性/℃	>1000	<700

2. 红色颜料

红色颜料的品种很多，常用的无机红色颜料有氧化铁红、镉红和钼酸铅等，有机红色颜料有甲苯胺红、二酮基吡咯并吡咯颜料（DPP）、Beta-萘酚、BON芳酰胺、苯并咪唑酮、喹吖啶酮、蒽酮、二溴蒽酮、皮蒽酮等。下面简单介绍其中的几种。

1）氧化铁红

氧化铁红，主要成分为三氧化二铁，化学分子式 Fe_2O_3。

氧化铁红分为天然铁红和合成铁红两种。

天然氧化铁红又称赤铁矿。以天然赤铁矿为原料制得的红色无机颜料，其主要成分为 α-Fe_2O_3，含量随矿物产地而异。通常天然氧化铁红含 α-Fe_2O_3 约 74%，密度为 4.35～6.2g/cm^3，吸油量 13g/100g，比表面积 4.7m^2/g，粒子细度－325 目 99.5%。一般采用精选的赤铁矿，经研磨、混配制成天然氧化铁红，经过微细化粉碎可提高产品着色力、分散性等性能。主要用于建筑材料、涂料、塑料、陶瓷等作着色剂，也可作涂料的防锈颜料。

合成铁红的色光随着制造条件的不同而变动于橙红和紫红之间，主要是由颜料晶形和粒径大小差异造成的。铁红具有很高的化学稳定性，耐碱、耐稀酸、耐热（高达1200℃），对光的作用稳定，并且能强烈地吸收紫外线，有较高的遮盖力和着色力。既可以作为着色颜料用于面漆，也可以作为防锈颜料用于底漆，是涂料工业中用量最大的一种颜料。

氧化铁红可用湿法和干法制备。湿法是以铁屑、硫酸（或硝酸）、烧碱为主要原料，在溶液中制备晶种、晶种成长和空气氧化，形成氧化铁红，再经过滤、干燥而成，产品粒子形状为菱面体，质地比较软而且在介质中易分散，一般不用后处理，只经过滤、干燥即可应用，在合成氧化铁红中所占比例较大。干法是以硫酸亚铁、氧化铁黑或氧化铁黄为原料，高温煅烧形成氧化铁红，其产品形状可为球形或针状。主要用于涂料、塑料、建筑材料、皮革等着色颜料，还可作为涂料的防锈颜料，也可用做抛光剂和制备铁氧体的原料。干法氧化铁红粒子均较湿法氧化铁红硬，用做颜料时，必须经过研磨粉碎。

还有一种比较特别的氧化铁红，称为透明氧化铁红，这种铁红几乎没有遮盖力。透明氧化铁红化学组成其实也是 Fe_2O_3，由 α-Fe_2O_3 微晶组成，属于刚玉型正交晶系，颗粒形状有球型、针型和纺锤型三种。是由同晶系的氧化铁黄继续氧化而成。透明氧化铁红之所以透明，几乎完全没有遮盖力，是由于它是以共沉淀的方法严格控制微晶的生长，颜料颗粒粒径仅几十个纳米到几百个纳米，小于甚至大大小于可见光波长（可见光波长范围通畅指 390～780nm）的一半，发生了光的衍射。其比表面积为常规氧化铁红的十到数十倍，吸油量为常规氧化铁红的 36%～45%。通常用于配置透明度高的装饰性涂料，如金属闪光涂料，云母钛珠光涂料等。

2）镉红

镉红的主要成分是 3CdS · 2CdSe，一般是由硫酸镉溶液与硫化钡在硒的存在下共沉淀而得。

镉红的主要性能指标如表 3.6 所示。

表 3.6　镉红的性能指标

项　目	性　能	项　目	性　能
不透明度	极好	耐晒性	好
色彩	明亮	抗酸性	差
着色力	一般	吸油量/(g/100g)	17.5～20
抗溶剂性	极好	密度/(g/cm³)	4.3～4.9
热稳定性/℃	500	—	—

镉红的色光随硒化镉（或者硒）的含量变化而变化，如表 3.7 所示。但是由于镉红价格相对昂贵，并且有一定的毒性，它的使用受到了一定的限制。目前基本上仅供耐高温漆使用。

表 3.7　镉红色光与硒含量的关系

硒含量/%	10	15	30
颜　色	橙色	红色	深红

除了以 3CdS · 2CdSe 为主要成分的镉红，还有一些其他的镉红品种。以硫化汞（HgS）取代硒化镉（CdSe）的纯品镉红着色力和明亮均有提高，而耐候性和热稳定性略有降低，颜料价格亦有所下降；以硫酸钡为填充剂的填充型镉红，包括 Cd（S/Se）-$BaSO_4$ 和（Cd/Hg）S-$BaSO_4$，均可称为镉钡红，能降低颜料价格并能基本保持原有性能，但着色力略有下降。

3）钼酸铅

钼酸铅的化学分子式是 $PbMoO_4$，但实际上钼酸盐红颜料的主要成分除了钼酸铅（75%～90%）外，还含有硫酸铅（3%～15%）和铬酸铅（10%～15%）。

钼酸盐红颜料呈明亮色彩，从橙色到鲜红色。钼酸盐红常与有机颜料联合使用，获得更多的色彩，并维持良好的遮盖力。钼酸盐红颜料分散性很好。无需且应避免过度分散，否则既浪费了能源又降低了颜料的抵抗性能，破坏表面形态。钼酸盐红颜料有一定的毒性，调配的涂料需明确注明使用要求。该类颜料价格相对低廉，主要用于工业涂料。

钼酸铅的性能指标如表 3.8 所示。

表 3.8　钼酸铅性能指标

项　目	性　能	项　目	性　能
pH	6.5	热稳定性	好
遮盖力	好	耐溶剂性	极好
耐久性	好	耐碱性	中等

4）甲苯胺红

甲苯胺红又称猩红、吐鲁定红或人漆朱。是由 2-硝基对甲苯胺经重氮化后再与 β-萘酚偶合而成的粉状颜料。属单偶氮型有机颜料。化学结构式为

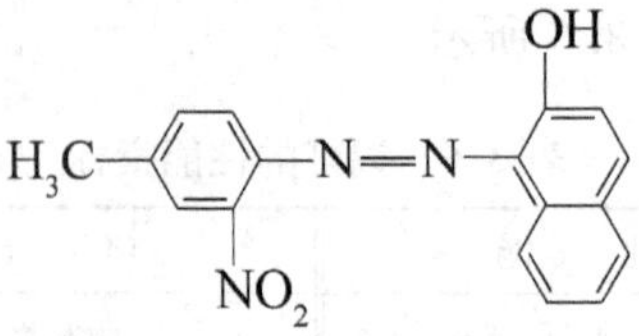

甲苯胺红为鲜艳的红色粉末，粉质细腻，着色力强、遮盖力高，色牢度好。密度为1.42～1.49g/cm^3，吸油量为35～50g/100g，遮盖力为18.8～23.8g/m^2，耐热性120℃，熔点258℃耐光性7级。不溶于水，稍溶于油，易溶于乙醇。具有耐酸、耐碱性。质地松软，易于研磨且价格适中。可用于涂料、油墨、纸张着色。

5）二酮基吡咯并吡咯颜料（DPP）

二酮基吡咯并吡咯颜料（DPP）大约在1980年被发现，它的结构式为

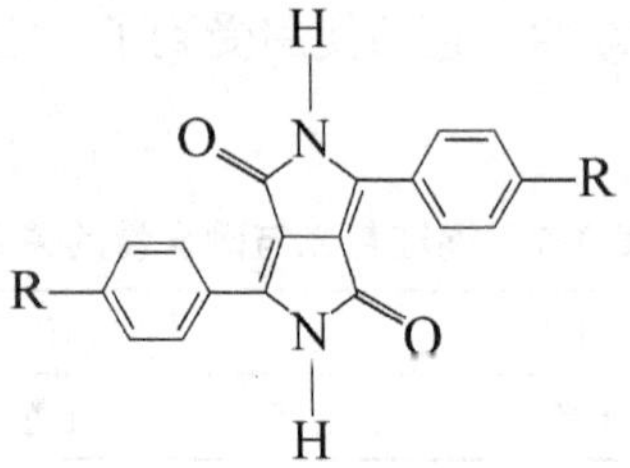

结构式中—R为CF_3、Cl和H等基团，DPP颜色随着R基的不同而变化(表3.9)。

表3.9　不同R基的DPP颜色

—R基	颜色
CF_3	黄-橙
—H	黄-红
—Cl	橙

该颜料完全不溶，因此不会造成颜料迁移问题。它的详细性能指标如表3.10所示。

表3.10　DPP性能指标

项　目	性　能	项　目	性　能
色彩	明亮	抗溶剂性	极好
不透明性	好	耐候性	极好
热稳定性	极好	—	—

二酮基吡咯并吡咯颜料常与其他便宜的颜料结合使用，主要应用于汽车产品的OEM涂装。

3. 橙色颜料

常见的橙色颜料有钼铬橙和茜酮橙等。

1）钼铬橙

钼铬橙也称铅钼铬橙，是由铬酸铅、钼酸铅和硫酸铅组成的，其主要化学成分可表示为$25PbCrO_4 \cdot 4PbMoO_4 \cdot PbSO_4$。该颜料具有非常鲜艳的橙红色，色调根据成分的不同在浅橙至红橙的范围内变化，质地松软，易于分散，涂料成膜后光泽较高。着色力高、稳定性好，耐光、耐热、耐化学药品性良好。密度为5.4～6.3g/cm^3，遮盖力约为45g/m^2，吸油量9～15g/100g。钼铬橙是生产橙红、橙黄色涂料的主要颜料之一。

2）芘酮橙

芘酮橙是芘酮分子的反式异构体，结构式为

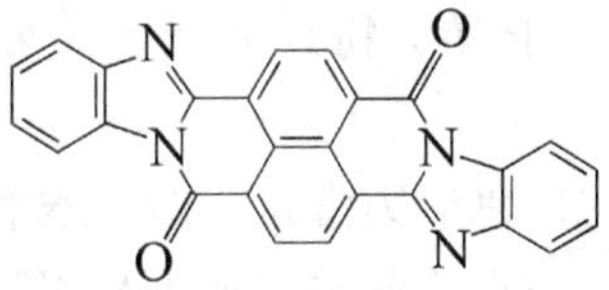

该分子顺式时为红色。

芘酮橙的性能指标如表 3.11 所示。

表 3.11　芘酮橙性能指标

项　目	性　能	项　目	性　能
色彩	十分明亮	热稳定性	非常高
着色力	高	耐晒性	非常好
耐溶剂性	极好	—	—

芘酮橙价格较高，可用于着色系统。

4. 黄色颜料

常用的黄色颜料有铬酸铅、镉黄、氧化铁黄、异吲哚啉酮黄等。

1）铬酸铅

铬酸铅颜料也称为铬黄、铬铅黄等。铬酸铅颜料可以是纯净的铬酸铅（暗黄色颜料），也可以是铬酸铅和硫酸铅的混合物（亮黄色颜料）。铬酸铅颜料有多种品种，色光随原料配比和制备条件而异产品一般有柠檬铬黄、浅铬黄、中铬黄、深铬黄和桔铬黄等五种。

浅铬黄的主要成分为铬酸铅和硫酸铅固熔体的铬酸铅颜料，其化学组成为 $PbCrO_4 \cdot xPbSO_4$，其中 $PbCrO_4$ 约为 65%～71%，$PbSO_4$ 约为 23%～30%，随 $PbSO_4$ 含量增加外观为浅黄至柠檬黄色粉末，为单斜晶形或斜方晶形，密度为 5.0～6.1g/cm³，吸油量为 14～28g/100g，抗渗色性好，遮盖力优，亮度与中铬黄相等，优于深铬黄，碳酸性与中铬黄相等，优于深铬黄，耐碱性差，分散性较好。浅铬黄是用可溶性铅盐例如硝酸铅、铬酸盐（如重铬酸钠）和硫酸盐为原料，严格控制反应物浓度、加入速度、温度、搅拌速度、反应时间及加入的稳定剂，生成适宜晶形、粒度及其分布和稳定程度的浅铬黄粒子，经过滤、干燥和粉碎而成。浅铬黄是种明亮、净洁颜料，遮盖力较高、不易褪色、易于研磨、与大部分涂料基料不发生反应。铬黄在室外应用中仍然具有较好的耐久性。由于具有较好性能和较低价格，浅铬黄在许多体系中得到广泛的应用，如道路划线漆、印刷油墨、纸张、油毡、皮革加工橡胶、粉末涂料等行业。铬黄也可以应用在非碱性的墙体粉刷和水性漆中。

中铬黄的主要成分为铬酸铅的颜料，其化学组成为 $PbCrO_4$，含量约为 90%～94%，外观为浅红黄色粉末，为单斜晶形，密度为 5.1～6.0g/cm³，吸油量为 13～27g/100g，抗色渗性极好，遮盖力居于浅铬黄和深铬黄之间，明度与浅铬黄相等，优于深铬黄，耐酸性与浅铬黄相等，优于深铬黄，耐碱性差，分散性好。中铬黄是以硝酸盐如硝酸铅、铬酸盐如重铬酸钠为原料，严格控制各种反应条件形成稳定的单斜晶形中铬黄粒子，经过滤、干燥、粉碎而成。主要用于涂料，尤其是路标涂料、油墨和塑料等。

深铬黄色泽鲜艳，着色力高，遮盖力强。不溶于水和油，但易溶于无机强酸和过量碱溶液。由蜡酸铅（或硝酸铅）与重铬酸钠（或钾）以不同比例作用而制得。色光随颜料配比和制备条件而异。深铬黄是一种深黄色的粉末，具有较高的遮盖力、着色力、耐候性与耐热性。广泛应用于制造涂料、油漆、油墨等制品的着色及化学试剂。

桔铬黄（即铬橙）是碱式铬酸铅。主要成分为铬酸铅，为黄色颜料。色泽鲜艳，着色力高，遮盖力强。桔铬黄中铬酸铅含量≥55.0%，水溶物含量≤1.0%，水萃取液pH5.0～8.0，水分含量≤1.0%，遮盖力≤40g/m^2，着色力（与标准样品比）≥95%，吸油量≤15g/100g，筛余物（320 目）≤0.5%。主要用于涂料、油墨、塑料、文教等领域。

2）镉黄

镉黄就是以硫化镉或硫化镉与硫化锌固溶物为土要成分的黄色无机颜料，其颜色随硫化锌固溶量增加由黄色变为浅黄色。

镉黄的化学成分：纯品为 CdS 或 CdS/ZnS；若在纯品中加入硫酸钡 $BaSO_4$，则成为填充型铬黄，又称作镉钡黄，成分为 CdS-$BaSO_4$ 或 CdS/ZnS-$BaSO_4$。

镉黄颜料除颜色为黄色外，其余性质与镉红类似，但遮盖力不如镉红，镉红遮盖力为镉黄的 7～10 倍。镉黄着色力和遮盖力也不如铬黄。镉黄的制备方法和用途均与镉红相同。

镉黄具有优良的耐光、耐热（500℃）、耐碱性能，但耐酸性能较差。常用做绘画颜料，也用于涂料、硅酸盐、橡胶等工业。由硫酸镉溶液与硫化钡反应制得。如有硫化锌同时沉淀，可得浅柠檬黄色。如果有少量硫化硒同时沉淀，则可得橙黄色。

镉黄有毒，在欧洲地区，与环境有关的场合均禁止使用添加了镉黄的涂料。根据 RoHS 指令可知，我国出口到欧盟的家电中也不能使用含镉黄的涂料。

3）氧化铁黄

氧化铁黄俗称铁黄，其主要成分是水合三氧化二铁，化学分子式为 $Fe_2O_3 \cdot H_2O$ [Fe（OH）$_2$]。氧化铁黄的颜色为赭黄色，密度为 3.9～4.3g/cm^3，遮盖力约为 11～13g/m^2，吸油量 15～35g/100g。铁黄具有较好的遮盖力和着色力，耐光性和耐碱性均不错。但是不耐酸，能溶于酸中；不耐高温，当温度达到 270～300℃会脱水而变成红色颜料氧化铁红。

与氧化铁红类似，氧化铁黄也有一种透明的产品。该产品由于粒径微小（小于可见光的半波长），对光有衍射作用，因而具有透明特性。耐光性达 7 级，耐热性达 150℃，吸油量 30～40g/100g，着色力高，是制造金属漆及珠光漆的常用颜料。

4）异吲哚啉酮黄

异吲哚啉酮黄也称为颜料黄 2GLT，通常以四氯苯酐为原料，经氨水亚氨化，五氧化磷氧化，然后与 2,6-二氨基甲苯缩合而制得。化学结构式为

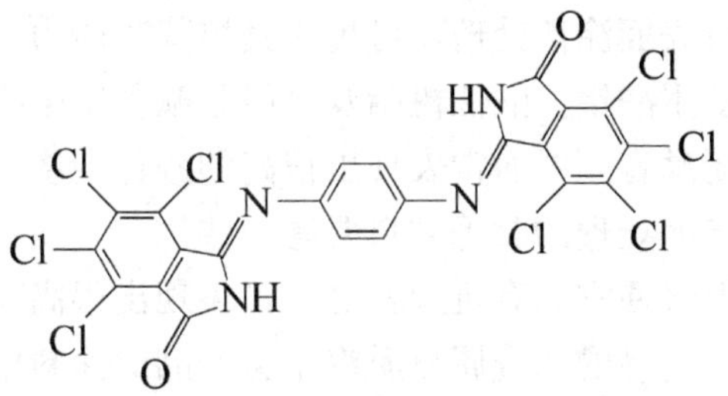

异吲哚啉酮黄的性能指标如表 3.12 所示。

表 3.12　异吲哚啉酮黄性能指标

项　目	性　能	项　目	性　能
耐溶剂性	极好	热稳定性	极好
耐晒性	好	着色力	中等
化学稳定性	极好	—	—

主要用于高级涂料（如汽车产品 OEM 涂装中用到的涂料）、塑料和油墨的着色，也可用于淡色装饰性涂料和调色系统。

5. 蓝色颜料

蓝色颜料中以酞菁颜料这类化合物为主。其他类的蓝色颜料有阴丹酮、群青蓝和普鲁士蓝等。

1）酞菁蓝

酞菁分子结构在 1928 年被发现，大约从 1940 年开始进入商业应用领域。酞菁颜料常与金属螯合。比如铜酞菁就是酞菁和铜的螯合，有多达 5 种晶体结构，分别是 α-酞菁（红-蓝色）、β-酞菁（绿-蓝色）、γ-酞菁、δ-酞菁和 ε-酞菁（红色），其中只有前两种晶型的酞菁有商业价值。在受热的情况下，α-酞菁会转化为 β-酞菁。铜酞菁的分子结构为

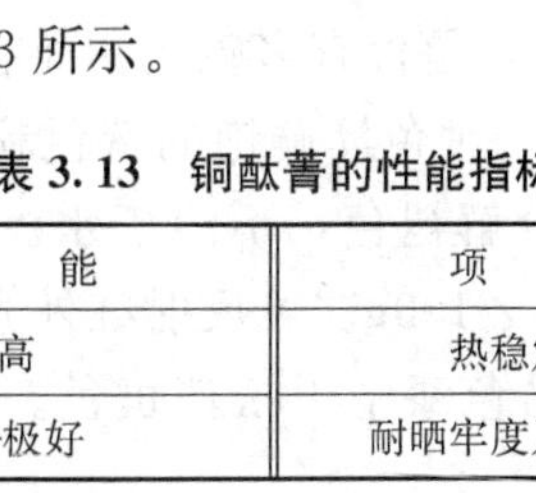

铜酞菁的性能指标如表 3.13 所示。

表 3.13　铜酞菁的性能指标

项　目	性　能	项　目	性　能
颜色强度	高	热稳定性	极好，300℃
抗溶剂性	好-极好	耐晒牢度及耐候性	很好

酞菁颜料初始粒径小，有絮凝的倾向（因为表面能低），会降低颜色强度。通过对

颜料微粒用某些物质进行表面涂覆处理，可提高其抗絮凝能力，并避免了重新凝聚。这些物质包括磺化酞菁、苯甲酸铝、酸性树脂及氯甲基酞菁衍生物，或磺化酞菁的长链胺类衍生物等。这种抗絮凝酞青颜料通常表现出很高的颜色纯度，更好的光泽，以及更好的分散性，当然成本比未经处理的酞菁颜料要高一些。

铜酞青颜料是市场上最便宜的有机颜料之一，表现出很高颜色强度。铜酞青颜料相对透明，可应用在坚固、简易的和金属材质汽车类产品的涂料中。

除了与金属螯合的酞菁颜料，也有无金属酞菁蓝颜料。无金属酞菁蓝颜料为艳绿光蓝色棒状晶体。密度 1.31～1.46g/cm^3，比表面积 36～52m^2/g。吸油量 32～39g/100g。在一些连结料中会出现絮凝作用。不溶于水、醇及烃类，溶于浓硫酸呈橄榄色溶液，稀释后析出蓝色悬浮体。无金属酞菁的生产工艺是通过邻苯二腈在戊醇钠介质中，于 125℃下加热生成钠酞菁，将其干燥后再与甲醇在 10℃下处理，转变为无金属酞菁。无金属酞菁主要用于汽车漆、美术颜料的着色，也用做一些不含金属的高档着色剂品种。

2）阴丹酮

阴丹酮有 4 种晶型。最稳定的是 α 改进型。其化学结构式为

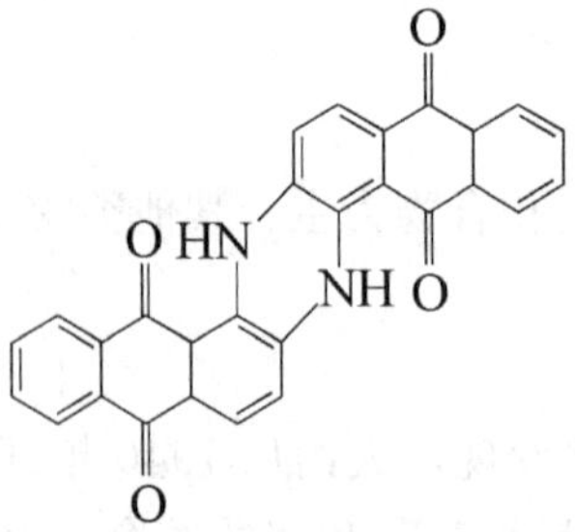

阴丹酮的性能指标如表 3.14 所示。

表 3.14 阴丹酮的性能指标

性能指标	阴丹酮	性能指标	阴丹酮
色调	红-蓝色调，深色透明	耐溶剂性	极好
絮凝产物稳定性	好	热稳定性	很好
化学稳定性	极好	耐晒性和耐候性	极好

阴丹酮主要应用于高性能涂料，如汽车 OEM 涂料、金属和淡色制品。

3）群青蓝

群青又称佛青、云青、洋蓝，是含有多硫化钠而有特殊结构的硅酸铝粉末，主要化学成分为 $Na_7Al_6Si_6O_{24}S_3$，是一种色泽鲜艳的蓝色粉末，能消除白色物质内黄色色光，耐碱、耐热、耐光，遇酸分解褪色，不溶于水。遮盖力、着色力都低。密度为 2.2～2.4g/cm^3，吸油量 31～36g/100g。可反射红外光吸收紫外光，不适宜用在有光聚合作用的场合。目前仅用于白色漆中以抵消黄色。通常宜单独制成漆浆加入白色漆中。

群青蓝的性能指标如表 3.15 所示。

表 3.15　群青蓝性能指标

项　　目	性　　能	项　　目	性　　能
pH	8～9	耐溶剂性	极好
耐酸性	差	热稳定性	极好，400℃
耐碱性	好	耐晒性	好

4）普鲁士蓝

普鲁士蓝，又称米洛丽蓝、铁蓝或柏林蓝。普鲁士蓝是一种古老的蓝色染料，可以用来上釉和做油画染料，它的主要成分是 $M^{+}Fe^{3+}[Fe^{2+}(CN)_6]\cdot H_2O$（其中 M^{+} 可以是 K^{+}、Na^{+} 或 NH_4^{+}），易燃，燃烧中产生 HCN、NH_3、CO、和 CO_2 气体。主要用于印刷油墨。还可用于工业涂料和汽车产品涂料。

普鲁士蓝的性能指标如表 3.16 所示。

表 3.16　普鲁士蓝的性能指标

项　　目	性　　能	项　　目	性　　能
耐溶剂性	极好	耐碱性	差
热稳定性	中等-好，140℃	耐晒性	极好

6. 绿色颜料

常用的绿色颜料有铬绿、氧化铬绿和酞菁绿等。

1）铬绿

铬绿有铅铬绿和酞菁铬绿两个品种。

铅铬绿是由铅铬黄和普鲁士蓝混合研磨，或使铅铁黄在普鲁士蓝水浆中沉淀而得。其颜色深浅决定于二者的比例，分为浅铬绿、中铬绿和深铬绿三个品种。其中中铬绿为常用品种，其密度为 4.2g/cm^3，遮盖力为 8g/m^2，吸油量 15～25g/100g。用共沉淀法制成的铅铬绿较用铁蓝和铬黄机械混合制成的铬绿性能优良、色调鲜艳，色调均匀，涂膜不易泛蓝，遮盖力好，着色力强，但遇酸碱易分解，保色性稍差。铅铬绿受热，受摩擦或遇火花后可燃烧，生产中必须注意安全。铅铬绿或铁蓝用于研磨漆浆，不可不经研磨而放置，否则易蓄热自燃，造成火灾。

酞菁铬绿则是由铅铬黄与酞菁蓝共沉淀而成。其颜料性能较铅铬绿优良，使用也较安全。

2）氧化铬绿

氧化铬绿的主要成分为三氧化二铬，化学分子式是 Cr_2O_3。密度为 5.2g/cm^3，遮盖力为 15g/m^2，吸油量 15～25g/100g。其颜色有橄榄绿、灰绿、茶绿和草绿几种色调。氧化铬绿中的铬为三价，无毒，对环境无害。RoHS 指令中限制的铬为六价铬，有毒。此二者不能混为一谈。另外，氧化铬绿的硬度较大，研磨时对研磨设备有一定的磨损作用。氧化铬绿的性能指标如表 3.17 所示。

表 3.17 氧化铬绿性能指标

项 目	性 能	项 目	性 能
pH	7.5	莫氏硬度	8～9
最佳粒度/μm	0.3	化学稳定性	极好
色彩	暗光泽	耐溶剂性	极好
着色力	低	热稳定性	极好，700～1000℃
折射率	2.5	耐晒性和耐候性	极好
不透明性	好	—	—

氧化铬绿多用于高温漆中，也少量用于环氧树脂类底漆中以提高防腐蚀性能。由于氧化铬绿具有极好的着色牢度和反射红外线的能力，所以它可用做伪装涂料中的颜料。

3）酞菁绿

酞菁绿外观为黄光绿色粉末，分子结构与酞菁蓝类似，是铜酞菁进行了卤化的结果，颜色与卤化的程度和类型有关。酞菁绿的分子结构为

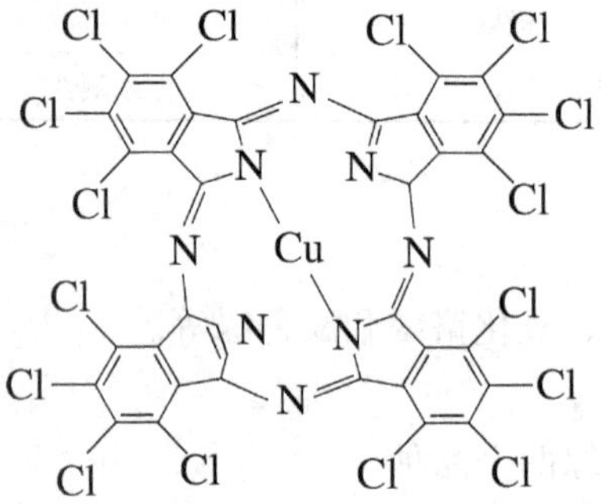

酞菁绿色光鲜艳，着色力强，不溶于水、乙醇和有机溶剂。各项指标优异，但价格较铅铬绿高出许多。性能指标详见表 3.18。

表 3.18 酞菁绿的性能指标

项 目	性 能	项 目	性 能
密度/(g/cm^3)	2.69～2.72	化学稳定性	极好
吸油量/(g/100g)	35±5	热稳定性	好，≤200℃
着色力	非常好	耐晒性和耐候性	极好
耐溶剂性	极好	—	—

多数酞青绿颜料难以分散，具有絮凝趋势。但是，随着生产工艺的改进，很多产品的分散性已经有了较大的好转，且絮凝作用有所减小。

酞菁绿颜料可用于所有的涂饰系统，如用做汽车 OEM 制品、金属涂料、工业产品和装饰性涂料等。

7. 紫色颜料

常见的紫色颜料有甲苯胺紫红和二噁嗪紫等。

1）甲苯胺紫红

甲苯胺紫红为GL色基重氮化后与色酚AS-D在微碱性介质中偶合而成，分子式为$C_{25}H_{20}N_4O_4$。其外观为紫红色粉末，质轻松软细腻，具有高的着色力和遮盖力。吸油量45±5g/100g，耐光性7级，耐热性≤140℃。遮盖力约$15g/m^2$。耐碱性及耐酸性均佳。

2）二噁嗪紫

二噁嗪紫颜料是咔唑二恶嗪紫结构，其耐晒牢度高，具有非常高着色力和明亮色调。商品名为永固紫RL。二恶嗪紫颜料耐溶剂性良好，并具有优异的耐光性（7～8级）和较好的耐热性（≤200℃）。单独使用即使颜色很浅也能保持很好的耐候性。吸油量38g/100g。主要用于汽车漆等高档涂料中。二恶嗪紫颜料具有很强的消色力，常用于白色涂料中“吊色”，抵消其中的黄色光。

8. 黑色颜料

常用的黑色颜料有炭黑、黑色氧化铁和苯胺黑等。

1）炭黑

炭黑是最老的一种颜料。27000前就被用于洞穴绘画，公元前2500年被古埃及人制成墨水。在中世纪还被用在印刷上。

炭黑是一种无定形碳，是密度小、质地松而颗粒极细的黑色粉末，比表面积非常大，范围从10～3000m^2/g，是有机物（天然气、重油、燃料油等）在空气不足的条件下经不完全燃烧或受热分解而得的产物。由天然气制成的称“气黑”，由油类制成的称“灯黑”，由乙炔制成的称“乙炔黑”。此外还有“槽黑”、“炉黑”。按炭黑性能区分有“补强炭黑”、“导电炭黑”、“耐磨炭黑”等。炭黑可用做黑色染料，用于制造中国墨、油墨、油漆等，也用做橡胶的补强剂。

炭黑性能优良，如表3.19所示。

表3.19　炭黑的性能指标

项　目	性　能	项　目	性　能
耐晒性	极好	化学稳定性	极好
耐溶剂性	好	热稳定性	极好

炭黑存在吸附问题。炭黑的轻质多尘形态使其在干燥的颗粒形态变得容易分散。在经过一段时间后，炭黑会吸附涂料配方中的活性成分，如醇酸树脂作空气干燥剂使用时，炭黑会吸附其中的金属皂成分。这种吸附现象会导致一些问题，不过，通常的补救办法就是成倍增加干燥剂的用量。

炭黑有凝结现象。经过分散后的细小炭黑微粒有凝结的趋势。在稀释油漆时必需尽最大的努力以避免这种倾向。处理少量的添加剂时必需注意使添加剂之间用量保持均匀。

因粒径小、比表面积大，炭黑难以分散。为增强分散效果，可以对颜料粒子表面进行氧化，或添加羧酸等少量的有机组分。这些组分可吸取水分降低pH并使微粒润湿。

目前，炭黑主要用于橡胶工业、涂料工业和印刷油墨工业。粒径更细的炭黑因为其颜色更黑，而用于高档制品，如汽车类产品。中等尺寸的炭黑用于中档要求的涂料，级别较低的则用于装饰性涂料。从色彩方面考虑，因级别低的炭黑度而容易调色，往往也应用较多。

炭黑价格是随着其微粒尺寸而变化的，尺寸增加则价格降低。总的来说，炭黑是一种相对便宜的颜料。用于特殊要求的特级炭黑则价格较贵。

2）黑色氧化铁

黑色氧化铁颜料又称为贴黑，是天然的磁铁矿，其天然状态可以应用。然而，现在大多数用于涂料中的氧化铁颜料通常都是合成的。黑色氧化铁的主要成分为四氧化三铁，分于式为 Fe_3O_4，化学结构式为 $FeO \cdot Fe_2O_3$，氧化亚铁含量在10%～26%范围内变化。

黑色氧化铁颜料价格价廉，具有极佳的耐溶剂性和化学稳定性，极好的耐久性和耐候性及耐晒性。着色力较低，可用于色彩调配。天然和人工合成的黑色氧化铁的性能指标如表 3.20 所示。

表 3.20 黑色氧化铁性能指标

项 目	天 然	人工合成	项 目	天 然	人工合成
密度/(g/cm^3)	5.5	4.7～4.8	耐热性	180℃	400℃（氧化剂介质）；800℃（还原剂介质）
吸油量/(g/100g)	—	28	吸油性	—	同其他黑色颜料相比为低

铁黑用于涂料可增强涂膜的力学性能，且具有一定的防锈能力，故多用于底漆。当金属涂膜要求较高的力学性能时，可以用铁黑代替炭黑使用。此外，铁黑也是制造氧化铁红的原料。

3）苯胺黑

苯胺黑俗称阿尼林黑或精元。一种直接在棉织物上生成的、不溶于普通溶剂的黑色染料，广泛用于棉织物的染色和印花。染时先将棉织物浸渍在用苯胺盐等配成的溶液中，再经氧化，即染成黑色。染品能耐日晒雨淋，对热肥皂溶液和稀漂白粉溶液都很坚牢。氧化过分时呈蓝黑色，并易致脆损。氧化不足或被还原时能变为绿色。目前多数都是制成商品苯胺黑，作为有机颜料出售，其商品有油溶苯胺黑（简称油溶黑）、醇溶苯胺黑（简称醇溶黑）等。苯胺黑的化学结构式为

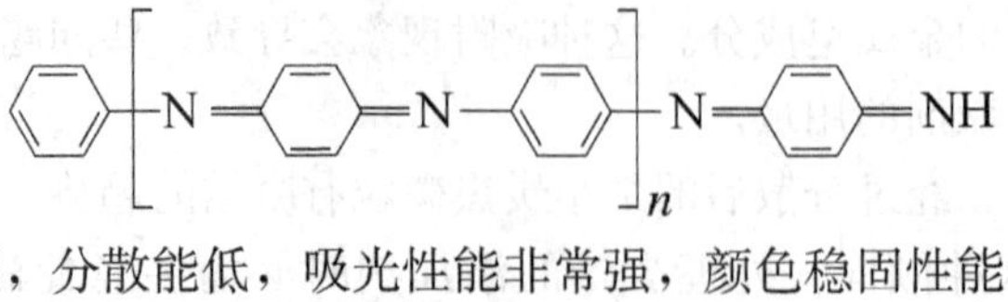

$$C_6H_5-\left[N=C_6H_4=N-C_6H_4\right]_n-N=C_6H_4=NH$$

苯胺黑着色力强，分散能低，吸光性能非常强，颜色稳固性能十分好。因为在涂料中粘结性强，该颜料还能产生消光效果（具柔和的外观）。

苯胺黑可能是最早的有机合成颜料。大约在 1860 年被发现。可用在某些要求特黑的场合。

9. 珠光颜料和金属光泽颜料

1）珠光颜料

珠光颜料包括云母粉和金属化合物（如二氧化钛或氧化铁）、鸟嘌呤与次黄嘌呤的天然薄片、碳酸铅和氯氧化铋的晶体等。

珠光颜料成薄片状，透明。其薄片形态使微粒在涂层内容易排列成同一方向。折射率高，能部分传导光线。

珠光颜料能使某些光波减弱，其余的光波得到加强。颜料对光线的部分反射和传导形成了彩虹似的光芒，产生类似珍珠闪光的效果，看上去就像变换的色彩。这类颜料也是我们所说的干涉型颜料。较小的微粒可以获得锦缎效果；粗糙的粒子则可以产生闪光效果。

云母钛珠光颜料常应用于汽车涂饰的末道漆。应用中常与透明颜料联合使用以获得灿烂的效果。金红石型二氧化钛可用于提高涂膜耐久性。

2）金属光泽颜料

金属光泽颜料包括铝粉和铜锌粉等品种。

铝粉俗称银粉，其颗粒呈现平滑的鳞片状，呈现银色光泽，具有非常高的遮盖力。在涂膜中由于铝粉颗粒平行于涂膜表面，因此对紫外线、太阳辐射热有良好的反射性，延缓了紫外线对涂膜的破坏。由于鳞片状铝粉颗粒层层叠加，使得涂膜具有屏蔽作用，从而阻止了水、气体和离子透过，所以含铝粉的面漆耐候性优于一般涂料，底漆则增加了涂膜的防锈性能。

铝粉分为“浮型铝粉”、“非浮型铝粉”和“闪光铝粉”。通常与溶剂混合制成铝粉浆供涂料生产使用，称为“铝银浆”。非浮型铝粉颜色发暗，沉于漆液底部，一般用于生产锤纹漆、防锈漆和美术漆等。浮型铝粉颜色银白发亮，漂浮于表面，一般用于生产磁漆、耐热漆或底漆。金属闪光铝粉也属于非浮型，但它比一般非浮型铝粉光泽高，金属质感强，粒径分布窄，在涂膜中呈现平行于涂膜方向定向排列整齐后，呈现强闪到柔和的系列闪光效果，为涂膜带来特殊的装饰效果，常用于生产汽车漆、摩托车漆及铝塑板涂料。

铝颜料无毒，可用于多种场合。但在用于酸性介质中会释放出氢气，必需加以注意，涂料的光泽和性能也会因此变差。鳞片状铝颜料中的硬脂酸会与作为干燥剂使用的环烷酸盐和松香脂反应，破坏其鳞片状结构，使用时应予以重视。

铜锌粉俗称金粉、铜粉，是铜、锌系合金制成的鳞片状微细粉末。依据两种金属的比例不同色彩可由黄色到红金色。依粒径大小不同光泽也有差异。

（二）防锈颜料

防锈颜料是防锈涂料的重要组成部分，在涂膜中主要发挥防锈作用。各种防锈颜料的性质不同，它们的防锈机理也各不相同，依据防锈机理可将防锈颜料分为三类，即化学防锈颜料、物理防锈颜料和电化学防锈颜料。

1. 化学防锈颜料

化学防锈颜料本身为化学活性物质，依靠化学反应起防锈作用，包括铅系化合物

（如红丹）、铬酸盐（如锌铬黄）、钼酸盐（如钼酸锌）、磷酸盐（如磷酸锌）和硼酸盐（如硼酸锌）等。

1）红丹

红丹也称为铅丹，红色氧化铅。主要化学成分是四氧化三铅，化学分子式 Pb_3O_4，式量 685.57。橙红色晶体或粉末，密度 9.1g/cm^3，不溶于水和醇。四氧化三铅中，有 2/3 的铅为正二价，1/3 的铅为正四价，化学式可写作 $2PbO \cdot PbO_2$。根据结构应属于铅酸二价铅盐（$Pb_2[PbO_4]$）。在加热至 500℃以上时分解为一氧化铅和氧气。可溶于热碱溶液中。有氧化性，跟盐酸反应放出氯气；跟硫酸反应放出氧气。可被稀硝酸分解，其中 2/3 的铅被酸溶解，生成硝酸铅（Ⅱ），其他为不溶的二氧化铅。一氧化铅有碱性，溶于稀硝酸，二氧化铅呈弱碱性，稍溶于酸。有毒。用于制铅玻璃、油漆、蓄电池、陶瓷、搪瓷。还用于制钢铁涂料。红丹一般是由一氧化铅粉末在空气中加热至 450～500℃氧化而制得。

2）锌铬黄

锌铬黄又称锌黄。含有铬酸锌 $ZnCrO_4$ 的淡黄色颜料。化学成分在 $4ZnO \cdot CrO_3 \cdot 3H_2O$ 与 $4ZnO \cdot 4CrO_3 \cdot K_2O \cdot 3H_2O$ 之间变动。颜色由亮黄至柠檬黄。着色力和遮盖力都比铅铬黄低，但耐光性较好。能部分地溶于水，易溶于酸和碱溶液。主要用于涂料，也用于油墨、塑料、文教用品等。由铬酸或重铬酸钾（或钠）与氧化锌作用而制得。

3）钼酸锌

钼酸锌为浅黄或白色粉末。难溶于水，易溶于酸，能与金属氧化物发生钼酸根交换反应，如分别与氧化镉、氧化镁反应生成钼酸镉、钼酸镁。可由三氧化钼与氧化锌加热至 270℃制得。也可将锌（II）盐加入到钼酸铵溶液中沉淀出钼酸锌。可用做涂料等。

4）磷酸锌

无色斜方结晶或白色微晶粉末。表观密度 0.8～1g/cm^3。溶于无机酸、氨水、铵盐溶液，不溶于水、乙醇。加热到 100℃时失去两个结晶水而成无水物。有潮解性、腐蚀性。由磷酸与氧化锌进行反应，在 30℃以下加入晶种进行结晶，经过滤，热水洗涤，粉碎，干燥而制得。用做醇酸、酚醛、环氧树脂等涂料的基料。也可用于生产无毒防锈颜料和水溶性涂料。还可用做氯化橡胶、合成高分子材料的阻燃剂。

磷酸锌可取代红丹、锌铬黄等传统防锈颜料，可用于钢架、船舶、电器、设备防锈使用。

5）硼酸锌

硼酸锌简称 ZB，分子式 $2ZnO \cdot 3B_2O_3 \cdot 3.5H_2O$ 相对分子质量 434.75。白色结晶粉末，平均粒烃为 2～10μm，相对密度为 2.69，熔点为 980℃，折射率为 1.58～1.59。溶于热水形成含 1%B_2O_3 的溶液，在冷水中溶解性极低。在 260℃时仍能保持结晶水。

硼酸锌广泛用于塑料、橡胶、油漆、阻燃涂料、陶瓷、电绝缘材料，电子制品外壳、电线、电缆等。特别是用做阻燃剂和消烟剂与含卤素阻燃剂配合使用效果更佳，它可单独作阻燃剂用，也可与三氧化二锑混合使用，它可代替 50%～80%三氧化二锑，又可代替有毒的铬酸锌作为底漆防锈颜料，在陶瓷中常用做釉料，又可作木材防腐剂，另外硼酸锌是子午线轮胎专用配套原料。

硼酸锌可由氧化锌和硼酸反应制得，也可由氢氧化锌和硼酸反应后经处理而得。

2. 物理防锈颜料

与化学防锈颜料不同，物理防锈颜料本身具有化学惰性，主要通过屏蔽作用起防锈作用。常用的物理防锈颜料有铁系化合物（如氧化铁红）和鳞片状防锈颜料（如铝粉）等。这些颜料在前面的着色颜料中已有介绍，此处不在重复。

3. 电化学防锈颜料

电化学防锈颜料是通过电化学作用其防锈效果的，具体就是电化学防锈颜料本身作为阳极，起阴极保护作用。例如，锌粉用做防锈颜料时就是作为阳极的，且生成的碱式碳酸锌能增加涂膜致密性，也具有屏蔽作用，实际上有两种不同的防锈原理。

（三）体质颜料

体质颜料其实就是颜料增补剂，起填充作用，也称为填料，主要用于降低涂料的成本。但是也能改变涂料性能如流动性（黏度），沉积作用稳定性以及涂膜强度，起到增强涂膜“体质”的作用，故称为体质颜料。

大多数体质颜料为白色，与常用的粘接剂拥有相近的折射率（1.4～1.7）。与折射率在2.7左右的TiO_2相比，其透明性较好。大多数为天然状态（可能需要提纯），其他的是人工合成的。

主要的体质颜料品种有硅酸铝（中国陶土）、硅酸镁（滑石）、硅土、碳酸钙（合成的和天然的）以及硫酸钡（天然-重晶石；合成-沉淀硫酸钡）。

1. 硅酸铝

硅酸铝也称为中国黏土、中国陶土，主要成分为$Al_2O_3 \cdot 2SiO_2 \cdot 2H_2O$，一般通过破碎花岗岩、硅石及云母等天然矿物得到的，其微粒呈片状结构。硅酸铝呈惰性，色彩很好，与涂料能搅拌溶合。主要用于水基装饰性涂料，也可用做流平剂，能从结构上改善其他颜料在涂料中的悬浮性能。

硅酸铝的性能指标如表3.21所示。

表3.21　硅酸铝性能指标

项　目	性　能	项　目	性　能
折射率	1.55	粒径/μm	0.5～50
密度/(g/cm^3)	2.6	化学稳定性	极好
吸油性/(g/100g)	30～70	耐晒性	极好
pH	6.7	—	—

2. 硅酸镁

硅酸镁也称为滑石粉，主要成分为$3MgO \cdot 4SiO_2 \cdot H_2O$。硅酸镁呈惰性、憎水性和片状，在涂料中不会沉淀。在涂料中添加硅酸镁能给涂层提供抗潮湿性能，增进涂料流动性，增强涂膜的打磨性。

硅酸镁的性能指标如表 3.22 所示。

表 3.22 硅酸镁性能指标

项　目	性　能	项　目	性　能
折射率	1.57	吸油量/(g/100g)	27
密度/(g/cm^3)	2.77	硬度	1
pH	8～9	—	—

硅酸镁用于水剂型和溶剂型装饰涂料，使用在底涂层和工业面漆、房屋和建筑涂料及防腐涂料中。在医药方面，硅酸镁主要用做制药，医药上用做制酸药物，能中和胃酸和保护溃疡面，主要用于胃及十二指肠溃疡病。此外，还可作脱臭剂和脱色剂，也用于陶瓷或橡胶等工业。

3. 硅土

硅土的主要成分为二氧化硅，化学分子式 SiO_2。硅土可从天然和合成方法获得。天然来源包括硅藻土，“无定形”硅土和结晶硅土（石英）。合成的有沉淀二氧化硅，其粒径极小，甚至呈胶体状。硅土粒径精细，可以作为消光剂使用以降低涂料光泽。还可增强涂层间粘结力和涂膜的可打磨性。硅土在涂料中用做填料，还可提高涂料的耐候性。

天然硅土（以石英为例）和合成硅土的性能指标如表 3.23 所示。

表 3.23 硅土的性能指标

项　目	石　英	沉淀二氧化硅
折射率	1.5	1.45
密度/(g/cm^3)	2.6	2.1
pH	7	3～3.5
莫氏硬度	7	—
SiO_2含量	—	87%～99%
特殊表面积	—	250～300 m^2/g
化学稳定性	极好	—

4. 碳酸钙

碳酸钙，化学分子式为 $CaCO_3$。碳酸钙有天然与合成的。天然和合成的碳酸钙的性能指标如表 3.24 所示。

表 3.24 碳酸钙性能指标

项　目	白　垩	石　灰　岩	碳酸钙沉淀（PCC）
密度/(g/cm^3)	2.71	2.71	2.71
折射率	1.59	1.59	1.59
吸油量/(g/100g)	15～20	14～20	高
抗酸性	差	起泡	极差
硬度	2	2	3
pH	—	9～11	—

根据碳酸钙生产方法的不同，可以将碳酸钙分为重质碳酸钙、轻质碳酸钙、胶体碳酸钙和晶体碳酸钙。

重质碳酸钙俗称重钙、单飞粉、双飞粉、三飞粉、四飞粉，简称重钙，是用机械方法（用雷蒙磨或其他高压磨）直接粉碎天然的方解石、石灰石、白垩、贝壳等就可以制得。由于重质碳酸钙的沉降体积比轻质碳酸钙的沉降体积小，所以称为重质碳酸钙。白色粉末。无臭、无味。露置空气中无变化，相对密度为 2.710。几乎不溶于水，在含有铵盐或三氧化二铁的水中溶解，不溶于醇。遇稀醋酸、稀盐酸、稀硝酸发生泡沸，并溶解。加热分解为氧化钙和二氧化碳。按粉碎细度的不同，工业上分为四种不同规格，即单飞、双飞、三飞、四飞，分别用于各工业部门。涂料行业中主要使用的是双飞粉和三飞粉。双飞粉用做油漆的白色填料；三飞粉用做涂料腻子和涂料的填料。

轻质碳酸钙又称沉淀碳酸钙，简称轻钙，是将石灰石等原料煅烧生成石灰（主要成分为氧化钙）和二氧化碳，再加水消化石灰生成石灰乳（主要成分为氢氧化钙），然后再通入二氧化碳碳化石灰乳生成碳酸钙沉淀，最后经脱水、干燥和粉碎等工艺而制得。或者先用碳酸钠和氯化钙进行复分解反应生成碳酸钙沉淀，然后经脱水、干燥和粉碎等工艺而制得。由于轻质碳酸钙的沉降体积（2.4～2.8cm^3/g）相对密度质碳酸钙的沉降体积（1.1～1.4cm^3/g）大，换句话说就是相对密度质碳酸钙密度小，所以称为轻质碳酸钙。轻质碳酸钙为白色粉末，无臭，无味，相对密度约 2.71。有无定形和结晶形两种形态，结晶形中又可分为斜方晶系和六方晶系，呈柱状或菱形。难溶于水和醇，能溶于酸，同时放出二氧化碳，呈放热反应，也溶于氯化铵溶液中。在空气中稳定，有轻微的吸潮能力，可用做橡胶、塑料、造纸、涂料和油墨等行业的填料。此外还广泛用于有机合成、冶金、玻璃和石棉等生产中。还可用做工业废水的中和剂、胃与十二指肠溃疡病的制酸剂、酸中毒的解毒剂、含 SO_2废气中的 SO_2消除剂、乳牛饲料填加剂和油毛毡的防黏剂等，也可用做牙粉、牙膏及其他化妆品的原料。

胶体碳酸钙又称改性碳酸钙、表面处理碳酸钙、胶质碳酸钙或白艳华，简称活钙，是用表面改性剂对轻质碳酸钙或重钙碳酸钙进行表面改性而制得。由于经表面改性剂改性后的碳酸钙一般都具有补强作用，即所谓的“活性”，所以习惯上把改性碳酸钙都称为活性碳酸钙。胶体碳酸钙为白色细腻、轻质粉末，粒子表面吸附一层脂肪酸皂，使 $CaCO_3$具有胶体活化性能。相对密度为 1.99～2.01。胶体碳酸钙可用做制人造革、电线、聚氯乙烯、涂料、油墨和造纸等工业的填料，可使成品具有一定的抗张强度及光滑的外观。

晶体碳酸钙在涂料行业中应用较少，此处不做介绍。

5. 硫酸钡

硫酸钡是可从天然矿物（重晶石）中获得，也可以合成（沉淀硫酸钡）。天然硫酸钡以“重晶石”矿物形态存在。通过破碎、水洗、干燥处理后，再加工成微粉，提高其分散性（粒径从 25μm 下降至 2～10μm）。合成的硫酸钡比自然状态硫酸钡的结构要精细，能获得更高的吸油性。可以通过钡的化合物与硫酸或硫酸盐溶液反应制备。硫酸钡非常不活泼，其性能指标如表 3.25 所示。

表 3.25 硫酸钡性能指标

项　目	重 晶 石	沉淀硫酸钡
折射率	1.64	1.64
密度/(g/cm^3)	4.5	4.4
pH	7～8	6.5～7.5
吸油量/(g/100g)	9～13	13～17
化学稳定性	极好	
热稳定性	好	
耐晒性及耐候性	好	

天然硫酸钡用于抗腐蚀涂料，还应用在建筑物和结构件的涂料中。合成硫酸钡用于底漆、内层涂料和工业产品上。

二、溶剂

溶剂型涂料用溶剂，一般都是挥发性的有机溶剂。溶剂的分类方法较多，如按沸点高低可以分为低沸点溶剂、中沸点溶剂和高沸点溶剂；按来源划分，可以分为石油溶剂、煤焦溶剂等；按化合物类型划分，可分为脂肪烃溶剂、芳香烃溶剂、萜烯类溶剂、醇类溶剂、酮类溶剂、酯类溶剂、醇醚和醚酯类溶剂及取代烃类溶剂等八大类。本文采用后一种分类方法进行划分，并对涂料常用有机溶剂的特性及其应用进行概述。

（一）脂肪烃溶剂

脂肪烃溶剂的主要成分是直链状的碳氢化合物，是石油的分馏产物。涂料中常用的脂肪烃溶剂有石油醚和200号溶剂油等。

1. 石油醚

石油醚又叫石油精，主要成分是戊烷和己烷，为无色透明液体，有煤油气味。石油醚的沸程为30～120℃，市售的产品一般分为30～60℃、60～90℃和90～120℃三种规格。石油醚不溶于水，溶于无水乙醇、苯、氯仿和油类等多数有机溶剂。

石油醚的蒸气或雾对眼睛、黏膜和呼吸道具有刺激性，中毒表现有烧灼感、咳嗽、喘息、喉炎、气短、头痛、恶心和呕吐等，也可引起周围神经炎，因此在使用时应注意做好劳动保护措施。石油醚极度易燃，且与空气混合后能形成爆炸物，遇到明火或者高温即引起燃烧、爆炸。因此在生产过程中还需要做好安全生产的各项措施。

石油醚在涂料中较少作为成膜物的溶剂，而往往被用做萃取剂和精制溶剂。

2. 200号溶剂油

200号溶剂油又称为油漆溶剂油，由140～200℃的石油馏分组成，为无色透明液体，主要成分是戊烷、己烷、庚烷和辛烷，也含有一定量的碳原子数范围在4～11的其他的烷烃、烯烃和环烷烃等脂肪，以及一定量的芳香烃。

不同产地的石油，分馏得到的200号溶剂油中烷烃、环烷烃和芳香烃含量也不相同，因此来源不同的200号溶剂油的组成不同，所以其溶解能力也不同。

200号溶剂油的溶解力和挥发性属中等范围，可与很多有机溶剂互溶。可溶解干性油，也可溶解低黏度的聚合油，但对高黏度的聚合油溶解能力较差。200号溶剂油对树脂具有较好的溶解能力，酚醛树脂漆类、酯胶漆料，醇酸调和树脂及长油度醇酸树脂可以全部用200号油漆溶剂油溶解。中油度醇酸树脂需要和少量芳香烃一起使用，短油度醇酸树脂及其他合成树脂不能用200号溶剂油溶解。除此之外，甘油松香酯、改性酚醛树脂、天然沥青和石油沥青都可以溶于200号溶剂油，所以它在涂料工业中的用途很大。

（二）芳香烃溶剂

芳香烃也称为芳烃，通常是指分子中含有苯环结构的碳氢化合物。由于早期发现的这一类化合物多有芳香味道，所以这些烃类物质被称为芳香烃。芳香烃有不同的分类方法。根据结构的不同，可分为单环芳香烃、稠环芳香烃和多环芳香烃，常见的单环芳烃有苯、甲苯和二甲苯等，常见的稠环芳香烃有萘、蒽和菲等，常见的多环芳香烃有联苯、三苯甲烷等；根据来源不同可分为焦化芳烃和石油芳烃两类，焦化芳烃系由煤焦油分馏而得，石油芳烃系由石油产品经铂重整，催化裂化油及甲苯歧化精馏而得。

在涂料工业中使用较多的芳香烃溶剂有苯、甲苯、二甲苯、溶剂石脑油和高沸点芳烃溶剂等。

1. 苯

苯是组成结构最简单的芳香烃，沸点为80.1℃，熔点为5.5℃，常温下为无色、有甜味的透明液体，易挥发，具有强烈的芳香气味。苯可燃，有毒，是国际癌症研究所（IARC）一类致癌物质。苯难溶于水，易溶于有机溶剂。

苯可以由含碳量高的物质不完全燃烧而得到。在自然界中，火山爆发和森林火险都有可能产生苯。值得注意的是，即使在人们吸烟的过程中，都有可能吸进去苯，因为在香烟燃烧过程中会产生苯。工业上，最早的时候一般在煤焦油中提取苯，而目前则主要从石油中提取。工业上生产苯的方法主要有三种，即催化重整、甲苯加氢脱烷基化和蒸气裂化。

苯在涂料中的主要用途是和醋酸丁酯（或醋酸乙酯）、丙酮和丁醇配合使用，作为硝基漆的稀释剂。由于苯易挥发，所产生的蒸气对人体有强烈的毒性，因此已被其他较好的溶剂逐步替代。市场上也能看到各种各样的无苯溶剂、无苯稀释剂等。

2. 甲苯

甲苯也称为甲基苯、苯基甲烷，是苯的同系物，具有与苯类似的芳香气味，沸点为110.63℃，熔点为−94.99℃，常温下为无色透明、清澈如水的液体，折射率高，几乎不溶于水，但能与二硫化碳、乙醇、乙醚等互溶，在氯仿、丙酮及大多数其他常用有机溶剂中也有很好的溶解性。甲苯易燃，在生产过程中必须注意做好安全生产措施。甲苯有毒，可通过吸入、食入和经皮吸收，对皮肤、黏膜有刺激性，对中枢神经系统有麻醉作用。短时间内吸入较高浓度的甲苯导致的急性中毒，使中毒者出现眼及上呼吸道明显的刺激症状、眼结膜及咽部充血、头晕、头痛、恶心、呕吐、胸闷、四肢无力、步态蹒跚、意识模糊；严重者可有躁动、抽搐、昏迷等反应。长期接触而导致的慢性中毒，可使中毒者发生神经衰弱综合症、肝肿大以及女性月经异常等，也可引起皮肤干燥和皮炎。

3. 二甲苯

涂料用二甲苯系邻、间、对位二甲苯三种同分异构体及少量乙苯的混合物，涂料中较少使用单独一种的二甲苯异构体。

工业混合二甲苯系无色透明液体，具有芳香烃特有的气味，有时会发出微弱的荧光。根据来源的不同，可分为石油混合二甲苯和焦化二甲苯。石油混合二甲苯按馏程不同又分为3℃混合二甲苯和5℃混合二甲苯；焦化混合二甲苯又可分为3℃、5℃和10℃二甲苯。

石油混合二甲苯可通过催化重整、热裂解和甲苯歧化等三种生产路线制得，不同的生产路线所得到的产品组成有所不同，如表3.26所示。同时混合二甲苯中往往含有乙苯，少量的甲苯、苯、脂肪烃和硫化物。

表3.26 混合二甲苯的组成

异构体	含量/%			异构体	含量/%		
	催化重整油	热裂残油	甲苯歧化油		催化重整油	热裂残油	甲苯歧化油
邻二甲苯	16～23	10～19	23	对二甲苯	18	12～16	22
间二甲苯	43～44	27～34	52	乙苯	13～18	39～41	3

涂料产品中往往要求使用无水二甲苯，可以使用氯化钙、无水硫酸钠、五氧化二磷或分子筛作脱水剂，除去混合二甲苯中的少量水分。

二甲苯不溶于水，能与乙醇、乙醚、芳香烃和脂肪烃溶剂混溶。由于其溶解力强，挥发速度适中，可作为短油醇酸树脂、乙烯树脂、氯化橡胶和聚氨酯树脂等的主要溶剂。也可作为沥青和石油沥青的溶剂，在硝基漆中可用做稀释剂。二甲苯既可以用于常温干燥涂料，也可用于烘漆，是目前涂料工业中应用面最广，使用量最大的一种溶剂。

二甲苯易燃，其蒸气与空气可形成爆炸性混合物，遇明火、高热能引起燃烧爆炸，与氧化剂能发生强烈反应。流速过快，容易产生和积聚静电。其蒸气比空气重，能在较低处扩散至相当远的地方，遇明火会引着回燃。二甲苯燃烧（分解）产物为一氧化碳、二氧化碳，因此在有二甲苯的火场应注意防止一氧化碳中毒。

二甲苯本身有中等毒性，经皮肤吸收后，对健康的影响远比苯小。若不慎口服了二甲苯或含有二甲苯溶剂时，即强烈刺激食道和胃，并引起呕吐，还可能引起血性肺炎，应立即饮入液体石蜡做紧急处理，然后再送医院进行进一步诊治。

4. 溶剂石脑油

溶剂石脑油为无色或浅黄色液体，是焦化芳香烃类混合物，由煤焦轻油分馏所得。沸程为120～200℃，主要成分包括甲苯、二甲苯异构体、乙苯、异丙苯等。相对密度为0.85～0.95g/cm³，闪点为35～38℃，化学性质和甲苯、二甲苯相似。能与乙醇或丙酮等混溶，能溶解松香甘油酯和沥青等，主要用做煤焦沥青和石油沥青的溶剂。

5. 高沸点芳烃溶剂

芳烃根据含有碳原子数的多少可以划分为重芳烃和轻芳烃。碳原子数6～8个的芳烃称为轻芳烃，碳原子数大于八个的芳烃称为重芳烃。轻芳烃的成分有苯、甲苯和二甲苯，重芳烃的主要成分为C_9和C_{10}。以前，在抽提了轻芳烃后，就把得到的重芳烃用于替代二甲苯，在涂料中用做溶剂。但是后来发现重芳烃中存在着一些难以合成、价值较高的成分，如偏三甲苯、均三甲苯、乙基甲苯和均四甲苯等，如果不分离出来，必然造成巨大的浪费，而且把这些产品分离出来以后，得到的混合物在溶解力和挥发速率等方面都有了一定的提高，所以后来的重芳烃都是经过进一步分馏，去除了上述难以合成、价值较高的产品之后得到的沸程较窄的芳烃混合物，为了和之前的重芳烃加以区分，一般把经过进一步分馏得到的产物称为高沸点芳烃溶剂。

（三）萜烯类溶剂

萜烯一般指通式为$(C_5H_8)_n$的链状或环状烯烃类。在自然界分布很广，如柠檬油中的苎烯、松节油中的α-蒎烯、β-蒎烯都属此类。萜烯一般为比水轻的无色液体，具有香气。不溶或微溶于水，易溶于乙醇。其含氧化合物如柠檬醛、薄荷脑（薄荷醇）、樟脑等都是重要化工原料和香料。萜烯可以由一些容易获得的工业原料人工合成。

在涂料用的溶剂中，常见的萜烯类物质有松节油、双戊烯和松油。

1. 松节油

松节油由松科植物马尾松、红松、湿地松和思茅松等的树脂（松脂）经直接蒸馏或水蒸气蒸馏取得。为无色或淡黄色澄清液体，有特殊气味。主要成分为约64%的α-蒎烯和约33%的β-蒎烯，也含有苧烯、莰烯、萜烯等成分。沸点为154～159℃。碘值为350～400。在空气中易氧化，久贮或暴露于空气中，颜色会变黄。易燃，燃烧时产生浓烟。能溶于水，易溶于乙醇，与氯仿、乙醚和冰醋酸能以任意比例互溶。

松节油曾是传统涂料产品中广泛应用的溶剂，但是由于它比来源于石油的脂肪烃溶剂价格高，资源也相对少，加之气味较大，溶解力范围窄，因而近年来逐渐为200号油漆溶剂油所取代。但松节油的溶解力比200号油漆溶剂油稍强，且由于其含有能与空气中的氧结合为氧化物的萜烯而具有促进涂料干燥的作用，200号油漆溶剂油则只有溶剂的作用，在干燥过程中仅仅是自身的挥发，对涂料固化并无额外的作用。因此，200号油漆溶剂油还不能完全替代松节油，故目前松节油仍应用于油基漆和醇酸树脂漆中。由于松树是可再生资源，所以松节油也属于可再生资源，随着石油资源的日益紧张，相信松节油也会迎来发展的良机。

2. 双戊烯

双戊烯也叫松油精，从木材松节油中分馏而得，是一种无色无毒柠檬香味的液体。熔点为－96.6℃，沸点177.7℃。相对密度为0.8447，折光率为1.4739，闪点为42℃，不溶于水、混溶于醇，对大多数天然树脂和合成树脂的溶解力都很强。双戊烯的挥发速率比较低，可用于调节涂料的干燥速度，也可用于氧化干燥性涂料中起抗结皮作用。但是随着烃类溶剂的发展和防止结皮剂的应用，双戊烯在涂料中的应用已不多。

3. 松油

松油是通过对松树杆、松树籽和松针的蒸气蒸馏和分解蒸馏而得到的，其成分比较复杂，主要成分是萜二醇。松油的沸点比双戊烯高，约204～218℃，因而具有相对低的挥发速率，对树脂等具有较高的溶解力，通常用于涂料中以提高涂膜的流平性。为了避免涂料难以干燥，松油往往要和挥发速率较快的溶剂混合使用。

（四）醇类溶剂

醇类溶剂属于含氧溶剂，是一类重要的涂料用溶剂。它们能提供范围很宽的溶解力和挥发性。很多不能溶于烃类溶剂中的树脂，往往能溶于醇类溶剂等含氧溶剂。醇类溶剂较少单独使用，一般是与其他溶剂混合后得到溶解力和挥发速率都适中的混合溶剂后使用。常用的醇类溶剂有乙醇、异丙醇、正丁醇和二丙酮醇等。

1. 乙醇

乙醇又称酒精，是人们最熟悉一种有机溶剂。乙醇无色、透明，具有特殊香味，易挥发，密度比水小，能跟水以任意比互溶，是一种重要的溶剂，能溶解多种有机物和无机物。乙醇沸点78.3℃，易燃，使用时需注意安全。

2. 异丙醇

异丙醇是一种无色透明挥发性液体，有似乙醇和丙酮混合物的气味，但气味不大。其蒸气能对眼睛、鼻子和咽喉产生轻微刺激，并能通过皮肤被人体吸收。异丙醇能溶于水、醇、醚、苯、氯仿等多数有机溶剂，能与水、醇、醚相混溶，与水能形成共沸物。异丙醇易燃，蒸气与空气能形成爆炸性混合物，属于中等爆炸危险物品。除了用做溶剂外，异丙醇还用于制药、化妆品、塑料、香料、涂料及电子工业上用做脱水剂及清洗剂，也可用做防冻剂等。

3. 正丁醇

正丁醇是一种无色液体，有酒味，相对密度为0.8109，沸点为117.7℃，熔点为－90.2℃，自燃点为365℃。正丁醇能溶于水，20℃时在水中的溶解度7.7%（质量），水在正丁醇中的溶解度20.1%（质量）。与乙醇、乙醚及其他多种有机溶剂混溶，蒸气与空气能形成爆炸性混合物。正丁醇常与其他溶剂混合后作混合溶剂使用。此外，正丁醇还用于制造邻苯二甲酸、脂肪族二元酸及磷酸的正丁酯类增塑剂，它们广泛用于各种塑料和橡胶制品中，也是有机合成中制丁醛、丁酸、丁胺和乳酸丁酯等的原料。正丁醇还是油脂、药物（如抗生素、激素和维生素）和香料的萃取剂，醇酸树脂涂料的添加剂等。

4. 二丙酮醇

二丙酮醇是一种无色、薄荷气味的液体，沸点为161.1℃，凝固点为－44℃，燃点为603.3℃。能与水、醇、醚、芳烃和卤代烃混溶，但不与高级脂肪烃混溶，能溶解油脂、蜡、天然树脂、硝化纤维素、醋酸纤维素、乙基纤维素、聚甲基丙烯酸甲酯、聚苯乙烯、聚乙酸乙烯脂和染料，但不能溶解橡胶，能和水形成二元共沸混合物。二丙酮醇可燃，低毒，对皮肤刺激性小，主要用做纤维素酯漆，印刷油墨，合成树脂涂料的高沸点溶剂和脱漆剂，也可用于杀虫剂、杀菌剂、木材防腐剂、着色剂的溶剂、油脂和芳香烃的萃取剂等。

（五）酮类溶剂

酮类溶剂是另一类含氧溶剂。涂料用重要的酮类溶剂有丙酮、甲乙酮、甲基异丁基酮、环已酮和异佛尔酮。

1. 丙酮

丙酮也称做二甲基酮，是饱和脂肪酮系列中最简单的酮。丙酮是一种无色、有特殊气味的液体，熔点为－95℃，沸点为56℃，能溶解醋酸纤维和硝酸纤维。丙酮对人体没有特殊的毒性，但是吸入后可引起头痛、支气管炎等症状。如果大量吸入，还可能失去意识。丙酮以游离状态存在于自然界中，在植物界主要存在于精油中，如茶油、松脂精油、柑橘精油等；人尿和血液及动物尿、海洋动物的组织和体液中都含有少量的丙酮。糖尿病患者的尿中丙酮的含量异常地增多。丙酮能溶于水、乙醇、乙醚及其他有机溶剂中。丙酮蒸气与空气混合可形成爆炸性混合物。工业上丙酮主要作为溶剂用于炸药、塑料、橡胶、纤维、制革、油脂、喷漆等行业中，也可作为合成烯酮、醋酐、碘仿、聚异戊二烯橡胶、甲基丙烯酸、甲酯、氯仿、环氧树脂等物质的重要原料。

2. 甲乙酮

甲乙酮又名甲基乙基甲酮、2-丁酮、乙基甲基甲酮、甲基丙酮，是一种无色透明、有似丙酮的气味的液体。甲乙酮熔点为－85.9℃，沸点为79.6℃，引燃温度为404℃，挥发度适中，与多数烃类溶剂互溶，对高固含量和黏度无不良影响，具有优异的溶解性和干燥特性，能与众多溶剂形成共沸物，对各种纤维素衍生物、合成橡胶、油脂、高级脂纺酸具有很强的溶解能力，是一种主要的低沸点溶剂。在炼油、染料、涂料、黏合剂、医药、润滑油脱蜡、印刷油墨、电子元件清洗等行业作为溶剂。甲乙酮也是一种重要的精细化工原料，在制备催化剂、抗氧剂、聚氨酯、乙烯树脂、丙烯酸树酯、酚醛树脂、磁带、酮类衍生物等领域具有广泛用途。

3. 甲基异丁基酮

甲基异丁基酮也叫甲基异丁基甲酮或4-甲基-2-戊酮是一种水样透明、有令人愉快的酮样香味的液体。甲基异丁基酮的熔点为－83.5℃，沸点为115.8℃，引燃温度为459℃，易燃；其蒸气与空气形成爆炸性混合物，遇明火、高热能引起燃烧爆炸；与氧化剂能发生强烈反应。其蒸气比空气重，能在较低处扩散到相当远的地方，遇明火会引着回燃。若遇高热，容器内压增大，有开裂和爆炸的危险。在使用时应注意安全。甲基异丁基酮能溶解部分塑料、树脂及橡胶，主要用做喷漆、硝基纤维、部分纤维素醚、樟脑、油脂、天然和合成橡胶的溶剂。

4. 环己酮

环已酮是一种无色透明、带有泥土气息的液体，当含有痕迹量的酚时，则带有薄荷味。不纯物为浅黄色，随着存放时间生成杂质而显色，呈水白色到灰黄色，具有强烈的刺鼻臭味。环已酮微溶于水，能与乙醇混溶。环已酮的熔点为－16.4℃，沸点为155.65℃，易燃，与空气混合能形成爆炸性混合物。环已酮有致癌作用。因此在生产时应注意生产安全和劳动保护。在工业上，环已酮是主要的工业溶剂，如用于油漆，特别是用于那些含有硝化纤维、氯乙烯聚合物及其共聚物或甲基丙烯酸酯聚合物油漆等。此外，环已酮还是重要化工原料，是制造尼龙、已内酰胺和已二酸的主要中间体。

5. 异佛尔酮

异佛尔酮，也就是3,5,5-三甲基-2-环已烯酮，是一种带有薄荷香味的水白色液体。异佛尔酮的熔点为－8.1℃，沸点为215.2℃，与空气混合能形成爆炸性混合物，遇明火、高热或与氧化剂接触，有引起燃烧爆炸的危险。若遇高热，容器内压增大，有开裂和爆炸的危险。生产是应注意安全。异佛尔酮微溶于水，易溶于多数有机溶剂，可用做油类、树胶、树脂、漆和硝基纤维的溶剂及化学合成的中间体。

（六）酯类溶剂

酯类溶剂也是含氧溶剂的一种。涂料中常用的酯类溶剂大多数都是醋酸酯。也有少量其他有机酸的酯类。下面只介绍涂料工业中用的最多的一种酯类溶剂——醋酸丁酯。

醋酸丁酯是一种无色、有果香气味的液体。沸点为126.1℃，熔点为－73.5℃，燃点为421℃，易燃，其蒸气与空气混合能形成爆炸性混合物。生产时应注意安全，着火时可用二氧化碳、四氯化碳或粉末灭火器灭火。醋酸丁酯对中枢神经有抑制作用，吸收其蒸气对眼及上呼吸道均有强烈刺激作用，且刺激肺泡黏膜，引起肺充血和支气管炎。

乙酸丁酯微溶于水，能与醇、醚等一般有机溶剂混溶。在涂料工业中，醋酸丁酯广泛用做聚氨酯漆、丙烯酸树脂漆、硝基漆和过氯乙烯漆等的稀释剂，用做樟脑、矿油、油脂、合成树脂、天然及合成橡胶、照片软片以及香料等的良好溶剂。此外，还可以用做生产红霉素的溶剂、日光灯荧光粉黏合剂的溶剂、针织布泡沫人造革的溶剂等。

（七）醇醚和醚酯类溶剂

醇与醇之间发生醚化反应可以得到醚，如果将多元醇和其他醇反应则可以得到醇醚。例如，将乙二醇分别和乙醇和丁醇进行醚化反应可制得乙二醇乙醚及乙二醇丁醚。醇醚分子上的未醚化的羟基，如果与羧酸发生酯化反应，则可以生成醚酯。例如，将乙二醇乙醚及乙二醇丁醚上的羟基再与乙酸进行酯化反应，则会制得乙二醇乙醚醋酸酯及乙二醇丁醚醋酸酯。

除了上面的例子之外，还可以用二乙二醇代替乙二醇，再发生上述反应，则可相应地得到二乙二醇乙醚、二乙二醇丁醚，二乙二醇乙醚醋酸酯及二乙二醇丁醚醋酸酯等。如果以丙二醇代替乙二醇，则会得到丙二醇乙醚、丙二醇丁醚、丙二醇乙醚醋酸酯及丙二醇丁醚醋酸酯等产物。

所有这些，都是涂料工业中用到的醇醚和醚酯类溶剂的典型代表。

（八）取代烃类溶剂

取代烃类溶剂在涂料工业中使用较少，通常仅在特殊场合下才能独立使用，其中最有价值的为氯代烃及硝基烃。

1,1,1-三氯乙烷是涂料中经常会遇到的氯代烃类溶剂，是一种无色、易挥发的刺激性液体。它的熔点为－32.5℃，沸点为74.1℃，可燃。不溶于水，溶于乙醇、乙醚等。有毒，急性中毒主要损害中枢神经系统。轻者表现为头痛、眩晕、步态蹒跚、共济失调、嗜睡等；重者可出现抽搐，甚至昏迷。可引起心律不齐。对皮肤有轻度脱脂和刺激作用。常用做溶剂、金属清洁剂等。

硝基烃中数2-硝基丙烷应用量较大，是一种无色、易挥发的无色液体。它微溶于水，溶于醇、醚等。它的熔点为－91.3℃，沸点为120.3℃，可燃，发生燃烧时可用雾状水、泡沫、二氧化碳、干粉和沙土等进行灭火，并需要喷水保持火场容器冷却，直至灭火结束。

三、助剂

助剂，顾名思义，就是在涂料中起辅助作用的一些药剂。既然是起辅助作用，那么助剂在涂料中的用量一般都比较少，只占涂料质量的百分之几，甚至更低。然而用量很低的这些助剂，却给涂料的性能带来了巨大的改变，是涂料性能朝着人们满意的方向发展。“用量虽少，作用巨大”可以说是助剂的一个真实写照。从另一个侧面来看，我们生产时必须严格控制助剂的添加量，少了达不到相应的性能要求，多了则有可能带来一些新的问题，所以关于多加助剂有“花钱买副作用”一说。

涂料用的助剂品种繁多，难以一一进行介绍，此处只简单介绍几类溶剂型色漆中常见的助剂。

（一）湿润剂和分散剂

颜料在漆料中的分散是色漆生产的核心环节，而漆料对颜料表面很好地湿润则是分散过程的基础。颜料被分散设备研磨并被漆料进一步湿润后，还需要稳定地分散于整个分散体系中，这就需要有分散剂的配合。

在颜料分散过程中，湿润剂所含有的活性基团吸附在颜料粒子表面，降低了漆料和颜料之间的界面张力，提高了二者的亲和力；减小了漆料和颜料表面的接触角，加速了漆料渗入颜料孔隙并在其表面展布包覆的速度，从面提高了颜料在漆料中的分散速度。

分散剂与湿润剂有点类似，也有一定的湿润作用。此外，分散剂分子在一端与颜料紧密结合的情况下，另一端通过溶剂化作用进入漆料中形成吸附层，吸附层的厚度随着吸附基数量以及锚链长度的增加而增加。吸附层之间通过熵斥力，保持颜料粒子长期稳定地分散在漆料当中，避免颜料的再次絮凝，能提高研磨漆浆和色漆产品的储存稳定性。

（二）消泡剂

在涂料工业生产的过程中会产生许多有害泡沫，需要添加消泡剂以消除泡沫。消泡剂是指具有化学和界面化学消泡作用的药剂。消泡剂的种类很多，根据成分可划分为天然油脂类消泡剂、聚醚类消泡剂、高碳醇类消泡剂、硅类消泡剂、聚醚改性硅类消泡剂以及新型自乳化消泡剂等。其形态有油型、溶液型、乳液型和泡沫型等四种。一般消泡剂均具消泡力强、化学性质稳定、生理惰性、耐热、耐氧、抗蚀、溶气、透气、易扩散、易渗透、难溶于消泡体系且无理化影响、用量少、效率高等特点。

消泡剂既可“抑泡”，也能“破泡”。当体系加入消泡剂后，其分子杂乱无章地广布于液体表面，抑制形成弹性膜，即终止泡沫的产生，这就是“抑泡”。当体系大量产生泡沫后，加入消泡剂，其分子立即散布于泡沫表面，快速铺展，形成很薄的双膜层，进一步扩散、渗透，层状入侵，从而取代原泡膜薄壁。由于其表面张力低，便流向产生泡沫的高表面张力的液体，这样低表面张力的消泡剂分子在气液界面间不断扩散、渗透，使其膜壁迅速变薄，泡沫同时又受到周围表面张力大的膜层强力牵引，这样，致使泡沫周围应力失衡，从而导致其“破泡”。不溶于体系的消泡剂分子，再重新进入另一个泡沫膜的表面，如此重复，直至所有泡沫都被消灭。

（三）防沉剂

防沉剂又称悬浮剂，是一种能改进颜料在漆料中的悬浮性能，防止沉降的助剂。一般分为触变型防沉剂和絮凝型防沉剂两大类。触变型防沉剂能使涂料增稠而呈轻微的触变性，使颜料在储存时不易沉淀，如有机膨润土、二氧化硅气凝胶、氢化蓖麻油、硬脂酸铝及聚乙烯蜡等；絮凝型防沉剂是一类界面活性剂，能使颜料微粒与基料间产生可控制的絮凝，使之不易沉淀，并起防止沉淀作用，这类防沉剂有大豆卵磷脂、烷基磷酸酯、烷基苯基磺酸盐、多元醇脂肪酸酯等。

（四）防结皮剂

防结皮剂是一种能延迟涂料结皮时间的助剂。它既能在涂料储存期间防止结皮，又不改变涂料的干性、色泽及气味等。一般可分为酚类防结皮剂和肟类防结皮剂两类。酚类抗结皮剂如邻甲氧基苯酚等，为抗氧化剂，本身易氧化成醌式，而使油基漆的氧化结皮受阻。肟类防结皮剂在施工前，能与催干剂的金属离子部分形成络合物，使催干剂失去催干作用，防止结皮；施工后，在成膜过程中，肟类挥发而使络合物分解，则涂料的干性恢复。常见的肟类防结皮剂丁醛肟、甲乙酮肟和环己酮肟等，它们的性质如表 3.27 所示。

表 3.27　常见肟类防沉剂的性质

项　　目	名　　称		
	丁醛肟	甲乙酮肟	环己酮肟
化学组成	$H_3C—CH_2—CH_2—CHONOH$	$CH_3(C_2C_5)C{=}NOH$	$CH_2C{=}NOH$
外观	无色透明液体	无色透明液体	浅灰至粉红粉末
馏程/℃	151～155	151.5～155	—
闪点/℃	52	69（开杯）	112
密度/（g/cm³）	0.908	0.916	0.981

（五）流平剂

流平剂是一类能有效降低涂饰液表面张力，提高其流平性和均匀性的物质。它可改善涂饰液的渗透性，能减少刷涂时产生斑点和斑痕的可能性，增加覆盖性，使成膜均匀、自然。流平剂主要是一些表面活性剂和有机溶剂等。在溶剂型涂饰剂中可用高沸点溶剂或丁基纤维素。在水基型涂饰剂中则用表面活性剂或聚丙烯酸、羧甲基纤维素等。流平剂的使用，能避免刷痕、橘皮、缩孔、针孔等流平不良的弊病，提高涂装质量。

涂料中使用的流平剂大致分为聚丙烯酸酯类流平剂、有机硅类流平剂、溶剂型流平剂（如高沸点芳烃、酮、酯、醇混合物等）以及醋丁纤维素流平剂等。其中以前两者应用居多。

（六）催干剂

催干剂是涂料工业的主要助剂之一，它的作用是加速漆膜的氧化、聚合、干燥，达到快速干燥的目的。当前在涂料中使用的催干剂基本上都是有机酸的金属皂。使用广泛的有机酸有两种，即环烷酸（萘酸）和异辛酸（2-乙基己酸）。异辛酸制得的催干剂比环烷酸催干剂颜色浅、黏度低、气味小，质量稳定，使用效果好。它们和铅、钴、锰、锌、钙、锆和稀土金属制成的金属皂使用得比较广泛。

第三节　色漆生产工艺

颜料、填料是固体，树脂一般都是黏稠状液体，溶剂和稀释剂是稀薄液体，助剂的形式比较多。如何把这些性状各异的物质变成均匀的、稳定的涂料产品，正是色漆生产工艺要解决的问题。所以色漆生产工艺过程是指将原料和半成品加工成色漆成品的物料传递或转化过程。一般由混合、输送、分散、过滤等化工单元操作过程及仓储、运输、计量和包装等工艺手段的组合而成。色漆的生产工艺，主要包括四大方面的内容，即颜料在漆料中的分散、工艺配方设计与研磨漆浆组成、漆浆的稳定化和配方平衡、基本工艺模式与完整工艺过程。颜料在漆料中的分散是色漆生产工艺的核心问题；工艺配方设计本书不做详细讨论，但是研磨漆浆组成对具体的生产操作具有重要的指导作用；当漆浆研磨至达标以后，必须进行漆浆的稳定化处理，同时通过配方平衡得到需要的半成品；选用了色漆生产的设备之后，便可确定其基本工艺模式，加上其他的手段，方可形成完整的工艺过程。

一、颜料在漆料中的分散

色漆的品种众多，但是它们的生产原理基本上是一致的，生产工艺过程也大致相同。在很多外行的人看来，色漆的生产过程就是“把颜料、树脂和溶剂等原料放到分散缸中搅拌均匀就可以了”。然而，色漆的生产并非像外行人士看的那么简单。

如前所述，色漆是由固体粉末状的颜料，黏稠状的液体漆料，稀薄的液体溶剂和少量的助剂组成的。这里要注意的是，这些组分并不是互相溶解形成单一相的溶液，而是得到存在多个相的亚稳态混合物。这样的一个复杂的多相体系，往往是不稳定的；即使在某种情况下稳定，也会由于各种原因而变得不稳定。品质一般的色漆，会因运输、储存以及环境温度变化等原因而出现分层、絮凝等现象，正是色漆本身不稳定的表现。色漆生产工艺的任务，就是要得到相对稳定的产品，也就是将颜料很好地分散到漆料中，形成一个以漆料为连续相、颜料为分散相的稳定的、均匀的非均相分散体系。这里要注意的是，不单单是生产的时候稳定、均匀，而是在生产、储存、涂装和成膜过程都要保持稳定和均匀。

颜料在漆料中的分散过程十分复杂，但基本上都要经过湿润过程、解聚过程和稳定化过程这三个重要过程。

（一）湿润过程

涂料生产用的颜料一般都是固体粉末，这些固体粉末的表面以及各个粉末颗粒之间，都会包覆着一层空气和水分。颜料要稳定分散于漆料之中，应尽可能减少相界面，以漆料取代空气和水分，以固体粉末和漆料之间的固液相界面替代原来的固气界面和液气界面，有利于体系的分散与稳定。这个以漆料替代空气和水分，对颜料暴露表面进行包覆的过程，我们称为湿润过程。湿润过程是色漆分散过程的一个重要前提。

（二）解聚过程

我们在涂料厂看到的颜料，和在颜料厂生产出来的颜料，虽然成分基本一致，但是在颜料粒径方面却是不一样的。在颜料生产时得到的颜料颗粒，我们称之为原级粒子，粒径较小，一般在0.005～1μm之间，这样的颜料颗粒如果直接用来生产色漆，那么生产过程将会变得很轻松。然而这些原子粒子并不能直接进入涂料生产环节，而是经过干燥、干磨、沉淀熟化、贮存、运输等过程之后才到达涂料生产环节。而此时大部分的颜料原级粒子会团聚成附聚体和聚集体。这里所说的附聚体是指不同的原级粒子之间以边和角相连接，结合成结构松散的大的颜料粒子团；聚集体则指不同的原级粒子间以多面相结合或晶面成长在一起而形成的结构紧密的大的颜料粒子团。附聚体和聚集体统称为二次粒子。在分散过程中，如果仅仅是二次粒子的表面被漆料湿润了，那么这些二次粒子在漆料中难以均匀、稳定，因为二次粒子粒径较大、比表面积较小。所以在色漆生产过程中往往通过施加外力的方式把这些二次粒子还原为原级粒子或接近于原级粒子的小颗粒，以增大颜料颗粒的比表面积，提高颜料分散后的均匀性和稳定性。在生产实际中，一般是施加一个机械力。这种借助外加机械力，将颜料附聚体和聚集体恢复成或接近恢复成其原级粒子的过程，称做解聚过程。

（三）稳定化过程

颜料的二次粒子被外加机械力解聚以后，将会露出更多的粒子表面，这些表面被漆料所湿润，湿润后的小粒径颜料颗粒被大量的漆料分隔开来，彼此之间距离增大，吸引力减小，避免了已解聚颗粒的重新聚集。这种已解聚并被漆料所湿润的颜料颗粒被大量的、连续的不挥发成膜物（实际上是成膜物的溶液）长时间地分散开来，使得分散体系即使在没有外加机械力的情况下，也不会出现颜料粒子重新聚集成大颗粒的过程，称为稳定化过程。分散体系的稳定化是色漆生产的最终目的。

颜料在漆料中的分散过程，由湿润、解聚和稳定化等三个基本过程组成，但并不能简单地认为先进行湿润，然后解聚，最后在进行稳定化，因为这三个过程不是独立存在的，而是同时、交替进行的。湿润是分散过程的基础，解聚是为了更充分地湿润，稳定化则是整个分散过程的最终目的。

二、工艺配方设计与研磨漆浆组成

我们平时所说的涂料配方，指的是涂料的标准配方，也称为技术配方或基本配方，可以理解为涂料产品的组成及其配比以及所能达到的性能指标。涂料的标准配方，一般是涂料技术工作者根据用户对漆液和涂层性能的要求以及各种原料的性质与价格，经过理论分析和实验研究，选择合适的原料，并确定其适宜配比后得到的技术性成果。本文不会重点讨论涂料的标准配方的设计，仅对标准配方做简单的介绍。

（一）涂料标准配方

涂料的标准配方一般都包括九方面的内容，分别是：产品型号或企业内部代号、产品名称或商品名称、色卡名称及其编号、原料名称、原料规格、原料的用量、各种原料在配方组成中占的比例（质量百分数）、产品控制的技术指标以及必要的说明。配方的实例如表 3.28 所示。

其中，色漆产品的组成及配比以及产品所能达到的技术水平是标准配方的核心内容。

表 3.28　涂料标准配方实例

原料名称		规　格	数量/g	用量/%
组成	酚醛磁漆料	60%	100	80.78
	钛白粉	锐钛型	20	16.16
	炭黑	低色素	0.8	0.65
	深铬黄	合格	0.10	0.08
	蓖麻油酸锌	合格	0.50	0.40
	环烷酸钴液	4%	0.1	0.08
	环烷酸锌液	3%	0.7	0.56
	环烷酸锰液	3%	1.0	0.81
	硅油	1%	0.6	0.48
	二甲苯	1%	适量	—
	合计	—	123.80	100.00
控制指标	按 ZB/T G51020—1987 的规定指标执行		备注	按内贸色卡 13 号色刷板自干后调色

（二）涂料的工艺配方

涂料的标准配方决定了色漆产品的最终组成，对色漆生产产生了重大的指导意义。然而，在实际的涂料生产过程中，并不是根据标准配方中所规定的原料数量把全部原料加到一起进行分散。究其原因，可以归纳为以下两个方面。

1. 生产规模方面

标准配方一般通过实验室研究确定，实验室的设备都是小型的，生产规模远小于车间中的实际生产设备。通过实验室研究得到的标准配方中全漆质量较小，一般都在 1kg 左右，而实际的生产设备的生产规模大得多，一般都在 1t 以上，有的甚至达到 10t。因此，标准配方用于生产时，必须先扩大一定的倍数，以适应实际生产的需要。

2. 生产效率方面

以标准配方的比例加料进行分散，则分散体系中颜料的含量较低，分散效率难以提高。假设在分散时不是把所有的原料都加进去，而是把全部的颜料加到部分的漆料中进行分散，那么体系中的颜料含量就会比较高，分散效率也随之提高。在生产实际中，其实就是这样进行的，以较高的颜料含量进行分散，待颜料达到了要求的分散细度之后，再把分散合格的颜料浆以及配方中该加而未加的原料加入到调漆罐中进行调制，形成最终产品。

在上述的生产过程中，实际上是把标准配方中的原料放大一定倍数之后分为两部分。全部的颜料及部分的成膜物、溶剂和助剂等是第一部分，这部分的原料先用合适的研磨分散设备进行研磨分散；第二部分的原料包括部分的成膜物、溶剂和助剂等，用于调制最终产品。这种在保证标准配方规定的各种原料配比的前提下，将投料量按比例扩大并将物料分成研磨漆浆加料（第一部分）和调色制漆加料（第二部分）两部分后所形成的配方，就是我们要谈艺配方或称生产配方。工艺配方是直接用于色漆生产的指令性技术文件。

标准配方和工艺配方都是涂料生产的重要文件。两者内容不同，作用各异。标准配方可以看成两部分工艺配方的加和，也就是说研磨漆浆加料和调色制漆加料之和需要和标准配方要求的各组分的加料量相等。

工艺配方设计的工作内容，就是将原料分成研磨漆浆加料和调色制漆加料两部分，形成两个工艺配方以指导生产实际。一般首先确定研磨漆浆的组成（即研磨漆浆中颜料和固体树脂及溶剂的适宜配比），也就是确定研磨漆浆的加料量，而总量中其余的加料量就是调色制漆的加料量。

研磨漆浆的组成与颜料品种、研磨分散设备以及研磨制浆方式有关。此外，合理的研磨漆浆组成有利于颜料二次粒子的解聚，从而提高色漆生产研磨效率。因此，两个工艺配方的确定并不是随便的事情，而是涂料科研工作者根据工程经验并不断探索才能完成的重要工作。

（三）研磨漆浆组成

研磨漆浆的组成问题，也就是研磨分散工艺的工艺配方问题。在色漆生产的研磨分散工艺中，常见的做法是把各种颜料分别研磨，然后再在调色制漆工艺中进行颜色的调配。之所以分别研磨不同的颜料，主要是为了提高研磨分散的效率。颜料品种很多，前面已有详细介绍，此处不再重复。不同的颜料特性各异，有些较易分散，有些很难分散；有些纯度很高，有的杂质较多。这些特性各异的颜料如果混在一起研磨，必然会造成互相影响的后果。如黑色厚漆的制备工艺中，一般先把炭黑和油料预混合并研磨至细度在 20～30μm 范围，然后再加入重钙，继续研磨至细度达到 30μm，这样即可得到预期产品。但是如果把炭黑好重钙一起加到油料中同时研磨，则得到的产品呈现深灰色而非黑色。之所以不能得到预期的产品，主要是因为重钙的颗粒大，硬度大，较难研磨，炭黑虽容易研磨，但是在大颗粒重钙的“保护”作用下，得不到充分的研磨，因而无法充分发挥其着色力。此外，不同的颜料都有一个适合自己的研磨漆浆组成（这一点将在后面介绍），单颜料研磨容易满足这个组成，而多颜料研磨则很难满足所有的颜料在组成上的需求。因此，色漆生产的漆浆研磨步骤一般采取单颜料磨浆的方式，以提高效率，降低成本。

本书所讨论的研磨漆浆组成，是基于单颜料研磨的工艺进行讨论的。在实际生产时，并不是绝对没有多颜料研磨的情况，但是单颜料研磨是基础，只要掌握了单颜料研磨漆浆组成的确定方法，也能较好地理解多颜料研磨漆浆的组成。因此，本书拟不讨论多颜料研磨的漆浆组成。

如前所述，某一种颜料的研磨漆浆组成和研磨分散设备是相关的。高速分散机、砂磨机和三辊研磨机是色漆生产过程中最常用的三种研磨分散设备，此处只讨论此三种设备的研磨漆浆组成的确定方法，其他的研磨分散设备暂不讨论。

1. 高速分散机及其研磨漆浆组成

高速分散机（图 3.5、图 3.6）是涂料用研磨分散设备中结构最简单的一种，它可以和砂磨机配合使用做颜料的预混合设备，也可以单独使用做为超细颜料的研磨分散设备。工作时，高速分散机的电动机的转动经过无级变速后，带动主轴以一定的速度转动，主轴下端装有分散叶轮，叶轮的高速旋转对物料产生混合和分散作用。高速分散机的机头可借助油压升降并可绕立柱体呈 270°或 360°旋转，因此一台分散机可以配备 3～

4个预混合罐或分散缸，交替进行分散作业。按照安装方式的不同，高速分散机可分为A、B两种型式，A型为落地式，适用于移动式容器；B型为台架式，适用于安装在楼板或操作平台上的固定容器使用。

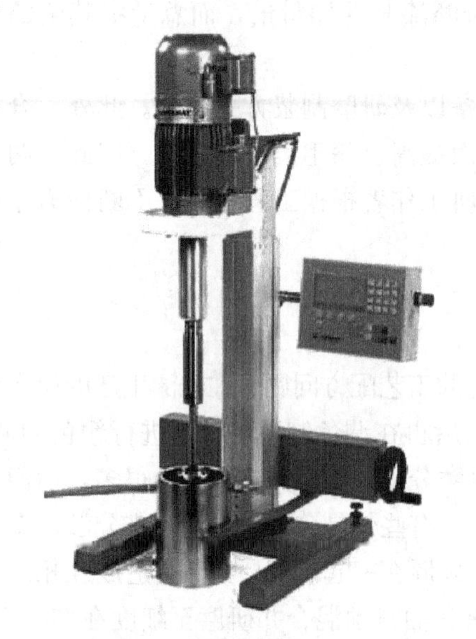

图 3.5　实验用高速分散机

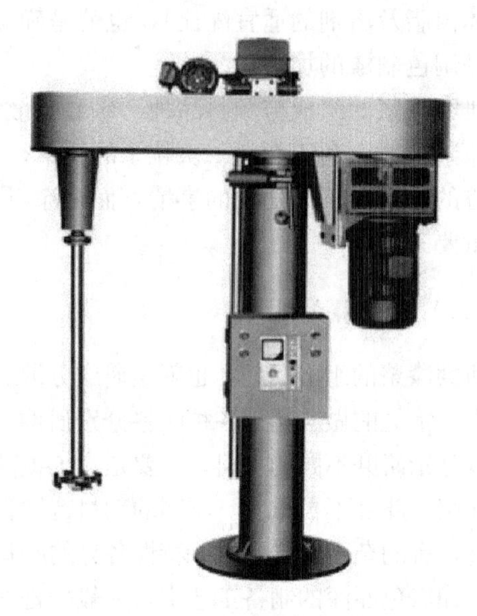

图 3.6　生产用高速分散机

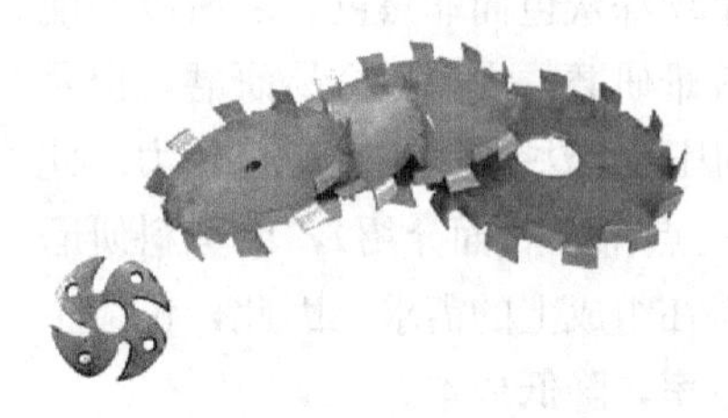

图 3.7　分散叶轮

高速分散机中最关键的部件就是分散叶轮（如图3.7所示），通常为锯齿型叶轮，在叶轮的过边缘上交替弯出齿型，倾斜角为沿切线成20°～40°，每个齿的立缘面可产生强冲击作用。齿外缘面推动物体向外流动，形成循环与剪切力。实际上，齿附近的物料一部分向内减速滑过齿内缘面，强化了剪切作用，漆料循环到齿附近，不断受到加速和减速，在黏度剪切下被分散。叶轮转速一般为25m/s以上，分散膨胀型漆料可低至15m/s。物料能否循环对分散效果极为重要。即使具有相同的线速度，小叶轮也比大叶轮效果差，原因是循环作用不完全，外部物料不能循环到分散区域，加大叶轮直径或改变叶轮型式，可改善物料循环状态。高速分散机结构简单，操作维护保养容易，清洗方便，生产效率高，使用灵活，预混合分散及调漆皆可使用。随着新型高速分散机设备（如双轴双叶轮高速分散机、快慢轴高速分散机等）的出现，其应用范围日趋扩大。

高速分散机用于颜料分散时，要求分散缸中的研磨漆浆呈层流状态，研磨漆浆黏稠度很高。理论上，这种高黏稠度漆浆的形成既可以采取高黏度漆料也可以采取高颜料含量，或是两种情况兼而有之。但实际的生产经验告诉我们，采取较低固体含量的中等黏度漆料和高颜料含量的组合方式是比较理想的，因为此时效率较高、能耗较低，符合经济要求。

实验证明，漆料中树脂的固体含量应不低于15%。此外，为了保证在调色制漆阶段研磨漆浆的稳定性，研磨漆浆中树脂的固体含量和用于调漆的树脂的固体含量不宜相差太远，因此建议漆料固体含量在20%～35%范围内。在此漆料中添加足够的颜（填）料，制得的高黏稠度的研磨漆浆，在剪切速率为$400s^{-1}$的情况下，黏度值约为30Pa·s即为合适。

根据生产实际中使用高速分散机进行漆浆研磨的实际数据，古根海姆（Guggenheim）经过分析后导出了漆料固体含量（NV），漆料的黏度（η）和加氏-柯氏吸油量（OAc）与最适宜的漆料-颜料质量比的关系，如式（3.1）所示。

$$\frac{W_v}{W_p} = (0.9 + 0.69NV + 0.25\eta) \times \left(\frac{OA_c}{100}\right) \tag{3.1}$$

式中，W_v——漆料的质量，kg；

W_p——颜料的质量，kg；

NV——漆料的固体含量，%；

η——漆料的黏度，Pa·s；

OA_c——加德纳-柯尔曼吸油量（亚麻油 kg/100kg 颜料）。

方程式（3.1）表明$\frac{W_v}{W_p}$之比，以$\left(0.9\frac{OA_c}{100}\right)$项为基础增加了两个修正项：一项是$\left(0.69NV\times\frac{OA_c}{100}\right)$，另一项是$\left(0.25\eta\frac{OA_c}{100}\right)$。这两项都是随着漆料固体含量和黏度的降低而导致研磨漆浆中漆料量与颜料量之比$\left(\frac{W_v}{W_p}\right)$降低，即研磨漆浆中颜料分的提高的。而且在树脂分子质量固定的前提下，式中的漆料黏度实际上是随着漆料的固体含量的变化而变化的，因此确定最佳配比的关键是确定适宜的漆料固体含量。关于漆料固体含量的确定，我们可以在固体含量为20%～35%漆料中，任意选定一组数据，并测定出其对应的黏度。代入式（3.1）计算其研磨漆浆组成，由实验结果找出分散效率高、效果好的其中一种到几种组成，那么对应的漆料固体含量就是适宜于高速分散机的漆料固体含量了。

【例3.1】　以黏度为0.5Pa·s，固体含量为40%的醇酸树脂漆料和吸油量为30%的颜料，用高速分散机制备研磨漆浆，试计算适宜的研磨漆浆组成。

解：依题意，固含量NV=40%，黏度η=0.5Pa·s，吸油量OA_c=30。

根据，$\frac{W_v}{W_p}$=（0.9+0.69NV+0.25η）×$\left(\frac{OA_c}{100}\right)$代入数据得

$$\frac{W_v}{W_p} = (0.9 + 0.69 \times 0.4 + 0.25 \times 0.5) \times \left(\frac{30}{100}\right) = 0.3903$$

这就是说，在研磨漆浆中，

$$\frac{漆料量}{颜料量} = \frac{0.3903}{1}$$

所以研磨漆浆总量=1+0.3903=1.3903。

基于此求得研磨漆浆组成为

基料量＝0.3903×0.4＝0.1561，占总量的0.1561/1.3903＝11.23%

溶剂量＝0.3903×0.6＝0.2342，占总量的0.2342/1.3903＝16.84%

颜料量＝1，占总量的1/1.3903＝71.93%

研磨漆浆总量为100%。

也就是说，每生产100kg的研磨漆浆，需加入11.23kg的基料树脂，16.84kg的溶剂以及71.93kg的颜料。但是在一般情况下，涂料厂都不会使用100%固体含量的基料进行色漆生产，漆料中一般都含有部分的溶剂，因此在添加原料时，由于漆料而带进去的溶剂，必须从溶剂的添加量中扣除，以保证加料量和工艺配方的要求一致。假设例题中使用的是50%固体含量的醇酸树脂漆料。由以上计算已知，若生产100kg的研磨漆浆，基料需加入11.23kg，那么50%固体含量的漆料就需要加入22.46kg（其中包括基料11.23kg，溶剂11.23kg），溶剂的添加量则应为16.84－11.23＝5.61kg。因此，生产100kg研磨漆浆的组成见表3.29。

表3.29　研磨漆浆的组成

质　　料	用量/kg	质　　料	用量/kg
50%固体含量的醇酸树脂漆料	22.46	颜料	71.93
溶剂	5.61	合计	100.0

2. 砂磨机及其研磨漆浆组成

砂磨机（图3.8、图3.9）又称珠磨机。在其固定圆筒粉碎室内，装有数个旋转研磨盘以及各类研磨体，利用旋转研磨盘带动研磨体运动，研磨体之间摩擦产生的剪切力进行研磨。常用的研磨体有渥太华砂、玻璃珠、钢珠或陶瓷小球等。

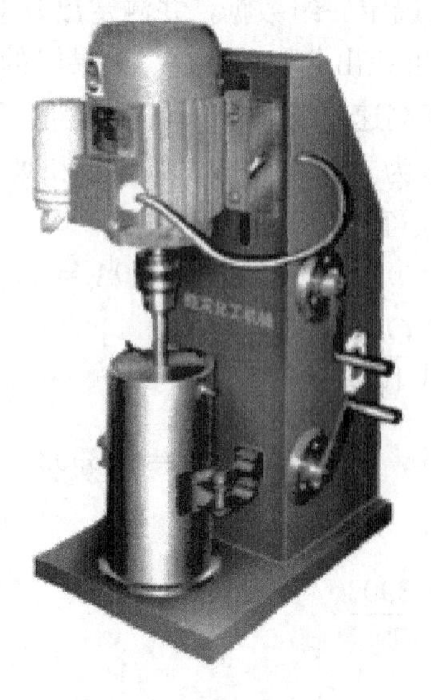

图3.8　实验用砂磨机

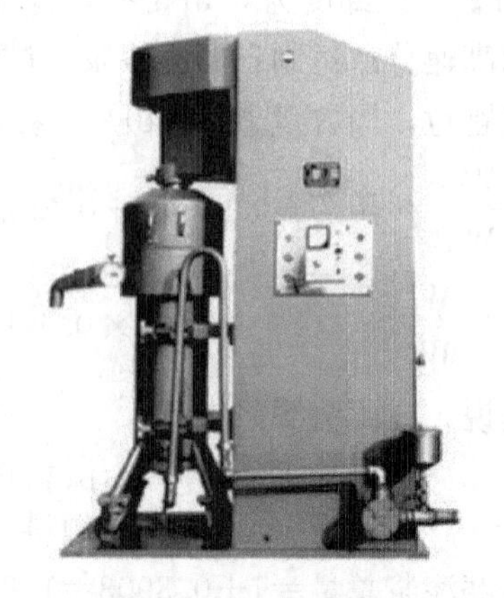

图3.9　生产用砂磨机

由于旋转研磨盘和研磨体都高速旋转并发生摩擦，研磨漆浆温度必然升高，为了防止溶剂和乳液等受热带来的不良影响，研磨室采用强制冷却。砂磨机可分为卧式砂磨机及立式砂磨机。砂磨机进行研磨时一般加入溶剂或水，即为湿式研磨。

砂磨机是一种广泛应用于涂料、化妆品、食品、日化、染料、油墨、药品、磁记录材料、铁氧体、感光胶片等工业领域的高效研磨分散设备。

与球磨机、辊磨机、胶体磨等研磨设备相比较，立式砂磨机具有生产效率高、连续性强、成本低、产品细度高等优点。

关于砂磨机研磨漆浆组成的确定，1946 年丹尼尔（Daniel）提出了通过颜料流动点的方法，确定卧式球磨机的研磨漆浆的最适宜组成（事实上卧式球磨机的研磨漆浆组成也适用于砂磨机）；后来道灵（Dowling）又在实践中发展了丹尼尔流动点的方法，提出在丹尼尔流动点测定法基础上的修订原则，使该方法的适用范围可以扩展到高速分散机，高速冲击磨多方面领域；T. C. 巴顿在此基础上又发展了“砂磨机研磨漆浆组成的实用配方区域图”，能更简捷地确定研磨漆浆的组成。

以丹尼尔流动点法为基础的确定砂磨机研磨漆浆组成的方法虽然是基础性的方法，但是操作起确实繁琐。为简化起见而发展起来的“砂磨机研磨漆浆组成实用配方区域图”，在实际工作中更为简捷而实用。本节也将介绍此方法。

如图 3.10 所示，“砂磨机研磨漆浆组成实用配方区域图”，呈正三角形，故又简称为“三角坐标图”。该图中三角形左斜边表示研磨漆浆中颜料的质量百分含量；右斜边表示研磨漆浆中溶剂的质量百分含量；底边有两个含义，一是表示研磨漆浆中纯固体树脂的质量百分含量，二是表示研磨漆浆中漆料的固体含量。

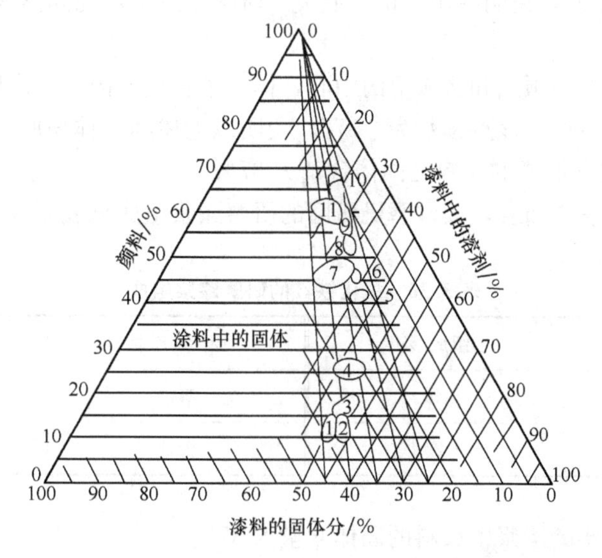

图 3.10　砂磨机研磨漆浆组成的实用配方区域图

1. 酞菁蓝、酞菁绿；2. 炭黑；3. 铁蓝；4. 甲苯胺红；5. 镉红；6. 氧化锌；7. 铁红；8. 细填料；9. 钛白；10. 粗填料；11. 铬黄、铬绿等

三角形共有11个区域，标出了11类颜料在图中的位置。每类颜料可包括多种颜料，如区域11，包括了柠檬黄、浅铬黄、中铬黄、深铬黄、钼铬橙、铬绿等多个品种。区域8及区域10的填料也不止一种。该图所涵盖的颜料种类较多，图的适用范围比较宽，在工业实际中应用较广。

三角形中有四组线，第一组线是一组和三角形底边平行的平行线，该组平行线与左斜边相交；第二组线是一组和三角形左斜边平行的平行线，该组平行线与右斜边相交；第三组线是一组和右斜边平行的平行线，该组平行线与底边相交；第四组线是一组由三角形顶点出发，与底边相交的直线（互不平行）。

下面我们通过一个具体的例子来介绍“砂磨机研磨漆浆组成实用配方区域图”在确定砂磨机研磨漆浆组成中的应用。

【例3.2】 请通过“砂磨机研磨漆浆组成实用配方区域图”确定铁红颜料的砂磨机（或者卧式球磨机）的研磨漆浆组成。

解：如图3.10所示，铁红颜料在图中处于区域7的范围内。虽然在区域中任意选一点都能代表铁红，但是为了叙述方便，本题选取区域7的中心来代替铁红。

第一步，过区域7的中心，做一条直线和底边平行，并与三角形的左斜边交于一点，该点读数为“46”，说明在100份（质量）研磨漆浆中，氧化铁红占46份（质量）。

第二步，过区域7的中心，做一条直线和左斜边平行，并与三角形的右斜边交于一点，该点读数为“34”，它表示在100份（质量）研磨漆浆中，溶剂占34份（质量）。

第三步，过区域7的中心，做一条直线和右斜边平行，并与三角形的底边交于一点，该点读数为“20”，说明在100份（质量）研磨漆浆中，纯固体含量的树脂占20份（质量）；

第四，过三角形的顶点和区域7的中心，作一条直线，向三角形底边方向延长并与三角形的底边交于一点，该点读数为“37”，说明以上述纯固体树脂（20份质量）和溶剂（34份质量）混合而成的漆料的固体含量为37%。

于是，对氧化铁红而言，其砂磨机研磨的研磨漆浆组成见表3.30。

表3.30 氧化铁红的研磨漆浆组成

原料名称	组成/%	原料名称	组成/%
铁红	46	溶剂	34
纯固体醇酸树脂	20	合计	100

同时可知道，研磨漆浆中漆料的固体含量为37%。

与高速分散机类似，工业上不会使用纯的固体树脂作为原料参与颜料研磨，而是使用含有一定量溶剂的树脂溶液。假设本题用于配制该研磨漆浆的是固体含量为50%的醇酸树脂溶液，则研磨漆浆中各组分相对加料应见表3.31。

表 3.31　研磨固体漆浆各组分

原料名称	组成/%	原料名称	组成/%
铁红	46	溶剂	14
100%固体含量醇酸树脂液	40	合计	100

当然，研磨漆浆中漆料的固体含量仍然是37%。

由例3.2的解题过程可知，运用“砂磨机研磨漆浆组成实用配方区域图”确定砂磨机和卧式球磨机的研磨漆浆组成是十分方便的，且实验也证明了其结果是较准确的。

按照例3.2的方法，可以很快地把图中所示的所有颜料的砂磨机研磨漆浆组成都算出来。假设都是通过各区域的中心来确定组成，则查图的结果如表3.32所示。

表 3.32　砂磨机研磨漆浆的配方组成

颜料名称	颜料/%	固体树脂/%	溶剂/%	树脂固体/%
酞菁蓝，酞菁绿	12	38	50	43
炭黑	12	35.5	52.5	40
甲苯胺红	17	33	50	40
铁蓝	25	27	48	36
镉红	41	17	42	29
氧化锌	46	16	38	30
铁红	46	20	34	37
细填料	52	15	33	31
钛白粉	61	12	27	31
粗填料	67	10	23	30
铬黄，铬绿	60	15	25	37.5

注：上述含量指的都是质量百分含量。

值得注意的是，在“砂磨机研磨漆浆组成实用配方区域图”中，代表某一类颜料的都是一个区域而不是一个点。那么在实际应用时到底是选取区域中的哪一个点作为确定砂磨机研磨漆浆组成的基准点是我们需要考虑的。一般而言，各区域的中点基本适合于中油度醇酸树脂；而对于天然树脂漆料和长油度醇酸树脂漆料等湿润性能稍强些的漆料，宜选择区域中偏上方的位置；对于环氧树脂漆料和丙烯酸酯树脂漆料等湿润性能稍差的漆料，宜选择区域偏下方的区域。根据上述经验得到的结果一般来多都比较合适。即便如此，在生产实际中仍然需要对上述查图结果进行实验验证并根据实际情况进行适当的调整，以确保砂磨机研磨的研磨分散效率。

3. 三辊机及其研磨漆浆的组成

三辊机（图3.11、图3.12）是高黏度物料最有效的研磨、分散设备。主要用于各种油漆、油墨、颜料、塑料、化妆品、肥皂、陶瓷、橡胶等液体浆料及膏状物料的研磨。

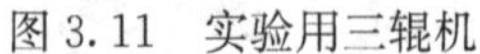

图3.11　实验用三辊机

图3.12　生产用三辊机

三辊机有三个辊筒安装在一个铁制的机架上，中心在同一平面上。这三个辊筒可水平安装，也可稍微倾斜安装。三辊机通过水平（或稍微倾斜）的三个辊筒的表面相互挤压及不同速度而产生的摩擦而达到研磨分散的效果。钢质滚筒可以中空，并通冷却水进行冷却，避免物料过热。物料在中辊和后辊之间加入。由于三个滚筒的旋转方向不同，转速也不同（转速从后向前顺次增大），能产生巨大的剪切和挤压作用，既能很好地解聚二次粒子，也能使漆料渗透进入颜料的细小孔隙，强化润湿作用，因此具有很好的研磨分散作用。物料经研磨后被装在前辊前面的刮刀刮下，进入收集容器。

通常情况下三辊机的辊筒材质为冷硬合金铸铁离心铸造而成，表面硬度达HS70°以上；且辊筒的圆径经过高精密研磨，精确细腻，能使物料的研磨细度达到15μm左右，因此能够生产出均匀细腻的高品质颜料浆产品。

通常用于三辊机的漆料的固体分在70%～100%，相应黏度在2～10Pa·s的范围内变化。漆料可以是不含溶剂的100%的成膜物质，也可以是含有一定量溶剂的树脂溶液。例如，100%固体含量的聚合亚麻油（η=1.2Pa·s）是典型的不含溶剂的漆料；70%固体含量的醇酸树脂漆料（η=2.0Pa·s）是典型的含溶剂的漆料。为了提高三辊机的效率，往往是将尽量多的颜料加入到含溶剂或不含溶剂的漆料中。在不影响研磨漆浆从预混合盆流入三辊机的后辊和中辊间的加料缝中，并能从刮刀架上顺利刮下，而流入调漆盆中的情况下，所加的颜料越多，效率越高。

（四）工艺配方设计

如前所述，色漆生产通常分为两个阶段进行。第一个阶段为研磨分散阶段，目的是提供一定的条件以达到最佳的颜料分散效果；第二个阶段为调漆阶段，目的是补加其他组分并进行稀释及调整，使最终色漆产品的组成符合标准配方规定的配比，并使产品符合产品技术要求。因此，色漆生产的工艺配方总是要分为研磨漆浆加料和调色制漆加料两部分。

由物料守恒可以知道，当我们由研磨漆浆组成确定了研磨漆浆加量后，相应的调色制漆加料量也相应确定了。

因此，在标准配方的基础上设计工艺配方，可依以下程序进行。

(1) 首先确定研磨分散设备的种类及规格以及生产工艺过程及配料罐、调漆罐等设备的容器规格。

(2) 研磨漆浆制造的力式，常见的有三种。

① 采取“单颜色磨浆法”制备各色单颜料漆浆，并储存于色浆罐中，然后以调色漆浆混合配漆的方法生产色漆产品。

② 采取“多种颜（填）料磨浆法”制造混色漆浆（同时研制调色漆浆），然后以调色漆浆调色再用调漆的方法生产色漆产品。

③ 采取“综合颜料磨浆法”在两条研磨分散生产线上同时制备多种颜（填）料漆浆和单色漆浆，最后在调漆罐中，调制色漆产品。

(3) 综合考虑上述研磨制浆方法，原料的分配方式的影响及设备容量大小，将“标准配方”规定的配方数量，进行投料量的扩大计算。

(4) 运用上述的研磨漆浆适宜组成的确定方法，确定研磨漆浆（以及调色漆浆）的组成，包括颜料、漆料及溶剂加料量。

(5) 计算出调色制漆工艺阶段的加料数量。

(6) 根据助剂本身的要求，确定助剂的添加时间，如在研磨分散时加入，或在调色制漆阶段加入，然后把配方量的助剂量分别列入“研磨漆浆加料”及“调色制漆加料”中。

这样，不同阶段的工艺配方的设计工作就完成了。

三、漆浆的稳定化和配方平衡

如前所述，色漆的生产过程可分为研磨分散和调色制漆两个阶段。经研磨分散并达到该工艺阶段技术要求的研磨漆浆可转移到后续的调色制漆工序。按照该工序工艺配方的要求，补加规定数量的漆料、溶剂及助剂，经搅拌均匀后制得到色漆产品。所得到的色漆产品，各组分的配比应符合标准配方的规定，并具有合适的黏度，一定的固体含量和良好的稳定性。调漆阶段的工作内容包括调整颜色，平衡配方以及通过正确的加料方法对研磨漆浆进行稳定化处理。事实上，在色漆生产实践中，调漆阶段补加物料的实质就是对研磨漆浆进行稳定化处理，这一点往往不能引起人们的重视。于是在个别调漆工序中，在完全依照调漆工艺配方进行补加物料的前提下，依然会出现涂料产品质量下降的情况，有时甚至把研磨漆浆体系的稳定性完全破坏，最后导致涂料产品的不合格。

上述问题的出现，并不是工艺配方计算出了错，而是因为前一个工序得到的研磨漆浆和调漆阶段添加的调漆用漆料之间的性质差异造成的。性质差异越大，后果越严重。这里所说的性质，包括组成、黏度、表面张力、温度以及其他方面的性质等。

合格的色漆产品，实际上是一个复杂的分散体系。一方面它是以颜料为分散相，以漆料为连续相的分散体系；另一方面它还是以溶剂为连续相，以树脂为分散相的胶体分散体系（肉眼可能看不出来，但是实际上树脂并非溶解于溶剂中，而是以胶体的形式存在）。我们进行色漆生产，目的就是获得一个均匀的、稳定的混合分散体系。这个分散体系在生产时要稳定，在贮存、运输以及施工时也需要稳定。当然，绝对的均匀是不可能的，也是不必要的，但是绝对存在的不均匀性必须是可控的，否则会导致色漆产品性能的严重下降。色漆产品的稳定性，除了受到色漆配方本身以及原料的性质影响之外，还受到生产工艺等方面的影响，下面我们将探讨色漆在稳定性不良方面常见的一些表现形式及其工艺根源，并将归纳出合理的操作方式。

（一）稳定性不良的常见表现形式

1. 树脂析出

树脂析出也称为树脂沉淀，是调漆过程中常见的一种稳定性不良的形式。涂料用合成树脂对溶解它的有机溶剂都有一定的容忍度，树脂溶液（即漆料）的固体含量在允许范围内，树脂可以溶解，低于此范围树脂便会从溶液中析出（或者说就沉淀出来）。这里要注意容忍度和溶解度的区别。我们都学习过溶解度的概念，知道溶剂越多，所能溶解的溶质就越多。但是容忍度却不一样，溶剂太多，溶质太少，反而会导致溶质（树脂）的析出（沉淀）。在调漆过程中，如果操作不当，就会出现树脂析出的现象。下面以一个具体的例子来说明树脂析出现象是如何发生的。

图 3.13 所示是用三辊机研磨分散一种醇酸树脂磁漆的加工过程示意图。

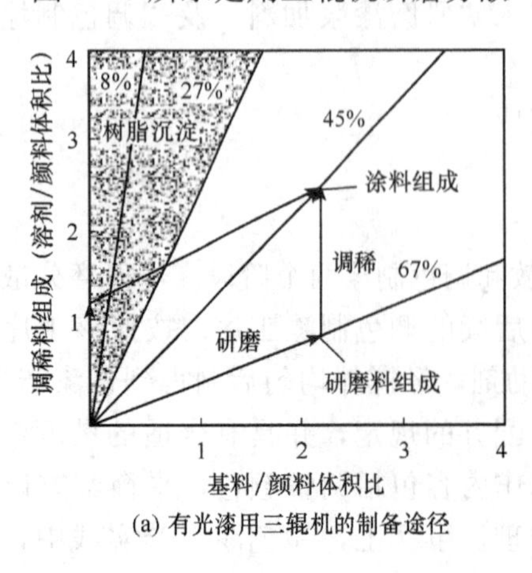

(a) 有光漆用三辊机的制备途径

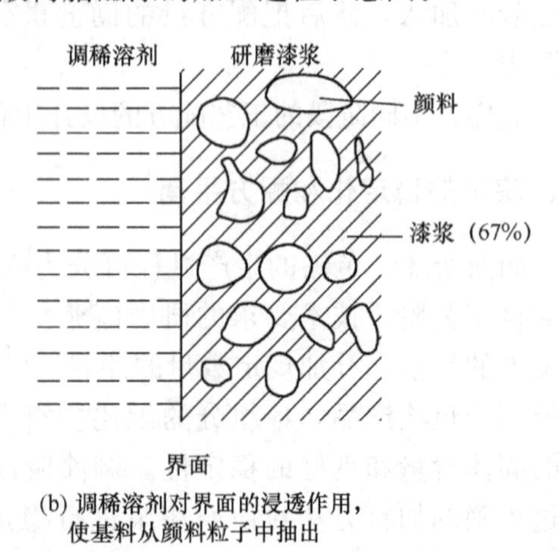

(b) 调稀溶剂对界面的浸透作用，使基料从颜料粒子中抽出

图 3.13　醇酸磁漆加工过程示意图

如图 3.13 所示，该产品的研磨漆浆中的漆料是固体含量为 67%的醇酸树脂溶液。该树脂在 200 号油漆溶剂油中的稀释极限是固体成分不低于 27%，由于所制得醇酸磁漆中相应的醇酸树脂漆料的固体含量为 45%［图 3.13（a)］，这种色漆产品的组成应当是在树脂呈良好溶解状态的安全范围内，理论上不应该存在树脂析出的现象。

但是在调漆阶段，如果稳定化处理的方法不得当，操作不合理，也有可能导致局部区域树脂的固体含量低于 27%，而使树脂析出，体系的稳定性破坏。

假设将含颜料的研磨漆浆缓缓加到装有溶剂的搅拌罐中。在开始调稀时，罐中溶剂的树脂含量为零。随着研磨漆浆的加入，稀释溶剂中的树脂含量增加。由于开始时树脂含量低于其对溶剂的容忍度，所以树脂含量在 0～27%的范围内将析出。我们在进行溶解的时候，为了加速溶质溶解，往往施以一定的搅拌作用。但是这样的方法绝对不能用于处理树脂析出问题，因为任何强有力搅拌都只会加速沉淀的产生而不是溶解。当体系中树脂含量高于 27%后，继续添加研磨漆浆，过程就会朝着相反的方向进行，即树脂溶解而不会沉淀，最后那些析出了的树脂又重新溶解，最终漆料达到 45%的固体含量。虽然沉淀了的树脂最终会全部溶解，体系中漆料的固含量也会达到 45%，但是这样的操作却已经破坏了体系的稳定性，降低了产品的质量，因为在此过程中，树脂的暂时析出会使原来已经包覆有树脂膜的颜料粒子间的空间位阻降低，彼此接近，有可能聚集在一起而发生不可逆的颜料絮凝。

当然，以上仅仅是一种假设，实际生产中不会将研磨漆浆加入溶剂中，也不会将含有颜料的研磨漆浆加入溶剂含量较高的油料之中。实际的操作恰恰相反，是将溶剂或溶剂含量较高的漆料在搅拌情况下，缓缓加入含有颜料的研磨漆浆之中，以保证体系中树脂在漆料中的固含量不低于 27%，从而避免树脂析出的发生。但即便如此，若调漆操作不当，如在未开动搅拌的情况下，向研磨漆浆中加入溶剂，尽管体系搅拌均匀后，所加入的溶剂不会导致研磨漆浆中漆料的固体含量降低到其容忍度下限以下，但是局部区域的漆料被大量溶剂冲稀，也有可能造成其固体含量低于容忍度下限，这时，该区域的树脂完全有可能析出，从而导致颜料絮凝，分散体系破坏等一系列不利现象发生。

这里两种成分（即研磨漆浆和调稀料）的差异是组成上的差异，主要体现在树脂含量上的巨大差异。这样的差异导致了树脂析出这种常见的不稳定情况的发生。

2. 树脂剥离

树脂剥离也称为颜料析出，是指已分散好的研磨漆浆中，包裹在颜料表面的树脂被溶剂迅速溶解，而脱离颜料表面进入溶液之中的现象。

当大量的溶剂或溶剂含量较高的调漆漆料，加入少量树脂固体含量较高的研磨漆浆中，如三辊机研磨漆浆中。当树脂浓度不平衡的两相相接触时，体系就有自动趋于平衡的趋势，小分子质量的溶剂迅速移向树脂浓度高的颜料粒子包覆膜周围，进而将原来均匀包覆在颜料粒子表面的树脂溶解并进入溶液中［图 3.13（b)］，即相当于将树脂从颜料粒子表面剥离，这种剥离现象发生的结果，使包覆颜料粒子的树脂膜由厚变薄，而导致空间位阻下降，使颜料粒子重新接近，并聚集成大颗粒成为可能。因此削弱甚至破坏了颜料分散体系的稳定性。

实际上，树脂剥离和树脂析出现象的本质是一样的，都是树脂含量高的研磨漆浆遇到树脂含量低的调漆漆料时发生的不良现象。如果调漆漆料中溶剂足够多，差异足够大，发生的是树脂剥离，如果研磨漆浆中溶剂足够多，发生的就是树脂析出。而在生产过程中，如果操作不当，这两种情况有可能同时存在，树脂先被剥离，然后由于在漆料中的固含量低于容忍度而沉淀出来。

3. 溶剂迁移

溶剂迁移也称做溶剂扩散，是一种树脂固体含量较高的漆料加入溶剂含量较高的研磨漆浆中时容易发生的稳定性不良现象。

当一种树脂固体含量较高的漆料加入溶剂含量较高的研磨漆浆（如砂磨机或球磨机的研磨漆浆）中时，由于化学势存在差异，这两种浓度不同的漆料有互相扩散、趋于均一的要求。于是两种漆料中的树脂和溶剂都分别从浓度高的一方向浓度低的另一方扩散。众所周知，小分子的溶剂的迁移速度远远高于大分子的树脂，所以实际上穿越界面的基本上都是溶剂分子。所以这样的调漆过程可以认为是溶剂从溶剂含量高的漆料（这里是研磨漆浆）快速向溶剂含量低的漆料（这里是调漆漆料）中转移，而树脂和颜料则没有发生转移。溶剂迁移后使得研磨漆浆中原来相距较远的颜料粒子的距离逐渐拉近，直至接触、互相挤压，最终会导致颜料的返粗。

这里两种成分（即研磨漆浆和调稀料）的差异是组成上的差异，主要体现在溶剂含量上的巨大差异。这样的差异导致了溶剂迁移这种常见的不稳定情况的发生。

4. 树脂聚集

在讨论树脂聚集这个概念之前，我们先来讲述一个生活中的例子。我们在用大米熬粥时，如果粥快熬好的时候发现水少了，往往需要向锅中加水。有经验的人会往锅里加热水，没有经验的人可能会往锅里加冷水。如果加的是冷水，一个意想不到的情况发生了，那就是加冷水之后的粥分层了，被煮透了的大米沉到了锅底，上层则是“固含量”很低的粥水。当然，这不是我们所希望看到的，我们熬粥一般都是希望得到均匀的粥。

我们都知道，树脂在溶剂当中并不是溶解为溶液的，而是以胶体的形式存在，这些胶体如果受到强有力的搅拌，就会分散成更细小的胶束，如果搅拌停止，那么这些细小的胶束会重新聚集。在调色制漆过程中，如果研磨漆浆和调漆漆料的温度、黏度以及表面张力等方面也存在较大差异，就会出现上述“熬粥加冷水”的情况。如将一种低温的高黏度的漆料和一种低黏度的漆料相混合，如果此时搅拌不足，其中的树脂就会呈聚集状态存在，出现树脂的粗胶粒。此时，色漆分散体系中颜料的分散情况是良好的，但是树脂却出现了不良的稳定性，所以得到的色漆产品的质量也是不良的。因此，在生产中，除了要注意前面提到的关于颜料的稳定性不良情况外，还需要避免树脂聚集这种不良现象的发生。

（二）稳定后处理的措施

前面谈到了四种色漆稳定性不良的常见表现形式，我们在生产中需要避免这些不良现象的发生，才能保证色漆产品的质量。为此，在生产中需要按照下列的措施对研磨漆浆进行稳定化处理（同时也是调色制漆的过程）。

（1）将研磨漆浆首先加入调漆罐中并在从始至终的有效搅拌下，均匀而缓慢地逐步加入需要补加的漆料、溶剂、助剂等组分。这样可以避免混合不均及加入的组分因局部增量太大，而导致组分性质差异太大所造成的各种导致稳定性破坏的现象。如溶剂或低树脂含量的漆料加入高树脂含量的研磨漆浆中，导致树脂析出或树脂剥离，或高树脂含量的漆料加入低树脂含量的漆浆中，导致溶剂迁移，以及高黏度漆料加入低黏度漆料中，导致的树脂聚集现象。

（2）按照先补加调漆用漆料，再补加入调稀用溶剂的加料顺序进行调漆。如果需要补加两种漆料时，需根据实际情况，采取合适的加料顺序。如对于三辊机研磨分散漆浆，由于该漆浆中的漆料属于高树脂含量漆料，故应先加入较高树脂含量的漆料，再加入较低树脂含量的漆料，以避免树脂剥离现象的发生。与此相反，对于砂磨机、球磨机的研磨漆浆，由于这两类漆浆中的漆料都属于低树脂含量的漆料，故应先加入较低树脂含量的漆料，再加入较高树脂含量的漆料，以避免溶剂迁移或树脂聚集现象的发生。

（3）对于需要补加漆料和溶剂的情况，还可以用另一种方法进行调漆，即先将溶剂在有效的搅拌下，均匀缓慢地加入调漆用高树脂含量漆料中，变为树脂含量较低的树脂溶液，再按上一步的“补加两种漆料”的方式进行调漆。这样也可降低由于溶剂的加入而导致研磨漆浆中原已包覆在颜料粒子表面的树脂剥离的风险。

（4）对于砂磨机研磨漆浆或卧式球磨机研磨漆浆等低树脂含量的研磨漆浆的稳定后处理，向其中补加高树脂含量漆料时，一般是在有效搅拌下缓慢而均匀地补加漆料，以避免因溶剂迁移而导致的分散体系稳定性降低。有时为了安全起见，会在确定研磨漆浆组成时有意地适当提高研磨漆浆的树脂含量，以减小研磨漆浆中漆料和调漆漆料中树脂含量的差异。

（5）当色漆使用两种或两种以上溶剂时，尽量在研磨漆浆中使用高沸点溶剂。这主要出于两方面的考虑。其一，由于在同系溶剂中，其扩散速度大体上与溶剂相对分子质量的平方成反比，即分子质量越小，扩散速度越快。因此以低分子质量（低沸点）的溶剂配制的高溶剂含量的砂磨机研磨漆浆或球磨机研磨漆浆，比用高分子质量（高沸点）的溶剂制备的研磨漆浆造成调漆时更容易发生溶剂迁移这种稳定性不良的现象。其二，在同系溶剂中，分子质量小的溶剂比分子质量大的溶剂更容易挥发，在研磨时选用高分子质量（高沸点）溶剂可减少溶剂的挥发损失和降低对环境的污染（相对低分子质量溶剂而言）。

（6）尽量避免将温度和黏度等性质相差很大的调漆漆料和研磨漆浆直接混合。如将一种温度低而黏度又较高的漆料直接加入砂磨机研磨漆浆或球磨机研磨漆浆等低树脂含量（低黏度）漆料组成的研磨漆浆中，往往会产生树脂聚集或溶剂扩散现象，从而导致树脂分散不良或颜料分散不良等稳定性方面的问题。解决此类问题的正确方法是将待加入的漆料在向研磨漆浆加入前做黏度及温度等方面的调整，尽量缩小研磨漆浆和调漆漆料的性质差异。

（7）当用于调制复色漆的调色浆经储存后黏稠度太大时，应先通过搅拌作用搅拌均匀并破坏其触变性，如果必要的话可加入部分漆料将其调稀。待黏度合适后再加入研磨漆浆中调整颜色。

（8）为保证实际加料量与工艺配方加料量不出现允许误差范围以外的偏差，同时确保即使出现错误操作也有据可查，在调漆时要准确计量各种物料的加料数量，且要做好复核及记录。

（三）配方平衡

如前所述，每个色漆产品都有自己的一个标准配方，而在具体生产过程中这个标准配方又被划分为两个指令性文件，即研磨漆浆工艺配方和调色制漆工艺配方。不管色漆生产的过程简单还是复杂，不管漆浆研磨阶段采取了什么样的设备和工艺，最终我们都要在调色制漆阶段保证每批产品的加料量符合标准配方所规定的比例，亦即两个工艺配方所规定的总量。这样的一个过程我们称之为配方平衡。配方平衡看上去似乎很简单，只要严格按照工艺配方加料量加料即可。但是由于受到各种因素影响，在生产实际中并非如此简单，下面我们来讨论一下配方平衡的主要工作内容。

依据调色制漆加料配方的规定的数量和符合漆浆稳定化要求的加料方式，将调漆时需补加的物料逐项加入研磨漆浆中。但是这一步需要考虑上一步工序（即研磨漆浆工序）加料量的波动，并根据波动的情况对调漆加料量做适当调整。这里所说的波动，可能是由于生产时更换花色品种带来的，如用砂磨机进行研磨分散时，当需要更换花色品种时，往往需要用一部分漆料经供浆泵输入砂磨机筒体，把筒体内残存的漆浆排除，那么这部分先加进去砂磨机的漆料，就必须从调漆工艺配方中减去，否则最终产品中漆料就超量了；也可能是由于误操作带来的，如工人在称量时多加或少加了，那么在调漆阶段就必须根据前面的记录从调漆工艺配方中减少或者增加相应的数量。

在生产色漆时，产品的颜色需要和标准颜色相一致。由于每批颜料的颜色、着色力等可能稍有区别，上一工序颜料的加料量也可能稍有误差，为了达到标准颜色的要求，调色时加入的调色漆浆的量往往与调色制漆工艺配方所规定的数量不完全相同，多加入或少加入一部分调色漆浆。少加入一部分调色漆浆的情况对配方平衡影响较少，此处不予讨论。下面来看多加入调色漆浆的情况。出于调色制漆时尽量减少调色漆浆加料的考虑，调色漆浆的颜料含量总是比较高的，这些调色漆浆的超量部分，若要调整颜基比，就要补加相应当漆料；而补加相应漆料后，又需视漆料量，补加相应当催干剂或交联树脂等。

由于大多数的色漆产品配方中的颜基比都不是一样的，如果我们对超量的调色漆浆进行颜基比调整时，都要把颜基比调整到和所生产的色漆的颜基比一致，那么在生产实际中每一个品种都需要重新计算加料量，工作量大，不符合生产实际，在现实中难以做到。但是颜基比调整对配方平衡来说又是必须的。为了既保证平衡配方的科学严谨，又使操作成为切实可行，涂料工作者找到了一个折中的方法。即在对每一种超量调色漆浆进行补加漆料量计算（以及与其相关的催干剂及交联剂等的计算）时，不是将其颜基比调整到符合正在生产的色漆产品的颜基比，而是调整到与其颜色相同的色漆产品的颜基比。例如，在生产醇酸树脂磁漆时，若加入的红色调色漆浆超量的话，那么对这部分红色调色漆浆进行补加漆料计算时，是将其调整成红色醇酸磁漆的颜基比。对其他颜色的调色漆浆来说也是一样的。对每一种颜色的调色漆浆来说，其补加组分的量与其超量的数值的比例是固定的。于是，只要我们把每一种常用的调色漆浆的补加组分与色浆超量数值的比例做成一张表格，操作工人就可以根据表格简单、准确地进行颜基比调整了。

四、基本工艺模式与完整的工艺过程

所谓色漆生产工艺过程是指将原料和半成品加工成色漆成品的物料传递或转化过程，是混合、输送、分散、过滤等化工单元操作过程及仓储、运输、计量和包装等工艺手段的有机组合。通常，总是依据产品种类及其加工特点的不同，首先选用适宜的研磨分散设备，确定基本工艺模式，再根据多方面的综合考虑，选用其他工艺手段，进面构成全部色漆生产工艺过程的。

（一）基本工艺模式

通常色漆生产工艺流程是以色漆产品或研磨漆浆的流动状态、颜料在漆料中的分散性、漆料对颜料的湿润性及对产品的加工精度要求等四方面的考虑为依据，首先选定过程中所使用的研磨分散设备，从而确定工艺过程的基本模式的。

依据产品或研磨漆浆的流动状况可将色漆分为易流动、膏状、色片和固体粉末状态等四种类型。常见的易流动的产品或研磨漆浆有磁漆和头道底漆等；常见的膏状产品或研磨漆浆有腻子和厚浆状美术漆等；常见的色片有硝基色片和过氯乙烯色片等；常见的固体粉末状态产品有各类粉末涂料等。

按照在漆料中分散的难易程度可将颜料分为细颗粒而易分散的合成颜料、细颗粒而难分散合成颜料、粗颗粒的天然颜料和填料、微粉化的天然颜料和填料以及磨蚀性颜料等五大类。常见的细颗粒而易分散的合成颜料有钛白粉、立德粉、氧化锌等无机颜料及大红粉、甲苯胺红等有机颜料，它们的原级粒子的粒径皆小于 1μm，且比较容易分散于漆料之中。常见的细颗粒而难分散合成颜料有炭黑和铁蓝等，它们的原级粒子的粒径也属于细颗粒型的，但是其结构及表面状态决定了它们难于分散在漆料之中。常见的粗颗粒的天然颜料和填料有天然氧化铁红（红土）、硫酸钡、碳酸钙、滑石粉等，它们的原级粒子的粒径约 5～40μm，甚至更大一些。常见的微粉化的天然颜料和填料有超微粉碎的天然氧化铁红、沉淀硫酸钡、碳酸钙、滑石粉等，其原级粒子的粒径为 1～10μm，甚至更小一些。常见的磨蚀性颜料有红丹及未微粉化的氧化铁红等，它们对研磨设备有一定的磨蚀作用。

按照漆料对颜料的湿润性，可将漆料分为湿润性能好、湿润性能中等以及湿润性能差等三大类。常见的湿润性能好的漆料有油基漆料、天然树脂漆料、酚醛树脂漆料及醇酸树脂漆料等；常见的具有中等湿润性能的漆料有环氧树脂漆料、丙烯酸树脂漆料和聚酯树脂漆料等合成树脂漆料；常见的湿润性能差的漆料有硝基纤维素溶液、过氯乙烯树脂等。

按照对产品加工精度的不同，可将色漆分为低精度、中等精度和高精度等三类。所谓低精度是指产品细度在 40μm 以上；中等精度是指产品细度在 15～20μm；高精度是指产品细度在 15μm 以下。

我们在选用研磨分散设备时，必须综合考虑上述四方面的因素。

以天然石英砂、玻璃珠或陶瓷珠子为分散介质的砂磨机，对于细颗粒而又易分散的合成颜料、粗颗粒或微粉化的天然颜料和填料等易流动的漆浆，都是高效的分散设备。其生产能力高，分散精度好，能耗低，噪声小，溶剂挥发少，结构简单，便于维护，能连续生产。因此，在多种类型的磁漆和底漆生产中获得了广泛的应用。但是，它不适用于生产膏状或厚浆型的悬浮分散体，用于加工炭黑等细颗粒而难分散的合成颜料时生产效率低，用于生产磨蚀性颜料时则易于磨损，这些因素都应在选用设备时结合具体情况予以考虑。

球磨机同样也适用于分散易流动的悬浮分散体系，曾是磁漆生产的主要设备之一。它适用于分散任何品种的颜料，对于分散粗颗粒的颜料、填料、磨蚀性颜料和细颗粒又难分散的合成颜料有着突出的效果。卧式球磨机由于密闭操作，故适用于要求防止溶剂挥发精度的漆浆及经常调换品种花色的场合。

三辊机生产能力一般较低，结构较复杂，手工操作劳动强度大，敞开操作，溶剂挥发损失大，故应用范围受到一定限制。但是它适用于高黏度漆浆和厚浆型产品的特点为砂磨机和球磨机所不及。因而被广泛用于厚漆、腻子及部分厚浆状美术漆的生产。三辊机易于加工细颗粒而又难分散的合成颜料及细度要求为 5～10μm 的高精度产品。目前对于某些贵重颜料，一些厂家为充分发挥其着色力、遮盖力等颜料特性，以节省用量，往往来用三辊机进行研磨。由于三辊机中不等速运转的两辊之间能产生巨大的剪切力，导致高固体含量的漆料对颜料润湿充分，从而有利于获得较好的产品质量，因而被一些厂家用来生产高质量的面漆。除此之外，由于三辊机清洗换色比较方便，也常和砂磨机配合应用，用于制造复色磁漆用的少量调色浆。

至于双辊机轧片工艺，则仅在生产过氯乙烯树脂漆及黑色和铁蓝色硝基漆色片中应用。以达到颜料能很好地分散在塑化后树脂中的目的。然后靠溶解色片来制漆。

研磨分散设备的类型是决定色漆生产工艺过程的关键。选用的研磨分散设备不同，工艺过程也不同。例如，砂磨机分散工艺，一般需要在附有高速分散机的预混合罐中进行研磨漆浆的预混合，再以砂磨机研磨分散至细度合格，输送到制漆罐中进行调色制漆制得成品，最后经过滤净化后包装、入库完成全部工艺过程。由于砂磨机研磨漆浆黏度较低易于流动，大批量生产时可以机械泵为动力，通过管道进行输送；小批量多品种生产也可用容器移动的方式进行漆浆的转移。球磨机工艺的配料预混合与研磨分散则在球磨筒体内一并进行，研磨漆浆可用管道输送（以机械泵或静位差为动力）和活动容器运送两种方式输入调漆罐调漆，再经过滤包装入库等环节完成工艺过程。三辊机研磨分散得到的漆浆较稠，故一般用换罐式搅拌机混合，以活动容器运送的方式实现漆浆的传送，为了达到稠厚漆浆净化的目的，有时往往与单辊机串联使用进行工艺组合。

实际上，只要选定了研磨分散设备，工艺过程的基本模式也就初步形成了。目前常见的基本工艺模式有砂磨机工艺、球磨机工艺、三辊机工艺和轧片工艺四种，下面将进行简单的介绍。粉末涂料多以热融混合法生产，工艺过程较独特，将在“粉末涂料”一章中单独介绍。

1. 砂磨机工艺

如图 3.14 所示，是砂磨机工艺流程之一。这是以单颜料磨浆法生产白色磁漆或以白色漆浆为主色漆浆，调入其他副色漆浆，而制得多种颜色磁漆产品的工艺流程。现以酞菁天蓝色醇酸调合漆生产为例，将其工艺过程概述如下。

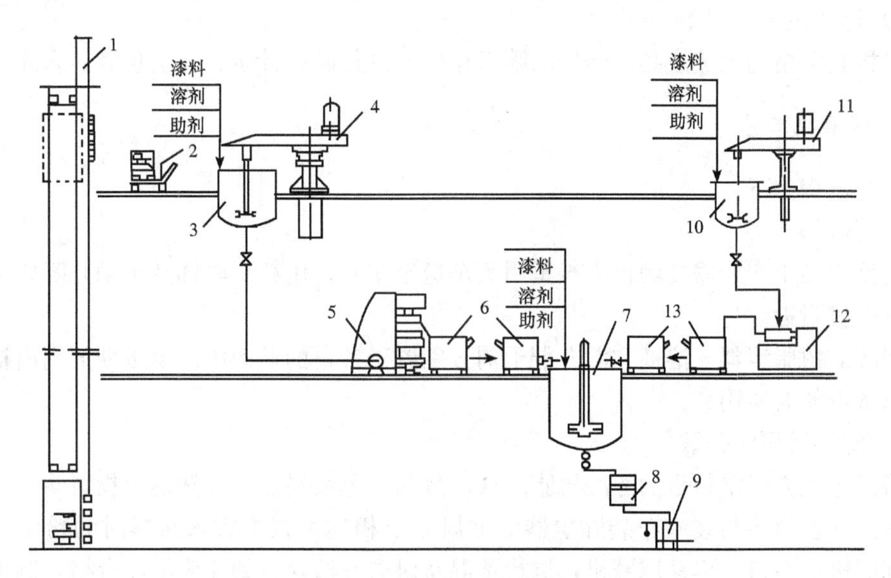

图 3.14　砂磨机工艺流程示意图

1. 载货电梯；2. 手动升降式叉车；3. 配料预混合罐（A）；4. 高速分散机（A）；5. 砂磨机；6. 移动式漆浆盆（A）；7. 调漆罐；8. 振动筛；9. 磅秤；10. 配料预混合罐（B）；11. 高速分散机（B）；12. 卧式砂磨机；13. 移动式漆浆盆（B）

1）备料

将色漆生产所需的各种袋装颜料和体质颜料用叉车送至车间，用载货电梯提升，手动升降式叉车运送到配料罐 A（配制白色主色漆浆用）和配料罐 B（配制酞菁蓝调色浆用）。

将醇酸调合漆料、溶剂和混合催干剂分别置于各自的贮罐中贮存备用（图 3.14 中未表示出漆料、溶剂及催干剂贮罐）。

2）配料预混合

按工艺配方规定的数量将漆料和溶剂分别经机械泵输送并计量后加入配料预混合罐 A 中，开动高速分散机将其混合均匀，然后在搅拌下逐渐加入配方量的白色颜料和体质颜料，提高高速分散机的转速，进行充分的湿润和预分散，制得待分散的主色漆浆。

3）研磨分散

将白色的主色漆浆以砂磨机（或砂磨机组）分散至细度合格并置于移动式漆浆盆中，得到合格的主色研磨漆浆。

同时将配料预混合罐B中的酞菁蓝色调色漆浆，以砂磨机分散至细度合格并置于移动式漆浆盆中，得到合格的调色漆浆。

4）调色制漆

将移动式漆浆盆中的白色漆浆，通过容器移动或机械泵加压管道输送的方式，依配方量加入调漆罐中。在搅拌下，将移动式漆浆盆中的酞菁蓝调色漆浆逐渐加入其中，以调整颜色。待颜色合格后补加配方中漆料及催干剂，并加入溶剂调整黏度，以制成合格的酞菁天蓝色醇酸调合漆。

5）过滤包装

经检验合格的色漆成品，经振动筛净化后，进行磅秤计量、人工包装、入库。

2. 球磨机工艺

工艺过程如下：

1）备料

将该产品生产所需要的色素炭黑用叉车送至车间，用载货电梯及手动升降式叉车运送到球磨机附近。

将醇酸树脂漆料，溶剂和混合催干剂分别置于各自的贮罐中。少量助剂则由桶装暂存，以备投料时使用。

2）配料及研磨分散

将工艺配方规定数量的醇酸树脂漆料、溶剂、色素炭黑及分散剂经投料斗一并加入球磨机中（投料斗与装有布袋除尘器的抽风系统相连可减少投入炭黑时的粉尘污染）。封闭球磨机加料口，启动球磨机，进行预混及研磨分散，直到漆浆细度合格，制得黑色研磨漆浆。

3）制漆

将球磨机中的合格研磨漆浆，经管道流动，或靠自然位差加入调漆罐中（也可将研磨漆浆注入移动式漆浆盆中，靠容器移动方式输入调漆罐中；或将研磨漆浆注入漆浆盆中后，经机械泵加压及管道输送，输入调漆罐中）。开动搅拌补加配方量规定的醇酸树脂漆料、溶剂、催干剂及其他助剂，调制成黑色醇酸树脂磁漆。

4）过滤包装

经检验合格的色漆产品，经振动筛净化后，进行磅秤计量、人工包装、入库。

3. 三辊机工艺

现以红氨基醇酸烘漆生产为例，其工艺过程如下。

1）备料

将短油度醇酸树脂漆料、氨基树脂溶液和溶剂，分别置于各自的贮罐中，贮存备用。将配方所规定的颜料备齐，准备投料。

2）配料预混合

按工艺配方规定的数量，将短油度醇酸树脂漆料、溶剂及颜料加入配料盆中，置于换罐式搅拌机中混合均匀，至无干粉状物并使颜料湿润良好。

3）研磨分散

将装有混合好漆浆的配料盆，用起重工具（电动葫芦或升降叉车等）运送到三辊机上，进行漆浆的研磨分散。三辊机可以单台研磨，也可以两台串联。为对稠厚漆浆进行净化，细度合格的研磨漆浆置于移动式漆浆盆中。

4）调漆

用容器移动的方式将研磨漆浆加入调漆罐中，补加工艺配方中规定数量的短油度醇酸树脂液、氨基树脂溶液及助剂，并加入溶剂调整黏度，制得红氨基醇酸烘漆成品。

5）过滤包装

经检验合格的色漆成品经振动筛净化后进行磅秤计量、人工包装入库。

4. 轧片机工艺

轧片工艺流程示意图如图 3.15 所示。现以黑色过氯乙烯树脂漆生产为例，将其工艺过程概述如下。

1）树脂溶解

在搪瓷树脂溶解罐中加入配方量的混合溶剂，在搅拌下慢慢加入过氯乙烯树脂并升温到 60℃左右，保持溶解制得透明的过氯乙烯树脂溶液备用。

同时将配方中所需的硬树脂也制成树脂溶液经过滤净化后备用（图 3.15 中未表示出该部分）。

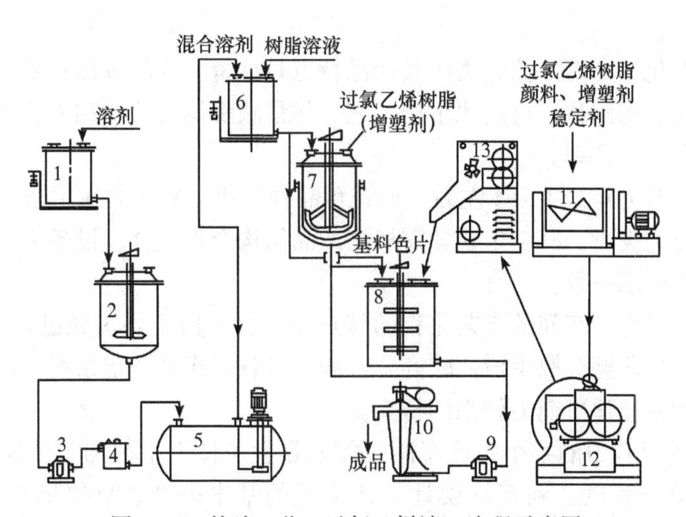

图 3.15　轧片工艺（过氯乙烯漆）流程示意图

1. 溶剂计量罐；2. 溶剂混合罐；3. 齿轮泵（A）；4. 过滤器；5. 混合溶剂贮罐；6. 计量罐；7. 树脂溶解罐；8. 调漆罐；9. 齿轮泵（B）；10. 高速分散机；11. 捏合机；12. 双辊炼胶机；13. 切粒机

2）色片轧制

色片轧制也即颜料分散过程。首先将工艺配方规定数量的过氯乙烯树脂、增塑剂、稳定剂、炭黑等加入捏合机中，进行捏合。

将混合均匀的物料加入双辊机进行树脂塑化及颜料分散。将轧制好的颜料色片割离下来，冷却后经切粒机切成颜料色片颗粒。

3）调漆

依工艺配方规定的数量，按顺序依次将过氯乙烯树脂溶液、色片、增塑剂、硬树脂溶液、溶剂及醇酸树脂溶液加入调漆罐中进行混合，调整黏度制得色漆成品。

4）过滤包装

经检验合格的成品漆，经高速分离机过滤净化后输入包装罐，由磅秤计量，人工包装入库。

（二）完整的工艺过程

如上所述，选择了研磨分散设备就决定了色漆工艺过程的基本模式，但是要形成完整的工艺过程，还需要选定诸如仓储、输送、计量和包装等工艺手段。由于这些工艺手段的不同，使得同一基本模式的不同工艺过程彼此不同，甚至有较大的差别。仓储、输送、计量和包装等工艺手段一般要通过综合考虑欲生产的产品规模大小、品种花色的复杂程度、合理组织生产所需要的工艺特点以及车间布局等诸方面的因素，并经过精心设计才能最终选定。在设计色漆生产工艺过程时，以下几方面往往是设计者要反复考虑的问题。

1. 工艺流程的基本类型

工艺流程的基本类型通常可分为大规模专业化生产型、通用型和小批量多品种型三种。

大规模专业化生产型工艺，由于其产品特点是批量大且品种比较单一，适于设计成规模化、连续化、密闭化、自动化生产工艺。尽量减少体力劳动和人为因素对质量的干扰，充分提高劳动生产率。

生产规模通常为年产1万t左右，而花色品种又比较复杂的通用型工艺是我国目前涂料工业中常见的类型。其工艺装置需根据产品结构合理组合。设备大型化及系列化需综合考虑，不能强求一致。

小批量多品种生产车间的工艺流程的特点是工艺手段不要求先进，手工操作较多，体力劳动较大，但研磨分散手段比较齐全，调漆设备规模呈一定系列，从而形成对产品批量大小及品种变化适应能力较强的特点。

涂料工厂或者其中的某个生产车间，需根据生产体系中被加工产品的生产规模及品种和花色的复杂程度，确定欲设计工艺流程的基本类型。只要确定了生产工艺的基本类型，那么选择哪些工艺手段，形成具备什么特点的生产工艺流程的方向也就明确了。

2. 原料的储存与输送方式

色漆生产所需要的原料品种繁多，如各种树脂、溶剂、颜料和助剂等。这些原料有些是液态的，有些是固态的，有些是易燃易爆的，也有些是有毒的。针对不同特点的原料，我们在选择贮存与输送方式的时候就必须考虑到这些原料的特点。不同的贮存与输送方式也将形成不同的工艺过程。例如，色漆制造所使用的颜料和填料等粉状物料，可以采用仓库码放、袋（桶）装运输、磅秤计量、人工投料的方式；也可采用散装槽罐车运输（或袋装粉料先经破袋进仓）、气力输送或机械输送、自动秤计量、自动投料的方式进行。这些不同的方式的组合使得工艺过程互不相同。同样，漆料、溶剂等液体物料可以采用桶装码放、起重工具（如电动葫芦和升降叉车等）吊运、磅秤计量、人工投料的方式；也可以采用储罐贮存、机械泵加压经管道输送及计量罐称量或流量计计量投料的方式。这同样导致工艺过程的明显不同。

这些不同的方式我们不能简单地用“好”与“不好”来评判，关键还是看“适合”还是“不适合”。例如，小批量多品种车间无论是粉料和液体物料都宜选用磅秤计量和人工投料的方式进行，这样才能适合生产灵活多变的要求；中等规模的通用型车间，液体物料可以使用流量计计量、电子秤计量或由安装在传感器上的配料罐（制漆罐）直接计量的方式，以减少操作烦琐程度，减轻体力劳动和提高计量精度，而粉状颜料、填料由于品种较多、包装繁杂，可以沿用起重工具吊装、人工计量投料的方式，当然也可以选用较先进的其他方式；对于大规模专业化的生产，一般都会选用先进的方式，如粉末状的颜料、填料采用散装槽罐车运输（或袋装粉料先经破袋进仓）、气力输送或机械输送、自动秤计量、自动投料的方式，漆料、溶剂等液体物料采用贮罐贮存、机械泵加压经管道输送及计量罐称量或流量计计量投料的方式等。

综上所述，在设计工艺过程时应根据工厂或者车间的具体情况选择合适的储存与输送方式的组合，盲目追求先进的工艺手段而不顾自身的实际情况是不合理的。

3. 品种花色的复杂程度

在色漆生产的研磨分散过程中变换品种及花色比较困难，而市场又要求涂料厂提供颜色尽量丰富的色漆产品。因此，如何尽量简化生产，又最大限度地满足用户对多品种花色的需求，也是设计色漆生产工艺时要认真考虑的一个方面。

4. 产品的填充和包装手段

包装过程是色漆产品入库前的最后一道工序，可供采用的罐装方法大致可以分为三种：

（1）人工灌漆，磅秤计量，人工封盖，贴签和搬运入库。

（2）采用填充机（或称罐装机）计量装听，封盖，其余操作由人工进行。

（3）使用“供听→检查→罐漆→封盖→贴签→传送→码放”一系列操作自动完成的包装线。

当前国内采用较多的是第一种方法。该方法设备简单，投资少，灵活方便，但装量受操作者熟练程度和责任心的制约较大，体力劳动较重。第二种方法以机械灌漆代替人工计量，是当前应当推广应用的方法，投资及占地增加不大，但对提高罐装质量有明显的效果。第三种方法适于在大规模专业化的自动生产线上选用。

5. 平立面的设计

设备的平立面布置是影响色漆工艺的一个重要因素。流程设计是各项工程设计的基础，但是设备平立面布置的不同又反过来导致工艺流程的变化。对三辊机工艺及球磨机工艺这个问题并不明显，而对砂磨机工艺则较为突出，即同样的工艺手段组合，由于采取不同层次的立体车间布置或单层平面布置，都会因物流方向和物料输送方式的变化使最终的工艺流程繁简不一、彼此不同。

目前国内的涂料厂绝大多数采用的都是单层平面布置，也有少量的企业采用了立体车间布置，如2005年被国际涂料巨头阿克苏·诺贝尔收购了涂料业务的广州涂易得涂料有限公司的乳胶漆生产车间就属此例。

综上所述，我们可以看出，研磨分散设备的选用，决定了色漆生产工艺的基本模式，而辅以其他工艺手段的组合应用才最终形成了彼此不同的完整的工艺过程。而选用设备以及其他工艺手段及组合的依据，则是产品的品种结构，产量大小以及所追求的工艺特点。设备一旦选定、完整的工艺过程一旦形成，就会对日后的生产计划安排、正常的工艺技术管理、产品质量监督以及由此而导致的技术经济水平起着明显的作用。工艺过程形成后也不是一成不变的，涂料工作者应在生产实际中认真观察，勤于思考，勇于发现问题和解决问题，并不断改进已有的生产工艺，提高生产效率和产品质量。

小　结

色漆是颜料分散在漆料中而制成的黏稠状液固混合物质，将其涂覆在物体表面可以转化成牢固附着的不透明的涂膜，从而对被涂物起到保护、装饰和其他特殊作用的一种工程材料。根据色漆在涂层中的作用来划分，把色漆分为底漆和面漆两大类。除了上一章介绍过的合成树脂外，色漆生产还需要颜料、溶剂或水以及助剂等基本原料。色漆生产工艺过程是指将原料和半成品加工成色漆成品的物料传递或转化过程，一般由混合、输送、分散、过滤等化工单元操作过程及仓储、运输、计量和包装等工艺手段组合而成。其中颜料在漆料中的分散是色漆生产工艺的核心问题，主要包括湿润、解聚和稳定化三个步骤。研磨漆浆组成的确定是分散工序的一项重要任务，它对具体的生产操作具有重要的指导作用；当漆浆研磨至达标以后，必须进行漆浆的稳定化处理，同时通过配方平衡得到需要的半成品；选用了色漆生产的设备之后，便可确定其基本工艺模式，加上其他的手段，方可形成完整的工艺过程。

与工作任务相关的作业

查找一个实际生产中的分散工艺，观察生产效果，分析工艺的合理性并探讨分散效果及漆浆稳定性的影响因素。

知识链接

颜料耐光性测定法（GB1710—1979）

本方法是将颜料研磨于一定的介质中，制成样板，与《日晒牢度蓝色标准》同时在规定的光源下，经一定时间曝晒后，其变色程度，以“级”表示。

1. 材料和仪器设备

天平（感量 0.2g、0.0004g）；电热鼓风箱（灵敏度±1℃）；刮板细度计（0～100um）；小砂磨机；电机：转速 2800r/min；容器：内径 65mm，高 115mm；玻璃珠：直径 2～3mm。

氙灯日晒机（1.5KW）；调墨刀（长 178mm，宽 7～18mm）；漆刷及喷枪；铜丝布（100 目）；马口铁板（厚 0.2～0.3mm）；黑厚卡纸；书写纸；《日晒牢度蓝色标准（GB730—1965）》；《染色牢度褪色样卡（GB250—1964）》。

天然日晒玻璃框（以厚约 3mm 均匀无色的窗玻璃和木框构成，木框四周有小孔，使空气流通，并不受雨水和灰尘的影响，曝晒试样与玻璃间距为 20～50mm）。

椰子油改性醇酸树脂：

颜色：不大于 8（铁钴比色计）；黏度：20～60s/25℃（涂-4 黏度计）；酸值：不大于 7.5mgKOH/g；固体含量：48%～52%；

三聚氰胺甲醛树脂：

颜色：不大于 1（铁钴比色计）；黏度：60～90s/25℃（涂-4 黏度计）；酸值：不大于 2mgKOH/g；固体含量：58%～62%；涂料用金红石型二氧化钛；铅锰钴催干剂；二甲苯（YB301）。

2. 测定步骤

（1）试样的制备：参照下表 3.33、表 3.34，根据颜料品种和所需冲淡倍数，按次序称取椰子油改性醇酸树脂、颜料、冲淡剂和玻璃珠，放入容器内，加入适量二甲苯、搅拌均匀，砂磨至细度在 30μm 以下，再加入所需的三聚氰胺甲醛树脂及铅锰钴催干剂（约为树脂量的 0.2%），搅拌均匀，经 100 目铜丝布过滤，用二甲苯调节至适宜制板黏度。

表 3.33　有机颜料

冲淡倍数	颜料/g	冲淡剂（涂料用金红石型二氧化钛）/g	椰子油改性醇酸树脂/g	三聚氰胺甲醛树脂/g	玻璃珠/g
本色	10	—	60	30	120
1 倍	5	5	60	30	120
20 倍	1.2	23.8	50	25	120
100 倍	0.25	24.75	50	25	120

表 3.34　无机颜料

冲淡倍数	颜料/g	冲淡剂（涂料用金红石型二氧化钛)/g	椰子油改性醇酸树脂/g	三聚氰胺甲醛树脂/g	玻璃珠/g
本色	25	—	50	25	120
1 倍	12.5	12.5	50	25	120
20 倍	1.2	23.8	50	25	120

(2) 制板：将马口铁板用 0 号砂纸打磨，用二甲苯清洗，将试样刷涂或喷涂在已处理好的马口铁板上，置于无灰尘处，使其流平 0.5h，放入温度已调节到 100℃的烘箱内烘 0.5h，取出冷却至室温备用。

(3) 耐光试验：

① 日晒牢度机法：把制备好的样板和《日晒牢度蓝色标准》样卡用黑卡纸内衬书写纸遮盖一半，放入日晒机，当晒至《日晒牢度蓝色标准》中的 7 级褐色到相当于《染色牢度退色样卡》的 3 级即为终点，将其取出，放于暗处 0.5h 后评级。

② 天然日光曝晒法：按①法规定将样板和《日晒牢度蓝色标准》样卡同时置于天然日晒玻璃框中，晒架与水平面呈当地地理纬度角朝南曝晒，注意框边阴影不落于样板或蓝色标样卡上，并经常擦除玻璃上的灰尘，阴雨停止曝晒，日晒终点同①法。

(4) 评级方法：在散射光线下观察试样变色程度，与蓝色标准样卡的变色程度相比，如果试样和蓝色标准样卡中的某一级相当，则其耐光等级为该级；如果变色程度介于二级之间，则其耐光等级为二者之间，如 3～4 级、5～6 级。

色光的变化可加注深、红、黄、蓝、棕、暗等。

耐光评语以 8 级最好，1 级最劣。

颜料的耐光性评级以本色的样板为主，冲淡样板作为参考。

普鲁士蓝的来历

18 世纪有一个名叫狄斯巴赫的德国人，他是制造和使用涂料的工人，因此对各种有颜色的物质都感兴趣，总想用便宜的原料制造出性能良好的涂料。

有一次，狄斯巴赫将草木灰和牛血混合在一起进行焙烧，再用水浸取焙烧后的物质，过滤掉不溶解的物质以后，得到清亮的溶液，把溶液蒸浓以后，便析出一种黄色的晶体。当狄斯巴赫将这种黄色晶体放进三氯化铁的溶液中，便产生了一种颜色很鲜艳的蓝色沉淀。狄斯巴赫经过进一步的试验，这种蓝色沉淀竟然是一种性能优良的涂料。

狄斯巴赫的老板是个唯利是图的商人，他感到这是一个赚钱的好机会，于是，他对这种涂料的生产方法严格保密，并为这种颜料起了个令人捉摸不透的名称——普鲁士蓝，以便高价出售这种涂料。

直到 20 年以后，一些化学家才了解普鲁士蓝是什么物质，也掌握了它的生产方法。原来，草木灰中含有碳酸钾，牛血中含有碳和氮两种元素，这两种物质发生反应，便可得到亚铁氰化钾，它便是狄斯巴赫得到的黄色晶体，由于它是从牛血中制得的，又是黄色晶体，因此更多的人称它为黄血盐。它与三氯化铁反应后，得到亚铁氰化铁，也就是普鲁士蓝。

第四章　乳胶漆的生产

学习目标

掌握乳胶漆的组成及各组分的作用；掌握乳胶漆的特点、生产工艺及使用；了解乳胶漆的发展趋势；了解乳胶漆稳定的相关理论及乳胶漆的配方设计；了解乳胶漆组成中内墙涂料及外墙涂料的典型例子。

必备知识

学生需具备有无机化学、有机化学、物理化学、分析化学等四大化学基础知识以及化工原理、化工设备、化工仪表及自动化、化工制图等相关工艺基本知识。

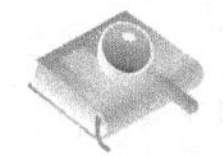

选修知识

乳胶漆所用树脂均为高分子化合物，因此学生可选修高分子化学、高分子物理等专业课程，加深对乳胶漆性能变化的理解。

案例导入

VOC是英文Volatile Organic Compound的缩写，即可挥发的有机化合物。有机化合物有成千上万种，在涂料品种中也有数百种之多，大多对空气与人体有危害，如常用的苯类溶剂，它本身就对人身造成伤害，轻者昏迷麻醉，重者致癌、致畸。而众多环保学者更加关注VOC所导致的光化学污染。光化学污染1946年首先在美国出现，许多居民感觉对眼鼻喉有刺激，老年人死亡率增加。光化学污染烟雾中的代表成分是臭氧、过氧酰氨（PAN）和甲醛等。光化学污染的产生机理如下：

光化学污染产生的三个主要条件：即挥发性有机化合物（VOC）与氮氧化物（主要来源于矿物燃料的燃烧过程，如汽车尾气及锅炉等）及阳光的照射。当空气中臭氧浓度达到（0.2～0.3）$\times 10^{-6}$时，人们就会感到不适，所以这类的臭氧应当避免产生。对涂料工业来讲，就是要减少有机溶剂的挥发，降低产生光化学烟雾的生成条件。

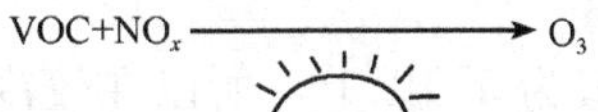

20世纪90年代，随着中国改革开放的实施，国民经济建设飞速发展，捷足先登的国外企业向国内推出了乳胶漆产品，乳胶漆以其优异的环保性能、高档的品质、丰富的色彩，很快赢得了人们的青睐。随着人们环保意识的加强，1999年国家环保总局发布了水性涂料环境标志产品技术要求（HJBZ4—1999），对乳胶漆明确提出了VOC、重金属和甲醛等含量的具体要求，使生产乳胶漆的企业能够有章可循，大大促进乳胶漆工业的发展。

课前思考题

乳胶漆是溶剂型涂料吗?

第一节　乳胶漆及其组成

一、乳胶漆的特点

乳胶涂料俗称乳胶漆，属于水性涂料的一种，是以合成聚合物乳液为基料，将颜料、填料、助剂分散于其中而形成的水分散系统。乳胶涂料具有和传统的油漆相同的形态（有时可能具有触变性的黏稠液体），相似的组成（漆料、颜料、填料、助剂），大致相同的生产流程（树脂合成、过滤、颜料预分散、分散、调漆、配色过滤、包装），近似的施工方法（刷、喷、滚），但技术原理不同。传统油漆是使颜料、填料、助剂均匀地分散在均相树脂溶液中制成的非均相分散系统。而乳胶涂料是以非均相乳状液作基料，均匀分散颜料、填料及助剂的双重非均相系统。

乳胶漆与传统的油脂漆相比，除了节约天然油脂及有机溶剂外，还具有许多的优点：

（1）以水为分散介质，属水性涂料的范畴。安全无毒无味，彻底解决了油漆工中由有机溶剂毒性气体的挥发而带来的劳动保护及污染环境问题，并从根本上杜绝了火灾的危险，是一种既省资源又安全的环境友好型涂料。

（2）施工方便，可刷涂、辊涂和喷涂。可用水稀释，涂刷工具可以很方便地用水立即清洗。

（3）涂膜干燥快，在合适的气候条件下，一般4h左右可重涂，1d可施涂二、三道，因而施工效率高、成本低。

（4）透气性好，对基层含水率的要求比溶剂型涂料低，能避免因不透气而造成的涂膜起泡和脱落问题，还能大大缓解结露，或不结露。

（5）耐水性好，乳胶漆是单组分水性涂料，但其干燥成膜后，涂膜不溶于水，具有很好的耐水性。

（6）保色性、耐气候性好，大多数外墙乳胶白漆，不容易泛黄，耐候性可达10年以上，性能能满足保护和装饰等要求，所以使用范围不断扩大。

但乳胶漆也存在如下缺点：

（1）最低成膜温度高，一般为5℃以上，所以在较冷的地方冬季不能施工。

（2）干燥成膜受环境温度和湿度影响较大。

（3）干燥过程长。干燥过程长是指干透需几周。

（4）贮存运输温度要在0℃以上。

（5）光泽比较低。

二、乳胶漆的组成

乳胶漆属于水分散性涂料，就其组成而言，同通常的油漆一样，由四个部分组成。

（1）主要成膜物质：如聚醋酸乙烯乳液、醋-丙乳液、苯-丙乳液等。

（2）次要成膜物质：如各种颜料及填料（体质颜料）。

（3）辅助成膜物质：如增稠剂、消泡剂、分散剂、成膜剂、防霉剂等。

（4）挥发物质：水。乳胶漆的组成如表 4.1 所示

表 4.1　乳胶漆涂料的组成

组成			常用原料
基料	有机	聚合物乳液类	醋均乳液、EVA 乳液、丙烯酸乳液、醋丙乳液、苯丙乳液、氯偏乳液、醋顺乳液
		水溶性树脂类	聚乙烯醇类、聚乙烯醇缩醛类
		溶剂性聚合物类	聚氨酯、环氧树脂、氯化橡胶、丙烯酸酯类
	无机硅酸盐类		水玻璃、硅溶胶
	有机-无机复合类		硅溶胶-苯丙乳液、硅溶胶-乙丙乳液、聚乙烯醇-水玻璃等
颜料	无机类		着色颜产（钛白粉、锌钡白、铁红、铬黄等）；体质颜料（滑石粉、碳酸钙、硫酸钡、石英粉等）
	有机类		酞菁蓝、甲苯胺红、铬绿等
助剂	成膜助剂		乙二醇、丙二醇、一缩乙二醇、乙二醇一乙醚、乙二醇一丁醚等
	润湿分散剂		三聚磷酸钾、六偏磷酸钠、焦磷酸钠、聚羧酸盐类等
	消泡剂		磷酸三丁酯、松香醇、辛醇、SPA-202 等
	增稠剂		纤维素、改性膨润土、天然多糖衍生物、碱溶胀性聚丙烯酸盐类、聚氨酯类等
	防霉剂		五氯苯酚、苯甲酸钠等
	pH 调节剂		氨水、2-氨基-2-甲基-1-丙醇、碳酸氢钠等

（一）基料（主要成膜物质）

基料是建筑乳胶漆的主要成膜物质，是影响乳胶漆性能好坏的首要因素。它既关系到涂膜的硬度、柔性、耐水性、耐碱性、耐擦洗性、耐候性、耐玷污性，也关系到乳胶漆的成膜温度、对底材的结合强度等性能。因此，应根据乳胶漆涂装的环境及要求，选择不同的乳液品种作为基料。常用的乳液有聚醋酸乙烯乳液、醋酸乙烯-丙烯酸酯乳液、苯乙烯-丙烯酸酯乳液、醋酸乙烯-叔碳酸乙烯酯乳液等。除聚醋酸乙烯乳液主要作为内墙涂料用外，其余三种乳液内外墙涂料用均可。

乳液的性质主要取决于所用的原料、用量、组成、合成工艺及选用的助剂。即使采用同样的原料，同样的质量组成，如果工艺方法不同，也会得到分子结构及性质差异很大的乳液粒子。如一个用丙烯酸丁酯、丙烯酸甲酯、丙烯酸、苯乙烯四元共聚的乳液，尽管采用的原料相同，所用的质量组成也相同，但采用常规聚合与核壳聚合两种不同聚合方法时，所得到的乳液其性能表现出很大的差异。按理论计算其玻璃化温度 Tg 均为 11.6℃，但用常规聚合所得乳液其最低成膜温度 MFT 为 21.5℃，而核壳聚合所得乳液其最低成膜温度 MFT 仅为 8℃。说明核壳乳液的成膜性能有了很大的改进。乳液除其原料组成、用量及合成方法对性能有决定性的影响外，乳液的粒度也是一个重要的因

素。一般说，随着乳液粒度的减小会提高漆膜的光泽、抗水性、抗张强度，同时对提高乳液自身的黏度、稳定性及对颜料的黏结能力也有好处。

（二）颜料及填料

颜料和填料构成乳胶漆的次要成膜物质。作为建筑乳胶漆用的颜料、填料，主要应有良好的耐碱性、耐候性、易分散性等特点，一般油漆用的颜、填料多数均可使用。颜料和填料的类型和数量对乳胶漆的性能是有影响的，它们不但关系到颜色、遮盖力，也关系到漆膜强度、与底材的结合力、硬度、光泽、耐玷污性、保色性、耐久性等性能。

在乳胶漆配方设计中，颜基比（颜料与基料的体积浓度之比）是重要参数，使用不同颜基比，可制得不同光泽的涂膜。对于油性漆而言，漆膜光泽可在 0～100 之间作任意调整，但对乳胶漆来说，要做到高光泽却有一定难度。要达到 90%以上光泽很难。主要原因是：乳胶或乳液是分散体，成膜时由分散的小球紧贴粘连一起而成，表面平整度不及油性漆。乳胶漆想要得到高光泽，除必须减少颜填料用量、降低颜基比以外，还必须在乳液的选用上采用细粒径的乳液及适当的增稠剂。在制备高光泽乳胶漆时，要注意容易出现的回黏性不好的问题。乳胶漆随着颜基比增高，漆膜的光泽、耐冲击性、弹性下降，而硬度、耐玷污性提高。当颜基比超出临界体积浓度时，则涂膜的耐擦洗性及耐水性明显变差。

（三）助剂

乳胶漆中常用的助剂有助成膜剂、分散剂、润湿剂、增稠剂、消泡剂、杀菌剂、防霉剂、中和剂等。

1. 助成膜剂

助成膜剂又称成膜助剂、凝集剂、聚结剂，通常为高沸点溶剂，会在涂膜形成后慢慢挥发。在乳胶漆中，成膜助剂因对乳胶粒子的溶解作用而使粒子表面软化，促使聚合物粒子易受压变形，融合成膜，成膜助剂加入可降低乳液及乳胶漆的最低成膜温度。

常用的成膜助剂有：乙二醇、丙二醇、己二醇、甲基苄醇、十二碳酯醇、一缩乙二醇、丙二醇乙醚、乙二醇丁醚、丙二醇丁醚、乙二醇丁醚醋酸酯等。用量根据对聚合物溶解力的不同可做适当调整，一般为乳胶漆量的 2%～3%。美国伊士曼公司的 Texanol（化学结构为 2,2,4-三甲基-1,3-戊二醇单异丁酸酯）及与水几乎不相溶的十二碳酯醇（简称酯醇-12），是效果很好的成膜助剂，它不但可以有效降低成膜温度，而且对改进乳胶漆的流动性，改善颜料的均匀性、稳定性都有好处。成膜助剂由于使漆膜致密程度得以提高，所以对改善涂层的耐擦洗性及易除污性有帮助。成膜助剂除有助于成膜性能外，还有降低乳胶漆冻结温度的功能，这对乳胶漆在较低气温下正常施工有利。

2. 润湿剂和分散剂

乳胶漆的制备主要是基料与颜（填）料的分散问题。首先要实现颜料为基料所润湿，然后是颜料粒子的均匀、稳定及充分分散。润湿剂可降低液体和固体表面之间的界面张力，使固体表面易于为液体所湿润，使黏结剂与颜料表面得以充分接触。常用的乳胶漆润湿剂为阴离子或非离子表面活性剂，如二烷基磺基琥珀酸盐、烷基萘磺酸钠等阴离子型和聚氧乙烯烷酚基醚等非离子型表面活性剂。

分散剂是实现被润湿的颜料粒子的充分、稳定的分散，提高固体粒子在液体中的悬浮性能。颜料得到充分分散的乳胶漆，其遮盖力、着色效果、漆膜光泽、稳定性可得到最大发挥及保证。常用的无机类分散剂有六偏磷酸钠、三聚磷酸钠、焦磷酸四钠等；有机类分散剂有胺类化合物、聚丙烯酸盐等。AMP-95（2-甲基氨基丙醇）是一种效果很好的多功能分散剂，使用于乳胶漆中，可改进着色性、黏度稳定性，且不发生浮色现象。聚丙烯酸钠也为使用较多的分散剂之一，Tamol 系列分散剂如 Tamol 731、Tamol 850 也为被推荐的分散剂品种。一般而言，有机分散剂的分散效果好于无机分散剂，对于低极性有机颜料如酞菁蓝、酞菁绿及碳黑等易絮凝难分散颜料更为适用。分散剂用量一般为所用颜料量的 0.5%左右。分散剂和润湿剂有时很难区分，往往分散剂本身就具有润湿作用。

3. 增稠剂

增稠剂起到增加乳胶漆黏度的作用，使乳胶漆的黏度达到施工要求，并改进其流动性；同时，增稠剂有助于防止颜料的凝聚和沉淀，改善乳胶漆的稳定性。在制备色浆时，由于使研磨浆稠度增加，加强了剪切作用，有利于颜料的分散。作为乳胶漆的增稠剂主要有四类：纤维素醚、聚丙烯酸酯、缔合型增稠剂和无机增稠剂。

作为增稠剂的纤维素醚有羧甲基纤维素、羟乙基纤维素、羟丙基甲基纤维素等。最常用的为羟乙基纤维素（HEC），根据黏度的不同，有不同的规格，如美国联碳(Union Carbide）公司生产的 Cellosize QP 系列及美国阿克隆（Aqualon）公司生产的 Natrosol 250 系列。HEC 为粉末状水溶性产品，属非离子型增稠剂。为保证羟乙基纤维素的完全溶解，避免出现未溶的夹心凝块，可采取先浸润的方法：先将水的 pH 调至 7.5 左右，浸润一定时间后搅拌即可完全溶解，如再过滤使用则效果更好。HEC 的用量一般控制在 0.3%～0.5%即可，但采用 HEC 作为增稠剂时，在滚涂施工中会出现飞溅的问题，且 HEC 为纤维素衍生物，易受酶和霉菌的攻击，使乳胶漆在贮存期间黏度下降或乳胶漆漆膜长霉，这在配方设计中应予综合考虑。

聚丙烯酸酯增稠剂为羧基含量较高的丙烯酸酯共聚物乳液，这类增稠剂在 pH 为 8～10 的时候，呈溶胀状态，使水相黏度增高，但 pH 大于 10 时，溶于水，失去增稠作用，对 pH 有较大的敏感性。

缔合型增稠剂像表面活性剂一样，分子中既有亲水部分也有亲油部分：亲水部分可水合溶胀使水相增稠，亲油端基可与乳液粒子、颜料粒子相缔合形成网络结构，这种缔合结构在剪切力的作用下受到破坏，黏度降低，一旦剪切外力消失，黏度即可恢复。这种缔合型增稠剂对提高乳胶漆的稳定性、漆膜流平性、抗飞溅性及光泽均有明显好处。缔合型增稠剂如聚氨酯缔合增稠剂、改性碱溶丙烯酸共聚乳液等。如美国 Diamond Shamrock 公司的 SN 系列增稠剂、英国 Allied Colloids 公司的 Rheovis CR 及罗门哈斯公司的 Acrysol RM 系列等。

无机增稠剂如膨润土、凹凸棒土、硅酸铝等均有一定效果。除无机增稠剂外，一般增稠剂均有水溶性或水溶胀性，在成膜后残留在涂层中，对耐水性、耐擦洗性会带来不良影响，在保证乳胶漆增稠的前提下应尽可能少用。

4. 消泡剂

在乳胶漆的配方中加有多种表面活性剂，因此，在其生产制备及施工时很容易产生泡沫。泡沫的产生既不利于生产控制，也影响漆膜的性能及状态。消泡剂就是用来抑制涂料在生产中泡沫的出现及消除涂料成膜时出现的气泡。

消泡剂主要分为硅型和非硅型。硅型消泡剂如乳化硅油、水性硅油，非硅型消泡剂是极性有机化合物，如磷酸三丁酯、正辛醇、矿物油及脂肪酸盐混合物等。上海涂料研究所研制的 SPA-102 及 SPA-202 有较好的消泡效果，SPA-102 为醚酯化合物和有机磷酸盐组成的复配型消泡剂，SPA-202 为硅酯、乳化剂等组成的复合型消泡剂。

消泡剂的选择是一项十分烦琐的工作。它与乳胶漆品种、乳液类型、乳胶漆用其他助剂的种类和性能等有很大关系，因此选择时应细致谨慎，同时，还应考察贮存后的消泡效果。消泡剂的用量一般较低，在 0.5%以下，添加时往往分两阶段，即研磨时加一部分，在调漆时再加一部分。

5. 防腐剂和防霉剂

当乳胶漆未加入防腐剂、防霉剂时，容易为微生物所破坏。适当的潮气、温度和营养物质可促使霉菌的生长、繁衍，从而造成乳胶漆黏度下降，pH 变化，产生难闻的臭味，包装容器变形，也可造成漆膜出现霉斑、变色或破坏。乳胶漆本身为水性，漆中的保护胶、增稠剂及若干表面活性剂可能为微生物的营养物质，因此，为防止乳胶漆在贮存期间变质及成膜后长霉，就必须加入防腐剂、防霉剂。早期常用的防腐防霉剂为五氯酚钠、醋酸苯汞及三丁基锡等。酚化合物效率较低，用量一般在 0.2%以上，汞化合物用量为漆的 0.05%左右，锡化合物的用量为漆的 0.05%～0.1%。

6. 中和剂

乳胶漆的 pH 对系统的性能及稳定性有很大关系，中和剂可把乳胶漆的 pH 保持在一定的范围，从而保证增稠剂、表面活性剂等处在最佳状态，使乳胶漆处在最稳定水平。最常用的中和剂为氨水，在成膜时很快挥发，而不残留在涂膜中，但氨水有强烈的刺激性气味。因此，也可考虑既能较快挥发，而气味较小的氨类化合物。

（四）水

乳液合成对所用的水要求严格，必须用脱离子水，但制备乳胶漆用水不象乳液合成用水那么严格，用一般自来水也可，但不可用矿物质含量高的地下水。

三、乳胶漆的发展

（一）乳液与乳胶漆品种的发展

水性涂料的出现为涂料工业带来革命性的变化。传统的油漆都以有机溶剂为分散介质，有机溶剂有毒，可燃，污染环境，浪费资源。而水性涂料以水为分散介质，无毒，不燃，对环境无污染，也省资源。所以，水性涂料成为当今重点发展的涂料是历史的必然。水性涂料主要有水乳胶和水溶性两大类。以乳胶制备的涂料即通常称谓的“乳胶漆”。乳胶漆有用于建筑的，金属防锈的，工业维修的诸领域，但在建筑上的应用占最大比例。

作为建筑乳胶漆用的乳液，在我国开发生产的有：聚醋酸乙烯乳液、醋酸乙烯-顺丁烯二酸二丁酯共聚乳液、醋酸乙烯-丙烯酸酯共聚乳液、氯乙烯-偏氯乙烯共聚乳液、苯乙烯-丙烯酸酯共聚乳液、纯丙烯酸酯共聚乳液以及醋酸乙烯-叔碳酸乙烯酯共聚乳液等。

聚醋酸乙烯乳液为最早开发的品种。醋酸乙烯易水解，使用的保护胶又是水溶性聚乙烯醇，故聚醋酸乙烯乳胶漆耐水性、耐碱性不好，不宜作为外墙使用。但由于醋酸乙烯价廉易得，合成方便，颜料、填料容量大，目前仍为内墙乳胶漆的主导产品。

醋酸乙烯与丙烯酸酯类共聚后，所制得的乳胶漆，其涂膜的耐水性、耐碱性、耐擦洗性及耐候性等方面都比聚醋酸乙烯乳胶漆有明显提高。苯乙烯-丙烯酸乳液在我国已成为最通用、最常见的乳液品种。这不但是因为苯丙乳胶漆耐水、耐碱、耐擦洗性好，而且涂膜的耐户外性、附着力都有上好的表现，且价格适中，制备工艺稳定，故而成为制备外墙乳胶漆的通用品种。用苯丙乳液既可制内墙涂料，也可制外墙涂料，既可制无光漆，也可制半光漆及有光漆，或其他类型的乳胶漆，诸如彩砂涂料、凹凸底漆、真石漆、防锈漆等。

特别需要一提的是，醋酸乙烯-叔碳酸乙烯酯共聚乳液。由于叔碳酸乙烯酯资源的关系，国内于近几年才开展此项研究，试验表明，醋酸乙烯-叔碳酸乙烯酯乳液是大有前途的。叔碳酸乙烯酯，商品名称为 Veova 由壳牌化学公司独家生产。在涂料中应用的主要是含 10 个碳的叔碳酸乙烯酯单体，其玻璃化温度 T_g 为-3℃，即可改善与之共聚的醋酸乙烯的柔韧性，有内增塑的作用。用醋酸乙烯-叔碳酸乙烯酯共聚乳液制备的乳胶漆性能全面，既有良好的耐水、耐碱、耐擦洗性，又有良好的户外耐候性，且乳液对颜填料的包容能力强，因此，作为内外墙涂料使用均可。试验表明，分别用醋酸乙烯-叔碳酸乙烯酯乳液与常规的苯丙乳液制成的乳胶漆进行对比，前者比后者在耐水性及耐擦洗性等方面均有明显提高。

功能性的建筑乳胶漆仍是人们致力发展的品种。近年来，弹性建筑乳胶漆、真石漆等颇受青睐。目前生产的建筑乳胶漆多为热塑性树脂漆。为了提高建筑涂料的性能，人们对交联型乳胶漆也做了一定研究。室温交联苯丙共聚乳液是在乳液合成中引入少量羧基功能单体，并加入多价金属盐类。在乳液成膜时，乳胶粒子界面间金属离子与羧酸根发生螯合交联，使涂层的弹性、强度、耐水性、抗玷污性、抗洗刷性有明显提高。但金属盐的用量不宜过大，否则会影响乳液的稳定性。

国内乳胶漆的研究及生产始于 20 世纪 60 年代，开始研究及生产的品种是聚醋酸乙烯乳液及其乳胶漆，化工部天津化工研究院于 1965 年在北京油漆厂试制的即是这种乳胶漆，由于该乳胶漆耐水解性、耐碱性、耐老化性均不十分理想，因而一些研究单位和生产厂以后又陆续开发了醋酸乙烯与丙烯酸酯或乙烯类树脂共聚的乳胶漆。例如，由北京油漆厂在20世纪70年代开发的乙丙乳液厚质乳胶漆在1980年竣工的北京燕京饭店主楼立面上应用，装饰效果及耐候性方面均不错。乳胶漆真正得到发展是在70年代后期，特别是在建筑物内外墙、顶棚等部位得到了大面积的推广应用。十几年来我国乳胶漆的发展异常迅猛，尤其是80年代北京东方化工厂的建成投产，使乳胶漆的重要原料—乳液得到了充分保证，更使乳胶漆的发展如虎添翼，产量急速增长，成为内外墙建筑涂料中的主要品种。近几年来纯丙、苯丙有光乳胶漆、半光乳胶漆、乙丙乳胶漆等新品种不断涌现，使我国乳胶漆的水平提高到一个新的阶段。

乳胶漆在国外作为商品出现大约在20世纪40～50年代，第二次世界大战后，美国合成橡胶生产大量过剩，作为出路之一研究了以苯乙烯60%～67%及二丁烯40%～33%的乳液制造涂料，从1945年开始这种产品的产量急剧增长，但这种涂料的耐候性不好，日久涂层变黄，流变性也差，所以后来生产量逐渐下降。随后出现了聚醋酸乙烯乳液，该乳液使用时需进行外增塑，由于增塑剂蒸发、迁移等缺点，因而在1953～1954年前后出现了与大约15%的顺丁烯二酸二丁酯或反二烯二酸二丁酯的共聚物，进入60年代水性涂料需要量迅速增长，这一方面是由于来源于石油的溶剂短缺而价格暴涨，另一方面是因为环境保护法案要求发展无溶剂涂料。1966年美国通过了禁止污染环境的联邦法令，要求向水性漆体系过渡以减少空气中的溶剂挥发量，这样促使水性涂料更加迅猛发展。

20世纪90年代中期，丙烯酸乳液的价格已经能被市场接受，加上乳胶涂料助剂的品种增多和性能的提高，特别是高效的防霉防菌助剂的推广应用，使乳胶漆的使用性能大大改善。日本、英国、德国和美国等国家的大型涂料公司在我国推出高性能的乳胶涂料产品，且很快为用户接受，使我国乳胶涂料的开发和应用进入了新阶段。进入21世纪，对乳胶涂料成膜过程的深入研究，揭示乳胶涂料的成膜机理，涂膜的特性及存在的缺陷。发展高致密涂膜的乳胶涂料并扩大其应用领域为当前热点之一。

（二）乳液合成技术的发展

近年来，我国在乳液合成技术上的研究工作比较活跃，且取得一定成果。这主要表现在核壳乳液聚合、无皂乳液聚合、互穿聚合物网络乳液聚合（LIPN）及无机-有机复合乳液聚合等方面。

1. 核壳乳液聚合

核壳乳液聚合是20世纪80年代发展起来的一种新技术。核壳聚合提出了“粒子设计”的新概念。也就是说，在不改变乳液单体组成的情况下，改变乳液粒子结构，从而提高乳胶漆的性能。采用常规乳液聚合得到的乳胶粒子是均相的，但想用这种均相的乳胶粒子获得成膜温度低、抗回黏性好的乳胶漆难度较大，这在有光乳胶漆中显得更为突出。

核壳乳液聚合得到的乳胶粒子是非均相的，采用特殊工艺可以设计乳胶粒子的核结构与壳结构的组成。聚合的第一阶段首先制备种子（核）乳液，然后在第二阶段加入单体继续聚合形成壳层，最终形成核壳结构的非均相乳胶粒子。核壳乳液聚合与常规乳液聚合相比，其乳胶粒子的分子组成相同，而其分子结构形态不同，从而可较好地解决乳胶漆成膜温度与涂膜抗回黏性之间的矛盾。

2. 无皂乳液聚合

无皂乳液聚合是从传统乳液聚合发展而来的一种新聚合技术。传统的乳液聚合方法乳化剂是必不可少的，但是乳化剂的存在要影响到涂膜的耐水性、耐擦洗性、气泡、光泽、附着力等性能。而无皂乳液聚合可以消除乳化剂带来的负面影响，提高涂膜性能。

无皂乳液聚合是指在反应过程中完全不加乳化剂或仅加入微量乳化剂（其浓度小于临界胶束浓度CMC）的乳液聚合过程，又称无乳化剂乳液聚合。无皂乳液聚合的出现无疑对经典乳液聚合理论提出了挑战。经典的乳液聚合理论认为，乳液聚合首先通过在水相中生成的自由基扩散进入单体增溶胶束，在胶束内引发聚合而成核。而对于体系中完全不含乳化剂的无皂乳液聚合来说，这种胶束成核机理显然是不成立的。因此，70年代开始人们对无皂乳液聚合的成核机理进行了广泛深入的研究。目前，可接受的机理有均相成核机理和齐聚物胶束成核机理两种。

3. 乳液互穿聚合物网络（LIPN）

采用乳液聚合方法合成的互穿聚合物网络（IPN）即为乳液互穿聚合物网络（LIPN）出现于20世纪70～80年代。互穿聚合物网络是一种新型的聚合物混合物，由两种共混的聚合物分子链相互贯穿而形成网络结构。其中至少一种聚合物是网状的，另一种聚合物也可以线型的形式存在。合成LIPN时，采用分步乳液聚合，先合成出作为种子的聚合物乳液，然后加单体、引发剂进行壳层聚合。在两个阶段均可加入少量交联剂。因此，LIPN乳液实际上也是核壳结构，而核-壳的结合为接枝-交联型。所以在成膜性、流变性、玻璃化转变温度等方面表现出优异的性能。

4. 有机-无机复合乳液

有机物质和无机物质互有所长，也各有不足，将两者结合起来，可获得兼有两者优点的复合材料。无机材料具有硬度高、耐热性好、耐户外老化、耐溶剂、价廉等长处，而有机材料有成膜性好、柔韧性好、可选择性强等优点。用无机-有机高分子乳液制备的涂膜具有以下主要特点：

（1）对各种基材特别是水泥基材、金属表面有很好的附着性。

（2）涂膜的耐水性、耐溶剂性、耐热性有明显提高。

（3）透气、透湿性提高。

（4）涂膜的抗黏连性好。

（5）涂膜的力学性能好。

现在，研究较多的是通过合成手段制备硅溶胶-苯丙复合乳液。在乳液聚合时，引入一些官能性单体，使高分子链带上一些官能团（如—COOH、—OH、—CONH）。在一定的聚合条件下，这些官能团可以与无机粒子表面的羟基（如硅溶胶粒子表面的硅醇基 ═Si—OH）发生化学作用，使无机粒子与有机高分子复合，得到稳定的复合高分子乳液。也有报道采用改性聚乙烯醇、苯丙乳液为有机成膜物，用改性硅酸钾钠、硅溶胶为无机成膜物制备有机-无机复合内外墙涂料，可获得涂膜坚硬、耐磨、附着力好、耐污染、耐久性强的效果。

第二节 乳胶漆的配方设计和生产

一、乳胶漆的配方设计

配方设计是在保证产品高质量和合理的成本原则下，选择原材料，把涂料配方中各材料的性能充分发挥出来。配方设计道德的熟悉涂料各组成，明确涂料各组成的性能。乳胶漆性能全依赖所用原材料的性能，以及配方设计师对各种材料优化组合，高性能材料不一定能生产出高品质乳胶漆，使组分中每一个组分的积极作用充分发挥出来，不浪费材料优良性能，消极的负面效应掩盖好或减少最低，这便是配方设计的境界。

乳胶漆是由合成树脂乳液（基料）、颜（填）料、助剂和水（分散介质）构成，进行合成配方设计既要依据乳胶漆的性能指标要求来选择乳液、颜料和填料种类及其用量，又要根据施工要求、贮存要求和乳胶漆的性能来选择一些适合的助剂，如黏度调整剂、分散剂、成膜助剂、消泡剂等及其用量。其基本过程如下。

（一）性能目标确定

涂料涂覆基材材质的不同，使用环境的不同和涂料作用的不同使涂料的研究开发较塑料和橡胶更具挑战性，配方设计的影响因素更加复杂，涂料与橡胶不同，它不能单独作为过程材料使用，它总是物件表面上与被涂物件一起使用，因此涂膜与被涂物件的界面作用力是涂料配方设计中所要考虑的一个重要的影响因素。总的来说，涂料的配方设计需要考虑以下几个方面。

1. 成膜物质

成膜物质的化学性质和物理性质将基料决定，如涂膜是室温干燥固化还是反应固化、柔软性、硬度比、与被涂基材的附着力、耐候性、耐 UV 性、防腐蚀性等性质。

2. 挥发物

挥发物与溶剂和稀释剂的物理化学性质有关，如挥发速度、沸点、对树脂的溶解性、毒性和闪点等。

3. 颜料和助剂性质

如颜料的着色力、遮盖力、密度，与基材的混溶性（或者分散性）、耐光性、耐候性和耐热性等；助剂的特殊功能如防沉、防流挂、防橘皮、消泡、帮助颜料润湿分散，改善涂料的施工性和成膜性用的流平剂、增稠剂、成膜助剂、固化剂、催干剂等。

4. 涂覆的目标和目的

如基材的材质，是高档产品（轿车、飞机、精密仪器仪表等）还是中低档产品（如家用电器、内外墙、桥梁、塑料、纸张等)，是一般的饰物还是起保护作用，还是赋予被涂物件某种特殊功能。

5. 成本考虑

成本包括原材料的成本、生成成本、贮存和运输成本等。用于高档产品的涂料，其性能要求更高些，价格可以较贵些；用于低档产品的涂料，性能可以稍差些，价格则可以便宜些。

6. 竞争力因素

明确自己设计的配方产品是市场上的全新产品还是市场有买的产品的类似的产品，若是后者，则要比较所设计的产品与市场的产品在性能和价格上的优势，包括涂料本身的性能如固含量、黏度、密度、PVC、贮存期等；使用性能如遮盖力、需要几次涮涂才能达到所需得性能要求，是常温干燥还是升温反应固化成膜；漆膜的性能如柔软性、硬度比，与基材的附着力大小，耐候性，耐 UV 性、耐酸碱性、耐溶剂性、耐玷污性、耐温性和耐湿性等，以便确定自己所设计的产品是否在某一或某几个主要性能上优于市场同类产品或性能相近但价格上有很大的优势。

(二) 原料的选择

1. 乳液选择

基料一般是高聚物，是通过搭配能形成刚性聚合物的单体（硬单体）和形成软性聚合物的单体（软单体）得到的。基料影响乳胶涂料的综合性能，是涂膜性能的决定性因素，影响涂膜的光泽、耐水性、耐碱性、耐候性、耐洗刷性、抗开裂性等性能。一般用玻璃化温度（T_g）和最低成膜温度（MFT）来表征基料的性能，影响它的主要因素有基料单体组成、粒径大小及其分布。常用的硬单体有苯乙烯、甲基丙烯酸甲酯、氯乙烯、醋酸乙烯等；常用的软单体有丙烯酸丁酯、丙烯酸乙酯、顺丁烯二酸、反丁烯二酸等。

玻璃化温度（T_g）反应聚合物基料形成涂膜的硬度大小，玻璃化温度高的基料其涂膜的硬度大、光泽高、耐污染性好，不宜污染，其他力学性能相应也好。玻璃化温度也反映了基料的软硬单体组成和比例。硬单体含量越高对基料的耐污染性、耐划伤性与光泽保护性有利；而软单体含量越高对基料的成膜性能、初期光泽、伸长率等涂膜性能有利，折衷的方案为玻璃化温度为 5～30℃。为使涂料在较低温度下可以施工，一般使乳胶涂料的最低成膜温度为－20℃。

基料主链上含有双键（丁二烯或其衍生物)、芳香族侧链（苯乙烯）或卤素，在太阳光曝晒期间，受氧气和紫外线影响，易发生氧化反应和光氧化反应。因此含有苯乙烯、丁二烯及其衍生物等单体的基料耐候性较差。含有苯乙烯、氯乙烯、高级甲基丙酸酯等硬单体的基料具有良好的耐碱性和耐水性，径越小，基料含有醋酸乙烯等单体时耐碱性和耐水性较差。基料粒径方面、粒乳液的成膜性、乳液涂料的增稠稳定性、耐刷性、抗流挂性、遮盖力等性能越好；基料粒径越大，抗冻融性、颜色稳定性越好。

外墙涂料保证涂膜光滑、平整、密实、疏水和一定的硬度与抗高温回粘性，该涂料涂膜性能一定好，提高涂层各方面性能，原材料选择是关键。从乳液到助剂，凡是留在涂膜中的物质对涂膜的各项性质或多或少都有影响。涂料各组分中，基料选择是关键，选择耐候性好，保光保色，抗粉化乳液；选用结构紧密，抗粉化，耐久的颜填料；选用抗水分散剂和疏水剂对亲水颜填料、涂层表面进行疏水处理；涂料配方的 PVC 大都超过30%，因而颜填料粒子的疏水处理对涂层性能影响比较大，选用抗水分散剂 Hydropalat 100 给每个亲水的颜填料粒子涂上防水膜，使用 HF-200 处理涂膜，整个涂膜上罩上一层防水面料，增加漆膜的滑感，提供低摩擦系数表面，使得涂膜更耐擦洗。

内墙乳胶漆是建筑涂料品种里的一个大类，内墙涂料的主要功能是装饰和保护室内壁面，使其美观、整洁、内墙涂料要求涂层质地平滑、细腻、色彩柔和、有一定的耐水、耐碱、抗粉化性、耐擦洗性和透气性好，内墙涂料要求施工方便，储存性稳定，价格合理，内墙乳胶漆根据其性能和装饰效果不同大致可分为平光乳胶漆、丝光漆、高光泽乳胶漆三种。不同类型的乳胶漆所用原料虽不完全相同，但生产工艺基本一致。丝光乳胶漆涂层丰满，其聚合物多带分；高光乳胶漆选用细小粒径乳液，钛白和填料选择消光能力弱、小粒径粉料。

纯丙烯酸乳液是指丙烯酸酯单体（丙烯酸甲酯、乙酯、丁酯和甲基丙烯酸丁酯等）通过共聚而制得的乳液。该乳液配制的乳胶漆，耐候、耐碱、耐水、漆膜保色、保光性能优异，户外使用寿命可达10～15年，漆膜对底材具有极好的附着力，具有良好的抗污性、耐磨性及耐候性，在美国等发达国家，外用建筑乳胶涂料主要以纯丙烯酸乳胶漆为主。

聚醋酸乙烯乳液为最早开发的品种。纯醋酸乙烯聚合物的玻璃化温度较高，因此室温下虽能勉强成膜，便呈脆性，以致必须增加增塑剂。这个方法虽可帮助乳胶颗粒成膜，提高漆膜的柔韧性，但增塑剂在漆膜中并没与聚合物形成分子结合，以致不断挥发和被基料所吸收，促使漆膜变脆。醋酸乙烯易水解，使用的保护胶又是水溶性聚乙烯醇，故聚醋酸乙烯乳胶漆耐水性、耐碱性不好，不宜作为外墙使用。但由于醋酸乙烯价廉易得，合成方便，颜填料容量大，流动性较好，附着力较好，所以目前仍为内墙乳胶漆的主导产品。

醋酸乙烯与丙烯酸酯共聚乳漆，在乳胶漆发展中占有相当重要的地位。因为在乳液聚合物中导入丙烯酸酯类单体，可大大提高聚合物保光、保色、抗粉化、耐水、附着力等性能。例如，在醋酸乙烯单体中加入15 %左右的丙烯酸丁酯，经乳液聚合得到的乳胶，其粒径比醋酸乙烯均聚乳胶小1～2倍，而与颜料的黏接力、与物体的附着力、涂膜的抗粉化性等，均能显著提高。再如，在醋酸乙烯与丙烯酸醋共聚乳液的基础上，微量使用丙烯酸类单体共聚，其聚合物用氨处理，即可得到稠度很大的产物，这种产物可用来配制稠度更大厚浆型乳胶层乳成漆。醋酸乙烯与丙烯酸酯类共聚后，所制得的乳胶漆，其涂膜的耐水性、耐碱性、耐擦洗性及耐候性等方面都比聚醋酸乙烯乳胶漆有明显提高。目前在建筑外墙涂料广泛使用。

苯乙烯-丙烯酸乳液在我国已成为最通用、最常见的乳液品种。这不但是因为苯丙乳胶漆耐水、耐碱、耐擦洗性好，而且涂膜的耐户外性、附着力都有上好的表现，且价格适中，制备工艺稳定，故而成为制备外墙乳胶漆的通用品种。用苯丙乳液既可制内墙涂料，也可制外墙涂料，既可制无光漆，也可制半光漆及有光漆，或其他类型的乳胶漆，诸如彩砂涂料、凹凸底漆、真石漆、防锈漆等。

特别需要一提的是醋酸乙烯-叔碳酸乙烯酯共聚乳液。叔碳酸乙烯酯，商品名称为Veova，在涂料中应用的主要是含10个碳的叔碳酸乙烯酯单体，其玻璃化温度为－3℃，即可改善与之共聚的醋酸乙烯的柔韧性，有内增塑的作用。用醋酸乙烯-叔碳酸乙烯醋共聚乳液制备的乳胶漆性能全面，既有良好的耐水、耐碱、耐擦洗性，又有良好的户外耐候性，且乳液对颜填料的包容能力强，因此，作为内外墙涂料使用均可。分别用醋酸乙烯-叔碳酸乙烯酯乳液与常规的苯丙乳液制成的乳胶漆进行对比，前者比后者在耐水性及耐擦洗性等方面均有明显提高。

硅丙乳液的制备大致有两种方法。一种是将有机硅乳液和丙烯酸乳液（或苯丙乳液）混拼，即物理改性法。该方法制造工艺相对简单，原料成本较低，其缺点是容易产生两相分离，贮存期限短，由于体系中不存在活性有机硅基团，因而对提高乳胶漆的耐候性和附着力等性能不明显；另一种方法是将乙烯基有机硅单体在乳液聚合的反应过程中，共聚到丙烯酸酯聚合物主链上。此种结合方式，乳液稳定性更佳，乳液的性能也更优异。当乳液干燥成膜时，硅氧烷水解，缩聚可在聚合物分子之间，或聚合物和基材之间形成交联牢固的（—Si—O—Si—）结合，使涂膜具有优异的耐候性、耐玷污性、耐水性和附着力。硅丙乳液中，有机硅的Si—O共价键键能为450kJ/mol，远大于普通乳液中C—C键键能（345kJ/mol）和C—O键键能（351kJ/mol）。从而赋予硅丙乳胶漆耐热性和优异的耐候性，而且它具有极低的表面张力，使漆膜大大提高憎水性，水滴在其表面呈露珠滚动而不渗入，涂层不易积灰，耐玷污性好。而纯丙乳胶漆由于其主链结构稳定，不易氧化和水解，在受紫外光照射下不易裂解和黄变，因而耐候性也较好，但要比硅丙乳胶漆差。苯丙乳胶漆中，由于苯乙烯结合在芳环中的叔碳原子对氧化敏感，一旦氧化就与主链切断，生成了发色基团，容易使涂膜变色，因而耐候性、保色性最差。

原材料选择好后，确定配方是不十分困难的，一般通过小试和适当的调整就可以做到。因为在选定原材料过程中，实际上也是通过小试来确定的，配方调整过程在保证乳胶漆质量的前提下，尽量考虑以低成本来生产，即以最低的成本生产高质量产品。

2. 颜料填料选择

1）颜料填料的作用

颜料是乳胶色漆中不可缺少的成分，其主要作用是为涂料配方体系提供遮盖力，在涂膜形成过程中也发挥着重要作用。它们对涂料的一些物理性能如耐候性、耐久性、耐磨性、耐腐蚀性、光泽、流平性、抗流挂性、透气性、不渗水性和附着力等，都有很大的影响。涂料用颜料，应具有如下特性：

（1）耐久性、耐光与耐气候牢度，尤其是户外涂料用颜料。

（2）高的遮盖力或特定的透明性，高着色强度与光泽度。

（3）与不同类型展色料或介质体系有良好的相容性和易分散性能，在涂料中不发生浮色或花浮现象。

(4) 溶剂型涂料用颜料应具有良好的耐溶剂性能、抗结晶性和抗絮凝性，不发生色光与着色强度的变化。

(5) 水性涂料用颜料应具有良好的耐水性，不发胀。

(6) 耐化学试剂、耐酸、耐碱。

(7) 良好的耐热稳定性与贮存稳定性，不发生分层与沉淀现象。

2) 颜料填料的种类

涂料中使用的颜料种类非常多，按化学组成和结构大致分为无机颜料和有机颜料两大类。无机颜料有天然无机化合物和合成无机化合物，它们一般遮盖力强，对光和热较稳定，不易变色，而且大多数成本较低。有机颜料一般遮盖力、耐光性、耐候性、耐热性和耐溶剂性能比无视颜料差，但是有机颜料颜色鲜艳，着色力强，大多数用于颜色要求鲜明的场合。大多数有机颜料成本比无机颜料高，因此有机颜料一般用于对装饰性要求较高的涂料产品中。

填料是乳胶涂料中有使涂膜消光的作用，能使涂膜达到所需要的光泽；并能改进乳胶涂料的流动性，改善施工性能，提高颜料的悬浮性和防止流挂的性能；对乳胶涂料的遮盖力有所提高；降低乳胶涂料的成本。乳胶漆中使用的填料品种很多，常用的有重质碳酸钙、轻质碳酸钙、滑石粉、硅灰石粉、绢云母粉（云母粉）、高岭土、沉淀硫酸钡、膨润土、灰钙粉、超细硅酸铝、石英粉等。表 4.2 为常见的填料品种性能。

表 4.2　常见的填料品种性能

名　称	主要成分	结构	悬浮性	特　　性	缺　陷
重质碳酸钙	$CaCO_3$	粒状	差	成本低	易沉降
轻质碳酸钙	$CaCO_3$	粒状	好	悬浮性好	易起白霜、发胀
硅灰石粉	$CaSiO_3$	针状、纤维状	差	提高涂膜强度，耐擦洗性	易沉降
滑石粉	$3MgO \cdot 4SiO_2 \cdot H_2O$	片状	好	改善涂料的施工性能、流平性	易粉化
高岭土	$Al_2O_3 \cdot 2SiO_2 \cdot 2H_2O$	片状、管状	好	提高干遮盖力、悬浮性好	—
绢云母粉	$K_2O \cdot 3Al_2O_3 \cdot 6SiO_2 \cdot 2H_2O$	片状	好	提高耐候性、耐水性、防龟裂、延迟粉化	—
沉淀硫酸钡	$BaSO_4$	粒状	差	提高涂膜玷污性	易沉降
石英粉	SiO_2	粒状	差	提高涂膜强度	易沉降

(1) 碳酸钙。酸钙有天然和合成的两种，前者为重质碳酸钙（简称重钙），后得为轻质碳酸钙（简称轻钙）。重钙又称大白粉、双飞粉、方解石等。不溶于水、易溶于酸、密度大、易沉淀。产品成本低，同时在乳胶体系中使用可以改善保色性，具有少部分干遮盖力，易起白霜。与重钙相对，轻钙则是石灰石经高温煅烧石配成石灰乳，再融入 CO_2 气体以沉淀而得，其特点是密度小、颗粒细。在乳胶漆中可改善保色性、悬浮性好，具有少部分干遮盖力，其缺点是易起白霜。碳酸钙在酸中可以溶解，是碱性颜料，它的 pH 在 9 左右，不适宜与不耐碱颜料共用。

(2) 滑石粉。滑石粉是一种含水硅酸镁盐，分子式为 $3MgO \cdot 4SiO_2 \cdot H_2O$，是利用天然滑石矿粉碎制得，滑石粉属六方成菱形板状晶体片状结构，有滑腻感，滑石粉吸油量大，耐水、耐碱性好，吸水性大，能显著提高乳胶涂料黏度。在涂料中不易于下沉，并可使其他颜料悬浮，同时还可以防止流挂，用于乳胶漆中可改善涂料的施工性、流平性，缺点是易粉化。中国的滑石资源比较丰富，以东北、广西两个地区的滑石最优，使用滑石粉时注意关注产品原矿的产地，产品的化学指标。

(3) 硅灰石粉。硅灰石粉的主要成分为 $CaSiO_3$，颗粒呈针状、棒状或摘射状纤维结构。用于乳胶漆中，可使白色涂料具有明亮的色调，具有部分干遮盖力，有助于提高漆膜的耐磨性和耐久性，增强漆膜的硬度。

(4) 高岭土。高岭土是以高岭石为主要成分的黏土，其主要成分为：$Al_2O_3 \cdot 2SiO_2 \cdot 2H_2O$，质软，易分散于水中，高岭土是近几年出现的功能填料之一，其特点是白度高、分散性好、遮盖力强，配合钛白粉的使用能提高涂料的综合效果。但是不利于乳胶涂料的触变性，而且不适于有斥水要求的涂膜中使用。

(5) 绢云母粉（云母粉）。绢云母粉是一种细粒的白云母，属层状结构的硅酸盐，晶体为鳞片状。富弹性、可弯曲、耐酸、耐碱、化学稳定性。在乳胶漆中使用，可大幅度提高漆膜的耐候性，并能阻止水气穿透、防止龟裂、延迟粉化等，是近几年来应用的重要功能填料。绢云母粉的加工方法一般有干法、湿法两种，主要区别是加工工艺不同，干法工艺采用传统加工方法，即以机械力破碎，风力选择细度达到产品的控制；湿法工艺是以水为介质，通过绢云母与矿物体系中的石英、杂矿的分离，云母的片片剥离、筛选达到产品的粒度控制；两种工艺产品的主要区别为：产品的纯度、云母结构的保持状态、云母径厚比大小。在涂料体系中的作用差异表现为：对涂膜耐侯性、耐水性、防腐性的贡献不同。

3) 乳胶涂料使用填料的选择

在乳胶涂料中合理选择填料的品种，填料的规格对涂料的质量可大幅度的提高，如果选择不当同样会带来不必要的麻烦。

(1) 根据涂料的应用范围选择不同品种。乳胶涂料分为内墙涂料、外墙涂料，一般在外墙涂料中选择耐候性好，不易粉化的填料，建议使用绢云母、硫酸钡、硅灰石、煅烧高岭土等一般不用轻钙；内墙涂料中建议使用重钙、轻钙、滑石粉、高岭土等白度较高的产品，同时使用超细粉体。后附几种常规填料的产品性能表供在配方选择时使用。

(2) 根据使用填料的品种选择不同细度。重钙、硫酸钡、滑石粉、煅烧高岭土等填料在涂料中使用，一方面起到体质填充的作用，另一方面具有一定的干遮盖力，一般建议使用超细产品，因为填料对钛白粉遮盖力有协同作用，当粉体粒径达到微细化级，基本上与所配套应用的二氧化钛颜料的粒径接近时，可提高钛白的遮盖效果，同时提高漆膜的强度和耐水性能。使用硅灰石、绢云母的是为了提高漆膜强度、耐候性、抗水性等，一般建议使用 800 目左右的产品，如考虑漆膜效果时，可采用 1250 目左右的产品，一般不建议使用 2000 目以上的产品。

(3) 根据 CPVC 浓度要求选择不同的填料。CPVC 即临界颜料体积浓度，是指基料正好覆盖颜料粒子表面，并充满颜料粒子堆积空间时的颜料体积浓度，填料的细度越高，其比表面积越大、吸油值高，CPVC 就会越小。通常乳胶漆配方的 PVC 一般不超过 CPVC，否则漆膜的许多物性将受到不利影响，随着乳胶漆市场竞争的日趋激烈，为了降低成本，增强竞争优势，研制高 PVC 乳胶漆已成为各乳胶漆厂重要的研究课题，两个 PVC 值相同的乳胶漆配方，因使用原料及比例的不同，产品的 CPVC 值并不相同。因此，要使乳胶漆具有高的 PVC 值，其质量又能符合国家标准要求，关键在于使乳胶漆具有高的 CPVC，从而最大限度地缩小其 PVC 与 CPV 值间的差距。我们在设计涂料配方时，高性能的乳胶漆采用超细填料，低档乳胶漆选择粒度相对粗，吸油值低的填料，如重钙、重晶石等。

4）填料的指标控制

市场上填料品种、规格很多，比较混乱，选择优质稳定的产品对乳胶涂料的生产起到保障作用，乳胶漆使用填料的正常指标为：产品纯度、白度、粒度、325 目筛余物、pH、吸油量。

（1）产品纯度。产品纯度是产品最重要的指标之一，功能填料尤为重要。优质滑石粉可改善乳胶漆的施工性能、流平性；高纯硅灰石可大大提高漆膜的强度；片状绢云母在涂膜中层层叠加，提高漆膜的强度、耐水性同时具有独特的紫外屏蔽功能，提高涂料的耐侯性等。对滑石粉、硅灰石填料以 SiO_2 指标来核定，SiO_2 指标越高产品越纯，对绢云母、高岭土等硅酸铝盐填料，以 SiO_2、Al_2O_3 指标来控制，对碳酸钙以 $CaCO_3$ 含量核定。

（2）白度。白度是客户选择填料的依据之一，重钙、轻钙、高岭土等利用干遮盖力效果填料尤为重要；同时要考虑填料的色相，以青色相最佳。

（3）粒度。市场上一般以目数来核定，此种方法并不很科学，同时有很多厂家以低目数充高目数产品，一般建议客户在选择原材料产品时要求提供粒度分布图，以中位粒径来核定可能更科学有价值。

对填料的主要指标得到有效控制，对产品质量稳定性有很大益处，对功能填料的选择还必须了解产品的生产工艺，如高岭土产品煤烧、电烧工艺所生产的产品性能差异很大。绢云母粉干法、湿法工艺所生产的产品性能差异很大。客户在选择使用填料时，一定要加强指标控制对生产厂家的了解，控制原料的批次稳定性，同时建议不随意更换使用的产品规格及生产厂家。

3. 水和助溶剂

在乳胶漆中水起分散介质的作用。助溶剂具有四个功能，一是调节水挥发速率，防止接痕出现；二是协同成膜助剂促进乳胶漆成膜；三是降低乳胶漆的冰点，起防冻作用；四是降低水的表面张力，提高对颜料和基材的湿润能力。它们也是乳胶漆的重要组分之一。

1）水

水作为溶剂，具有如下优点：

（1）水无毒无味，完全满足环境保护要求。

（2）水不爆炸，不燃烧，安全无毒。

(3) 尽管淡水仅占地球上总水量的0.73%，但相对于溶剂来说，水还是属于便宜易得的。借助于助剂，以水为分散介质的乳胶漆性能可满足需要。

但也有一些不利因素：

(1) 表明张力大，湿润性差。

(2) 具有明显极性。

(3) 蒸发热高，干燥时间长；挥发速率与环境和基材有关。

(4) 凝固点高，介电常数大，电导率高，还需要非常重视杀菌防腐保洁。

2) 助溶剂

这里所说的助溶剂是指丙二醇、乙二醇、200号溶剂油和埃克森化工公司(EXXON)的D60等一些溶剂，有些书也把它们归入成膜助剂，但它们要么水溶性太大，要么一点也不溶于水，单独使用时，降低乳胶成膜温度的能力很有限，往往是与成膜助剂配合使用，所以称它们为助溶剂。

助溶剂不仅对树脂的溶解性及黏度起着调节平衡作用，同时还对整个涂料体系的混溶性、润湿及成膜过程的增塑性、流变性起着极大的作用。效果最好的助溶剂是醇醚类和醇类试剂，但碳链长的醇比碳链短的醇助分散性效果好；含醚基的醇比不含醚基的醇好。因此，丁醇比异丙醇好，助溶剂的用量一般为树脂量的30%以下。

由于醇醚类的溶剂不仅影响血液和淋巴系统，还严重影响动物的生殖系统，因此，目前使用较多的是丙二醇醚类助溶剂。

4. 助剂

在配方制定中对助剂的使用，助剂选用须考虑的因素主要有以下几方面：

(1) 任何助剂，当使用得当时，就会发挥事半功倍的正面作用，但它们也必然会有负的作用。

(2) 任何助剂，其用量均以能解决问题为度，超量使用是花钱买副作用。

(3) 要十分注意助剂之间的相互作用。要把助剂放在乳胶液体系中考虑，不能就助剂论助剂。要使其相互增益，防止相互抵消。

(4) 乳胶漆使用助剂品种多并非好事，因而，一剂多功能最理想。经过多年发展，多功能助剂也成为现实。在配方实践中应尽可能地采用。

助剂通常分为以下几类。

1) 润湿剂和分散剂

湿润通常是指液体在固体上的铺展，分散则是指颜料粒子相互移离的机械过程。润湿和分散过程涉及到颜料粒子表面的空气被取代，以助于初级粒子的机械分离，使颜料粒子均匀分散而不能立即聚集在一起。颜料及填料在涂料中的分散状态，对涂料的着色强度、遮盖力、透明度、机械强度、流动性、黏度等直接影响，润湿剂和分散剂的加入能提高研磨分散的效率，有利于获得高稳定、高分散、低黏度的乳胶漆。

干颜料有三种结构形态，如图4.1所示。

(1) 初级粒子，单个颜料晶体或一组晶体，粒径相当小。

(2) 凝聚体，以面相接的原级粒子团，其表面积比单个粒子组成之和小得多，再分散困难。

(3) 附聚体，由湿气或空气的包封而脆弱地联系在一起，以点、角相接的原级粒子团，其总表面积比凝聚体大，但小于单个粒子组成之和，容易分散。

颜料或填料在制成时呈初级粒子形态，经一定时间的贮存和运输后，初级粒子吸附了湿气，即使疏水性粒子也是如此。初级粒子通过水层和吸附空气的作用而黏附在一起，组合成二级粒子即附聚体。生产中的研磨分散就是将这些附聚体解聚成原始颗粒状态而分散于漆料之中。当颜料颗粒高度分散状态时，其表面能相当大，颗粒在热运动作用下，不断相互碰撞。为减少体系的表面能，原级粒子必定趋于相互结合，从而导致颜料解聚后又重新凝聚、返粗，即形成絮凝体。颜料或填料分散成初级颗粒后，若不加分散剂，初级粒子沉降速度虽小，但一旦形成沉降桨层，就会变成非常坚硬的硬结块，很难再分散。

(1) 润湿机理。颜料分散目的是将粒子均匀地分布在介质中，使之成为不重新聚集、絮凝、沉淀的稳定分散体系。颜料分散过程一般可分为润湿、粉碎、稳定三个过程，其中润湿是粒子分散的前提条件。

当固、液表面相接触时，在界面边缘形成一个夹角，即接触角。它是衡量液体对固体润湿的程度，如图 4.2 所示。

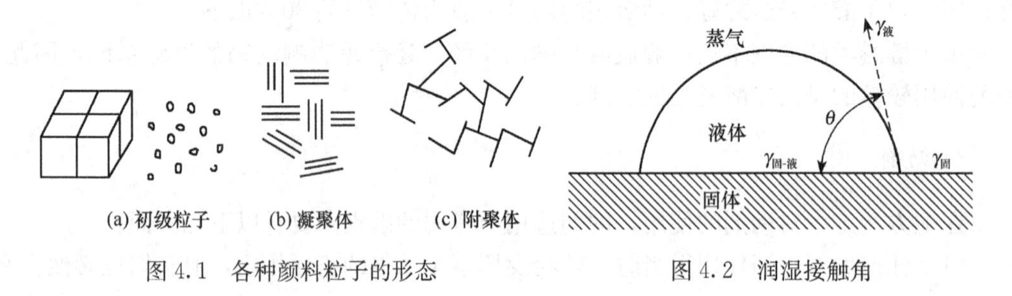

图 4.1　各种颜料粒子的形态　　图 4.2　润湿接触角

各种表面张力的作用关系可用杨氏公式表示：

$$\gamma_{液-气}\cos\theta = \gamma_{固-气} - \gamma_{固-液}$$

式中，$\gamma_{液-气}$——液体、气体之间的表面张力；

$\gamma_{固-气}$——固体、气体之间的表面张力；

$\gamma_{固-液}$——液体、固体之间的表面张力；

θ——液/固之间的接触角。

接触角越小，润湿效果越好。润湿和分散剂能与颜料表面、棱边、隅角等形成物理化学键的能力，并朝着离开颜料表面的方向定向，降低颜料粒子与分散介质之间的表面张力即 $\gamma_{固-液}$。随着 $\gamma_{固-液}$、颜料与分散介质之间的接触角 θ 减小，促进成膜物质有效的将颜料孔隙中的空气置换出并有效的包覆颜料，使颜料粒子互不接触。

(2) 分散剂的稳定机理。分散剂对颗粒在悬浮介质中的稳定分散作用主要通过三种机制实现。

① 静电稳定机制，又称双电层稳定机制，即通过调节 pH 或加入电解质，使颗粒表面产生一定的表面电荷，以期增大双电层厚度和颗粒表面的 ZETA 电位值，使颗粒间产生较大的排斥力，进而实现颗粒的稳定分散。

② 空间位阻稳定机制，是在悬浮液中加入一定量的不带电的高分子质量化合物，使其吸附在颗粒表面，形成较厚的位阻层，使颗粒间产生空间排斥力，从而达到分散的目的。

③ 静电空间稳定机制，是在悬浮液中加入一定量的高分子聚电解质，使其吸附在粒子表面，此时聚电解质既可通过本身所带电荷排斥周围粒子，又能通过其空间位阻效应阻止周围粒子的靠近，两者的共同作用可实现复合稳定分散的效果。在水体系中，空间稳定作用对高浓度电解质不敏感，为产生有效的空间稳定作用，聚合物与颗粒表面间除需要牢固吸附并形成完整覆盖层外，还应具有足够的吸附层厚度（1～10nm）。

（3）典型的润湿剂、分散剂。润湿剂、分散剂一般都是表面活性剂，它们之间的作用有时难区分，有些助剂兼具润湿和分散功能。润湿剂主要是降低颜料表面张力，其分子质量较小。分散剂吸附在颜料表面上产生电荷排斥或空间位阻，防止颜料产生有害的絮凝，使分散体系处于稳定状态，一般分子质量较大。

润湿剂类型：

① 阴离子型：二烷基（辛基、已基、丁基）磺基琥珀酸盐、烷基萘磺酸钠、蓖麻油硫酸化物、十二烷基磺酸钠，硫酸月桂脂、油酸丁基酯硫酸化物等。

② 阳离子型：烷基吡啶盐氯化物等。

③ 非离子型：烷基酚聚氧乙烯醚、烷基醇聚氧乙烯醚、乙二醇聚氧乙烯烷基酯、乙二醇聚氧乙烯烷基芳基醚、乙炔乙二醇。

分散剂类型：

① 无机分散剂：六偏磷酸钠、多磷酸钠、多磷酸钾、焦磷酸四钙等。

② 有机分散剂：聚丙烯酸盐、聚羧酸盐类、萘磺酸盐缩聚物、聚异丁烯顺丁烯二酸盐等。

2）消泡剂

（1）泡沫产生的原因。纯净的液体不会产生泡沫，泡沫的形成有两个条件：一是表面活性剂的存在，二是气泡的存在。泡沫是气体分散于液体中的胶态体系，当分散的气体尚末达到液体表面，或者即使达到液体表面也不破裂消失，于是形成气泡。从热力学观点看“泡沫”是一个不溶性气体，在外力作用下，进入到液体之中。该外力所做的功（W）和在形成气泡中所增加的表面积（A）与表面张力的关系，可用下式表示：$A=W/\gamma$。

如果不做功，那么表面张力降低时表面积就增加，即泡沫增多，因此只有在体系中加入消泡剂，泡沫才能破坏。

（2）消泡机理。消泡剂必须分散在整个体系中，但不溶解，而且它的表面张力必须低于该体系的表面张力。同时，它必须和整个体系相容，必须和体系中的乳化剂有恰当的平衡。一个漂浮的气泡遇到分散在水中消泡剂，当消泡剂扩散到气泡的膜壁上，由于消泡剂的表面张力低使膜壁从消泡剂移向四周，使膜壁变薄，从而使膜破裂。

消泡剂在泡沫介质中起要起作用，首先必须渗入到气泡膜上。其渗入能力可以用渗入系数 E 表示，而且消泡剂渗入膜层以后，又要能很快地散布开来，其散布能力可用散布系数 S 表示。Ross 提出公式如下：

$$E = R_f + R_{df} - R_d \tag{4.1}$$

$$S = R_f - R_{df} - R_d \tag{4.2}$$

为了使渗入系数E大于零，散布系数S亦大于零，才有消泡作用，从式（4.1）可以看出，只有R_d足够低，也就是说消泡剂本身的表面张力要小。从式（4.2）看出，不但R_d要低，R_{df}也要低，也就是说消泡介质和消泡之间的界面张力要小，这就要求消泡剂本身应具有一定的亲水性，使其既不溶于发泡介质之中，又能很好的分散，消泡过程如图4.3所示。

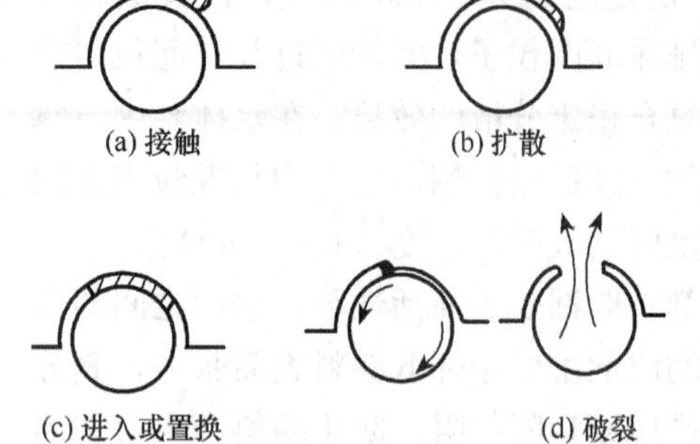

图4.3　消泡剂的消泡机理

（3）消泡剂的选择。在消泡剂的性能设计时都要照顾到两点：恰当的分散性和恰当的表面张力。这两点对消泡剂效率都是重要的。

在乳胶漆生产过程中，需要加入多种助剂，有些助剂会导致泡沫的产生；在生产及施工过程中，又需要搅拌，甚至需要高速搅拌，也会产生大量泡沫。为了缩短生产时间，便于施工，就要加入消泡剂。消泡剂具有抑泡和消泡的作用，选择消泡剂应考虑高效、持久。前者主要取决于消泡剂的分散性和表面张力是否恰当，后者往往被忽视，但从实用效果看，后者更为重要。因为乳胶漆常常须贮存一段时间，因此必须考虑消泡剂的持久性。

消泡剂选择不当或与其他组分搭配不当时，常出现鱼眼、失光、色差等弊病。评价消泡剂的方法有水平试验法、密度杯法等。前者用于低黏度涂料，后者用于高黏度涂料。在评价消泡剂时一定要注意，消泡剂加入后至少需要24h后才能取得消泡剂性能的持久性与缩孔、缩边之间的平衡。在加入消泡剂后立即涂刷样板或测试涂料性能，往往会得出错误的结论。

消泡剂应在搅拌下均匀加到乳胶漆中，不要一下子倒入，且用量不能过多，否则会引起涂刷性差，漆膜有缩孔、缩边、鱼眼等弊病。消泡物质的种类如表4.3所示。

表4.3　消泡物质的种类

种　类	名　称
低级醇类	甲醇、乙醇、异丙醇、仲丁醇、正丁醇等
有机极性化合物系	戊醇、二丁基卡必醇、磷酸三丁酯、油酸、松浆油、金属皂、HLB低的表面活性剂（例：缩水山梨糖醇月桂酸单酯、缩水山梨糖醇月桂酸三酯、聚乙二醇脂肪酸酯、聚醚型非离子活性剂）、聚丙二醇等
矿物油系	矿物油的表面活到性剂配合物、矿物油和脂肪酸金属盐的表面活性剂配合物等
有机硅树脂类	有机硅树脂、有机硅树脂的表面活性剂配合物、有机硅树脂的无机硅树脂的无机粉末配合物

（4）使用消泡剂的注意事项。

① 消泡剂即使不分层，使用前最好要适当搅拌一下，消泡剂分层，不影响使用，只需充分搅拌混合均匀。

② 在涂料或乳胶搅拌情况下加入消泡剂。

③ 消泡剂使用前，一般不需要用水稀释，可直接加入，某些品种若需稀释则随稀释随用。

④ 消泡剂用量要适当。若用量过多，会引起缩孔、缩边、涂刷性差、再涂性差等；用量过少，则泡沫消除不了，两者之间可找出最佳点，即消泡剂的适当用量。

⑤ 消泡剂最好分两次添加，即研磨分散颜料阶段和颜料浆配入乳胶阶段。一般各加总量的1/2，或者制颜料浆阶段加2/3，成漆阶段加1/3，可根据泡沫产生的情况进行调节。在研磨阶段最好用抑泡效果强的消泡剂，在成漆阶段最好用消泡效果强的消泡剂。

⑥ 要注意消泡剂加入后至少需24h才能获得消泡性能的持久性与缩孔、缩边之间的平衡，所以若提前去测试涂料性能，会得出错误结论。

3）增稠剂

（1）增稠剂在乳胶漆中的作用。乳胶漆在贮存和施工等不同阶段对体系的黏度有不同的要求。这些独特的要求可以通过加入适当的增稠剂来达到。增稠剂又称流变助剂，是乳胶漆的重要助剂之一。适当地加入增稠剂，可以有效地改变涂料体系的流体特性，使之具有触变性，从而赋与涂料良好的贮存稳定性和施工性。所谓触变性，是指体系的黏度会随着所受外力变化而变化。当涂料未受外力或外力较小（如贮存和施工后）时，体系呈现很高的黏度，可以防止颜料的凝聚与沉淀。而当涂料受到很强的剪切力作用（如刷涂）时，体系的黏度会随着剪切力的增大而降低，使涂料具有良好的刷涂性。而刷涂完毕后，体系黏度的恢复又有一短暂的滞后时间，使涂膜流平。流平后涂膜又恢复至很高的黏度以防止流挂。因此，适当的使用增稠剂可以使乳胶漆获得良好的流体特性，既避免了贮存过程中的沉淀现象，又很好地解决了涂料施工时流平和流挂的矛盾问题。

增稠剂是使体系黏度增加的助剂，在低剪切速率下的体系黏度增加，而在高剪切速率时对体系的黏度影响很小，它对乳胶漆的增稠、稳定及流变性能，起着多方面的改进调节作用。

① 生产：在乳液聚合中保护胶体，提高乳液的稳定性。在颜料、填料分散阶段，提高分散黏度而有利于分散。

② 贮存：将乳胶漆中的颜料、填料微粒在增稠剂的单分子层中，并由于黏度的增加，改善了涂料的稳定性，防止颜料、填料的沉底结块，抗冻融性及力学性能也提高．

③ 施工：能调节乳胶漆的黏稠度，并呈良好的触变性，在液涂及刷涂的高剪切速率下，黏度下降而不费力。在涂刷后，剪切力消除，则恢复原来的黏度，使厚膜不流挂，沾漆时不滴落，液涂时不飞溅。它又能延迟涂膜失水速率，使一次涂刷面较大。

（2）增稠剂的种类及其特性。乳胶漆所使用的增稠剂主要有四类：纤维素类、聚丙烯酸类、聚氨酯类和无机增稠剂。根据增稠剂与乳胶粒中各种粒子的作用关系，可分为缔合型和非缔合型，如图4.4所示。

① 纤维素类增稠剂（HEC）。自20世纪50年代以来，纤维素类增稠剂就一直是最重要的流变助剂，其主要品种有羟甲基纤维素、羟乙基纤维素和羟丙基纤维素等。目前使用最广泛的为羟乙基纤维素。

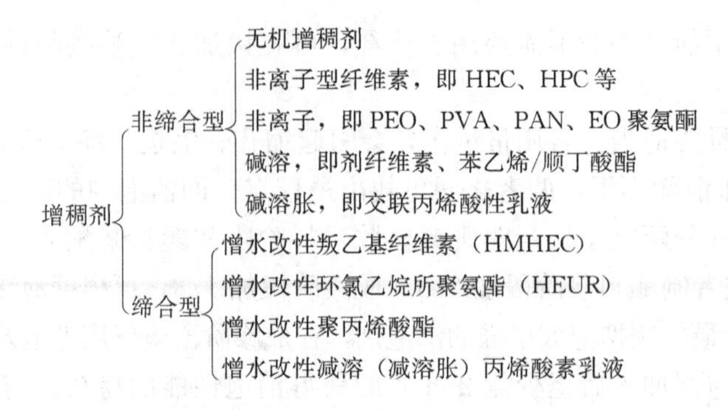

图 4.4　增稠剂的分类

纤维素分子是一个由脱水葡萄糖组成的聚合链，通过分子内或分子之间形成氢键，也可以通过水合作用和分子链的缠绕实现黏度的提高。纤维素增稠剂溶液呈现出假塑性流体特性，静态时纤维素分子的支链和部分缠绕的主链处于理想无序状态而使体系呈现高粘性。随着外力的增加、剪切速度梯度的增大，分子平行于流动方向作有序的排列，易于相互滑动，表现为体系黏度下降。这种增稠机理使其增稠效果于所用的基料、颜料和助剂无关，因而得到广泛应用。但纤维素增稠剂有较多的副作用，在滚涂施工时会出现飞溅的问题，其缠绕增稠机理导致涂料具有强烈的宾汉流体特征，屈服值较大，流平性较差。由于纤维素类增稠剂在成膜后仍留在涂膜中，其高度的水溶性对涂膜的耐水性产生不良影响。而且作为纤维素的衍生物，易受酶和霉菌的攻击。在配方设计中应予以考虑。

② 丙烯酸类增稠剂（HASE）。丙烯酸类增稠剂为羧基含量较高的丙烯酸酯共聚物乳液，主要有丙烯酸或甲基丙烯酸与甲基丙烯酸酯、甲基丙烯酸乙酯或丙烯酸乙酯的共聚物或三聚物。这类增稠剂常以 40%左右的酸性乳液形式提供。丙烯酸类增稠剂与纤维素类增稠剂的增稠机理不同，这类高分子增稠剂溶于水中，通过羧酸根离子的同性静电斥力，分子链由螺旋状伸展为棒状，从而提高了水相的黏度。另外它还通过在乳胶粒与颜料之间架桥形成网状结构，增加了体系的黏度。从而起到增稠作用。由于丙烯酸类增稠剂的分子质量比较低，因而使涂膜具有良好的流平性，而且具有良好的生物稳定性。另外，丙烯酸类增稠剂与色浆的配伍性优良。但这类增稠剂在 pH 为 8～10 时呈溶胀状态，使体系的黏度增大，而当 pH 大于 10 时便溶于水，失去增稠作用。因而其对 pH 具有较大的敏感性。另外其良好的水溶性对涂膜的耐水性产生不良的影响。

③ 聚氨酯类增稠剂（HEUR）。聚氨酯类增稠剂是近年来新开发的缔合型增稠剂，这种增稠剂是分子质量相对较低的水溶性聚氨酯，其分子结构中既有亲水部分也有亲油部分，呈现出一定的表面活性。当它的水溶液超过某一特定浓度时，会形成胶束，同一个聚氨酯增稠剂分子可以连接几个不同的胶束，该结构会减少水分子的迁移灵活性而提高其黏度。另外每个聚氨酯增稠剂分子至少含有两个亲油链段，亲油链段可以与乳液粒子、颜料粒子相缔合形成网络结构。这种缔合结构在剪切力的作用下受到破坏，黏度降低，而当剪切力消失黏度又可恢复。与纤维素类增稠剂和丙烯酸类增稠剂相比，聚氨酯类增稠剂可使涂料具有良好的流动性、流平性、疏水性、防飞溅性和生物稳定性。

④ 无机增稠剂。无机增稠剂主要有膨润土、凹凸棒土、硅酸铝等。其中膨润土是最常用的无机增稠剂。膨润土是一种层状硅酸盐，它吸水后膨胀形成絮状物质，具有良好的悬浮性和分散性，与适量的水结合成胶体状，在水中能释放出带电微粒，增大了体系黏度，起到增稠作用。另外它还具有很好的生物稳定性。但其流平性和光泽度较差，而且它对表面活性剂比较敏感。

(3) 增稠剂的选择。增稠剂的品种较多，在选择增稠剂时，除了考虑其增稠效率和对涂料流变性的控制外，还应考虑其他一些因素，使涂料具有最佳的施工性能、最好的涂膜外观和最长的使用寿命。常见的增稠剂性能比较见表4.4。

表4.4　常见的增稠剂性能比较

性　质	HEUR	HASE	HEC
成本	最高	依品种而定	低
抗飞溅性	优	很好	不好
流平性	优	尚好到优	不好
高剪黏度	很好	很好	好
高光泽潜力	很好	尚好到很好	不好
抗压黏性	尚好	很好	好
对表面活性剂和共溶剂的敏感性	敏感	中度敏感	不敏感
对pH的敏感性	不敏感	中度敏感	不敏感
耐水性	稍不如HEC	比HEC差得多	很好
耐碱性	很好	不好	很好
耐擦洗性	很好	尚好	好
抗腐蚀性	很好	不好	不详
对电解质的敏感性	不敏感	中度敏感	不敏感
微生物降解	无	无	可能

(4) 增稠剂使用注意事项。

① HEUR增稠剂为黏稠水溶液，其中加入二醇或二醇醚作为共溶剂，固含量为20%～40%。共溶剂的作用在于抑制缔合，否则此增稠剂在相同浓度下呈凝胶状态，同时溶剂的存在，可避免产品受冻，但冬天必须温热后方能使用。

② 低固、低黏的产品易于处置，可散装运输贮存，因此有些HEUR增稠剂有不同固含量的同种产品供应。低黏度增稠剂的共溶剂含量较高，使用时漆的中剪黏度会稍低，可通过其他地方添加的共溶剂来抵消其影响。

③ 在合适的搅拌条件下，低黏度的HEUR可直接添加到乳胶漆中。当使用高黏度产品时，需将增稠剂用水和共溶剂的混合物稀释才能添加，若直接加水稀释增稠剂，会降低原有产品中共溶剂浓度，使缔合有所增加，造成黏度上升。

④ 向混合罐添加增稠剂要稳而慢，要沿壁罐投入，添加的速度不要慢到使增稠剂停留在液体表面程度，而要使之被拽入液体中，呈围绕于搅拌轴的周围而旋下的状态。但不能快到使增稠剂来不及混合或是使增稠剂因局部浓度过高而造成过度增稠或絮凝。

⑤ HEUR增稠剂在其他液体成分之后或乳液之前加入调漆罐中，这样可保证最大

的光泽。

⑥ HASE增稠剂以乳液的形式在乳胶漆制造中直接加到漆中而不必事先稀释或中和，可在调漆阶段作为最后一个组分加入，也可在颜料分散阶段加入，由于HASE是高酸乳液，添加后，如乳液中有碱存在，它会争夺这个碱。因而要求HEUR增稠剂乳液的添加速度要慢而稳，并良好的搅拌，否则会使颜料分散体系或乳液黏结剂发生局部不稳定。

⑦ HASE增稠剂在pH大约为6时开始膨胀，在pH为7～8时，增稠效率完全发挥。将乳胶漆pH调至8以上，可使乳胶漆不会降低到8以下，从而保证黏度的稳定性。

⑧ 碱可在增稠剂之前或之后加入，之前加入的好处是能够保证不会因为增稠剂从颜料或黏结剂表面抢夺碱而造成颜料分散体或乳胶黏结剂的局部不稳定现象，之后加碱的好处是使增稠剂粒子在被碱所溶胀或溶解之前已很好地充分分散，防止局部增稠或成团，具体方法取决于配方、设备和制造程序。

4）成膜助剂

乳胶漆能形成连续而理想涂膜的最低温度称为最低成膜温度（MFT）。若低于此温度施工，乳胶漆中水分挥发后，树脂不能聚结形成连续的涂膜，而是呈粉末或开裂状的不连续膜。各种乳胶涂料的软硬度决定于其组成中软硬单体的比例，为了满足涂膜性能的要求，如一定的韧性、硬度、耐玷污性及颜料的连接能力，乳胶涂料的玻璃化温度设计得较高，最低成膜温度常常高于室温。为了调节涂膜物理性能和成膜性能之间的平衡，需添加使高聚物微粒软化的成膜助剂来实现。

成膜助剂又称凝聚剂、聚结剂，它能促进乳胶粒子的塑性流动和弹性流动，改善其聚结性能，能在广泛的施工范围内成膜，成膜助剂通常为高沸点溶剂，会在涂膜形成后慢慢挥发掉，最终涂膜不会太软和发黏。

（1）成膜助剂的作用机理。乳胶粒的融合过程中，毛细压力垂直施加于水一颗粒界面，促使聚合物颗粒变形，变形受聚合物弹性模量的制约，如果聚合物颗粒过硬，乳胶粒不会变形，也就不能成膜，因此，成膜首先需使乳胶粒变软，亦降低聚合物的玻璃化温度（Tg）。成膜助剂通过对乳胶粒子的溶解作用，降低了乳胶体系的玻璃化温度。一旦乳胶粒变形与成膜过程完成后，成膜助剂会从涂膜中挥发，从而使聚合物的玻璃化温度恢复到初始值，成膜助剂起到促临时增塑剂作用。

（2）成膜助剂的种类。成膜助剂大都为微溶于水的强溶剂，有醇类、醇醚及其酯类等。传统的成膜助剂有：松节油、双戊烯、松油、十氢萘、1,6-已二醇、1,2-丙二醇，苯甲醇、甲基苄醇、乙二酸醇醚类及其醋酸酯。这些溶剂都有一定的毒性，正逐渐为低毒性的丙二醇醚类及其醋酸酯代替。

（3）成膜助剂的性能要求。理想的成膜助剂应符合以下要求。

① 具有同树脂良好的相溶性。成膜助剂必须是聚合物的强溶剂，达到降低聚合物的玻璃化温度目的。相溶性不好，造成乳胶粒融合不充分，漆膜外观及其光泽下降。

② 具有适宜的水溶解性。在水中溶解性要小，易为乳胶微粒吸附而聚结性能。其微弱的水溶性又可使它易为乳胶漆中分散剂、表面活性剂及保护胶所乳化。水溶性大，则成膜助剂分散在水相中，导致部分成膜助剂不能用于聚合物在底材上成膜，要达到同样效果，成膜助剂用量需增加。

③ 具有适宜的挥发度。成膜前保留在乳胶漆涂层中，水分挥发后，成膜助剂不能残留于涂膜中，其挥发速度应低于水和乙二醇。由于成膜助剂沸点高，且与树脂的相溶性好，最后成膜助剂挥发很慢，涂膜要经历几周后才能达到所需的硬度。

④ 具有良好的水解稳定性。乳液的 pH 一般都在 7～10，如果成膜助剂在弱碱性条件下发生水解，会降低其使用效果，乙二醇醚酯尽管在降低乳液 MFT 上效果显著，但是一个会水解、还原成乙二醇醚原始化合物的成膜助剂。

⑤ 具有使用范围广。根据性能不同要求，树脂的 MFT 从 0～80℃不等，如果一种成膜助剂适用于涂料所用的各种乳液，这无疑是莫大的方便。

(4) 成膜助剂的使用。在乳胶漆中成膜助剂的用量较大，为降低成本，可将溶解好的成膜助剂和具有一定的凝结性的芳烃溶剂复配。如将丙二醇醚类成膜助剂和丙二醇、200# 煤焦溶剂复配成混合成膜助剂，具有优良的成膜凝结凝结效果，并可降低成本。

成膜助剂的选择与用量，不单评估其成膜效果，而且对开乳胶体系的贮存性能（黏度变化及冻融稳定性）、湿膜性能（流平性、抗流挂性及展色性）、干膜性能（耐擦洗、耐玷污、耐气候）都有影响，宜全面考虑。

成膜助剂都是强溶剂，对乳胶有较大的凝聚力，要注意它的加入方式，应防止局部过浓或加入太猛而形成液态凝聚而破乳。用量一般随高聚物的玻璃化温度高低、高取物组成、固体分的高低及气候条件而定。成膜助剂加入方法有直接加入法、预混合加入法、预乳化加入法。

5) 防霉杀菌剂

(1) 防霉杀菌剂在乳胶漆中作用。乳胶漆是由高分子成膜物质（树脂）、颜料、填料、助剂等物质组成，这些物质往往是各种微生物的营养源。乳胶漆中的水是生命要素，构成微生物生存的物质条件。从乳胶漆制造时起就有受微生物污染的可能性。受污染的涂料，当达到一定湿度、温度、pH 等条件后，微生物开始繁殖生长，于是涂料就发生霉变、污染、劣化、变质，出现黏性丧失、不愉快气味，产生气体和变色，颜料絮凝或乳液稳定性丧失、调色着色性不良等。在乳胶漆中添加适量的防霉杀菌剂可以抑制微生物的生长与繁殖，保护涂料现涂层不受破坏。

(2) 微生物生长条件。能够浸蚀涂料的微生物，包括细菌、霉菌、酵母菌和藻类四大类。表 4.5 列出这几类微生物的生长条件，根据水性涂料的特性参数，我们发现对水性涂料的防霉抗菌保护，主要针对细菌类和部分霉菌。

表 4.5　微生物的生长条件及生长环境

种类 适宜生长条件	细　菌	霉　菌	酵 母 菌	藻　类
光	不需要	不需要	不需要	需要
酸碱性	弱碱性	弱酸性	弱酸性	中性
温度/℃	25～40	20～35	20～35	15～30
所需养分	C、H、N	C、H、N	C、H、N	CO_2
微量元素	需要	需要	需要	需要

续表

适宜生长条件＼种类	细　菌	霉　菌	酵 母 菌	藻　类
氧气	需要（或无机物，如 SO_4^{2-}）	需要	需要	需要
水分	液态/气态	液态/气态	液态/气态	液态/气态
适宜生长的环境	含有机物的中性到弱碱性水溶液	微酸性环境	含糖物质	含水的中性环境
容易滋长的地方	乳胶漆、分散剂	潮湿的墙壁、增塑剂、木头	饮料、含糖制品	冷却水循环体系、外墙

（3）防霉杀菌剂作用机理。对抗菌防霉剂作用机理的研究是揭示药剂通过何种方式和途径来影响病原菌状态和生理生化过程，这对于抗菌防霉剂的选用和合成都具有实际指导意义。防霉抗菌剂的作用机制归纳起来有以下几点。

① 阻碍菌体呼吸，病原菌在呼吸时要消耗糖类、碳水化合物，以释放能量维持体内各种成分的合成和利用，而能量的贮存和转化都是和高能磷酸键的形成和断裂分不开的，若杀菌剂进入菌体后能与活性中心酶结合，并在一定时间内影响酶的活性，那么能量代谢体系的运转就会中断，呼吸停止，菌体死亡。

② 干扰病原菌的生物合成，即干扰了有机体生长和维持生命所需要的新细胞物质产生的过程，病原菌在生长、繁殖过程中需要许多特定的物质，以便形成新的细胞。核酸是生物体遗传的物质基础，它能储存、复制和传递庞大的遗传信息，若能破坏其中核酸的正常生成，也就等于破坏了产生酶的物质基础，进而破坏病原菌的本身的生长和繁殖。

③ 破坏细胞壁的形成，真菌的细胞壁是它和外界进行新陈代谢，同时保持内部环境恒定的一种起屏障作用的物质，细胞壁是由几丁质所组成的，杀菌剂对 UCP-乙酰葡萄糖胺转化酶起抑制作用，是待聚合的乙酰葡萄糖胺不能形成几丁质，细胞壁的形成受到破坏，或者改变细胞膜的渗透能力都将使病原细胞置于死地。这种作用方式是杀菌，而不是抑菌作用。硅胶抗菌剂的抗菌作用机理属于此类作用过程。

④ 阻碍类酯的合成，有些杀菌剂对醋酸酯基的夺取有阻碍作用，它的作用点是抑制菌体的类酯合成系统，以达到抗菌的目的。

（4）防霉杀菌剂的选择。针对乳胶漆的特点，理想的防霉杀菌剂应具有如下特点：

① 与涂料中各的相容性良好，加入后不会引起颜色、气味、稳定性等方面的变化。

② 在 pH6～10 范围内储存稳定。

③ 适合在 40℃长时间储存，并可短时间内允许 60～70℃的加工温度。

④ 由于包装桶的容量较小，包装桶的密封性较差，涂料顶层和桶层之间有较大的空间，可能导致二次污染。因此，理想的防霉杀菌剂要有气相杀菌能力。

⑤ 要求有很好的水溶性，因为微生物都是在水相中生长，这样可以保证其更好的接触，更快的达到杀菌效果。

⑥ 要求杀菌谱线全面，对弱碱性环境下滋生的绝大多数的霉菌和细菌都有良好的灭菌效果。

⑦ 要求有良好的生物降解性和较低的环境毒性，并尽量减少对操作人员的刺激性。

能同时满足上述要求的防霉杀菌剂很少，很多防霉杀菌剂大都由一种供多种活性成分进行复配。复配的活性成分不仅保证杀菌谱线全面性，而且不易使周围环境的细菌出现选择性适应。

(5) 防霉杀菌剂的种类。目前已采用的防霉杀菌剂归纳为以下几种物质类型：

① 取代芳烃类。例如，五氯苯酚及其钠盐、四氯间苯二腈、邻苯基苯酚、溴醋酸苄酯等

② 杂环化合物。例如，2-(4-噻唑基) 苯并咪唑、苯并咪唑氨基甲酸酯、2-正辛基-4-异噻唑啉-3-酮等。

③ 胺类化合物。如双硫代氨基甲酸酯、*N*-（氟代二氯甲硫基）酞酰亚胺、水杨酰苯胺等。

④ 有机金属化合物如有机汞、有机锡和有机砷。

⑤ 甲醛释放剂。甲醛释放剂是经过缩聚的羟甲基有机物，它与普通的甲醛溶液不同，甲醛释放剂能够在一定的时间内缓慢地解聚聚、释放出微量的甲醛，从而达到一定的抑菌杀菌效果。

⑥ 其他。包括磺酸盐类、醌类化合物、四氯苯醌以及 A-羟丙基甲酰磺酸盐，无机盐系如偏硼酸钡和氧化锌等。

6）pH 调节剂

乳胶漆的 pH 对其稳定性，抗菌性和消泡的难易等都有影响，通常控制在 7.5～10 之间，偏碱性。常采用 AMP-95、氨水、NaOH、KOH 等来调节 pH。

乳胶漆的 pH 对系统的性能及稳定性有很大关系，中和剂可把乳胶漆的 pH 保持在一定的范围，从而保证增稠剂、表面活性剂等处在最佳状态，使乳胶漆处在最稳定水平。最常用的中和剂为氨水，在成膜时很快挥发，而不残留在涂膜中，但氨水有强烈的刺激性气味。因此，也可考虑既能较快挥发，而气味较小的氨类化合物。

二、颜料体积浓度和颜基比

（一）颜料体积浓度（PVC）

颜料体积浓度是指涂膜中颜料和填料的体积占涂膜总体积的分数，以 PVC 表示。

$$\mathrm{PVC}(\%)=\frac{\text{干膜中颜填料体积}}{\text{干膜中颜填料体积}+\text{干膜中基料体积}}\times 100\%$$

外用涂料的 PVC 一般为 30%～55%，内用型涂料 PVC 一般为 45%～70%，对不同配方的涂料进行性能比较试验时，其 PVC 重要性更为突出。

临界颜料体积浓度是指基料聚合物恰好覆盖颜料和填料离子表面，并充满颜料和填料粒子堆积缩形成空间时的颜料体积浓度，以 CPVC 表示。CPVC 通过测试确定。

对于水性乳胶漆来讲，它的基料—乳液并不是在溶剂中的溶液，而是分离的、球形的乳胶颗粒的悬浮液。它与颜料都是以粒子状态分散于水介质中。在成膜过程中，随着水分的挥发，基料的粒子和颜填料的粒子共同形成紧密堆积，基料粒子变形，分子链相互扩散结合而形成紧密涂层。其 CPVC 不仅与颜填料的粒径分布和粒子的几何外形有关，也与基料-乳液的粒径及粒径分布、粒子形变能力（玻璃化温度）及

几何外形有关。即使在相同的颜填料品种和质量条件下，使用不同的乳液（包括成膜助剂），其 CPVC 会随之改变。为了跟溶剂型涂料有所区别，把乳胶漆的 CPVC 称为 LCPVC。

乳胶体系临界颜料体积浓度（LCPVC）的理论公式如下：

$$LCPVC = \frac{1}{1 + OA \times D/93.5 \times e}$$

式中：e——乳液的效率指数；

OA——混合颜填料的吸油量；

D——混合颜填料的平均密度。

不同 PVC 的乳胶漆其涂膜具有不同的性能。一般来讲当 PVC<CPVC 时，涂膜的附着力、耐洗刷性、流平性等较好。当 PVC>CPVC 时，涂膜性能有较大的变化，耐洗刷性会急剧下降，透气性上升。由于填料与基料的折光指数相近，在低 PVC 时填料没有遮盖力。当 PVC>CPVC 时，基料已不能完全包住颜填料，涂膜中形成颜填料、基料和空气三相共存，而填料和空气的折光指数有一定的差距，这时的填料会呈现一定的遮盖力。不同 PVC 的乳胶漆涂膜性能见表 4.6。

表 4.6　不同 PVC 的乳胶漆涂膜的性能

性　能	PVC<CPVC	PVC>CPVC
光泽	高	低
空隙率	低	高
吸水率	低	高
水汽透过率	低	高
弹性	高（取决于 T_g）	低（膜易碎）
遮盖力	低	高（干遮盖效应）
湿耐洗刷性	高	低

通常外墙用乳胶漆和高档内墙乳胶漆配方的 PVG<CPVC，而一般的内墙乳胶漆的 PVG 可以超过 CPVC。为了降低成本，提高市场竞争力，研制高 PVC 的乳胶漆成为重要的课题之一。要使乳胶漆既有较高的 PVC，又保持较好的涂膜性能，关键是乳胶漆要有较高的 CPVC，并尽量缩小其 PVC 与 CPVC 之间的距离。

PVC 和 CPVC 是乳胶漆的两个重要参数。当 PVC 超过某一数值，漆膜性能发生突变时所对应的 PVC 就是 CPVC。1975 年 Bierwagen 引入对比颜料体积浓度（Reduced PVC）概念，即 Λ=PVC/CPVC，其意义是指出离 CPVC 的距离。涂料的许多性能，例如光泽、遮盖力、耐洗刷性等都与对比颜料体积浓度（Λ）有着非常密切的关系，会随其值的变化而变化。

对比颜料体积浓度（Λ）对涂料性能有着重要的影响。涂膜的光泽随对比颜料体积浓度的增加，先减后增，在 Λ 等于 1 时存在最低值；涂料的遮盖力随对比颜料体积浓度的增加而增加，在 Λ 小于 0.6 时，涂料遮盖力随对比颜料体积浓度的增加增大得显著，在 0.6～1.0 范围内，涂料遮盖力随对比颜料体积浓度增大得较为平缓；在 Λ 小于

1 时，涂料的耐洗刷性随对比颜料体积浓度增加降低得较为剧烈，在 Λ 大于 1 时，涂料的耐洗刷性随对比颜料体积浓度增加降低的幅度变小。在 Λ 等于 0.7 时，涂膜的耐玷污性最好，小于或大于这个 0.7，涂膜耐玷污性均呈下降趋势。综合对比颜料体积浓度对乳胶涂料性能的影响，选择对比颜料体积浓度为 0.6～0.8 之间最佳。

（二）颜基比

涂料配方设计中的另一个重要概念是颜基比，即涂料中的颜料（包括填料）的质量和基料固体分质量的比值。使用颜基比能够粗略地估计涂料的性能。在已知涂料的各种基本组分的质量配比，例如，颜料的总含量、基料的固体含量等情况下，可以很方便地根据经验来估计涂料的性能。用颜基比可以对乳胶涂料进行大致的分类，即外用乳胶涂料或内用高性能乳胶涂料的颜基（2.0～4.0）∶1.0，一般内用乳胶涂料的颜基比的范围在（4.0～7.0）∶1.0 之间。对涂料的性能要求越高，颜料-基料比应当越低。4.0∶1.0 被认为是各种外用涂料的最高颜料-基料比，这一结论适用于各种颜料与基料。

因此，在乳胶漆配方设计中，首先要考虑的因素是颜料体积浓度 PVC，或者为求计算简单可以用颜基比 P/B 代替。因为颜料和基料的配比直接决定了涂膜的最终成分，也就最终决定涂膜的各种性能。颜料体积浓度有一个临界值 CPVC，在临界值附近，涂料的性能会发生急剧变化，如图 4.5 所示。CPVC 的值由特定配方本身的性质所决定，但是从许多成功涂料系统的 CPVC 值来看，乳胶漆的临界颜料体积浓度在 50%～60% 之间。

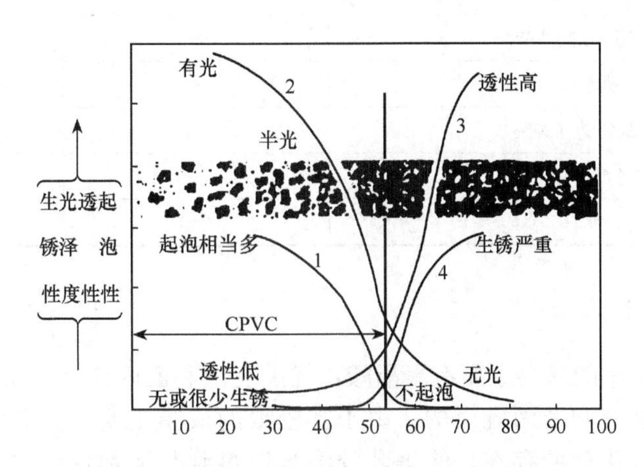

图 4.5　颜料体积浓度和涂膜性能的关系

1. 起泡性；2. 光泽度；3. 透气透水性；4. 生锈性

三、配方实例

（一）乳液底漆

水泥、砖、灰泥及木结构壁面等底材表面上常常会出现孔隙或裂纹，当孔隙率高、孔径大或裂纹深时，需要建筑腻子来填补。但是当孔隙率低、孔径小或仅有微细裂纹时，可以首先涂底漆。这时乳胶粒平均粒径在1μm左右最理想，否则基料会大量地渗入底材内部，使壁上的成膜物质减少而降低了涂饰质量。常用的基料是聚醋酸乙烯酯均聚物及其共聚物乳液，其成膜物质对各种底材附着力大，干燥速度快。建筑底漆的配方如表4.7所示。

表4.7　建筑底漆的配方

组　分	质量/kg	
	配方1	配方2
顺醋乳液（56%）	600	—
醋酸乙烯酯共聚物乳液（55%）	—	360
钛白粉	200	75
碳酸钙	100	100
滑石粉	—	100
黏土	100	—
甲基纤维素（2%）	200	150
二异丁烯-马来酸酐共聚物（25%）	8	20
非离子分散剂	4	3
乙二醇	—	20
二乙二醇-乙醚	50	—
二乙二醇-乙醚醋酸酯	—	8
消泡剂	4	2
邻苯基酚钠（20%）	10	—
乙酸苯汞	—	0.3
水	262	210

（二）内墙乳胶漆

作为内墙乳胶漆的基料主要有聚醋酸乙烯酯乳液和乙丙乳液，在要求档次较高的场合也有用纯丙乳液和苯丙乳液的。由于乳胶漆的成膜主要靠分散的聚合物粒子的相互凝聚，加上乳化剂的存在，使得乳胶漆难以得到与溶剂性涂料一样的光泽。但仍可有几种途径改善乳胶漆的光泽：一是使用粒径更小的乳液，小粒径的聚合物乳液，粒子界面压缩力更大，有利于聚合物粒子的相互凝聚，涂膜的光泽度高。例如，粒度为0.1～0.2μm时，光泽度可达80%；粒度为0.2～0.6μm时，光泽度为74%；粒度为0.6～2μm时，光泽度仅为30%，同时乳液粒度分布越窄，则光泽度越好；二是使用粒径更小的颜料；颜料粒径越小，乳胶粒子越容易包覆颜料粒子；三是使用颜料量更少。涂膜光泽度随颜填料用量的增大而急剧下降，例如当PVC分别为8%、12%、16%及26%时，其光泽度分别为80%、5%、65%及25%。配方举例如

表 4.8 所示。

表 4.8　内墙平光乳胶漆配方

组　　分	质量/kg	组　　分	质量/kg
水	49.9	增白剂	22.7
分散剂	4.54	硅藻土	11.35
三聚磷酸钾	0.454	上述组分高速分散后，在低速下加入下列组分	
丙二醇	11.35	2-氨基-2-甲基-1-丙醇	1.816
杀菌剂	0.23	表面活性剂	1.82
消泡剂	0.454	甲基纤维素（2%）	104
钛白粉	90.8	水	10.9
高岭土	68.1	消泡剂	0.454
甲基纤维素（2%）	22.7	聚醋酸乙烯酯乳液（固含量 55%）	115.7

上述乳胶漆 PVC50.1%；对比率 0.947；黏度 83KU；pH 9.0；耐擦洗 310 周期，理论遮盖面积 9.46m^2/kg。

（三）外墙乳胶漆

作为外墙乳胶漆用基料主要有苯丙乳液、纯丙乳液和乙丙乳液等。外墙乳胶漆应当具有优良的耐水性、耐污性、耐候性和保色性，在日晒、雨淋、风吹、变温的长期气候老化作用下，涂层不应发生龟裂，剥落、粉化、变色等。配方举例如表 4.9 所示。

表 4.9　外墙半光乳胶漆配方

组　　分	质量/g
水	43.0
丙二醇	40.0
消泡剂	2.0
颜料分散剂（25%）	10.0
润湿剂	2.0
二甲基乙醇胺	2.0
混合均匀后，加入以下组分	
钛白粉	250.0
微细化高岭土	58
高速分散后，在低速下加入下列组分	
丙烯酸酯乳液（60%）	463.8
消泡剂	6.0
防腐剂	2.0
水	30.0
丙二醇	35.0
三甲基戊二醇单异丁酸酯	14.0
防腐剂	2.0
羟乙基纤维素水溶液（2.5%）	142.4

上述乳胶漆的PVC25％，60°光泽 35～45；pH8.7～9.0；黏度 75～80kU。

四、乳胶漆的生产

乳胶漆的生产大致分为：原料的检验和控制、乳胶漆的调制（包括颜料填料的分散以及白色乳胶漆和基础漆调制）、产品性能检验、过滤、配色和包装。乳胶膝的生产工艺流程如图 4.6 所示。

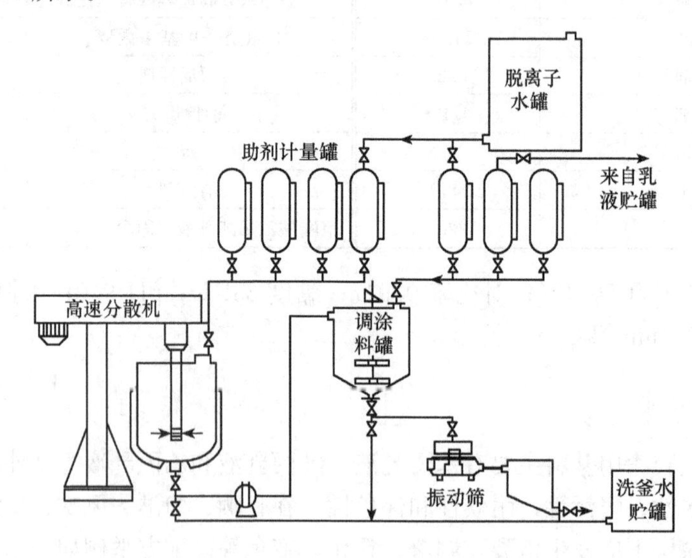

图 4.6　乳液涂料生产工艺示意图

（一）原料检验和控制

设置验收指标、确定试验方法，建立验收程序。根据原材料在乳胶漆生产中的重要等级、检测难易程度和测试设备情况等，分别采取实际检测和验证供方提供的检验报告等办法。

（1）乳液。可参照企业标准进行。

（2）颜料填料。一般可对遮盖力、吸油量或吸水量、细度等设置控制指标。

（3）溶剂（成膜助剂和助溶剂）。可测试外观、折射率和馏程等，加以控制。

（4）助剂。功能为主，兼顾其他指标进行检验。

（5）水。对水可设置硬度或电导值进行控制。有条件的话，细菌也可作为检测指标。

（二）乳胶漆的调制

1. 颜料填料分散方法

（1）研磨着色法：将颜料填料的二次粒子还原成一次粒子后再与乳液混合。

（2）干着色法：将二次粒子直接加到乳液中去混合。

（3）半干着色法：当配方中总用水量不足以采用研磨着色法时，可以在水中加入部分乳液，然后将颜料和填料的二次粒子加入其中分散，分散达到要求后，将剩下的乳液加入混合均匀。

2. 乳胶漆的调制

乳胶漆的调制与传统的涂料生产工艺大体相同，一般分为预分散、分散、调和、过滤、包装等。一般乳胶漆的生产工艺包括三个部分。

（1）浆料的制备：首先将水、分散剂、消泡剂、防腐剂等液体物料投入分散罐中，搅拌均匀，在搅拌状态下将着色颜料和体质颜料依次投入，并加速分散20～40min。

（2）乳胶漆配制：在调漆罐中投入乳液，再加入增稠剂、pH调节剂、防冻剂、成膜助剂、消泡剂等助剂，搅拌15min左右，至完全均匀后，检测出料。

（3）涂料过滤及产品包装：在乳胶漆的生产过程中，由于少部分颜（填）料尚未被分散，或因破乳化成颗粒，或有杂质存在于涂料中，因此此时的涂料需经过滤除去粗颗粒和杂质才能获得质量好的产品，可根据产品的要求不同，选用不同规格的筛网及不同容器包装，并做好计量，这样才能得到最终的产品。

（三）乳胶漆和基础漆的质量控制

在生产过程中，对乳胶漆的半成品进行检验。经检验合格后才能转序，这里所说的半成品，包括浆料（未加乳液）、基础漆和白乳胶漆。主要控制指标如下：

（1）分散细度。在打浆阶段完成后，乳液加入之前，要对分散细度进行检验，以确定是否达到分散要求。

（2）pH。与乳胶漆稳定性、增稠效果以及防腐和消泡有一定关系。

（3）固含量。固含量高，性能较好。固含量的测试结果还能反映乳胶漆的批和批之间的稳定性和一致性。

（4）黏度。反映乳胶漆的贮存稳定性和施工性，还能检查计量情况和原材料的波动，生产企业通常检验并控制该指标。

（5）密度。密度不是乳胶漆的质量指标，测试它也能反映批和批之间的稳定性。

（6）细度。是加入乳液后制得的白乳胶漆和基础漆的细度，必需检测。

（7）出厂检验项目。出厂检验项目包括容器中状态、施工性、干燥时间、涂膜外观和对比率，按标准进行。

（8）其他检验项目。按有关标准进行。

（四）乳胶漆配制中的要点

（1）配方材料应尽可能选用分散性好的颜料和超细填充料，从而在稳定提高产品质量的前提下，取消研磨作业，简化生产工艺，提高生产效率。

（2）在前期分散阶段，可预先投入适量HEC，不仅有助于分散，同时防止或减少浆料沾壁现象，改善分散效果。

（3）在液体增稠剂加入之前，应尽量用3～5倍水调稀后，在充分搅拌下缓慢加入，从防局部增稠剂浓度过高使乳液结团或形成胶束，敏感的增稠剂可放在浆料分散后投入到浆料中充分搅拌以免出现上述问题。

（4）消泡剂的加入方式为一半加到浆料中去，另一半加到配漆过程中，这样能使消泡效果更好；调漆过程中，搅拌转速应控制在200～400r/min以防生产过程中引入大量气泡，影响涂料质量。

（五）建筑乳胶漆施工注意事项

乳胶漆施工多采用滚涂，但也可采用刷涂或喷涂，涂层质量的好坏，固然与乳胶漆质量有很大关系，但是与被涂基面的处理好坏及施工质量也有重要关系。因此施工时应注意：

（1）基面应洁净、平整，基层表面的浮土、黏附杂物、“白霜”等应清除干净，缝隙、孔洞应用腻子填平。

（2）基面的含水率宜小于10%，pH应小于9方可施工，含水率过高或pH过大对乳胶漆成膜性及涂层性能都将带来不利的影响。在未干燥的混凝土或水泥砂浆中存在的游离水、可溶性盐、碱对涂层有损坏作用。反之，如果基面过于干燥，在乳胶漆尚未形成连续涂膜之前，水分被墙体基面吸收，则也将影响涂层的完整性。

（3）如基面强度不够，过于疏松，则应在乳胶漆涂刷之前先涂刷一道封闭底漆以增强基层与乳胶漆的粘结力。封闭底漆可用与乳胶漆相适应的稀释的乳液，也可用稀释的溶剂型清漆，如醇酸清漆、酚醛清漆及双组分聚氨酯清漆等。

（4）乳胶漆不能直接涂在已刷过石灰浆的基面上，否则，会发生剥落现象。因为乳胶漆涂膜与石灰浆面层的附着力大于石灰浆面层与混凝上或水泥砂浆基层的附着力，因而涂层容易连同石灰层一起脱落。因此，在乳胶漆涂刷前，应将石灰层面铲除，并将基面清理干净。

（5）乳胶漆如涂在刮有腻子的墙面上，则必须保证腻子应有一定的强度，否则会出现从腻子与基面结合处剥离脱落的现象。如果腻子强度不高，且已经刮涂完毕，则可采取在腻子上涂封闭底漆的办法补救。

（6）由于乳胶漆为水性漆，可用水稀释，因此在下雨天不可在外墙面施工。在未成膜之前不具有耐水性。

（7）风力较大的天气不宜涂刷外墙乳胶漆，如风力太大（4级以上），也会影响外墙涂料的成膜性。

（8）环境温度与乳胶漆的成膜性有直接关系。乳胶漆必须在高于所用乳胶漆的最低成膜温度（MFT）的情况下施工，否则不会成膜，并出现龟裂、破碎或脱粉现象。乳胶漆的最低成膜温度随品种而异，一般施工温度在5℃以上均可获得较好的成膜效果。

（9）由于乳胶漆为水性漆，因此贮存运输中应注意防冻，贮存运输中温度不应低于0℃。如果乳胶漆受冻，可能出现凝块、分层等破乳现象，一旦发生，则不能使用。

（10）乳胶漆在使用前，必须搅拌均匀，如产品过期，应经过复验，复验合格后再继续使用。

五、常见的乳胶漆品种

（一）底漆

1. 底漆的作用

底漆一般由黏结剂、体质颜料（或防锈颜料）、稀释剂或其他辅助材料组成，它在涂料配套中是作打底用以加强具有保护作用的面漆与基层的粘结，底漆的作用如下：

1）对腻子的增强作用

由于基材表面的多孔结构导致它吸水性很强，如果不进行涂刷底漆封闭，就会造成批刮的腻子失水太快，正是许多外墙涂层发生爆裂、起泡、脱皮的主要原因。底漆对腻子层的增强作用非常明显。因此合理涂刷底漆可以有效避免此类涂装质量事故的发生。

2）底漆对面漆的保护作用

碱封闭底漆，可以对面漆起到明显的保护作用。因为底漆的渗透作用强，可以对基材的毛细孔形成有效的封闭，从而避免基材内碱分及水溶性盐随水分通过毛细作用的迁移渗出表面，同时防止了起霜泛碱，并保护面漆不受化学侵蚀，同时又可以避免多孔的基面对面漆的过度吸收，改善面漆的装饰效果，节约面漆用量。

2. 影响底漆性能的因素

1）基材的处理

要保证基材平整、坚实、清洁，无油污、浮灰及松浮的旧涂膜，含水率10%，pH小于10。

2）天气因素

乳液型底漆合理的施工条件：温度5～40℃，湿度<90%，阴雨大风天气不适合施工；溶剂型抗碱底漆虽然没有最低成膜温度的限制，但是气温的高低影响到溶剂的挥发速度进而影响到干燥速度，同时还影响双组分反应型的交联，所以天气因素对溶剂型抗碱底漆的性能和施工速度的影响也不容忽视；同时温度必须高于双组分反应型底漆的反应温度，否则将达不到应有的性能。

3）施工因素

（1）底漆的涂刷厚度对其性能有很大的影响，白色底漆涂刷干膜厚度不小于100μm，清底漆涂刷干膜厚度控制在30μm左右，也可根据产品的施工指示，控制涂层厚度。

（2）均匀涂刷，避免漏涂。

3. 底漆的选择

1）基材情况

（1）粉化较为严重的旧墙面：配套清漆封闭黏结粉化层，增加基材强度，然后配白色抗碱底漆增强面漆效果。

（2）碱性较强的新墙面：采用抗碱性强的封闭性好的溶剂型底漆，例如，胺固化环氧树脂、热塑丙烯酸树脂、氯化橡胶类底漆为好。

2）与面漆的配套

（1）硬度较高的面漆避免采用较软涂膜的乳液型清底漆，以免因上下涂层应力不同引起面漆开裂。

（2）底漆同面漆的层间附着力要好。

3）价格及使用年限的要求

根据使用年限的要求选择具有合适性能的底漆，年限要求较长的选择性能优异的底漆以保证面漆的使用期限，年限要求较短的选择较为经济的性能适中的底漆避免性能浪费。

（二）内墙乳胶漆

1. 内墙乳胶漆及其特征要求

用于建筑物或构筑物内墙面装饰的建筑涂料称为内墙涂料。内墙涂料有一些不同于外墙涂料的特征要求。

（1）内墙涂料直接涂装于建筑物或构筑物的内表面，与人们的生活或工作关系更为密切。从这一意义上讲，内墙涂料的装饰效果（如涂膜手感、平整度和颜色、质感等）会受到人们更多的关注。

（2）就居室而言，内墙涂料不像外墙涂料那样会受到公众的关注，而与居住者个人的联系甚为密切，因而其装饰效果（如质地、颜色等）可以根据个人的喜好进行选择，亦即比外墙涂料更能够张扬个性。

（3）内墙涂料会对室内环境产生较大的影响，应当具有适当的透气性和吸湿性。完全不透气、不吸湿的涂膜会造成墙面的结露，不利于室内环境的改善和居住舒适性的提高。

（4）内墙涂料中不能含有有毒、有害物质，否则会对环境和健康造成危害。当然，从对性能的严格要求来说，内墙涂料最好还能够防止霉菌在涂膜上的滋生。虽然内墙涂料不要求具有像外墙涂料那样高的物理力学性能和耐候性能，但也必须具有适当的耐水性、耐碱性和耐擦洗性。

内墙涂料是建筑涂料中应用量最大的涂料品种，但是与外墙涂料相比，内墙涂料的品种不多，主要是丙烯酸酯或与烯类单体共聚的合成树脂乳液类涂料，如表4.10所示。

表4.10　内墙涂料的主要品种及特性

种　类	特　征
丙烯酸酯乳液类	系指以丙烯酸酯均聚乳液或丙酸酯共聚（主要指苯乙烯-丙烯酸酯共聚或醋酸乙烯酯-丙烯酸酯共聚）乳液为基料制成的建筑涂料。这类涂料具有良好的耐水性、耐碱性、耐紫外光降解性和良好的保色保光能力。适当地设计涂料的颜料体积浓度，能够得到有光、半光和平光的内墙涂料；并能够根据需要制成平面型、复层、真石状和供拉毛涂装的各种装饰感的涂料以及各种具有特殊功能的涂料
叔醋乳液类	叔醋乳液系叔碳酸乙烯酯和醋酸乙烯酯共聚的乳液，该类涂料具有良好的流平性和手感，涂膜的装饰性能较好
聚醋酸乙烯乳液类	该类涂料的特点是成本低、流平性好，但涂膜耐碱、耐水及耐洗刷性能均较差。一般只有平光（无光）产品。其用量已经逐年减少
乙烯-醋酸乙烯酯（VAE）乳液类	该类涂料的自然性能和聚醋酸乙烯乳液类涂料相近，但涂膜耐碱、耐水性和耐洗刷性均有所提高。特别是耐碱性好，能够和灰钙粉一起使用而涂料性能稳定，这是聚醋酸乙烯乳液所不及的

2. 性能指标

对于室内装修用的乳胶漆，在性能上主要要求四个方面的指标：遮盖力、耐洗刷性、耐碱性、防潮防霉性。

1）遮盖力

遮盖力是表示一定量的乳胶漆能遮盖墙面的面积量。这是经济性指标，代表了效果更好、时间消耗更少、用量更省的涂刷工作。现行的标准用对比率表示。对比率和遮盖力的区别是：遮盖力讲的是湿膜遮住底材，而对比率是反映在给定湿膜厚度条件下，其干膜在标准黑板与标准白板上的反射率比。也就是说，如果乳胶漆主要靠钛白粉来提供遮盖，那么干膜与湿膜对底材的遮盖接近；但是如果乳胶漆中填料量增多，因为填料在湿膜状态下接近透明，所以这样的体系，通常是干膜遮盖，对比率高而遮盖力不是很好。

2）耐洗刷性

耐洗刷性是表示乳胶漆在使用中能够经受反复洗刷的能力。因为墙面容易弄脏，有小孩的家庭更会为涂鸦而伤透脑筋，而乳胶漆在干透后，会形成一层致密的防水涂层，用清水或温和的清洁剂，就能非常轻易地把污渍擦洗干净，又不会擦掉漆膜本身，确保了涂料的光泽和色彩。

3）耐碱性

耐碱性是稳定性指标。因为墙体材料多碱性，对漆膜有破坏作用，而耐碱性的优劣决定了乳胶漆的耐久性。一般来说，乳胶漆能保持3～5年的新鲜亮丽，比较符合家庭要求。

4）防潮防霉性

防潮防霉性这一特点在地下室、浴室或潮湿天气时其作用尤为突出。因为乳胶漆中的防霉防水杀菌剂能有效地阻隔水对墙体及墙面的侵蚀，防止水分渗透，杜绝霉菌生长。

内墙涂料将主要朝着健康型、精细型发展。所谓健康型，就是涂料本身具有杀菌、防霉功能以及能够改善居室环境的功能。例如，现在市场已经有关于能够向空气中释放负离子的纳米涂料添加剂，而具有防霉杀菌和净化空气功能的纳米无机涂料添加剂也得到较多的研究，有些研究已经取得很好的结果。所谓精细型，是指使用超细填料，对涂料进行精细加工，以得到涂膜观感细腻、手感平滑和质感丰满的涂料。总之，内墙涂料的发展趋势是要提高涂膜的装饰效果和增加涂料的功能。与此同时，根据市场的需求，人们还会努力研究、开发一些能够凸显特征、张扬个性、有明显技术-经济性能优势的新型涂料。例如，称为“三合一”（防霉抗菌、防裂、耐玷污等）或“四合一”的高档、多功能内墙涂料，能够降低成本而性能保持不变的有机-无机复合型内墙涂料，具有吸收二氧化碳功能的以灰钙粉为填料的低成本乳胶漆等。

（三）外墙乳胶漆

1. 主要特点

外墙乳胶漆全名合成树脂乳液外墙涂料。它是以高分子合成树脂乳液为主要成膜物质的外墙涂料。外墙乳胶漆的主要特点是：

（1）节省能源，减少了环境污染，与其他建筑材料相比，乳胶漆价格低廉，降低了新建工程、维修及改造工程的饰面造价。

（2）附着力强，对基层表面要求平整外其他基层要求不严格，广泛适用于水泥沙浆，混合沙浆抹面，外墙砖砌体，现浇混凝土墙体、梁、柱及其他等基层；耐水性能优，用于建筑外墙体饰面工程，可以长期承受风吹、日晒、雨淋的侵蚀；材料性能稳定；有一定的涂膜强度；经久耐用；耐日照老化；耐酸耐碱等性能。

（3）遮盖力强，比较理想的耐污染性，良好的装饰效果；温度适应性，高温下涂层不变形，有利于建筑工程、维修工程及改造工程的防火要求，最低成膜温度到达－5℃左右，适于低温阶段施工要求，耐冻融性能优异；良好的作业性能，适于喷涂、滚涂及刷涂等工艺，对人体无害、施工简便，工效高，进度快；乳胶漆性能稳定、便于储存，可以储存数月。

2. 性能指标

外墙乳胶漆色彩丰富多样，保光、保色性强，耐候性高，优良的耐水抗污性，外墙乳胶漆在日晒、雨淋、风吹、温变的漫长老化作用下，涂层不应出现龟裂、脱落、粉化、变色等现象，使其不失去对建筑物的装饰和保护作用。外墙涂料有以下几个重要性能：可调色性、涂层抗水抗渗透性、耐黏污性、涂层耐温变性（冻融稳定性）、耐久性等。

1）外墙乳胶漆的可调色性

外墙涂料多为彩色，这就牵涉到调色性。好的调色性，即对色浆相容性好、调色基础漆对颜料展料展色好、无浮色发花现象。影响展色性的因素有：乳液、润湿分散剂种类等，乳液确定后，润湿分散剂可以改善基础漆的展色性，调节涂料的亲水亲油性以及涂料中各种粒子运动性，从而改善涂料的浮色发花。如以 Hydropalat5040 和 Hydropalat100 分散剂分散的两个漆样，展色性不一样，调色时，所用色浆量不一样，前者色浆要比后者多用 18%～20%。因此，配方设计应纵观全局，进行总成本控制。

2）涂层耐温变（冻融稳定性）

涂层耐温变是涂层耐温变老化性，就是涂层在吸水后，经受低、高温冻融而不起泡、开裂、脱落、粉化等现象，它与涂层耐水性、吸水率、涂层的密实性、透气性等密切相关，并且附着力强，有一定变形能力的涂层，冻融稳定性好。

3）涂层耐玷污性

涂层耐玷污性是一个综合指标，它与涂层耐水性，涂层硬度、高温加回黏性、涂层吸湿后的发黏情况、涂层表面的平整度等因素密切相关。提高涂层耐玷污性能，牵涉到材料选择，在颜填料方面，对亲水颜填料应进行表面疏水处理，使用抗水分散剂Hydropalat 100 处理亲水颜填料；在涂层方面，也应进行类似的疏水处理，如使用疏水剂 HF-200 对涂膜进行疏水处理，这样涂层耐污性将大幅度提高，尤其是涂层初期耐污性。

4）涂层的耐久性

涂层的耐久性，涂层经过了日晒、雨淋、风吹、温变等气候后，涂层会有变色、粉化、起泡、开裂、脱落、生霉等变化，这些变化的程度决定了涂层生命年限。

（四）弹性建筑乳胶漆

1. 弹性建筑乳胶漆的发展

在欧美最早开展研究弹性涂料的是 Bryn-aetai，于 1964 年申报了美国专利。12 年后，有人对第一份专利进行了挑战，于 1975 年和 1977 年申报了与其同类，但性能得以提高的专利。1982 年意大利 Settef S. P. A. 公司的 Teviso 申报了最新的美国专利，专利称该涂料具有高度弹性，即使在夏冬季气温变化很大的情况下，涂膜也不会开裂和剥落，而且还有耐水性好和耐大气腐蚀的特性。该涂料为黏度较大的浆状物，含有 35％的丙烯酸酯乳液（固体含量为 46％～55％），0.3％的合成或矿物纤维（例如，玻璃纤维、尼龙、丙烯酸纤维或 PVC 纤维），3％的憎水物质（如石蜡和硅化合物等）。涂料中要加入助剂，最后还要加入石英砂、硅砂。该涂料适用于多种基材，可以采用刷涂、喷涂和其他方法施工。涂层为单层厚度可达 2mm。1984 年，美国现代涂料杂志也出现了关于弹性涂料的报导。

据其他有关文献报导，弹性涂料可以由丙烯酸乳液和被内增塑的醋酸乙烯乳液共混物作为基料，配合颜料、骨料及助剂组成。丙烯酸乳液可以是 85％～90％的烷基碳原子数为 3～10 的丙烯酸烷基酯，0.5％～10％的丙烯酸或甲基丙烯酸以及其他可能共聚的乙烯型单体。被内增塑的醋酸乙烯乳液的玻璃化温度低于一般的醋酸乙烯均聚物。作为可塑化的单体可采用：乙烯、丙烯、丙烯酸乙酯、丙烯酸丙酯、丙烯酸丁酯、丙烯酸 2-乙基己酯、叔碳酸乙烯、马来酸二丁酯、马来酸二辛酯等。上述二种乳液混合后即有弹性，再配以颜料骨料和体质颜料、成膜助剂等，制成的单层涂料，主要用于防水和墙体装修。经采用抹涂、辊涂、喷涂等方法施工，还可得到各种结构图案。

据日本水谷涂料公司、东亚合成化学株式会社、四国化研株式会社报导，近年日本开始大量生产应用的是多层弹性建筑涂料。它分为三层：第一层为底漆，第二层为主材，第三层为面漆。前地层的基料为水性丙烯酸弹性树脂，第三层为溶剂型聚氨酯面漆。其主要特点是：

（1）对墙面裂缝有优秀的伸缩性，能防止雨水的渗入。

（2）对多种基层附着力强，耐水、耐碱性好。

（3）耐候性好，即能耐大气侵蚀。

（4）耐污染性好。

（5）操作简便、易于掌握。

2. 弹性建筑乳胶漆的生产

1）弹性建筑乳胶漆的生产

在弹性乳胶漆生产过程中，弹性乳液的选择至关重要。当乳胶漆刷涂到墙面上以后，只有弹性乳液具有优良的弹性，漆膜才能展示出其延伸率及回弹性。为此本文采用进口的美国R&H乳液作为乳胶漆弹性乳液。该乳液具有优良的柔韧弹性、抗裂性、耐水性、耐碱性、钙离子稳定性及水泥兼容性。同时采用甲基丙烯酸甲酯与丙烯酸丁酯共聚物乳液（261乳液）作为辅助原料，以降低成本及提高弹性乳液的粘结强度及漆膜的耐温性。

生产弹性乳胶漆的关键是弹性乳液，乳胶漆在干燥成膜后所形成的涂膜是一种由作为成膜物质的高聚物（即合成树脂乳液）和颜填料、助剂等所组成的复合材料。只有乳液具有黏弹性，由其形成的涂层（膜）才会具有黏弹性。玻璃化转变温度（Tg）是乳液的特征指标。当乳液在其玻璃化温度以下时，没有弹性，一般的涂膜就是这种情况。当乳液在其玻璃化温度以上时，涂膜才具有弹性。由于涂膜的使用温度是环境温度，这是客观存在的，要使环境温度高于乳液的玻璃化温度，唯一的方法就是降低作为成膜物质的乳液的玻璃化温度。所以说，生产弹性乳胶漆的乳液的玻璃化温度应该是很低的。如江苏日出集团公司生产的TRC系列纯丙烯酸弹性乳液，其玻璃化温度就在－20～－15℃。所以，选择作为弹性乳胶漆的成膜物质，应既软又韧，弹性模量低，延伸率高。由于弹性乳胶漆使用了玻璃化温度很低的成膜物质，虽然满足了弹性要求，但会出现发黏和耐污染性差的问题。这可通过涂膜表面适当交联或使用回黏性好和耐污染性好的罩面漆等方法加以解决。工艺流程如图4.7所示。

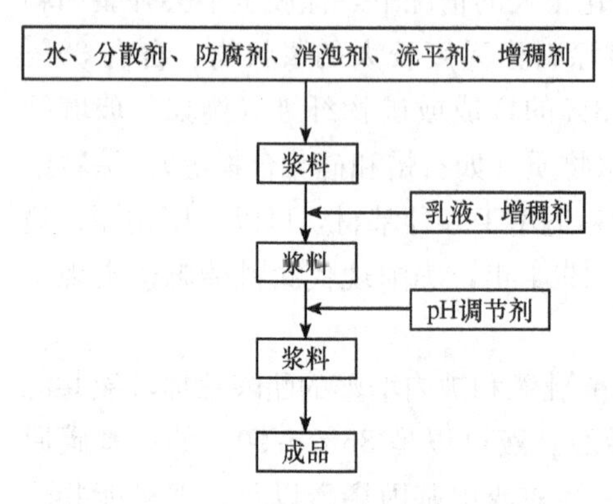

图4.7　生产工艺流程示意图

浆料生产过程中要注意，固相填料的添加要在高速分散盘的高速运转下运行，以防止料浆沉淀，分散不完全。直径1.3m的搅拌罐，分散盘的转速一般不要低于700r/min。成漆过程中，乳化机的转速最好在50r/min以下。消泡剂分两次加入，即在制白浆时加入一半，成漆过程再加入一半。或者在制浆阶段加入抑泡效果大的消泡剂，在成漆阶段加入破泡效果大的消泡剂。消泡剂选择不当时，或者与其他组分产生反应时易造成乳胶漆在使用过程中出现针孔、失光等弊病。成膜助剂不溶于水，加入时可按1∶1的稀释比例（用水稀释）加入到白浆中。增稠剂加入时必须在搅拌状态下均匀加入，资料显示pH会对增稠效果产生影响，调节pH为7.5左右。产品性能检测依据JG/T 172－2005《弹性建筑涂料》标准的技术要求进行，表4.11为主要检测结果。

表4.11　弹性乳胶漆检验结果

检测项目	性能
容器中状态	无硬块，呈均匀状态
施工性	施工无障碍
低温稳定性	不变质
干燥时间（表干）/min	50
耐水性	96h无异常
耐沾污性（5次，白色和浅色）/%	20

续表

检测项目		性　能
涂层耐温变性（5次循环）		无异常
拉伸强度（标准状态下）/MPa		1.12
涂膜外观		正常
对比率（白色和浅色）		0.95
耐碱性		48h无异常
耐洗刷性/次		2500
断裂伸长率/%	标准状态下	286
	－10℃	50
	热处理	250
	0℃	55

2）弹性乳胶漆的施工

（1）乳胶漆施工前，应先除去墙面所有的起壳、裂缝，并用填料补平，清除墙面一切残浆、垃圾、油污，外墙大面积墙面宜作分格处理。砂平凹凸处及粗糙面，然后冲洗干净墙面，待完全干透后即可涂刷。

（2）使用滚筒前须先用刷子涂刷滚筒不能涂及的部位，等2～3h后再大面积的用滚筒滚涂。滚筒应选用优质滚筒。施工时先涂底漆，等5～8h后底漆完全干透后再罩面漆。一般在温度25℃、湿度50%下施工最佳。涂料在涂刷时和干燥前必须防止雨淋及尘土污染。墙表施工温度应在5℃以上。同时，避免在雨雾天气施工。

（3）常见施工问题。

① 接茬现象。主要原因是由于涂层重叠，面漆深浅不一所致。施工中要避免接茬现象，可采取以下措施，施工最好一次成活，不要修补，每刷涂一遍都要仔细检查，严把质量关，以免造成接茬现象。

② 空鼓和裂缝现象。主要的原因是由于底层抹灰没有按工艺要求施工所造成的，因此在施工前，应按水泥砂浆抹灰面交验的标准来检查验收墙面，否则，面层平涂不能施工。

③ 面层出现楞子现象。主要原因：在现浇混凝土施工中，模板接缝处易产生楞子，因此在面层施工以前，抹灰工序要对这些接缝进行修正，达到抹灰面的标准，以避免面层施工后出现此现象。

3）弹性乳胶漆耐玷污性问题

外墙乳胶漆由于暴露于室外，除受到阳光、空气等因素的影响易出现粉化变色等，最容易出现的问题是易受雨水沙尘的玷污。弹性外墙乳胶漆涂膜因具弹性，所以在夏季气温高的时候，漆膜极易发黏，所以极易粘尘土。雨天窗台下及楼顶部分流下的含灰尘的积水在天气晴朗后，会在墙面留下污痕，是因为灰尘颗粒渗入到了漆膜内部的毛细孔内。也有的部分乳胶漆施工过程中采用特殊的施工工艺，如“拉毛”效果，这时漆面的高低不平极易造成积尘。

通过选用耐玷污性能好的基料或使用耐玷污性涂料助剂可以显著提高涂膜耐玷污性。另外，通过本次实验发现消泡剂的使用对涂料耐玷污性也有一定影响，当把消泡剂分两次添加时，漆膜耐玷污性会比把消泡剂在成漆过程中一次性加入时制得的乳胶漆的耐玷污性提高许多。这是因为分两次添加消泡剂可以提高漆膜的平整性。

4）弹性建筑乳胶漆的弹性机理

乳胶漆在干燥成膜后所形成的涂膜，是一种由作为成膜物质的高聚物和颜填料增强体等所组成的复合材料。由于高聚物具有黏弹性，所以涂膜也具有黏弹性。高聚物因温度不同而呈现三种力学状态—玻璃态、橡胶态和黏流态。玻璃化转变温度是高聚物的特征指标。当高聚物在其玻璃化温度以下时，处于玻璃态，变成坚硬的固体，没有弹性，一般的涂膜就是这种情况。当高聚物在其玻璃化温度以上时，处于橡胶态，此时所呈现的力学性能是高弹性。弹性乳胶漆就是基于高聚物的这一力学性能而制成的。也可以说，弹性乳胶漆就是将使用温度置于成膜物质的橡胶态平台上的涂料。

由于涂膜使用温度是客观存在的，要使涂膜的使用温度高于高聚物的玻璃化温度，唯一的方法就是降低作为成膜物质的高聚物的玻璃化温度。生产弹性乳胶漆的乳液是玻璃化温度很低的高聚物，不仅涂膜的最低使用温度要高于玻璃化温度，而且最高使用温度也必须在橡胶态平台上，而1年内最高温度和最低温度差约40～50℃，这就要求高聚物有一个足够宽的橡胶态平台。此外，选择作为弹性乳胶漆的成膜物质，应既软又韧，弹性模量低，极限强度适中，延伸率高。由于弹性乳胶漆使用了玻璃化温度很低的高聚物，虽然满足了弹性要求，但会出现发黏和耐玷污性差的问题。

5）弹性建筑乳胶漆的耐黏污性

弹性乳液的玻璃化温度较低，以它制作的弹性涂料的涂膜虽然满足了弹性的需要，但涂膜很软，在较高的使用温度下会出现回赫的现象，随之而带来涂膜的耐玷污性和耐积尘性很差。为了改进弹性涂料的耐玷污性可以采取一些有效的措施，对于需要弹性非常高，而又要达到耐玷污要求的某些场合，可以用几值低的乳液作为中涂，面涂采用几低的乳液与几较高的乳液复合使用；或采用可以表面自交联的弹性乳液；或用几较高的弹性乳液进行罩面。近年来人们也常利用核-壳乳液聚合技术，在不改变原材料组成的情况下，制备具有软单体的核和硬单体的壳的乳液，在成膜过程中随着水分蒸发，聚合物粒子的硬单体向涂膜表面迁移，蒸发干燥后聚合物粒子的硬、软单体紧密的排列。通过一段时间的阳光作用，表面低聚物反应交联、固化，形成一层极薄而致密的硬表层，从而使涂膜形成里面软、外面硬的核壳结构，提高了涂料的耐玷污性能。

（五）金属防锈乳胶漆

金属防锈乳胶漆是一种乳胶型防锈涂料。它以水为介质、防锈乳液为成膜物质，与防锈颜料、体质填料和各种涂料助剂相混合，配制而成水性防锈乳胶漆。它具有安全、无毒、无污染等特性，主要用于钢铁等金属构件表面的防锈和装饰。

对于防锈漆来说，防锈颜料用量的选择是防锈性能好坏的关键。防锈漆的作用是防止和抑制化学或电化学腐蚀的进程。防锈漆涂在金属基体表面上固化后形成涂层，并通过屏蔽、缓蚀、阴极保护等作用来防止基体腐蚀。防锈颜料是具有化学活性的颜料，依靠化学反应改变金属表面的性质及反应生成物的特性达到防锈的目的。在乳胶型涂料中，防锈颜料的用量是有限制的，用量太少，防锈性能差；用量过多，会影响涂料的状态和贮存稳定性，严重时甚至会造成乳液破乳。当防锈颜料用量为53%时（与颜、填料用量的比例），涂料的防锈性能和贮存性均较好。

防锈颜料的品种不少，按其性质可分为物理性能防锈颜料和化学性能防锈颜料两大类。物理防锈颜料是一类本身化学性质较为稳定的颜料，它们是靠本身的物理性能、化学性能稳定，质地坚硬，颗粒细微，有优良的填充性，通过提高漆膜的致密度，降低漆膜的可渗性起到防锈的作用。氧化铁红就属这类。而金属铝粉的防锈性是由于铝粉具有鳞片状结构，形成的漆膜紧密，还具有较强的反射紫外线的能力，可提高漆膜的抗老化能力。化学性防锈颜料，如红丹、锌铬黄、铅酸钙、锌粉、铅粉等，都属于这类防锈颜料。

举例：以苯丙乳液为基料开发防锈乳胶漆产品。

1. 原料的规格及作用

原料的规格及用途如表 4.12 所示。

表 4.12　原料的规格及用途

原料名称	规　格	用　途
苯丙乳液	固含量≥46％，pH：7～9	基料
防锈颜料	工业一级品	颜料
滑石粉	工业级，200 目	填料
碳酸钙	一级品，325 目	填料
分散剂	阴离子型	助剂
成膜助型	醇酯类	助剂
丙二醇	工业一级品	助剂
缓蚀剂	工业一级品	助剂
消泡剂	复合型	助剂
增稠剂	有机合成类	助剂
去离子水	电阻≥20 万 Ω，pH：6.5～7.5	溶剂

2. 制漆工艺

生产工艺流程如图 4.8 所示。

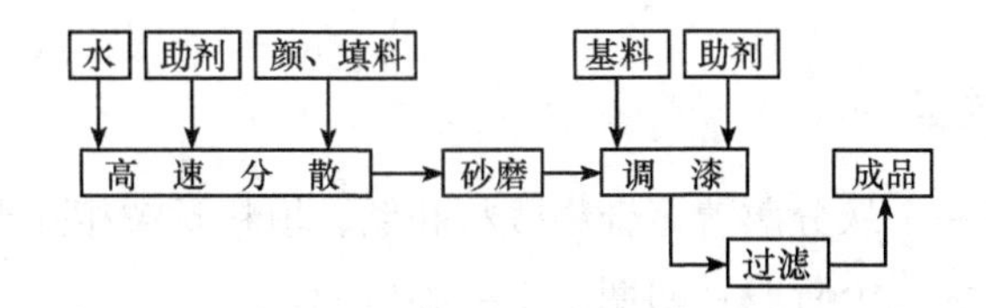

图 4.8　金属防锈乳胶漆生产工艺流程图

工艺流程说明：

① 按配方称取去离子水、分散剂、丙二醇、缓蚀剂等助剂，分别投入料缸，在慢速搅拌下投入颜填料。然后将搅拌转速切至快挡，高速分散 15min。

② 将经高速分散后的颜填料水浆引入砂磨机，砂磨 1～2 道，至细度合格。

③ 将砂磨后的水浆投入调漆缸中，在慢速搅拌下，加入基料、成膜助剂和消泡剂。

④ 加增稠剂调节黏度。

⑤ 过滤、成品漆出料。

3. 涂料性能

金属防锈乳胶漆产品性能良好，质量稳定。各项性能完全能与油性的铁红醇酸防锈漆相媲美，甚至在漆膜耐候性和耐老化方面还要优于油性漆。且金属防锈乳胶漆安全、无毒、无味、无污染、节能源、省资源。原材料易得，生产工艺简单，漆膜平整、性能好，施工方便（刷、喷、滚涂均可），贮存性好，适用于各种钢铁构件表面的涂刷防锈和装饰。具体检测指标如表 4.13 所示。

表 4.13　金属防锈乳胶漆检验报告

检验项目名称及单位	技术要求	检验结果	单项判断
在容器中状态	经搅拌混合后无结块，呈均匀状态	符合	合格
刷涂性	刷涂二道无障碍	符合	合格
固体含量/%	≥53	56	合格
干燥时间/h	表干≤2，实干≤24	表 0.5，实 2	合格
附着力（1mm 划格）/级	≤1	1	合格
涂膜外观	涂膜平整	符合	合格
耐盐水性（30g/L，NaCl），48h	不起泡、不生锈	符合	合格
涂料耐冻融性	不变质	符合	合格
柔韧性/mm	≤1	1	合格
冲击强度/(kg · cm)	50	50	合格
细度/μm	—	50	—
黏度（涂-4 杯）/s	—	90	—

第三节　乳胶漆的成膜机理

一、乳胶漆的成膜过程

乳胶漆的成膜是一个从分散着聚合物颗粒和颜、填料颗粒相互聚结成为整体涂膜的过程。该过程大致分为三个阶段：初期、中期和后期。

（一）初期

乳胶漆施工后，随着水分逐渐挥发，原先以静电斥力和空间位阻稳定作用而保持分散状态的聚合物颗粒和颜料、填料颗粒逐渐靠拢，但仍可自由运动。在该阶段水分的挥发与单纯水的挥发相似，恒速挥发。

（二）中期

随着水分进一步挥发，聚合物颗粒和颜、填料颗粒表面的吸附层破坏，成为不可逆的相互接触，达到紧密堆积，一般认为此时理论体积固含量为74%，即堆积常数是0.74。该阶段水分挥发速率约为初期5%～10%。Hoy等用质量法悬臂梁堆积测定仪测试后得出，均匀球形粒子优先堆积排列是随机的密堆积（Bernal堆积），其堆积常数不是0.74，而是0.635；其最接近的平均粒子数不是12，而是8.5。大致可以把涂膜表干定义为中期的结束，这时涂膜水分含量约为2.7%，黏度为10^3Pa·s。

（三）后期

在缩水表面产生的力作用下，也有认为在毛细管力或表面张力等的作用下，如果温度高于最低成膜温度（MFT），乳液聚合物颗粒变形，聚结成膜，同时聚合物界面分子链相互扩散、渗透、缠绕，使涂膜性能进一步提高，形成具有一定性能的连续膜。分阶段水分主要是通过内部扩散至表面而挥发的，所以挥发速率很慢。另外，还有成膜助剂的挥发。在此阶段初，成膜助剂的挥发是挥发控制的。随后成膜助剂的挥发，是扩散控制的。乳胶颗粒成膜过程示意图如图4.9所示。

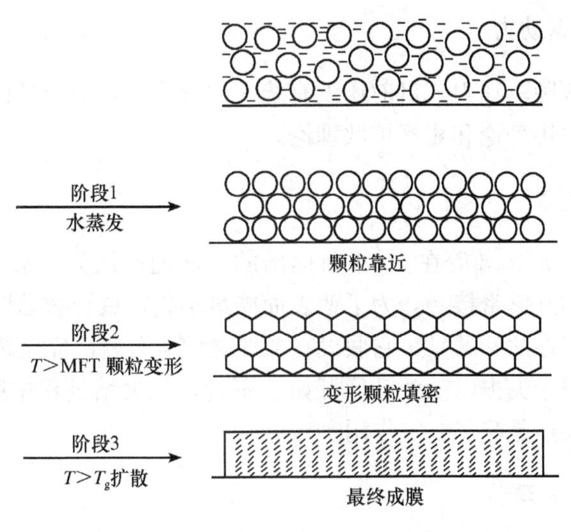

图4.9 乳胶颗粒成膜过程示意图

二、乳胶漆的成膜条件

（一）水分挥发

乳胶漆成膜条件之一是水分挥发。水分不挥发，乳胶漆就不会成膜。而水分挥发的速率，就乳胶漆来说，与其所含的成膜助剂和助溶剂等有关；就其施工应用来说，不仅与周围环境的温度、相对湿度有关，而且与基层的温度、含水率、吸水性有关。因此综合平衡诸因素，使其有一个合适的水分挥发速率，以获得优良的涂膜。不能太快，也不能太慢。

（二）成膜温度

乳胶漆成膜条件之二是施工时的环境温度和基层温度必须高于乳胶漆的最低成膜温度。否则，尽管水分挥发，乳胶漆也不能成膜。因为成膜需要乳胶粒子变形，分子链相互扩散和渗透，以致相互缠绕，达到聚结的。而这些都要求乳胶漆体系中有大于2.5%自由体积。这里所谓的乳胶漆体系，是指乳胶漆中所有组分的混合体。否则乳胶粒处于玻璃态而无法变形，乳胶分子链段和自由体积处于冻结状态而不能扩散。Hill研究了乳胶膜结硬和成膜过程中自由体积的分布。从而得出，当温度低于 Tg 时，由于没有明显的相互扩散，结硬的乳胶膜是脆的。

（三）最低成膜温度

乳胶漆的最低成膜温度是指乳胶漆形成不开裂的，连续涂膜的最低温度。它不同于乳胶漆用乳液（包含成膜助剂）的最低成膜温度。一般来说，由于颜料、填料等影响，乳胶漆的最低成膜温度高于其所用乳液的最低成膜温度，尽管表面活性剂也有一定的降低乳液最低成膜温度的作用。

三、乳胶漆的成膜驱动力

关于乳胶漆的成膜驱动力，目前还没有统一的看法。其中最具代表性的有三个，即熔结理论、毛细管作用理论和相互扩散理论。

（一）熔结理论

这一理论是由Bradford等在40年前提出的。该理论认为：水分全部蒸发掉以后，单个的乳胶粒子就相互紧密接触，为了使表面能最小化，聚合物黏性流动而使胶粒熔结在一起。这一理论存在的问题是，它假设在成膜之前水分就已完全蒸发掉，而实验证实胶粒的聚结在水分完全失去以前就已经开始。不过，从聚结过程中胶粒的形态上来看，熔结对形成完整漆膜还是起了一定作用。

（二）毛细管作用理论

该理论是由Brown提出的，他认为漆膜中还有水分时胶粒就已经开始聚结。Brown分析了这一阶段胶粒的受力情况，并提出胶粒上主要存在两种作用力。

（1）胶粒之间的毛细管作用力，这是由于水的存在使胶粒形成负弯曲表面而产生的，用 F_C 表示。

（2）球形胶粒的抗变形力，用 F_G 表示。为了成膜，胶粒之间的毛细管作用力必须大于抗变形力：$F_C>F_G$。

Brown进一步分析了胶粒抗变形的本质，把抗变形力看成是与毛细管作用力有关的、依赖于时间的高聚物弹性模量的函数，用G表示，并重新定义了成膜条件：$Gr/\gamma>35$。其中 γ 是高聚物－水界面的表面张力，r 是球形胶粒的半径。为了验证Brown所提出的这一判断实际上是否存在，进行了一些实验，如 $Gr/\gamma<8.5$ 的正丁基-甲基丙烯酸乳胶漆成膜很容易；另一方面，Gr/γ 超过最大值 35 的配方，其成膜也并不特别困难。这些实验证据表明，Browm 所提出的毛细管作用力对成膜似乎起了一定作用，但它对整个实际成膜过程中是否至关重要，存在很大的疑问。

（三）相互扩散理论

熔结理论和毛细管作用理论都假定成膜是仅仅由于聚合物胶粒所受的各种力的作用结果，而实际涂料配方还会含有很多其他物质，这些物质可能会影响胶粒的行为，从而起到促进成膜的作用。Voyutskii 在他的相互扩散理论中明确地分析了涂料中其他组分对成膜的影响。他认为，当水分蒸发到一定程度、单个的胶粒或多或少相互接触时，分散剂对促进成膜起主要作用。因此，分散剂要么溶解在聚合物表面，要么聚集在胶料之间。若后一种情况发生，则会形成非均相的漆膜。从实验上观察到了由于分散剂的存在而产生的非均相漆膜，并且胶粒表面上的分散剂很容易去除。分散剂聚集在胶粒之间，消除了胶粒之间的相互排斥力，结果使聚合物胶粒进一步靠近，乃至接触，这样聚合物分子就能通过扩散超过原来的界面形成致密的漆膜。这种成膜机理预示聚结程度取决于分散剂和聚合物的性质及成膜条件。这一点已被多种乳胶漆的成膜实验所证实。

四、影响成膜过程的主要因素

乳液成膜过程是一种聚合物分子链凝聚现象，是一个从乳胶颗粒相互接触、变形到分子链相互贯穿、扩散的过程，这个过程与高分子链的初始构象、分子运动、成膜条件和扩散动力学过程密切相关，宏观上聚合物的玻璃化转化温度、聚合物的结构、乳化剂、成膜温度等对成膜过程影响，并决定着最终涂膜的性能。

（一）玻璃化转变温度

乳液能否形成连续的乳胶涂膜，主要由分散相聚合物的玻璃化温度与成膜温度决定，聚合物的 Tg 对聚合物乳液的最低成膜温度（MFT）起着决定作用，而连续乳胶膜的形成与聚合物的 MFT 密切相关。当乳液在高于聚合物的 MFT 的温度下成膜时，乳胶粒子变形、融合和相互扩散能够正常发生，形成连续、透明的乳胶涂膜；当乳液在低于聚合物的 MFT 的温度下成膜时，乳胶粒子不发生变形和融合，形成的涂膜易脆且不连续，甚至粉化。

对具有不同 Tg 的聚合物共混乳液，在它们 MFT 以上的温度成膜时，低 Tg 聚合物运动速度快，布朗运动相对剧烈，聚合物链段间相互碰撞的机会增多，而高 Tg 树脂相反。当两种聚合物在 MFT 以上的温度成膜时都会发生自交联反应不同的运动速度会影响聚合物自分层的程度。共混乳液体系中，一般要求两种聚合物的 Tg 之差不宜超过 10℃左右，否则，表层或低层会含有较多的另外一各种聚合物。

（二）聚合物的结构

为保持乳胶颗粒粒径分布均匀，便于控制乳液性能，人们常常将乳液制备成具有核壳结构形式。具有核壳结构的乳胶粒的成膜行为与常规结构的具有一定的差异，Chevalier 等研究了核、壳分别由憎水、亲水物质聚合而成的乳液，利用中子衍射技术可观察到相对应的峰，当聚合物的壳层破裂，这些峰才会消失，聚合物分子链段也就会进行相互扩散，他们认为壳层只有在运动充分时才能破裂，而核层运动的不够充分也不能使壳层破裂。实际上，成膜后壳层并不都会破裂，壳层的存在也并不意味着聚合物分子链就没有相互扩散，Kim 等利用 DET 技术研究 PBMA 为核、壳层含有一定量 MAA 的乳液，在 90℃下退火发现聚合物链段的扩散仅仅减慢，随着壳层厚度的减薄，扩散系数增大。Meincken 等用 AFM 技术比较了具有相同粒径、相同单体的核壳乳液与常规乳液成膜速率，前者快于后者。这可能是核壳结构乳胶核层与壳层的 T_g 存在差别，致使在相同温度下核壳乳液的成膜速率较快。

（三）乳化剂

在乳液的成膜过程中以及成膜之后，乳化剂一直处在体系之中，因而乳化剂不仅影响涂膜的性能，也影响乳液的成膜。对成膜的影响主要体现在：乳胶体的稳定、乳胶粒的堆积、水分的蒸发、乳胶粒的变形以及聚合物链段的相互扩散。

在乳液聚合过程中所使用的乳化剂均含有亲水性基团，但在聚合物乳液中为小分子，因此，比聚合物分子更容易运动、迁移、扩散。BELAROUI 等使用 SANS 对乳化剂在成膜过程中的脱附行为进行研究；发现成膜后有部分吸附在乳胶膜表面的乳化剂会一直保留其上而不能脱附。因此，一般在乳液聚合过程中，宜将乳化用量降至最低，以提高涂膜的性能。

（四）温度

升高温度或热处理有利于聚合物乳液成膜，热既可以活化高分子的分子运动，又可增大高分子链段间的自由体积，两种作用都有利于聚合物分子链的松弛，使分子链段达到相互扩散和贯切成膜。

（五）水

聚合物在玻璃态时，主链处于被冻结状态，只有侧基、支链和小链节能运动，整个大分子不能实现构象转变，外力只能促使高聚物发生刚性形变。当成膜温度升到玻璃化转变温度时，链段运动被激发，高聚物进入高弹态，分子链可以在外力作用下改变构象，在宏观上表现出很大的形变。从理论上来讲，成膜温度只有高于 T_g，大分子的链段才可以运动，成膜才能进行，但在实际中，将 Tg 为 40℃左右的乳液在室温下干燥，也可以形成连续的涂膜，这主要是水在成膜过程中起到了增塑作用，只是对不同的体系，水的增塑作用不同而已。

第四节　乳胶漆常用性能指标

1. 容器中的状态

打开罐后目测漆液是否存在分层、深沉结块、絮凝等现象，然后用调刀或玻璃棒搅拌，观察是否能呈均匀状态，经搅拌呈均匀状态、无结块为合格，否则为不合格。

2. 施工性

主要检测乳胶漆的施工难易程度，施工时是否有涂困难，容易产生流挂、油缩、拉丝等现象。测定方法是：

(1) 用刷子在石棉水泥平板刷涂试样，涂布量为湿膜厚约 100μm，使样板的长边呈水平方向，短边与水平面约成 85°角竖放。

(2) 放置 6h 后用同样的方法涂刷第二道试样，在第二道涂刷时，以刷子运行有无困难为准。漆刷运行顺畅，无困难则以“刷涂二道无障碍”为合格，否则为不合格。

3. 干燥时间

乳胶漆从流体层到全部形成固体漆膜这段时间称为干燥时间，分为表干时间（表面干燥时间）及实干时间（实际干燥时间）。表干时间是指涂层在规定的干燥条件下，一定厚度的漆膜表面从液态变为固态，但其下仍为液态所需的时间。实干时间是指涂层在规定的干燥条件下，一定厚度的液态涂膜至完全形成固态涂膜所需时间。涂料的干燥时间可以决定涂料施工的间隔时间。

1) 表面干燥时间的测定

按建筑涂料涂层的试板制备方法在尺寸为150mm×70mm×(4～6)mm 的石棉水泥板上制备漆膜，在产品标准规定的干燥条件下进行干燥。漆膜涂好后记下时间，达到产品规定的时间之内以手指轻触漆膜表面，如感到有些发黏，但无漆粘在手指上，记下这个状况所需时间即为表面干燥的表干时间。

2) 实际干燥时间的测定

按上述方法制板和干燥，达到产品规定的时间之内，在距离边缘不小于 1cm 的范围内在漆膜表面放一个脱脂棉球，于棉球上再轻轻旋转一干燥试验器（如图 4.10所示），同时开动秒表，经 30min，将干燥试验器和棉球拿掉，放置 5min，观察涂膜有无棉球的痕迹及失光现象，涂膜上若留有 1～2 根棉丝，用棉球能轻轻擦掉，认为漆膜实际干燥。

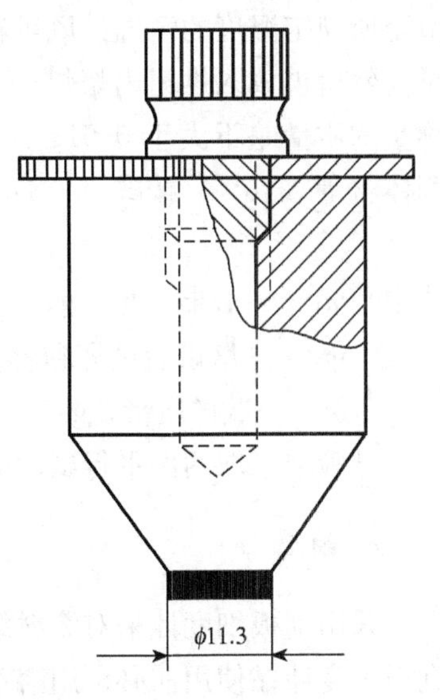

图 4.10　干燥试验器（单位：mm）

4. 遮盖力与对比率

我国目前测试遮盖力的方法，是采用单位面积质量法——黑白格法，如图 4.11 所示。即将试样涂刷于 100mm×200mm 的黑白格玻璃上，在散射光下或规定的光源设备内，目测至看不见黑白格为止，求出其用漆量。计算遮盖力 X（g/m^2）的公式为

$$X=(m_1-m_2)/S\times 10^4=50(m_1-m_2)$$

式中，m_1——未涂刷前盛有油漆的杯子和漆的总质量；

m_2——刷涂后盛有漆的杯子和漆的总质量；

S——黑白格板涂漆的面积，cm^2。

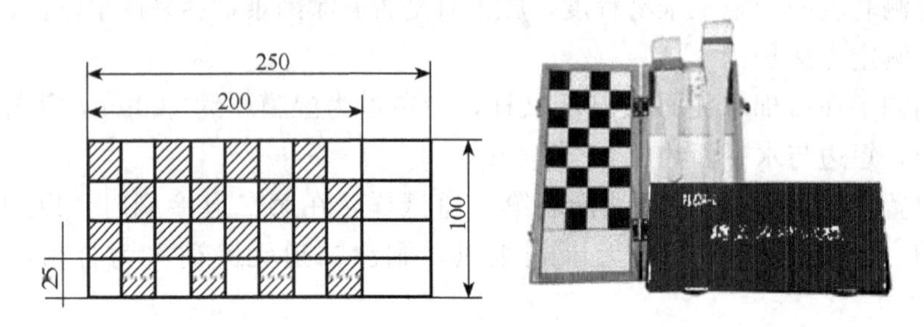

图 4.11　黑白格法测试遮盖力示意图

5. 固含量

涂料固体含量的测定，即涂料在一定温度下加热烘干后剩余物质量与试样质量的比值，以百分数表示，采用表面皿法测定：先将两块干燥洁净可以互相吻合的表面皿在 105℃±2℃烘箱内焙烘 30min。取出放入干燥器中冷却至室温，称量。将试样放在一块表面皿反过来，使二块皿互相吻合，轻轻压下，再将皿分开，使试样面朝上，放入已调节至所规定温度的恒温鼓风烘箱内焙烘一定时间后，取出放入干燥器中冷却至室温，称量。然后再放入烘箱内焙烘 30min 取出放入干燥器中冷却至室温，称量，至前后两次称量的质量差不大于 0.01g 为止（全部称量精确至 0.01g），试验平行测定两个试样。固体含量 X（%）按式（4.3）计算：

$$X=(m_2-m_1)/m\times 100 \tag{4.3}$$

式中，m_1——容器质量，g；

m_2——焙烘后试样和容器质量，g；

m——试样质量，g。

试验结果取两次平行试验的平均值，两次平行试验的相对误差不大于 3%。

6. 细度

采用刮板细度计来对涂料细度进行测定，以 μm 表示。刮板细度板如图 4.12 所示。刮板细度计在使用前必须用溶剂仔细洗净擦干，在擦洗时应用细软揩布。将符合产品标准黏度指标的试样，用小调漆刀充分搅匀，然后在刮板细度计的沟槽最深部分，滴入试

样数滴，以能充满沟槽而略有多余为宜。以双手持刮刀，横置在磨光平板上端（在试样边缘处），使刮刀与磨光平板表面垂直接触。在3s内，将刮刀由沟槽深的部位向浅的部位拉过，使漆样充满沟槽而平板上不留有余漆。刮刀拉过后，立即（不超过5s）使视线与沟槽平面成15°～30°角，对光观察沟槽中颗粒均匀显露处，记下读数（精确到最小分度值）。如有个别颗粒显露于其他分数线时，则读数与相邻分度线范围内，不得超过三个颗粒。平行试验三次，试验结果取两次相近读数的算术平均值。两次读数的误差不应大于仪器的最小分度值。

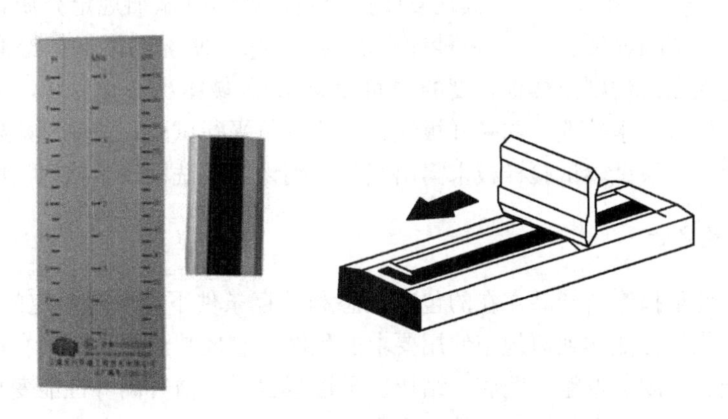

图4.12　刮板细度计及操作

7. 耐水性

涂膜对水的作用抵抗能力称为耐水性。将试验样板浸入装有规定的三级纯水的玻璃水槽中，并使每块试板长度2～3mm浸泡于水中，调节水温为23℃±2℃并保持此温度，按产品标准规定的浸泡时间结束时，将试板从槽中取出，用滤纸吸干，目视检查试板，看是否有失光、变色、起泡、起皱、掉粉、脱落等现象，并记录恢复时间。

8. 耐碱性

涂膜对碱侵蚀的抵抗能力称为耐碱性。碱溶液的配制是在温度为23℃±2℃的条件下，以100mL蒸馏水中加入0.12g氢氧化钙的比例配制碱溶液并充分搅拌，溶液的pH达到12～13。将养护好的试验样板2/3浸入温度为23℃±2℃的氢氧化钙饱和溶液中，按产品标准规定时间浸泡结束后，取出试验样板用水冲洗干净，甩掉板面上的水珠，再用滤纸吸干，立即用4倍放大镜观察涂膜是否起泡、开裂、剥落、粉化、明显变色等现象，没有此现象为合格。

9. 耐洗刷性

乳胶漆内墙涂料饰面经过一定时间后会沾染灰尘或油污，需用洗涤液或清水擦拭干净，外墙涂料饰面常年经受风吹雨淋，涂层必须具备而洗刷性能。采用耐洗刷仪检测，

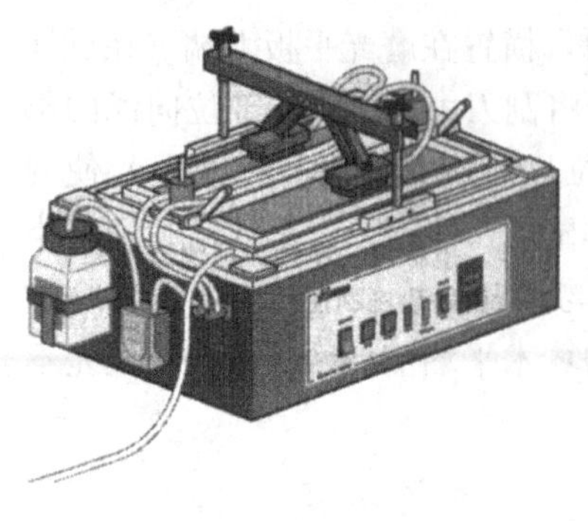

图 4.13　耐洗涮仪

耐洗刷仪是一种刷子在试验样板的涂层表面作直线往复运动，由一个滴加洗刷介质的容器、滑动架、刷子及夹具、试验台板和往复数字显示器等组成，如图 4.13所示。

将养护好的试验样板涂漆面向上，水平地固定在洗刷仪的试验台板上。把预处理的刷子置于试验样板的涂漆面上，试板承受约 450g 的负荷，启动洗刷仪使其往复摩擦涂膜，并同时添加规定介质，滴加速度为每秒钟滴加约 0.04g，使洗刷面保持湿润，按产品要求洗刷到规定次数或洗刷至样板长度的中间 100mm 区域露出底材为止，从试验仪上取下试验样板，用自来水冲洗。同一样板制备二块进行平行试验，洗刷至规定次数时，两块试验样板中有一块试验试验样板末露出底材，则认为其洗刷性合格以洗刷次数表示。

10. 贮存稳定性

贮存稳定性是指涂料产品在在的包装状态和贮存条件下，经过一定的贮存期限后，产品的物理或化学性能达到原规定使用要求的程度，它反映涂料抵抗其存放后可能产生的异味、增稠、结皮、返粗、沉底、结块、干性减退、酸值升高等性能变化的程度。试验方法是将乳胶漆密闭在容器中，放置在自然环境或加速条件下贮存后，测定所产生的黏度变化、颜料的沉降、以及产品规定所需检测的性能的变化。

11. 涂层耐温变性

涂层经受冷热交替的温度变化而保持原性能的能力为涂膜的耐温变性。一般建筑外墙涂料的涂膜要经受外界气候不同温度的变化，但不能随着外界温度的变化而发生开裂和脱落等现象。通常以涂膜经受融循环的测定以保证建筑外墙涂料经受 5～10 年的考验。以 24h 为一循环，即浸泡 18h（水温 23℃±2℃）、冷冻 3h（－18℃）、热烘 3h（50℃±2℃），一般循环五次或按产品标准规定进行。循环结束后，将试板在（23℃±2℃）相对温度为 50%±5%的条件下放置 2h，然后检查试板，观察涂膜有无粉化、开裂、剥落、起泡、变色等现象，无此现象为合格。

12. 黏度

乳胶漆的黏度常采用斯托默旋转黏度计来测定。它是通过测定使浸入试样内的桨叶产生 200r/min 的转速所需的负荷来测量，测试结果以克雷布斯单位（Krebs Unit，KU）来表示。斯托默旋转黏度计示意图如图 4.14 所示。

测定方法如下：

（1）将试样充分搅匀后移入容器中，使试样液面离容器盖约 20mm，并使试样和黏度计的温度保持 23℃±0.2℃。

（2）将转子浸入试样中，使试样液面刚好达到转子轴的标记处，接上电源，将砝码置于黏度计的挂钩上。

(3) 测试时悬挂砝码的绳子一定要平坦地绕在圆盘和圆轮上，若绳子缠绕交叉或重叠，将造成至少 20g 的误差。

(4) 选取在黏度计上的频闪观测器显示 200r/min 的图形的砝码质量（精确至少 5g），线条沿将叶转动方向移动，表示转速大于 200r/min，应减少砝码，线条逆桨叶转动方向移动，表示转速小于 200r/min，应添加砝码，频闪线条如图 4.15 所示。

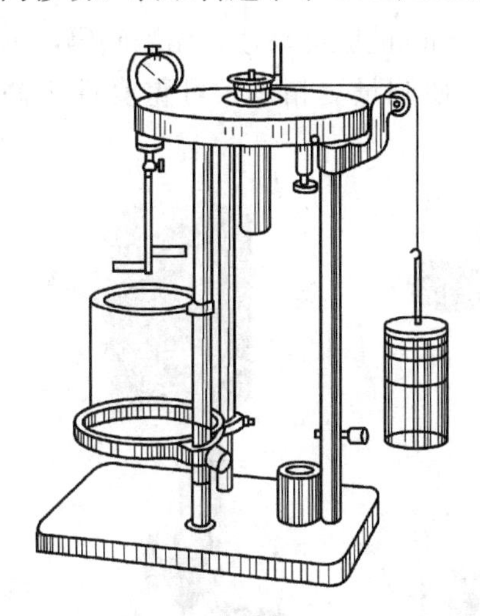

图 4.14　斯托默旋转黏度计示意图

图 4.15　计时器调至 200r/min 时的频闪线条

(5) 重复测定，直到得到一致的负荷值再从表 4.14 中查对应的 KU 值。

表 4.14　产生 200r/min 转速时所需负荷（g）与对应的 KU 值

g	KU	g	KU	g	KU	g	KU	g	KU	g	KU	g	KU	g	KU	g	KU	g	KU	g	KU
70	53	100	61	200	82	300	95	400	104	500	112	600	120	700	125	800	131	900	136	1000	140
—	—	105	62	205	83	—	—	—	—	—	—	—	—	—	—	—	—	—	—	—	—
—	—	110	63	210	83	310	96	410	105	510	113	610	120	710	126	810	132	910	136	1010	140
—	—	115	64	215	81	—	—	—	—	—	—	—	—	—	—	—	—	—	—	—	—
—	—	120	55	220	85	320	97	420	106	520	114	620	121	720	126	820	132	920	137	1020	140
—	—	125	57	225	86	—	—	—	—	—	—	—	—	—	—	—	—	—	—	—	—
—	—	130	68	230	86	330	98	430	106	530	114	630	121	730	127	830	133	930	137	1030	140
—	—	135	69	235	87	—	—	—	—	—	—	—	—	—	—	—	—	—	—	—	—
—	—	140	70	240	88	340	99	440	107	540	115	640	122	740	127	840	133	940	138	1040	140
—	—	145	71	245	88	—	—	—	—	—	—	—	—	—	—	—	—	—	—	—	—
—	—	150	73	250	89	350	100	450	108	550	116	650	122	750	128	850	134	950	138	1050	141
—	—	155	73	255	90	—	—	—	—	—	—	—	—	—	—	—	—	—	—	—	—
—	—	160	74	260	90	360	101	460	105	560	117	660	123	760	129	860	134	960	138	1060	141
—	—	165	75	265	91	—	—	—	—	—	—	—	—	—	—	—	—	—	—	—	—
—	—	170	75	270	91	370	102	470	110	570	115	670	123	770	129	870	135	970	139	1070	141
75	54	175	77	275	92	—	—	—	—	—	—	—	—	—	—	—	—	—	—	—	—
80	65	180	78	280	93	380	102	480	110	580	118	680	124	750	130	880	135	980	139	1080	141
85	57	185	79	285	93	—	—	—	—	—	—	—	—	—	—	—	—	—	—	—	—
90	58	190	80	290	94	390	103	490	111	590	119	690	124	790	131	890	136	990	140	1090	141
95	60	195	81	295	94	—	—	—	—	—	—	—	—	—	—	—	—	—	—	—	—

斯托默黏度计目前使用的有三种类型。

① 频闪观测器型。当桨叶保持 200r/min 时，依靠频闪观测器中转筒放置形成的黑白相间线条观测是否相对静止来做出判断，如图 4.16 所示。

② 转速计型。可直接从转速上读出桨叶的放置速度，以便增、减挂钩上砝码来调节转速至 200r/min，如图 4.17 所示。

③ 数字显示式型。仪器配有固定转速为 200r/min 的驱动马达，无需砝码，不用查表，可直接从显示器上读出所测样品的 KU 值，使测量更精确，可重复性更高，如图 4.18所示。

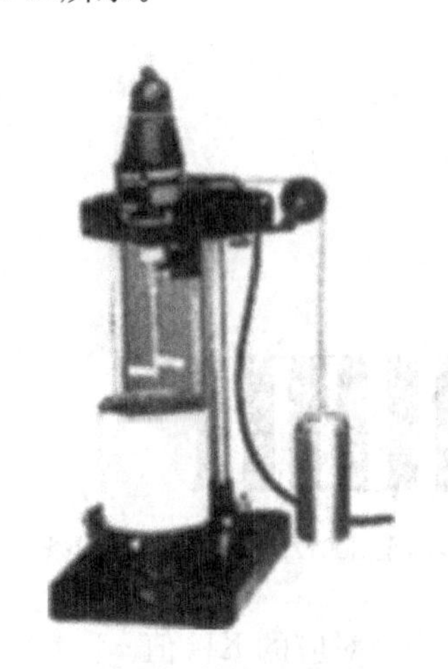

图 4.16　频闪观测器型斯托默黏度计

图 4.17　转速计型斯托默黏度计

图 4.18　数字显示式斯托默黏度计

13. 附着力

乳胶漆的内外墙涂料的测定主要采用刀具划格试验法，根据漆膜脱落的方格数，判断涂料对基体结合的坚牢程度。按产品的标准制备涂料试板，并养护 72h±2h。用锋利的刀片和刻度钢尺在试板的纵横方向各切 11 条间距为 1mm 的切痕，纵横切痕相交成 100 个正方形，切割后用软毛刷轻轻地沿着正方形的两条对角线来回各刷五次，用 4 倍放大镜观察涂膜脱落情况，记录脱落的方格数．判断标准如表 4.15 所示。

表 4.15　检查结果分级表

分　级	说　明	脱落表现（以 6×6 切割为例）
0	切割边缘完全平滑，无一格脱落	
1	在切口交叉处涂层许薄片分高，但划格区受影响明显不大于 5%	
2	切口边缘或交叉处涂层脱落明显大于 5%，但受影响明显不大于 15%	

续表

分　级	说　明	脱落表现（以 6×6 切割为例）
3	涂层沿切割边缘，部分或全部以大碎片脱落，或在格子不同部位上，部分或全部剥落，明显大于 15%，但受影响明显不大于 35%	
4	涂层沿切割边缘，大碎片剥落，一些方格部分或全部出现脱落，明显大于 35%，但受影响明显不大于 65%	
5	大于第 4 级的严重剥落	

14. 初期干燥抗裂性

乳胶漆从湿膜状态变成干膜状态过程中的抗开裂性能反应出涂料的内在质量，它直接影响装饰效果及最后涂层的性能。采用干燥抗裂试验仪检测，示意图如图 4.19、图 4.20所示。

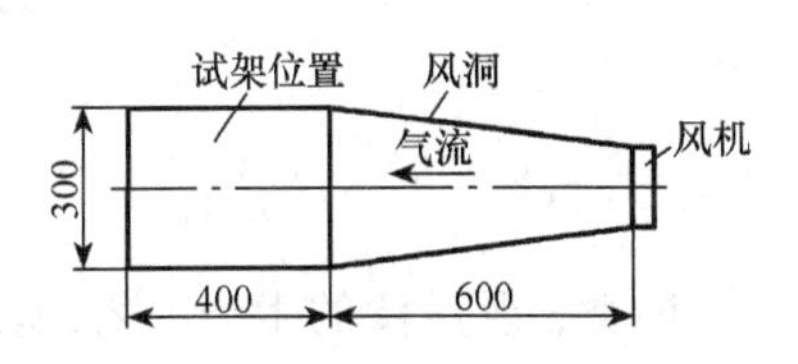

图 4.19　初期干燥抗裂试验用仪器　单位：mm

图 4.20　干燥抗裂试验仪

按产品说明中规定的方法和涂布量将底涂料涂布于石棉水泥板上，经 1～2h 干燥（触干），再将产品说明中规定用量的主涂料涂布于底涂料上面，立即置于干燥抗裂试验仪架上，试件与气流方向平行，调节风机转速，使风速控制在每秒 3m±0.3m，放置 6h 后取出，用肉眼观察试件表面有无裂纹出现，在产品标准规定的时间内不出现裂纹为合格。

15. 耐玷污性

涂膜受灰尘、大气悬浮物等污染物玷污后，消除其表面上污染物的难易程度称为耐玷污性。对于乳胶漆外墙涂料，涂膜长期暴露在自然环境中，能否抵抗外来污染，保持外观清洁是十分重要的。其检测装置如图 4.21 所示。采用粉煤作为污染介质，将其与水掺和在一起刷涂在涂层样板上，干后用水冲洗，经规定的循环后，测定涂膜的反射系数的下降率，来表示涂膜的耐玷污性。只限定白色和浅色涂料。

乳胶漆的涂膜要抵抗阳光、雨露、风、霜等气候条件的破坏作用而保持原性能的能力，可采用人工老化技术指标来衡量，如图 4.22 所示。人工加速老化是涂膜在人工老化试验中涂膜渐生变化，能过人工老化机人为的模拟天然气候因素并给予一定的加速性，是目前评定涂膜耐久性的主要方法。其结果表示为在若干小时内不起泡、不剥落、无裂纹、以及粉化和变色达到的级别等。

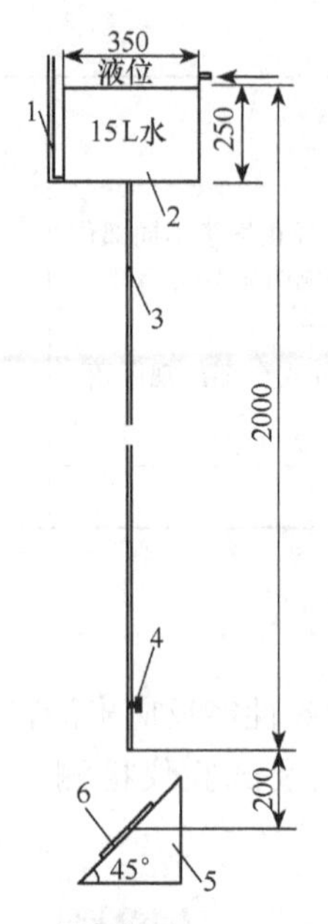

图 4.21　冲洗装置示意图　单位：mm

1. 液位计；2. 水箱；3. 内径 8 的水管；
4. 阀门；5. 样板架；6. 样板

图 4.22　人工老化机

小　结

本章主要介绍了乳胶漆的组成和作用、乳胶漆的种类、乳胶漆的生产工艺、乳胶漆的配方设计以及乳胶漆常用性能指标的检测等基础知识，通过本章的学习，使读者对乳胶漆涂料的生产、检测、配方设计有一个较为完整的认识，为将来走上涂料生产岗位打下坚实的基础。

与工作任务相关的作业

阅读相关书籍，分别查找乳胶漆内墙涂料及乳胶漆外墙涂料的涂料配方，并比较分析配方中各组分的作用的差异及各组分的作用。

知识链接

超低 VOC 建筑内墙乳胶漆

VOC，即可挥发的有机化合物，它使臭氧层受到破坏，并对自然环境和人类自身产生不利影响。我国于 2002 年颁布了环境标识产品认证技术要求水性涂料标准，标准指出：低 VOC 是指 VOC 含量低于 30g/L，超低 VOC 是指 VOC 含量趋于零的涂料产品。

乳胶漆以水为分散介质，VOC 比溶剂型涂料低得多，在乳胶漆配方中 VOC 主要来源于乳液、溶剂、助剂、色浆等，其中最主要的来源是成膜助剂和防冻剂如二醇类溶剂。

（一）乳液

乳液中所含有的残余单体是 VOC 的来源之一。乳液是影响乳胶漆的综合性能特别是涂膜性能的重要因素，乳液影响涂膜的光泽保持性、附着力、耐碱性、耐洗刷性、耐候性、抗起泡性、抗开裂性等性能。超低 VOC 乳胶漆应选择不需要成膜助剂和溶剂，就能低温成膜并且理化性能良好（如冻融稳定性、贮存稳定性等）的乳液，这要求在乳液合成时改善一些具体性能，如使乳液具有高玻璃化温度（Tg）来提高涂膜的硬度、耐擦洗性和耐玷污性，并考虑降低乳液的最低成膜温度（MFT）使涂料在无需成膜助剂时具有较好的低温成膜性能等。此外，乳液还应具有很低的残余单体含量，乳液中残余的单体浓度会影响乳胶漆的 VOC 含量，可以通过调整聚合工艺参数来提高单体的转化率，使残余单体量降到最低值以至趋于零。

（二）溶剂

溶剂用于改善成膜性能的成膜助剂，目前传统的成膜助剂是 Tex-anol、醇醚、溶剂汽油及苯甲醇等溶剂；赋予涂料耐冻融稳定性的助剂，如乙二醇、丙二醇，这些都是 VOC 的主要来源之一。

（三）助剂

助剂包括某些矿物油类消泡剂、改善涂膜流平性能的某些缔合型增稠剂以及使涂料不变质的某些防腐杀菌剂，用于调节涂料体系 pH 的助剂，如常用的 AMP-95 等都不同程度地含有溶剂。使用与体系配伍的水性助剂是保证超低 VOC 内墙乳胶漆各项施工与测试性能及控制 VOC 含量的关键。传统乳胶漆使用的成膜助剂、二醇类防冻剂、矿物油类消泡剂、某些缔合性增稠剂、防腐杀菌剂及溶剂类的 pH 调节剂等都是涂料配方中 VOC 的主要来源。超低 VOC 内墙乳胶漆应使用可低温成膜和冻融稳定性合格的乳液，以减少 VOC 的含量；pH 调节剂可以用无机碱溶液代替溶剂型调节剂。此外，选用一些无溶剂的特种表面活性剂和特效助剂来改善涂料的施工性和耐冻融性也是降低乳胶涂料中 VOC 的有效方法之一。

1. 消泡剂

在乳胶漆中添加了乳化剂、分散剂、润湿剂，乳胶漆体系的表面张力下降，极易产生泡沫，会造成缩孔、针孔等，影响产品的性能。破泡需要三个过程：气泡的再分布、膜厚的减薄和膜的破裂。消泡剂的种类比较多，但一般都具有破泡、抑泡和脱泡的多重作用。为了满足超低 VOC 的要求，应该选用非矿物油类消泡剂，且在泡基本消失后加入增稠剂，因为黏度高的时候不利于消泡。

2. 分散剂、润湿剂

乳胶漆在长期贮存的过程中，分散剂不足，则易出现絮凝；分散剂过量，很容易出现分层现象。这是因为随着分散剂用量的增加，颜料颗粒之间的作用力增强，双电层变厚，电位增大，体系的稳定性增强，但分散剂的浓度达到一定的程度后，会破坏这种双电层，电位下降，从而出现分水现象，因而需要通过实验确定分散剂的最佳用量。润湿分散剂的使用还与颜填料的种类有关，目前还没有一种润湿分散剂能适用于各种不同体系和不同类型的乳胶漆。

3. 增稠剂

增稠剂是影响乳胶漆流变性能的一个重要因素。目前，乳胶漆中使用的有机增稠剂主要有三类：纤维素醚类（HEC）、聚丙烯酸酯乳液类、缔合型增稠剂。纤维素醚类、聚丙烯酸酯乳液类增稠剂具有较高的低剪切黏度，有利于提高乳胶漆的贮存稳定性及抗“流挂”，但单独使用难以满足“流平”、防“飞溅”要求；缔合型增稠剂具有较高的高剪切黏度，可满足涂刷成膜的要求，同时具有较低的低剪切黏度，漆膜易流平，但抗“流挂”、抗“分水”效果差。单独使用一种增稠剂很难满足施工及贮存稳定性的要求，因此应在乳液配方中合理组配不同种类的增稠剂。但是当两种不同类型的增稠剂搭配使用时，由于增稠网络的排斥，比例搭配不当时容易产生分水。

4. 防霉杀菌剂

乳液、纤维素、颜填料和助剂等物质为微生物提供了生存及繁殖的条件，乳胶漆中的微生物会导致难闻的气味，漆膜出现霉斑、变色，甚至起泡、脱落。因此，为了防止乳胶漆在贮存期间变质及成膜后长霉，必须加入防腐剂、防霉剂，一般添加量为0.05%～0.1%。在超低 VOC 乳胶漆中不宜选用含有甲醛的防霉杀菌剂。

（四）颜填料的选择

为了保证超低 VOC 内墙乳胶漆具有良好的低温成膜性，涂膜具有优异的耐擦洗性，应该选用成膜性好、与底材附着力强的颜填料。轻钙、重钙、滑石粉等具有良好的附着力，可以提高漆膜的耐洗刷和耐磨性，避免出现起泡、掉粉等现象；高岭土、云母等具有很好的成膜性，可以改善漆膜的柔韧性，赋予漆膜手感滑爽。另外，无机颜料虽然价廉性优，但无机颜料中不同程度地含有重金属离子，是涂料产品中重金属离子的主要来源。用于健康型建筑内墙乳胶漆的颜填料，其重金属离子应作为一个严格的控制指标，尽可能选择原料组成稳定、重金属离子含量低的颜填料。

（1）常用的颜填料。乳胶漆一般使用白色的颜料，高档乳胶漆中一般使用金红石型钛白粉，因为它具有较高的折光率，结构稳定，化学性能良好，耐久性优。常用的填料主要有重钙、高岭土、滑石粉、云母粉等。在内墙涂料中建议使用重钙、滑石粉等白度较高的产品。

（2）功能填料。功能填料因其化学组成、晶体结构的差异，其加工技术和应用技术有所不同，通过提高加工技术、改善填料特性，赋予乳胶漆新的功能。如片状的绢细云母粉提高了涂膜耐候性；吸附类填料提高了涂料的贮存稳定性，纳米填料提高了涂料的抗菌、耐候性等。

（3）遮盖聚合物。遮盖聚合物可以用来代替部分钛白粉，降低了成本。这种聚合物中空微球体质颜料的微孔中含有空气及金红石型 TiO_2颜料，TiO_2也可存在于中空微球的树脂部分。提高控制空隙的浓度和分散在中空微球的 TiO_2颜料，则会使涂料的遮盖率提高，并且还可以提高 TiO_2的利用率；另外，还可以提供乳胶漆在耐洗刷、耐碱等方面的性能，提高对比率、遮盖率。

第五章　粉末涂料的生产

学习目标

（1）掌握热塑性、热固性粉末涂料的生产原理、生产工艺的控制。

（2）了解粉末涂料的生产工艺流程及主要设备的结构与选型。

（3）了解粉末涂料的优缺点、检测及粉末涂料静电喷涂应用。

（4）了解粉末涂料工业发展趋势。

必备知识

学生需具备无机化学、有机化学、物理化学、分析化学等四大化学基础知识以及化工制图、化工原理、化工设备等相关专业基本知识。

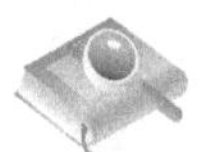

选修知识

学生可选修高分子化学、高分子物理等知识。

案例导入

国外粉末涂料的生产应用始于20世纪50年代，经过50多年的发展，产量从1980年的7万t增长到2001年的79.3万t，增加了11.5倍，年均增长率达到13%。粉末涂料增长如此之快的原因在于：

（1）粉末涂料VOC接近于零，符合环保的要求。

（2）粉末涂料所带来的直接和间接经济效益高。

（3）金属结构产品的质量标准更高，如越来越多的汽车制造商采用粉末涂料涂装车身底部零件（如散热器、发动机、减震器等），从而提高工件的防腐蚀能力，延长其使用寿命。

（4）粉末涂料的原材料供应商提出了更高的承诺，有力地促进了粉末涂料新产品、新技术的开发。

（5）喷涂设备的改进使粉末涂料涂装的效率和安全性提高，喷粉利用率达到96%以上。

（6）粉末涂料设备的大量应用为粉末涂料替代传统的液体涂料提供了保证。

我国粉末涂料生产起步较晚，1965年由广州电器科学研究所和常州绝缘材料厂率先开展了环氧绝缘粉末涂料的研制和生产。1985年无锡造漆厂和杭州中法化学有限公司从英国、法国引进成套的粉末涂料生产线之后，我国的粉末涂料生产技术和产品质量提高到了一个新水平，缩短了与世界先进水平之间的差距。近些年由于家电、家具行业的兴起，粉末涂料以其色彩鲜艳、坚固耐用的特点打入家电市场，同时随着粉末涂料原材料、生产设备、检测仪器、喷涂设备的配套齐全，粉末涂料产业获得了前所未有的发展。无论从品种、数量、质量、应用和人们的认识上都有了较大的进步，2002年的产量近27万t，年均增长率达15%以上，成为世界第一大粉末涂料生产国。目前我国粉末涂料产品品种有：环氧装饰型、绝缘环氧、防腐型环氧酚醛、环氧丙烯酸花纹型、聚酯环氧装饰型、环氧美术型、聚酯/TDIC、聚氨酯、半光、无光及其他功能型粉末涂料(包括阻燃、导电、耐热等)。

我国粉末涂料经过30多年的发展，尤其是20世纪90年代的家电与家具行业的崛起，使中国粉末涂料得到了持续快速的发展，已成为世界上最大的粉末涂料生产国。对世界粉末涂料的发展产生了重要的影响，粉末涂料已经成为我国涂料工业的生力军。加之国家对VOC排放的限制，国家重点项目的逐一启动，势必造成对粉末涂料的强劲需求，因此，粉末涂料发展前景广阔。

课前思考题

固体粉末状涂料如何施工的?

第一节　粉末涂料的特点

粉末涂料是涂料的一个特殊品种，它与传统的溶剂型涂料不同，不含有机溶剂，也不含水固体粉末状的涂料，并以粉末状喷涂到被涂物上面，经烘烤熔融流平，固化成膜的涂料.

粉末涂料始于20世纪40年代初，是以粉末粒子形态涂装形成的涂层。作为无溶剂型涂料，粉末涂料在生产和涂装过程中没有溶剂释放，少污染，符合环境保护的要求，涂装过程中喷溢粉末可回收再利用，有利于节省资源，粉末涂料易实施自动化生产，可提高劳动生产率，效率高，在生产和施工过程中不使用有溶剂，安全、卫生。符合国际上提出的“4E”(经济、高效、生态、能源)原则，因此得到高速发展，半个多世纪以来，涂料品种不断开发，涂装技术不断创新，应用领域不断拓展。从热塑性粉末涂料起步，到以热固性粉末涂料为主流，从厚涂层到可薄涂至30μm，从以防腐蚀为主到高装饰、高功能性，成为最具发展前途的涂料品种之一，在各种涂料品种中发展速度最快。

一、粉末涂料的特点

粉末涂料与溶剂涂料和水性涂料相比具有如下一些优点：

(1) 粉末涂料是一种固体含量为100%粉末状涂料，不含有机溶剂，避免了有机溶剂对大气造成污染及对操作人员健康带来危害，生产、储存和运输中减少火灾危险。

(2) 在涂装过程中，喷溢的粉末涂料可以回收再用，涂料的利用率达到95%以上，如果颜色和品种单一，设备的回收率高时，利用率可达到99%以上。

（3）粉末涂料的一次涂膜厚度可达50～500μm。相当于溶剂型涂料几道至几十道的厚度，减少了多道喷涂中产生的二次污染问题，同时有利于节能和提高生产效率。

（4）粉末涂料用的树脂分子质量大，涂膜的物理力学性能和耐化学介质性能比溶剂型涂料好。

（5）涂装操作技术简单。不需要很熟练的技术，涂膜厚涂时也不容易产生流挂等弊病，容易实行自动化流水线涂装。

（6）不需要像乳溶剂型涂料那样随季节调节黏度，也不需要喷涂后放置一段时间挥发溶剂后进烘烤炉，可以节省涂装时间。

（7）粉末涂料不用溶剂，是一种有效的节能措施，因为大部分溶剂的起始原料是石油原油。减少溶剂的用量，直接节省了原油的消耗。

粉末涂料不是十全十美的涂料产品，也有如下缺点。

（1）粉末涂料的制造设备和工艺比较复杂，制造成本高，品种和颜色的更换比较麻烦。

（2）涂装设备不能直接使用溶剂型涂料涂装设备，还需要专用回收设备，设备投资大，同时要考虑防止粉尘爆炸等问题。

（3）粉末涂料的烘烤温度多数在150℃以上，烘烤温度高，不适合于耐热性差的塑料、木材、焊锡件等物品的涂装。

（4）粉末涂料容易厚涂，很难得到50μm以下平整光滑的涂膜，而且涂膜外观的装饰性不如溶剂涂料。

（5）在静电粉末涂装中，更换涂料品种和颜色比较麻烦。

（6）闪光型面漆的光泽差。

（7）不适合用于外型复杂的被涂物涂装。

（8）与同类溶剂型涂料相比，漆膜外观较差。

粉末涂料与溶剂型涂料的特点比较见表5.1。

表5.1　粉末涂料与溶剂型涂料的特点比较

项　目	粉末涂料	溶剂型涂料	项　目	粉末涂料	溶剂型涂料
一道涂装涂膜厚度/μm	50～500	10～30	涂装中换颜色和品种	麻烦	简单
薄涂	难	容易	涂料的运输和贮存	方便	不方便
厚涂	容易	难	涂装线自动化	容易	难
喷涂涂料的回收再用	可以	不可以	涂膜性能	很好	一般
涂料的利用率	高	一般	溶剂带来的火灾危险	没有	有
涂装劳动生产效率	高	一般	溶剂带来的大气污染	没有	有
熟练的涂装操作技术	不需要	需要	溶剂带来的毒性	没有	有
涂料的专用制造设备	需要	不需要	粉尘爆炸的危险	有，但很少	没有
涂装的专用设备	需要	不需要	粉尘污染问题	有，但很少	没有
涂料制造中调色和换色	麻烦	简单	—	—	—

二、粉末涂料的组成和品种

（一）粉末涂料的组成

粉末涂料一般由树脂、固化剂、颜料、填料和助剂等组成，其主要的组成方面与溶剂型和水性涂料比较没有多大差别。在热塑性粉末涂料中，树脂是热塑性树脂，不需要固化剂，在热固性粉末涂料中，必须有固化剂成分。热塑性树脂、热固性树脂和固化剂是成膜物质，是粉末涂料涂膜起决定性作用的必不可少的成分。颜料起到涂膜的着色和装饰作用填料改进涂膜的刚性和硬度，虽然助剂在粉末涂料配方组成中所占比例很少，但是对涂膜的外观，光泽、物理力学性能和涂料的性质起到决定性作用，例如，流平剂可以消除涂膜产生的缩孔问题，安息香有利于成膜时脱出空气、水分和反应生成的小分子化合物，光亮剂可以使颜料和填料容易润湿和分散，消泡剂可使喷涂工件时避免产生火山坑和颗粒，消光剂使涂膜的光泽下降，松散剂使粉末涂料夏季不容易结团，防流挂剂使涂料涂装时，在被涂物的边缘不容易产生流挂等弊病，各种纹理剂可以使涂膜外观产生皱纹、橘纹、砂纹、绵绵纹、锤纹、花纹等纹理。

一般粉末涂料的主要组成和配方的用量如表 5.2 所示。

表 5.2　一般粉末涂料的组成和各组分用量范围

组　成	用量/%	备　注
树脂	60～90	在透明粉末涂料中用量大
固化剂	0～35	在热塑料性粉末涂料中 0%，在聚酯环氧粉末涂料中 35%
颜料	1～30	在黑色粉末涂料中 1%，在纯白色粉末涂料中 30%
填料	0～50	在透明粉或锤纹粉中 0%，砂纹、皱纹粉中高达 50%
助剂	0.1～5	不同助剂品种的用量范围差别很大

注：各成分的用量很难准确地划定范围，只是一个大概的参考。

1. 粉末涂料用树脂

在粉末涂料配方中，树脂是最主要的成分，在热塑性粉末涂料中，树脂本身在一定温度和时间条件下，熔融流平成为具有一定的物理力学性能和强度的涂膜，这种变化是可逆的，只发生物理变化，不发生化学变化，在热固性粉末涂料中，树脂可以与固化剂在一定温度条件下进行交联固化化学反应，成为具有一定的物理力学性能和强度的涂膜，这种变化是不可逆的，一般粉末涂料用树脂应具备如下条件：

（1）热塑性树脂应具备在一定温度条件下直接成膜性能，成膜物应具有很好的物理力学性能和耐化学性能，热固性树脂具备在一定温度条件下与固化剂进行化学反应成膜的性能，成膜物并具有很好的物理力学性能和耐化学药品性能。

（2）树脂与固化剂、颜料、填料和助剂等粉末涂料的其他组成的混溶性和分散性好，容易制造粉末涂料。

（3）树脂的熔融温度与分解温度之间的温差要大。这是因为树脂的熔融温度与分解温度之间的温差小时，粉末涂料的烘烤温度控制不好，树脂容易发生分解反应，直接影响涂膜性能，聚氯乙烯树脂之外的大多数粉末涂料用热塑性树脂和热固性树脂是能达到这种要求的。

(4) 对涂膜流平性要求好的粉末涂料，在烘烤固化温度条件下，树脂的熔融黏度要低，尤其是要求薄涂层的粉末涂料，尽量选择树脂熔融黏度比较低和反应活性弱的品种。

(5) 树脂在生产粉末涂料和涂装粉末涂料过程中，对空气、湿气、温度、日光等的物理和化学稳定性好，这样才能容易保证粉末涂料在制造、贮存和使用过程中的产生质量稳定。

(6) 树脂在常温下的机械粉碎性好，这是因为用熔融挤出混合法制造粉末涂料过程中，必须经过机械粉碎工艺，树脂的机械粉碎性好，才容易制造粉末涂料。大多数热塑性树脂的分子质量大，韧性强，在常温下的机械粉碎性差，而热固性树脂的机械粉碎性却好。

(7) 树脂本身或者树脂与固化剂化学反应后的成膜物质对被涂物的附着力好。因为粉末涂料涂膜对被涂物的附着力好坏，主要决定与成膜物质对被涂物的附着力，一般热固性粉末涂料和带极性基团的热塑性树脂组成的热塑性粉末涂料的附着力比较好，而大多数热塑性粉末涂料的附着力不太好。

(8) 树脂的熔融温度和交联固化成膜温度低，一般粉末涂料的成膜固化温度高，大多数在150℃以上，热量消耗较大，如果树脂的熔融温度和交联固化温度低则有利于节能。

(9) 树脂与固化剂交联固化反应过程中，不产生反应副产物或者产生的副产物少，这是因为一方面从环境保护考虑，可以减少或避免环境污染；另一方面也容易克服由于产生副产物带来的涂膜针孔、缩孔、气泡等弊病，除聚氨酯粉末涂料和羟基酰胺固化聚酯粉末涂料以外，大多数粉末涂料基本满足这个条件。

(10) 树脂的电晕放电带静电或者摩擦带静电性能好，因为经典粉末喷涂是粉末涂料的主要涂装方法之一，粉末涂料的带电性能主要决定于树脂的带电性能，树脂的带电性能好，那么粉末涂料的涂装性能就好，聚氯乙烯树脂的电阻较小，静电电荷容易流失，电位下降迅速，极易导致附着上去的粉末涂料粒子脱落下来，环氧粉末涂料就容易摩擦带电，而聚酯环氧粉末和聚酯粉末涂料就不容易摩擦带电，在这些粉末涂料中必须添加的摩擦带电助剂，才能改进粉末涂料的摩擦带电性能，可以使用摩擦喷枪进行涂装。

(11) 树脂最好是无味、无毒，颜色是越浅越好，当然无色更好，因为无毒、无味有利于人体健康和卫生，颜色浅有利于浅色粉末涂料的配制。

(12) 树脂的原材料来源丰富，价格便宜。这样有利于大范围的推广应用，容易工业化。

粉末涂料可分为热塑性和热固性两大类。热塑性粉末涂料主要有聚乙烯、聚氯乙烯、聚丙烯、聚酰胺、热塑性聚酯等。热塑性粉末涂层柔韧、平滑，但性能不如热固性粉末好。目前热固性粉末涂料占整个粉末涂料的90%以上，热固性粉末涂料树脂主要有：

1）环氧型粉末涂料

环氧树脂型粉末涂料是热固性粉末涂料中历史最早，在重防腐蚀领域中使用很多的品种。它可分为胺固化型、酸固化型和催化热分解反应型。

2）环氧/聚酯型粉末涂料

环氧/聚酯型粉末涂料常称为混合型，它是含羧基的聚酯树脂与环氧树脂反应的类型。环氧树脂含量多时，耐候性差。其优点是成本较低，但漆膜外观不够理想。

3）纯聚酯粉末涂料

纯聚酯粉末涂料所采用的饱和聚酯树脂不同分为两种：以羟基封端的经基型纯聚酯粉末涂料和以羧基封端的羧基型纯聚酯粉末涂料，从而对应不同的固化剂及固化体系。纯聚酯粉末涂料具有以下突出优点。

（1）具有非常好的流动性。

（2）耐候性强。具有很好的户外保色、保光性，阳光照射不泛黄及无粉化现象。

（3）对金属的附着力优于环氧及环氧/聚酯型涂料。

（4）涂膜丰满光泽度高。纯聚酯粉末涂料在室外耐紫外线要求高的地方用得较多。

4）丙烯酸型粉末涂料

丙烯酸树脂型是日本开发的品种，丙烯酸树脂中含有缩水甘油基（缩水甘油基甲基丙烯酸），采用长链二羟基酸作固化剂，故所得漆膜耐候性、硬度优良。

2. 粉末涂料用固化剂

在热塑性粉末涂料中不需要固化剂，但是在热固性粉末涂料中，固化剂是粉末涂料组成中必不可少的成分，如果没有固化剂，热固性粉末涂料就无法交联固化成膜得到具有一定物理力学性能和耐化学药品性能的涂膜。固化剂的性质是决定粉末涂料和涂膜性能的主要影响因素，应该具备如下条件：

（1）固化剂应具有良好的与树脂进行化学反应的活性，在常温和熔融挤出混合温度条件不与树脂发生化学反应，而在烘烤固化条件下，与树脂迅速进行交联固化反应，得到外观流平性好、物理力学性能和耐化学品性能好的涂膜。

（2）固化剂仅与树脂起化学反应，不与颜料、填料和助剂等其他组成成分起化学反应。

（3）固化剂的熔融温度低，并与树脂的混溶性好，这样在熔融挤出混合工艺中，与树脂能够分散均匀，交联固化成膜后容易得到外观和性能良好的涂膜。

（4）固化剂与树脂发生化学反应时，最好不产生副产物或者产生的副产物少，这样在交联固化成膜过程中，不易出现涂膜的针孔、缩孔和气泡等弊病，同时不污染环境或者对环境的影响很小。

（5）固化剂的稳定性好，在粉末涂料生产、贮存、使用和回收利用过程中，接触空气、湿气、温度和日光等的影响下不起化学反应，也不产生结块，不影响粉末涂料干粉流动性和其他质量指标。

（6）从节约能源考虑，固化剂与树脂的交联固化反应温度低，反应时间要短，这样有利于低温短时间固化成膜，可以节能，提高生产效率。

(7) 从粉末涂料的制造工艺和贮存稳定性考虑，固化剂在常规或室温条件下是固体，而不是液体，最好是固体粉末状或者容易粉碎的固体粒状或片状，这样在制造粉末涂料过程中容易分散均匀，并能得到各种性能良好的粉末涂料。固化剂最好是配制粉末涂料以后，对粉末涂料的玻璃化温度下降明显，粉末涂料的玻璃化湿度低，粉末涂料容易结团，常温条件下无法正常使用。

(8) 固化剂应为无色或浅色，不使固化涂膜着色，这样有利于配制白色或浅色粉末涂料。

(9) 固化剂与树脂烘烤固化后，涂膜的耐热、耐光性好，在使用中不容易变色。

(10) 固化剂最好是无毒或者毒性很小，特别是配制粉末涂料以后达到基本无毒。固化剂的原材料来源丰富，价格便宜，这样有利于大范围的推广应用，容易工业化。

粉末涂料用固化剂各类繁多，选用的原则主要根据其基料树脂所带有的活性基团，如表 5.3 所示。

表 5.3 固化剂类型及选用原则

树脂中的活性基团	固化剂的类型
羟基（—OH）	酸酐、封闭异氰酸酯，带烷氧羟甲基三聚氰胺
羧酸基（—COOH）	多环氧基化合物或树脂、羟烷基酰胺
环氧基（—CH₂—CH—CH₂—R— 环氧环己基，CH—CH₂ 间以 O 桥连）	双氰胺及衍生物，酸酐、酰胺，含羧基聚酯树脂，芳香族胺，含酚羟基树脂
不饱和基团（>C=C<）	过氧化物

3. 粉末涂料用颜料

颜料在粉末涂料配方中的作用是使涂膜着色和产生装饰效果，对有颜色的粉末涂料来说是不可缺少的组成成分。粉末涂料用颜料的要求跟溶剂型涂料和水性涂料差不多，但是由于粉末涂料的特殊性也有其他方面的要求，因此品种范围窄。粉末涂料用颜料应具备如下条件：

(1) 颜料在粉末涂料的制造、贮存和使用过程中，不与树脂、固化剂、填料和助剂等成分等发生化学反应。

(2) 颜料的物理、化学稳定性好，不受空气、湿气、温度和环境的影响，粉末涂料成膜以后，也不容易受酸、碱、盐和溶剂等化学药品的影响。

(3) 颜料的重要功能是对涂料的着色，要求颜料的着色力和消色力强，还要求遮盖力也强，这样有利于降低使用量，也可以降低涂料成本。

(4) 颜料应热塑性树脂和热固性树脂中的分散性好。

(5) 颜料的耐光性，耐候性和耐热性好，特别是耐侯性粉末涂料用的颜料的耐光性最好达到 7～8 级，耐候性达到 5 级，因为一般粉末涂料的烘烤温度较高，都在 150℃

以上，大多数都在180℃左右，所以颜料的耐热温度应大于粉末涂料的烘烤固化温度或者更高一些，由于这个条件的限制，能用于粉末涂料的颜料品种比价少。

（6）颜料最好是无毒或者毒性很小，一般情况下尽量不使用或者少使用含有铅和镉的颜料。

（7）颜料的来源丰富，价格便宜。

在粉末涂料中常使用的无机颜料有钛白（锐钛型和金红石型）、铁红、铅铬黄（柠檬铬黄、铬黄、中铬黄、深铬黄和橘铬黄）、立德粉、云母氧化铁、铝粉和铜粉、炭黑等。有的也用氧化铁黄和铁黑等颜料，因它们的耐热温度都比较低，并不太适用于粉末涂料中，常用的有机颜料品种有酞箐蓝系列（B型、BGS型和BGNCF型）、酞箐绿、永固红系列（F3RK和F5RK型）、永固紫系列（HR和HB型）、永固黄（5GX型）、耐晒黄（G型和10G型）、耐晒太阳（BBN型）、耐晒艳红（BBC型）、耐晒红（BBS型）、新宝红（SGB型）等，其中耐光性不好的不能用在户外，只能用在室内。另外由Giba公司和BASF公司生产的耐光性、耐候性和耐热性好的有机颜料系列都可以使用。在上面推荐的颜料品种中，耐晒黄的耐热温度是160℃，但是在没有更好更便宜的黄色有机颜料品种时，只能暂时使用，再则，虽然群青的耐热性不太好，但是为了调节涂膜的色相，主要是消除黄相，在白色中经常使用。

4. 粉末涂料用填料

填料在粉末涂料配方中的作用是提高涂膜的硬度、刚性、耐划伤性等物理性能，同时改进粉末涂料的松散性和提高玻璃化温度等性能，再则，在满足涂膜各种性能的情况下降低涂料成本。除透明粉末涂料以外，在大部分粉末涂料配方中都要加填料，也是不可缺少的组成成分，粉末涂料用填料的要求与溶剂型涂料和水性涂料差不多，一般应具备如下条件：

（1）填料在粉末涂料制造、贮存和使用过程中，不与树脂、固化剂、填料和助剂等成分等发生化学反应。

（2）填料的物理、化学稳定性好，不受空气、湿气、温度和环境的影响，粉末涂料成膜以后，也不容易受酸、碱、盐和溶剂等化学药品的影响。

（3）填料的重要功能是添加到粉末涂料中以后，能够改进涂膜硬度，刚性和耐划伤性等物理力学功能，同时有利于改进粉末涂料的贮存性能、松散性能和带静电性能。

（4）填料应在热塑性树脂和热固性树脂中的分散性好。

（5）填料的耐热性、耐候性和耐光性好。

（6）填料应该是无毒的。

（7）填料的来源丰富，价格非常便宜。

在粉末涂料中常用的填料有沉淀硫酸钡、重晶石粉、轻质碳酸钙、重质碳酸钙、高岭土、滑石粉、膨润土、沉淀二氧化硅、云母粉、石英粉、硅灰石等，近年来这些填料品种的超细产品品种增多，表面进行改进的品种也增多，对改进填料在粉末涂料中的分散性和涂膜外观起到一定的作用。常用填料品种和技术性能指标见表5.4所示。

表 5.4　常用填料品种和技术性能指标

填料名称	化学组成	密度 /(g/cm^3)	吸油量 /%	折射率	主要成分含量/%	pH
重晶石粉	$BaSO_4$	4.47	6～12	1.64	85～95	6.95
沉淀硫酸钙	$BaSO_4$	4.35	10～15	1.64	>97	8.06
重质碳酸钙	$CaCO_3$	2.71	10～25	1.64	—	—
轻质碳酸钙	$CaCO_3$	2.71	28～58	1.48	>98	7.6～9.8
滑石粉	$3MgO \cdot 4SiO_2 \cdot H_2O$	2.85	30～55	1.59	其中： SiO_2 46 MgO 29.6 CaO 5	8.1
高岭山（白瓷土）	$Al_2O_3 \cdot 2SiO_2 \cdot 2H_2O$	2.61	30～55	1.56	其中 SiO_2 46 Al_2O_3 37 $2H_2O$ 14	6.72
云母粉	$K_2O \cdot 3Al_2O_3 \cdot 6SO_2 \cdot 2H_2O$	2.76～3.0	40～74	1.59	—	—
硅灰石	$CaSiO_3$	2.90	25～30	1.65	SiO_2 99.7	7
硅微粉	SiO_2	2.65	—	—	Al_2O_3 0.2 SiO_2 99	6.88
气相二氧化硅	SiO_2	2.6	250	1.55	含水量	
沉淀二氧化硅	$SiO_2 \cdot H_2O$	2.0	110～160	1.46	8%～15%	

5. 粉末涂料用助剂

助剂也是粉末涂料配方中的重要组成成分，虽然与上述的树脂、固化剂、颜料和填料比较，其用量比较少，只占配方总量的千分之几到百分之几，但是它的作用对涂料和涂膜性能的影响是不可忽视的，在某些情况下，助剂起到决定性的作用，例如，在要求涂膜外观平整光滑的热固性粉末涂料配方中，如果没有像流平剂这样的助剂时，无法得到没有缩孔的涂膜，虽然在粉末涂料中使用的助剂品种，没有像溶剂型涂料和水性涂料那样多，但是随着粉末涂料技术的进步，助剂品种也明显增多，应用范围也在不断扩大，粉末涂料和涂膜质量也有显著的提高，对不同粉末涂料品种所要求的助剂品种就有差别，但从基本要求来说，都应具备如下条件。

（1）如上所述，助剂在配方中的用量很少，为了使助剂分散均匀，在制造粉末涂料过程中，要求容易分散。

（2）助剂的化学稳定性好，在粉末涂料制造，贮存和使用过程中，除有特殊需要的情况（例如，促进剂在烘烤固化过程中的化学反应）之外，一般不与树脂、固化剂、颜料和填料进行化学反应，也不受空气、湿气、温度和环境条件的影响。

（3）从粉末涂料的配色考虑，助剂最好是无色或浅色，不会使粉末涂料色。

（4）从人体健康和环境保护考虑，助剂最好是无毒和低毒。

（5）从粉末涂料的贮存稳定性和制造过程中添加方便考虑，助剂最好是固体粉末涂料，并与树脂、固化剂的相容性好，当助剂为液体状时，从粉末涂料的贮存稳定性考虑，使用量不能太多。

(6) 粉末涂料中常用的助剂品种有流平剂、光亮剂、增光剂、脱气剂、消泡剂、分散剂、抗静电剂、摩擦带电助剂、促进剂、防结块剂（松散剂或疏松剂）、上粉率改性剂、硬度改性剂、防划伤剂、防流挂剂、增塑剂、抗氧化剂、紫外光吸收剂、光敏剂、抗菌剂、皱纹剂、橘纹剂、龟文剂、锤纹剂、砂纹剂、绵绵纹剂、花纹剂（浮花剂）和润滑剂等助剂，其中最常用的是流平剂、光亮剂、脱气剂消泡剂和松散剂等助剂。

（二）粉末涂料的品种

粉末涂料品种很多，性能和用途各不相同，就其成膜机理和成膜物质的性质而言，可分为热塑性粉末涂料和热固性粉末涂料两大类。表 5.5 列出了热塑性和热固性粉末涂料的特性比较。

表 5.5　热塑性和热固性粉末涂料的特性比较

项　目	热塑性粉末涂料	热固性粉末涂料
树脂类型	热塑性树脂	热固性树脂
树脂分子质量	高	中等
树脂软化点	高至很高	较低
固化剂	不需要	需要
颜料的分散剂	稍微困难	比较容易
颜料和填料的添加量	较少	较多
制造粉末涂料时的粉碎性	较差，常温剪切法或低温冷冻粉碎法粉碎	较容易，常温粉碎
涂膜外观	一般	很好
涂膜的薄涂性（60～70μm）	困难	容易
涂膜物理力学性能调节	不容易	容易
涂膜耐化学介质性能	较差	好
涂膜耐污染性	不好	好
对底漆的要求	需要	不需要
涂装方法	以流化床浸涂法为主	以静电粉末喷涂法为主

1. 热塑性粉末涂料

热塑性粉末涂料是由热塑性树脂、颜料、填料、增塑剂和稳定剂等经干混或熔融混合、粉碎、过筛分级得到的。热塑性粉末涂料所用树脂分子质量较高，这些高分子质量，具有良好的柔韧性的聚合物很难破碎成粉末。因此，热塑性粉末涂料的粒度大，熔融黏度高，难以形成薄膜或功能性涂膜。加热时，热塑性粉末涂料熔融、分散、凝聚在工件表面，形成光滑的、完整连续的涂层。该过程是物理变化而不是化学变化，不会形成交联网状结构。这样，一旦重新加热，涂层会再次融化。热塑性粉末涂料的品种很多，例如聚乙烯、聚丙烯、聚氯乙烯、聚酰胺（尼龙）、聚酯、乙烯/醋酸乙烯共聚物

(EVA)、醋酸丁酸纤维素（简称醋丁纤维素）、氯化聚醚、聚苯硫醚、聚氟乙烯等粉末涂料，其中国内外用得比较多的是聚乙烯粉末涂料，其次是聚氯乙烯、聚酰胺等粉末涂料，其他品种的粉末涂料由于价格性能等原因，用量和用途都受到一定的限制。在我国热塑性粉末涂料的主要品种是以聚乙烯占主导地位，另外还有改性聚丙烯、聚氯乙烯、聚酰胺、氯化聚醚和聚苯硫醚等品种。热塑性粉末涂料常用做防腐涂层、耐磨涂层、绝缘涂层，在化工设备、线材、板材、仪表、电器、汽车等行业都有应用。主要热塑性粉末涂料性能如表 5.6 所示。

表 5.6 热塑性粉末涂料性能表

性能	聚氯乙烯	尼龙 11	聚酯	聚乙烯	聚丙烯
底漆	要	要	不要	要	要
熔点/℃	130～150	186	160～170	120～130	165～170
预热/℃	230～290	250～310	250～300	200～230	225～250
相对密度	1.20～1.35	1.01～1.15	1.30～1.40	0.91～1.00	0.90～1.02
附着力	A～B	A	A	B	A～B
光泽（60°）/%	40～90	25～95	60～98	60～80	60～80
硬度（ShoreD）	30～55	70～80	75～85	30～50	40～60
柔韧性（3mm）	通过	通过	通过	通过	通过
耐冲击	A	A	A～B	A～B	B
耐盐雾	B	A	B	B～C	B
耐候性	B	B	A	D	D
耐湿性	A	A	B	B	A
耐酸性	A	C	B	A	A
耐碱性	A	A	B	A	A
耐溶性	C	A	C	B	A

注：A——优；B——良；C——中；D——差。

2. 热固性粉末涂料

热固性粉末涂料是由热固性树脂、固化剂、颜料和助剂等组成，经预混合、熔融挤出、粉碎、过筛分级而得到的粉末状涂料。热固性粉末涂料中的树脂分子质量少，本身没有成膜性能，只有在烘烤条件下，与固化剂起化学反应交联成体型结构，才能得到涂膜。热固性粉末涂料的品种按树脂分类有环氧、聚酯/环氧、聚酯、聚氨酯、丙烯酸、聚酯/丙烯酸、丙烯酸/环氧和氟碳树脂等。这些品种在不同国家和地区各占比例不同，在我国以聚酯/环氧为主，其次是环氧，再其次是聚酯，而聚氨酯正在大量推广应用，其他品种还没有工业化大生产。

热固性粉末涂料主要分为六大体系：环氧型、聚酯-环氧混合型、聚氨酯型、TGIC-聚酯型、丙烯酸型和氟碳化合物型。它们的主要性能及应用分别如表 5.7 所示。

表 5.7　热固性粉末涂料的性能与应用

粉末涂料体系	主要性能	主要应用
环氧型	优良的耐化学药品性，抗腐蚀性及机械性能较差的户外颜色/光泽，耐候性	金属家具、汽车内部零件微波炉、冰箱层架等
环氧-聚酯	极好的耐化学药品性，抗腐蚀性及机械生能。良好的户外颜色/光泽耐候性	农用机械、雷达、金属家具、家具电器等
聚氨酯	优良的耐化学药品生、抗腐蚀能力及机械性能。非常优良的户外颜色/光泽耐候性	汽车、灯饰、室外器具等
TGIC-聚酯	极优的耐化学药品性，抗腐蚀能力、机械性能、及户外颜色/光泽耐候性	建筑用铝型材、农用机械、室外用具等
丙烯酸	极优的耐化学药品性、抗腐蚀能力、机械性能及户外颜色/光泽耐候性	洗衣面、冰箱、微波炉、汽车、室外灯具、铝型材等
碳氟化合物	极优的耐化学药品性、抗腐蚀能力、机械性能及户外颜色/光泽耐候性	建筑行业、汽车外壳等

1）环氧粉末涂料

环氧粉末涂料在热固性粉末涂料中应用得最早。它具有较好的机械强度、抗化学药品性及耐蚀性，还有能快速固化和低熔融黏度等特性，广泛用于功能性厚膜及装饰性薄膜中。环氧粉末涂料通常用胺类，酸酐或酚醛类作为交联剂，于 120℃ 下固化 20～30min，或在更高的温度下短时间固化成膜。装饰性环氧粉末涂料已向低光泽度方向发展。Sanford 等人研制的低光泽装饰性环氧粉末涂料，光泽度在 60°角照射下从 0～60% 范围内变化，并且提高了冲击强度，降低了固化成膜温度．尽管环氧粉末涂层具有较好的耐蚀性及优良的机械性能，但在紫外光的照射下，涂层易变色并发生降解，最终会导致涂层“粉化”。在室外光照下，环氧涂层平均每年粉化 25μm，这就限制了环氧粉末涂料的户外使用。

2）环氧/聚酯混合型粉末涂料

环氧/聚酯型粉末涂料的固化机理是：带端羧基的聚酯树脂与双酸 A 型环氧树脂中的环氧基团在一定的温度下发生交联反应而成。由于聚酯基团的加入，使得环氧/聚酯粉末涂料比环氧粉末涂料具有较好的颜色、光泽持久性及抗紫外线辐射性，但硬度和抗磨擦性则有所下降。环氧/聚酯粉末具有极佳带静电能力，粉末颗粒能吸附在尖角、凹槽或法拉第屏蔽效应区，有利于涂装的施工。

3）聚氨酯粉末涂料

聚氨酯粉末涂料是仅次于环氧粉末涂料的一类重要的热固性粉末涂料。尽管在固化成膜时会散发出少量有机挥发物，但由于它的涂层具有许多优良的性能，仍受到很大的重视。聚氨酯粉末涂料固化形成的平整、光滑薄膜能与溶剂型涂料的漆膜相媲美，其光泽度变化范围很大，最低可到 5%。它具有良好的机械强度、抗腐蚀性和耐候性，更适合于户外使用。此外，聚氨酯粉末涂料的一个重要用途是涂覆在灯具的表面，显示出良好的薄膜反射效果。

4）TGIC/聚酯粉末涂料

TGIC（三缩水甘油基异氰脲酸酯）/聚酯粉末涂料是发展最快的热固性粉末涂料之

一。由于缩水甘油基的加入，可以降低固化温度。如在 150℃时固化，不会改变颜料的稳定性。同时，快速固化及体系较高的熔融黏度，也给涂膜提供了优良性能。

5）丙烯酸粉末涂料

丙烯酸型粉末涂料是一种新型的、发展较快的热固性粉末涂料，一般分为丙烯酸聚氨酯型和纯丙烯酸型。丙烯酸粉末涂料与聚氨酯型较为相似，能在 150℃左右实现交联固化。固化后的涂层具有较高的硬度，较宽的光泽度变化范围，可形成薄膜。同时它还具有良好的耐候性、耐化学药品性、耐蚀性、抗污垢能力及耐磨性。但其柔韧性则不及聚酯类和环氧类粉末涂料。丙烯酸粉末涂料主用于户外涂层。Ybusuf 等人合成了热固性丙烯酸树脂。它与热固性聚酯交联机理相似。聚丙烯酸主链上的羰基和羟基均能与异佛尔酮二异氰酸酯（IPDL）及三缩水甘油基异氰脲酸酯（TGIC）发生交联反应，使涂膜在较低温度下固化，涂膜性能优越。

6）碳氟型粉末涂料

碳氟粉末涂料是最新发展起来的，有热塑性和热固性之分。它们都具有特别优异的耐候性，现主要用于高档汽车外壳的喷涂。

三、典型粉末涂料配方

（一）环氧型粉末涂料

热固性环氧粉末涂料具有优良的耐化学药品性和良好的电绝缘性能。现以耐化学药品性要求设计配方：固化剂选用价廉易得的双氰胺，用 2-甲基咪唑作固化促进剂；颜、填料控制在 30%以内；流平剂选用以环氧树脂作载体，根据耐化学药品性的要求，涂膜不能有针孔，且要有良好的附着力，应加大增光剂和脱气剂的用量。

环氧树脂与双氰胺反应机理如下：

$$\left[-O-CH_2-\underset{\diagdown O \diagup}{CH-CH}-\right]+H_2N-\overset{\overset{NH}{\|}}{C}-NH-C\equiv N\longrightarrow$$

$$\begin{array}{c}
HO-CH-CH_2-O- \\
| \\
CH_2 \\
| \\
-O-CH_2-\underset{}{\overset{OH}{\overset{|}{CH}}}-CH_2-N-\underset{\underset{\underset{H_2C-\underset{\underset{OH}{|}}{CH}-CH_2-O-}{|}}{N}}{\overset{}{\underset{\|}{C}}}-\underset{\underset{C\equiv N}{|}}{N}-CH_2-\overset{OH}{\overset{|}{CH}}-CH_2-O-
\end{array}$$

双氰胺理论用量按下式计算：

$$m=\frac{M}{n_{\mathrm{H}}}\times E$$

式中，M——胺相对分子质量；

n_{H}——胺基上的活泼氢数；

E——环氧树脂的环氧值；

m——每 100g 环氧树脂所需胺的克数。

实际应用中的双氰胺加量总大于理论用量，这是因为双氰胺和环氧树脂的混合性较差，双氰胺上的活泼氢不可能完全参与反应。配方实例如表 5.8 所示。

表 5.8　环氧型粉末涂料配方

组　分	用量/kg	组　分	用量/kg
环氧树脂	68	硫酸钡	5
双氰胺	2.6	流平剂	5
2-甲基咪唑	0.1	增光剂	0.3
钛白粉	20	安息香	0.8

（二）混合型粉末涂料

混合型粉末涂料多用于家电行业，涂膜性能要求较高，颜基比和 PVC 值都应控制适宜，颜填料宜多用性能较好的铁白粉，少用硫酸钡。

聚酯树脂与环氧树脂的反应机理如下：

$$R—O—CH_2—\underset{\diagdown O \diagup}{CH—CH_2} + HOOC—R'$$

$$\longrightarrow R—O—CH_2—\underset{\displaystyle |\atop OH}{CH}—CH_2—O—\underset{\displaystyle \|\atop O}{C}—R'$$

聚酯树脂与环氧树脂必须有合理的配比，如配比不当将使涂膜交联密度降低，造成涂膜的物理机械性能和耐化学药品性能下降。两种树脂配比的理论值可用下式计算：

$$m = \frac{56100 \cdot E}{A_r}$$

式中，m——100g 环氧树脂需配聚酯树脂用量；

A_r——聚酯树脂的酸值；

E——环氧树脂的环氧值。

配方实例如表 5.9 所示。

表 5.9　混合型粉末涂料配方

组　分	用量/kg	组　分	用量/kg
聚酯树脂	35	钛白粉	18
环氧树脂	33	硫酸钡	5
流平剂	5	安息香	0.5

以上配方中，固化剂环氧树脂的用量为 37g（含流平剂中的 4g），按理论用量公式算得聚酯树脂用量为 35.6g（聚酯树脂酸值按 70.0mgKOH/g，环氧树脂的环氧值按

0.12 当量/100g 计算)，实际用量 35g。这样设计是考虑到涂料制造中熔融挤出时达不到绝对的均匀混合，酸值、环氧值测定的误差，涂料储存期内环氧树脂的环氧官能团的水解等因素。

颜基比＝23：73.5＝31.3%；PVC＝8.5。

聚酯减少的量一般为理论的 3%～5%，颜基比的百分比越小，涂层机械物理性能越好，表面光滑性亦越好，但涂层的遮盖力下降，成本提高，如颜基比百分比越大，涂层遮盖力越好，但涂层机械性能越差，表面粗糙。

PVC 值对涂层的光泽起着决定性作用，一般控制在 10%～15%之间。如 PVC 值不断增加，涂层的光泽就不断下降；PVC 值超过 40%时涂层基本没有光泽，PVC 值不断减少，涂层的遮盖力就越来越差；PVC 值低于 5%时涂层几乎完全露底。

（三）纯聚酯粉末涂料

纯聚酯作户外用时，要求有足够的耐候性。TGIC 虽有一定的毒性，但其杰出的耐候性目前还是纯聚酯的首选固化剂。颜料、填料的用量可适当加大，流平剂的使用在计算固化剂用量时必须加上流平剂作载体的树脂（90%），铁白粉必须选用金红石型，配色不宜选用有机颜料配成艳色。纯聚酯与 TGIC 固化机理如下：

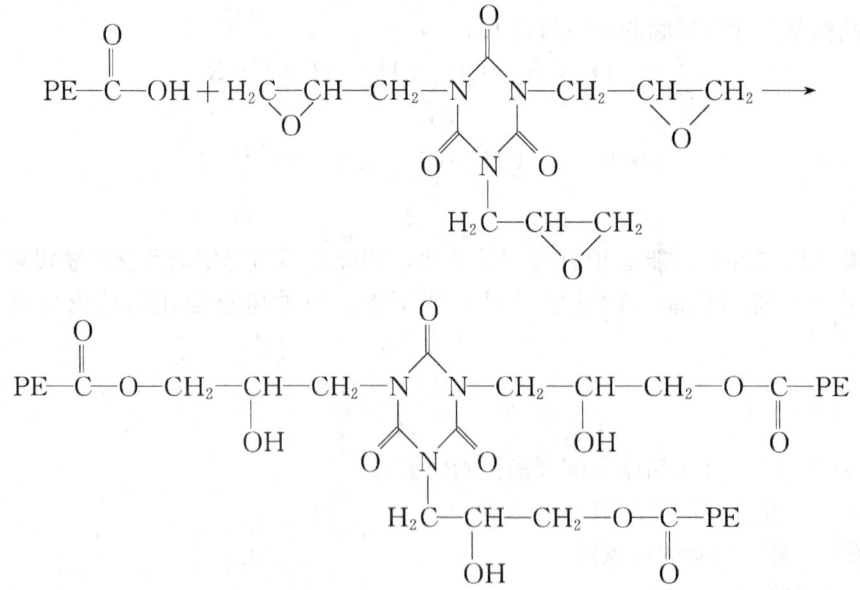

$$\mathrm{PE{-}\overset{O}{\overset{\|}{C}}{-}OH} + \text{TGIC（三个 }\mathrm{H_2C\overset{O}{-}CH{-}CH_2{-}}\text{ 环氧丙基连于异氰脲酸酯环的 N 上）} \longrightarrow$$

$$\text{异氰脲酸酯环的三个 N 上各连 }\mathrm{{-}CH_2{-}\underset{OH}{\underset{|}{CH}}{-}CH_2{-}O{-}\overset{O}{\overset{\|}{C}}{-}PE}$$

TGIC 的理论用量可用下式计算：

$$m=\frac{m_A\times A_r}{561\times E}$$

式中，m——TGIC 用量；

m_A——羧基聚酯用量；

A_r——羧基聚酯的酸值；

E——TGIC 的环氧值。

实际用量应大于理论用量，一般高出 1%～2%，TGIC 占聚酯用量的 7%～8%。配方实例如表 5.10 所示。

表 5.10　纯聚酯粉末涂料配方

组　分	用量/%	组　分	用量/%
聚酯树脂	60	流平剂	5
TGIC	6	增光剂	0.5
钛白粉	30	安息香	0.5

四、特种粉末涂料

（一）美术型粉末涂料

美术型粉末涂料是装饰性粉末涂料的一种类型，其特点是涂层具有各种各样美观清晰的美术花纹，给涂料以美观、多彩的外观，起到更好的装饰作用，有的涂件可视为美术工艺品，有的被涂件借助美术花纹的纹理效应将其不明显的缺陷加以掩饰，给人类以美的享受。

美术型粉末涂料是通过美术型助剂的加入使粉末涂料表面生产一些纹理效应来获得。所谓纹理效应是粉末涂料的涂层表面出现有规律的凹凸花纹现象。按花纹可分为皱纹、锤纹、龟裂纹、雪花纹等，美术型粉末涂料既有很强的装饰性，又可遮盖基底表面不平整带来的缺陷，还有利于克服涂料本身的针孔、麻点、橘皮等缺陷，主要应用在缝纫机、仪表、复印机、小型机电外壳等，以及钢制家俱、门窗和小五金的表面。

（二）功能型粉末涂料

1. 绝缘型粉末涂料

绝缘型粉末涂料是用于电机、电工器材和电子元件的一种专用型粉末涂料，除具有一般粉末涂料所具有的保护和装饰性能外，同时应具有良好的电气绝缘性能。

2. 导电型粉末涂料

导电型粉末涂料运用掺和原理，在其组分是掺入导电粉末和其他添加剂来调节粉末涂料的电性能。如用于电器设备上，可排除积聚的静电荷，在关闭电源后即可排除剩余的能量。用于电子设备生产和运输场地、医院手术室、计算机房的地面，能消除由于材料、操作设备和人员走动所产生的静电，对安全十分有效。

3. 阻燃型粉末涂料

阻燃型粉末涂料是通过其组分中加入阻燃剂（添加型）或在树脂基料高分子链引入具有阻燃性基团（反应型）来实现阻燃的目的。阻燃型粉末涂料通常具有优良的绝缘性、耐油性、耐溶剂性、耐湿热性及出色的阻燃性，对提高电器质量保证电器安全可靠和使用稳定性起重要作用。

4. 耐高温粉末涂料

耐高温粉末涂料是指能长期经受 200℃以上高温，涂膜不变色、不破坏、仍能保持适当的物理力学性能的保护性涂料，它不仅具有普通粉末涂料的性能，而且具有耐热性、耐腐蚀性、耐候性等特殊性能，广泛用于家电如烧烤炉、暖风机、大功率灯饰，以及机械设备的高温部位如烟囱、排烟管道、高温炉、石油化工设备和飞机、导弹、宇航设备等的涂装保护。

5. 抗菌粉末涂料

抗菌粉末涂料是在粉末涂料配制中添加一定量的（小于5%）抗菌剂后，制得杀菌抑菌功能的抗菌粉末涂料，主要用于卫生严格的场所和有污染物危害及疾病导致微生物繁殖场所中的设备和装置表面的涂装，如医疗设备、厨房设备、家用电器、饮食加工车间、药品加工车间的部分金属设备等。

五、粉末涂料的涂装和应用

粉末涂料与液态涂料的差别在于其不同溶剂和水，呈固体粉末状态，这一固有特点使它在施工方面明显地区别于传统的溶剂型涂料和水性涂料。

粉末涂料的涂装方法很多，有真空引进、火焰喷涂、粉末热喷涂法、振动床法、瀑布法、空气喷涂法、流化床浸涂法、静电流化床浸涂法、静电粉末喷涂法、电场云涂装法、粉末电泳涂装法等。目前应用最广泛的是静电粉末喷涂法，在这重点介绍此方法。

（一）涂装原理

在高压静电喷涂涂装中，通过使用带有高电压的喷雾装置使粉末颗粒带电，继而绝大多数带负电的粉末颗粒向接地的被涂物移动，从而在被涂物上发生放电、沉积形成涂膜。

高压静电喷涂中，高压静电是有高压静电发生器供给的。工件在喷涂时应先接地，在净化的压缩空气作用下，粉末涂料由供粉器通过输粉管进入静电喷粉枪。喷枪头部装有金属环或极针作为电极，金属环的端部具有尖锐的边缘，当电极接通高压静电后，尖端产生电晕放电，在电极附近产生了密集的负电荷，粉末从静电喷枪枪头喷出时，捕获电荷成为带电粉末，在气流和电场作用下飞向发展地工件，并吸附于其表面上。

粉末静电喷涂过程中，粉末所受到的力可分为粉末自身的重力，压缩空气的推力和静电电场的引力，粉末借助于空气的推力和静电的引力，克服自身的重力，吸附于工件的表面上，经固化后形成固态的涂膜。

从粉末静电吸附情况来看，大体上可分为三个阶段：第一阶段：带负电荷的粉末在静电场中沿着电力线飞向工件，粉末均匀地吸附于正极的工件表面；第二阶段：工件对粉末的吸引力大于粉末之间相互排斥的力，于是粉末密集地堆积，形成一定厚度的涂层：第三阶段：随着粉末沉积层的不断加厚，粉层对飞来的粉粒的排斥力增大，当工件对粉末的吸引力与粉层对粉末的排斥力相等时，继续飞来的粉末就不再被工件吸附了。吸附在工件表面的粉末经加热后，就能使原来“松散”堆积在表面的固体颗粒熔融固化（塑化）成均匀、连续、平整、光滑的涂膜。其示意图如图5.1所示。

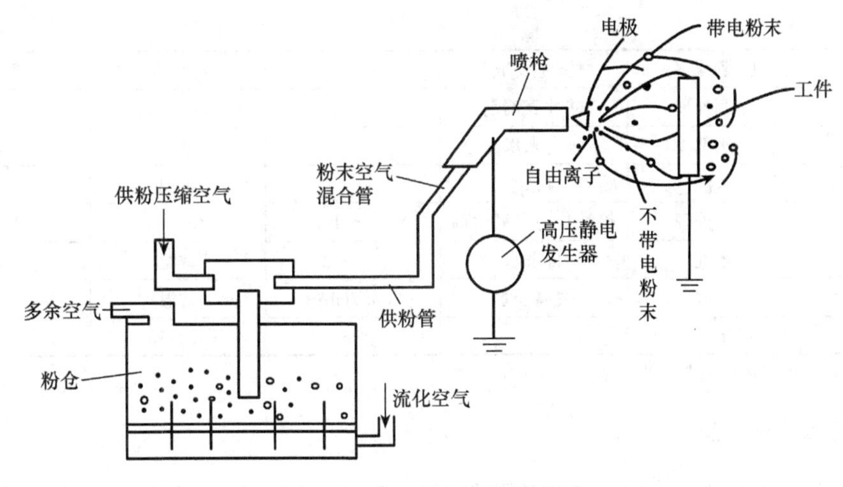

图 5.1　高压静电喷涂原理图

（二）粉末喷涂工艺流程

具体工艺流程如图 5.2 所示。

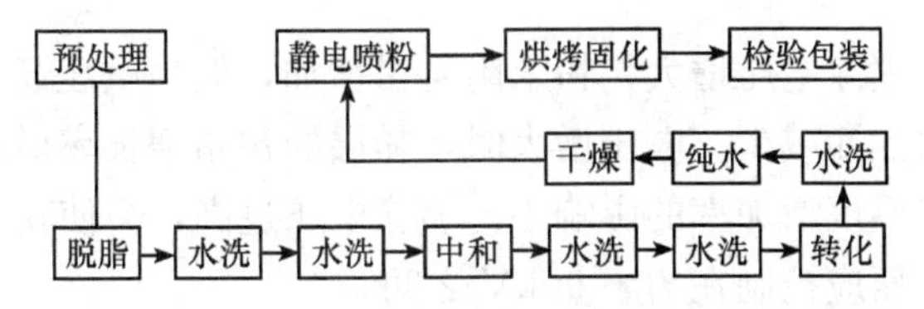

图 5.2　粉末喷涂工艺流程方框示意图

1. 表面预处理

表面预处理目的主要是通过脱脂和表面调质，除去型材表面油污、脏物、手印痕、轻微挤压缺陷以及自然形成的氧化膜，实现型材表面干净平整，然后再经过以铬酸盐为主的化学氧化法处理而获得 0.5～2μm 铬化盐氧化膜。由于该膜含有大量极性基团，与型材表面以化学形式相结合而不是一般的涂盖，因而在粉末加热烘烤固化时，型材、铬化膜、粉末三者产生化学链交联，从而使涂层附着力大大加强。脱脂、表面调质和铬化后都要进行彻底的水洗，一般每道工序后都要水洗两次，铬化后的水洗要用纯水。通过水洗去掉表面残留物。预处理分为喷淋式和浸渍式两种。预处理后应立即进行表面烘干，使型材表面不残留水分，干燥温度最好不超过 150℃。温度过高将使铬化膜过多失去结晶水而发生转型，变得疏松而使涂层附着力降低。浸渍法工艺参数如表 5.11 所示。

表 5.11　浸渍法工艺及参数

序　号	工序名称	槽液主要成分	浓度/%	温度/℃	时间/min
1	脱脂处理	碱性脱脂剂	2～5	65～80	5～15
2	水洗	自来水	—	常温	1
3	水洗	自来水	—	常温	1

续表

序　号	工序名称	槽液主要成分	浓度/%	温度/℃	时间/min
4	表调处理	酸性表调剂	2～3	20～35	5～10
5	水洗	自来水	—	常温	1
6	水洗	自来水	—	常温	1
7	铬化处理	铬酸盐为主氧化剂	0.8～1.2	20～35	1～3
8	水洗	自来水	—	常温	1
9	水洗	去离子水	20μS/cm(1)	常温	1
10	干燥	—	—	100～150	30

注：(1) 为电导率，表明水的纯度。

2. 高压静电喷涂

根据静电喷涂基本原理，粉末涂料粒子在静电电场作用下，借助压缩空气的推动吸附在型材表面上。由于“自限效应”涂层很均匀，并在几秒钟内就可达到技术标准规定60μm的要求。高压静电的施工工艺对粉末成膜的影响至关重要，根据不同的工件，选择相应的工艺参数进行操作，直接关系到产品的外观与质量。

1) 喷涂电压

在一定范围内，喷涂电压增大，粉末附着量增加，但当电压超过90kV时，粉末附着量反应随电压的增加而减少。电压增大时，粉层的初始增长率增加，但随着喷涂时间的增加，电压对粉层厚度增加率的影响小。喷涂电压过高，会使粉末涂层击穿，影响涂层质量。通常喷涂电压应控制在60～90kV之间。

2) 供粉气压

供粉气压指供粉器中输粉管中的空气压力，在其他喷涂条件不变的情况下，供粉气压适当时，粉末吸附于工件表面的沉积效率最佳。在一定喷涂条件下，以0.05MPa的供粉气压为100%的沉积效率为标准，随着供粉气压的增加，沉积效率反而下降。供粉桶流化压力0.04～0.10MPa。供粉桶流化压力过高会降低粉末密度使生产效率下降，过低容易出现供粉不足或者粉末结团雾化压力0.30～0.45MPa。适当增大雾化压力能够保持粉末涂层的厚度均匀，但过高会使送粉部件快速磨损。适当降低雾化压力能够提高粉末的覆盖能力，但过低容易使送粉部件堵塞。

3) 喷粉量

粉层厚度的初始增长率与喷粉量成正比，但随着喷涂时间的增加，喷粉量对粉层厚度增长率的影响不仅变小，还会使沉积效率下降。喷粉量是指单位时间内的喷枪口的出粉量。一般喷涂施工中，喷粉量掌握在100～200g/min较为合适。喷粉量q可用如下公式计算：

$$q = m_1 - m_2/t$$

式中，q——喷粉量，g/min；

m_1——供粉器中加入的粉末质量，g；

m_2——供粉器中余下的粉末质量，g；

t——喷涂时间，min。

4）喷涂距离

喷涂距离是指喷枪口到工件表面的距离，当喷枪加的静电电压不变而喷涂距离变化时，电场强度也将随之变化，因此，喷涂距离的大小直接影响到工件吸附的粉层厚度和沉积效率。在其他喷涂条件不变的情况下，喷涂距离增大时，粉末的沉积效率下降，因此，喷涂距离是影响沉积效率的一个重要的工艺参数。此外，粉末粒度和粉末的导电率对施工工艺的影响也是较大的。一般喷涂距离掌握在150～300mm之间。当喷涂距离（指喷枪头至工件表面的距离）增大时，电压对粉层厚度的影响变小。喷枪口至工件的距离过近容易产生放电击穿粉末涂层，过远会增加粉末用量和降低生产效率。

（三）烘烤固化

加热烘烤固化，就是通过加热烘烤使吸附在型材表面上的粉末熔融排出粉末间隙气体，逐渐流平、胶化、固化成膜。它是粉末涂料静电喷涂的重要工艺过程，对涂层质量有重要影响，其中加热烘烤温度和时间是两个重要工艺参数。

烘烤温度必须保证涂料熔化并达到交联固化作用。一般根据涂料性质而定。对于聚脂粉末涂料加热烘烤温度为180～200℃。当温度过低时，哪怕时间再长也达不到固化效果。温度过高会引起涂层光泽、颜色等变化。烘烤时间对涂层质量也有着至关重要的影响。烘烤时间不足会造成涂料粉末不能完全固化，而导致涂层发脆、表面不平，甚至附着不牢有剥落。对于聚酯粉末涂料烘烤时间为10～15min。升温速度对涂层质量也有一定影响，升温速度快，涂层完全固化所需时间相对要短，而且流平性也好。涂膜固化温度变化曲线如图5.3所示。

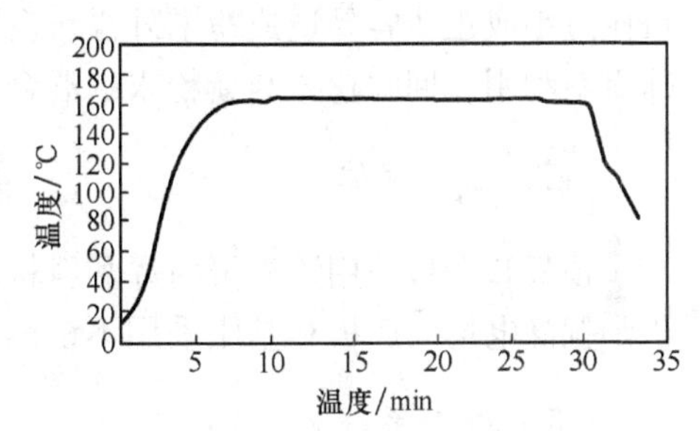

图 5.3　固化温度变化曲线

固化温度和时间必须保证涂料熔化并实现交联固化。温度过高、时间过长，将会引起涂层流挂、颜色变黄、光泽度有偏差，造成涂层抗蚀性、抗冲击性等物化特性差。温度过低或时间不足，粉末涂料不能完全固化，将导致表面涂层发脆、不平、机械强度差，甚至附着不牢有脱落。所以控制好固化温度和时间很关键，要根据生产实际情况确立一个最佳工艺范围。

预热升温速度对涂层质量有一定影响。预热升温速度过快引起涂层流挂，升温速度过慢则引起涂层流平不佳有橘皮现象，而且涂层附着力、抗冲击性等物化特性差。在生产周期内，需每月记录一次加热温度变化曲线，及时调整到最佳范围。

六、粉末静电喷涂的主要设备

（一）喷枪和静电控制器

喷枪除了传统的内藏式电极针，外部还设置了环形电晕而使静电场更加均匀以保持粉末涂层的厚度均匀。静电控制器产生需要的静电高压并维持其稳定，波动范围小于10%。

（二）供粉系统

供粉系统由新粉桶、旋转筛和供粉桶组成。粉末涂料先加入到新粉桶，压缩空气通过新粉桶底部的流化板上的微孔使粉末预流化，再经过粉泵输送到旋转筛。旋转筛分离出粒径过大的粉末粒子（100μm 以上），剩余粉末下落到供粉桶。供粉桶将粉末流化到规定程度后通过粉泵和送粉管供给喷枪喷涂工件。

（三）回收系统

喷枪喷出的粉末除一部分吸附到工件表面上（70%）外，其余部分自然沉降。沉降过程中的粉末一部分被喷粉棚侧壁的旋风回收器收集，利用离心分离原理使粒径较大的粉末粒子（12μm 以上）分离出来并送回旋转筛重新利用。12μm 以下的粉末粒子被送到滤芯回收器内，其中粉末被脉冲压缩空气振落到滤芯底部收集斗内，这部分粉末定期清理装箱等待出售。分离出粉末的洁净空气（含有的粉末粒径小于1μm 浓度小于5g/m³排放到喷粉室内以维持喷粉室内的微负压。负压过大容易吸入喷粉室外的灰尘和杂质，负压过小或正压容易造成粉末外溢。沉降到喷粉棚底部的粉末收集后通过粉泵进入旋转筛重新利用。回收粉末与新粉末的混合比例为1∶(1～3)。

（四）喷粉室体

顶板和壁板采用透光聚丙烯塑料材质，以最大限度减少粉末黏附量，防止静电荷累积干扰静电场。底板和基座采用不锈钢材质，既便于清洁又具有足够的机械强度。

（五）辅助系统

辅助系统包括空调器、除湿机。空调器的作用一是保持喷粉温度在35℃以下以防止粉末结块；二是通过空气循环（风速小于0.3m/s）保持喷粉室的微负压。除湿机的作用是保持喷粉室相对湿度为45%～55%，湿度过大空气容易产生放电击穿粉末涂层，过小导电性差不易电离。

（六）固化设备

固化设备主要包括供热燃烧器、循环风机及风管、炉体三部分。供热方式为电加热、轻柴油燃烧加热、红外线加热等。循环风机进行热交换，送风管第一级开口在炉体底部，向上每隔600mm 有一级开口，共三级。这样可以保证工件范围内温度波动小于±5℃，防止工件上下色差过大。回风管在炉体顶部，这样可以保证炉体内上下温度尽可能均匀。炉体为桥式结构，既有利于保存热空气，又可以防止生产结束后炉内空气体积减小吸入外界灰尘和杂质，主要固化设备及结构的示意图如图5.4所示。

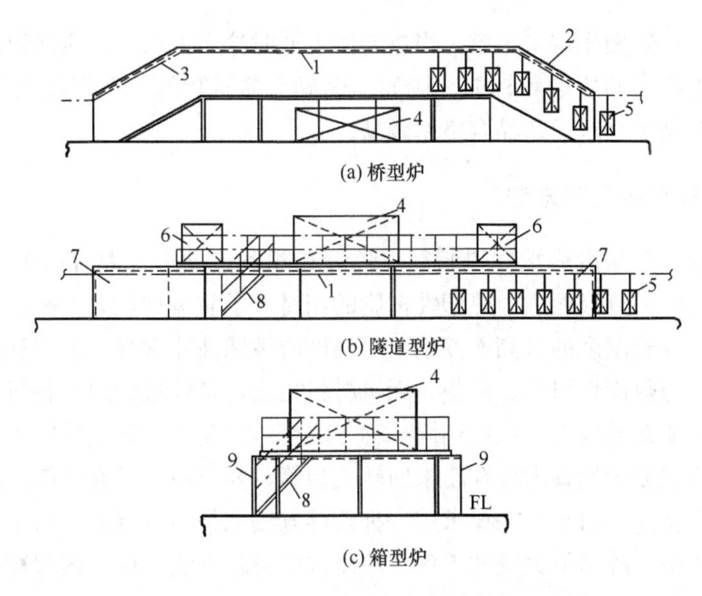

图 5.4　各种类型烘烤炉的形状和结构示意图

1. 传送带；2. 上升；3. 下降；4. 热风发生炉；5. 被涂物；6. 空气封闭单元；7. 空气封帘；8. 阶梯；9. 门

第二节　热塑性粉末涂料的生产

一、热塑性粉末涂料用树脂

树脂是粉末涂料的主要组成部分，在热塑性粉末涂料中，树脂本身在一定温度下熔融流平形成具有一定物化性能的涂膜，且这种变化是可逆的。作为粉末涂料用树脂，必需具备如下条件：

（1）树脂必须可以粉末化。因为大多数热塑性粉末涂料是通过熔融挤出混合后再在常温下粉碎成粉末的，所以树脂的粉碎性要好。热塑性树脂的相对分子质量大，韧性强，在常温下机械粉碎性差，这是需要注意的。不过在树脂生产过程中获得的粉末也可以使用。此外，通过化学粉碎方法能粉碎的树脂也可以作为涂料用的粉末原料。

（2）树脂加工后必须是流动性良好的粉末。无论是流化床浸涂还是静电喷涂，粉末的涂装施工对粉末的物理性能、粒度分布、形状都有一定要求，因为这些因素决定着粉末流动性的好坏。虽然粉碎方法和涂装设备对粉末的流动性也有影响，但树脂原料对粉末流动性的影响甚大。

（3）树脂必须通过加热能熔融流动。即使能加工成粉末的树脂，还必须在涂装于被涂物表面后，通过加热能熔融流动形成平滑的涂膜。有时即使是同一种树脂材料，由于熔体流动速率（熔融指数）不同，也可能得不到良好的涂膜。例如，聚乙烯的熔体流动速率在 4～30g/min 范围内可获得良好的涂膜，而在 4g/min 以下则形成较粗糙的涂膜，在 30g/min 以上则涂层表面常出现流挂、流堆现象。

（4）树脂的熔融温度与分解温度之间的温差要大。树脂的熔融温度与分解温度之间的温差小时会给涂装操作带来困难，当烘烤温度低时涂不上粉末，烘烤温度高时树脂又容易分解，影响涂膜的质量和性能。例如，聚氯乙烯树脂的熔融温度与分解温度差较小，涂装温度控制不当时，产品合格率较低。

二、热塑性粉末涂料生产方法

热塑性粉末涂料是由热塑性树脂配以色母粒和各种助剂，混合后经过熔融挤出造粒、再经微细粉碎和分级而成。热塑性树脂的相对分子质量均较大、硬度较低、富于弹性和弯曲性，且随着温度的升高而变软，对温度的敏感性非常强，所以利用冲击、碰撞方法难以粉碎。与热固性树脂、陶瓷、无机材料相比，是较难粉碎的物料。而且，不同热塑性树脂的性能差异较大，难以用同一种方法粉碎。此外，热塑性粉末涂料主要用于流化床浸塑、火焰喷涂钢管内外和粉末回转成型等，要求粉末具有较圆滑的形状，较好的流动性和熔融特性。对于这些要求用一种粉碎方法也是不可行的。由于在生产热塑性粉末涂料的过程中粉碎是最关键的工序，所以按照粉碎方法，可将热塑性粉末涂料的生产方法分为以下几种：

（一）机械粉碎法

以低密度聚乙烯粉末涂料为例，工艺流程为

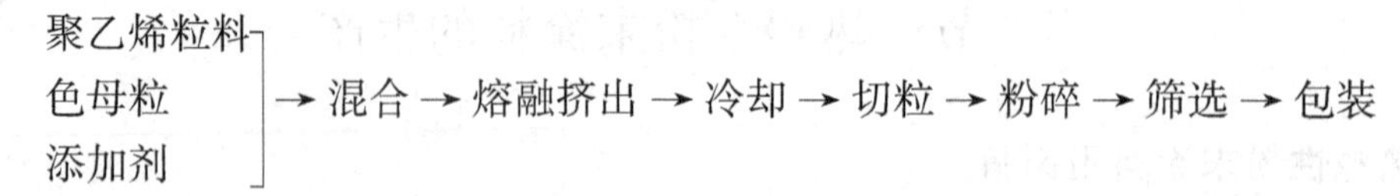

1. 原料选择

聚乙烯粉末涂料分民用、户外工程用、管道用三种。民用粉末涂料多用于冰箱架、自行车、摩托车车筐、厨房、卫生间挂具等，重在装饰性，选用熔融指数较高的低密度聚乙烯树脂。户外工程用粉末涂料重在耐候性、结合力，选用低密度聚乙烯树脂和线型低密度聚乙烯树脂配合，一般以 1∶1 质量比混炼，以提高其强度和韧性。管道用粉末涂料则以线型低密度聚乙烯为主要树脂。

2. 颜料和填料选择

颜料和填料的加入不仅可以改变基料的颜色，还可以改进聚乙烯的性能和降低成本。选择颜料和填料时要考虑到本身的耐化学性、抗老化性、耐候性、耐热性、着色力、分散性以及与基料的相容性，且添加量要适当。对于工程用和管道用粉末涂料，一般不需加填料，以防止破坏其主要性能。

3. 添加助剂

为了提高涂层的抗老化性和附着力等性能，需选择抗氧剂、抗紫外线吸收剂、黏合剂等，特别是户外用粉末涂料，选择有效的助剂是非常重要的。

4. 混合

为了使粉末涂料配方中的树脂、颜料、助剂混合均匀，在熔融挤出前应进行预混合。混合可以采用各种方法，用圆筒混合、圆锥混合、螺杆式混合或高速混合机混合均可。

5. 熔融挤出

要选用专用挤出机进行混炼，应控制好各段的温度和挤出速率，使各种成分达到充分混合。其流程示意图如图 5.5 所示。

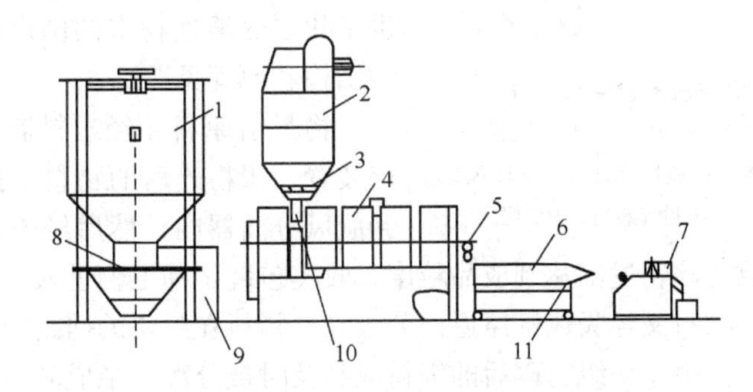

图 5.5　热塑性树脂挤出机及配套设备

1. 混料机；2. 抽料机；3. 金属分离器；4. 挤出机；5. 进水口；6. 冷却水槽；7. 切粒机；8. 进料口；9. 储料筒；10. 下料门；11. 出水口

挤出机是主要设备，要求螺杆长径比较大，一般应达到 30∶1，螺杆形状合理，混料均匀无死角，可根据原料的不同进行调整，用单螺杆挤出机就能达到混炼效果。目前比较经济实用的挤出机如国产塑料机械厂生产的挤出机，其型号、性能见表 5.12。该挤出机的特点是采用侧排气、氮化机筒、氮化螺杆、可控调速机、各段自动控温。

表 5.12　热塑性粉末涂料挤出机

型　号	SJ90	SJ120
原料状态	混合粒料	混合粒料
控温段数（n）	6	7
耗电量/(kW/h)	25～35	60～70
产量/(kg/h)	60～80	130～160

6. 粉碎

机械粉碎分常温机械粉碎和深冷机械粉碎。深冷粉碎成本较高，只用于常温难以粉碎的物料。用得最多、成本最低的是常温机械粉碎。常温机械粉碎也将在下文详述。

粉碎机是生产热塑性粉末涂料的关键设备，以往生产热塑粉多用深冷机械粉碎法，利用塑料具有脆化温度的特点，将被粉碎物料冷却至－100℃以下，借助机械力粉碎。为了获得低温，多采用液氮作致冷剂，将液氮通到粉碎机内，或将粉碎机置于冷冻室内

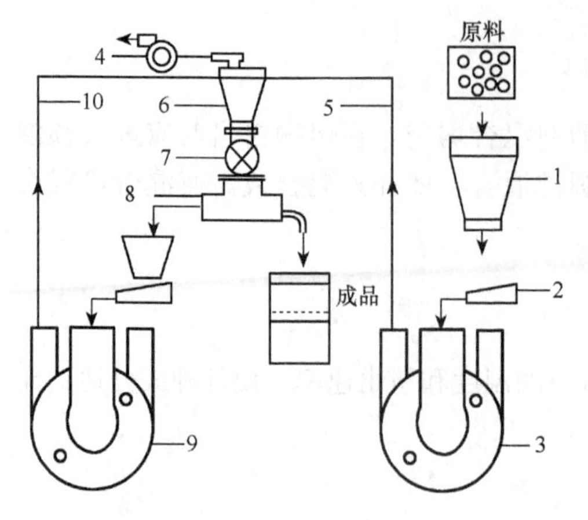

图 5.6 热塑性粉末粉碎机原理

1. 原料斗；2. 送料器；3. 一级粉碎装置；4. 抽风机；5. 管路；6. 旋风分离器；7. 闭风旋转阀；8. 分级筛；9. 二级粉碎装置；10. 吸风管路

通入液氮，凭借液氮气化带走大量热量，使物料温度降到脆化温度以下。深冷粉碎可以得到细而圆滑的粉末，但设备投资大，液氮消耗多，粉碎每吨物料需要增加数千元的成本。为了降低热塑性粉末的生产成本，根据热塑性树脂的特点，郑州金属涂塑研究所设计制造了专门用于粉碎热塑性粉末涂料的二级闭路循环常温机械粉碎机，并取得国家专利。经过多年工业化生产应用效果良好，促进了我国热塑性粉末的国产化。这种粉碎机的结构和原理见图 5.6。

物料由原料斗经送料器定量进入一级粉碎装置，粗粉碎后的物料由抽风机经管路吸到旋风分离器内，然后经闭风旋转阀落到分级筛中，约有半数粉碎物过筛达到成品粒度，收集包装，筛上物进入二级粉碎装置进行细粉碎，粉碎后的物料又经吸风管路返回分级筛。物料在封闭的回路中循环加工，直至粉碎到合适的粒度。由于一级粉碎后的细粉成品及时被分离，半成品再进入二级粉碎装置进行粉碎，所以能够减少细粉，改善粉碎物的粒度分布。为了将粉碎室的温度控制在热塑性树脂的熔融温度以下，除了采用上述的抽风装置，将粉碎后的物料及时抽走，同时吸进冷风来冷却粉碎室的温度外，在粉碎装置定盘的夹套内通以冷却水。冷却水可以用自来水、井水、冷冻水，由循环泵将冷却水输入夹套内循环冷却。物料的粉碎主要靠高速剪切，而不是靠挤出撞击，剪切和摩擦产生的热量及时被风和水带走和交换，可以使粉碎室的温度控制在 60℃以下，从而实现对热塑性树脂的粉碎。粉碎机性能指标如表 5.13 所示。

表 5.13 粉碎机性能参数

项　目	性　能	项　目	性　能
磨盘直径/mm	ϕ330	进料粒径/mm	≤3×5
主轴转速/(r/min)	6 200	出料粒径/μm	≤250
主机功率（二级）/kW	220	物料名称	LDPE
占地面积/m^2	4	生产效率/(kg/h)	80～100
总高度/m	4	环境噪音/dB	≤80
工作区粉尘/(mg/m^3)	＜5	工作区粉尘/(mg/m^3)	＜5mg

7. 分级

分级也叫筛选，粉碎后的涂料需经过过筛分级，热塑性粉末的分级常用振动筛，多数与粉碎集于一体、自动进行。也有使用旋转筛进行分级。筛选是确定粉末粒径的工序，选择合理的分级方法，可以改善粉末的流动性，这也是粉末生产的技巧之一。

（二）化学粉碎法

化学粉碎法是将原料树脂放入反应釜中，加入溶剂，使树脂膨润、溶解，再加入助剂，在一定温度和压力下进行搅拌混合，然后固液分离，析出树脂晶体，再分级成粉末。

用化学法生产聚乙烯粉末，最早在欧洲瑞士柯其伦公司开始生产，日本于 20 世纪 70 年代也有使用，住友精化曾用化学法生产微细聚乙烯粉末，粒径达 10～20μM。图 5.7为生产结晶性塑料粉末工艺流程，适用于 PE、PA 和 PP 等。

图 5.8 为生产非结晶性塑料粉末工艺流程，适用于 PES、PI 和 PEI 等。

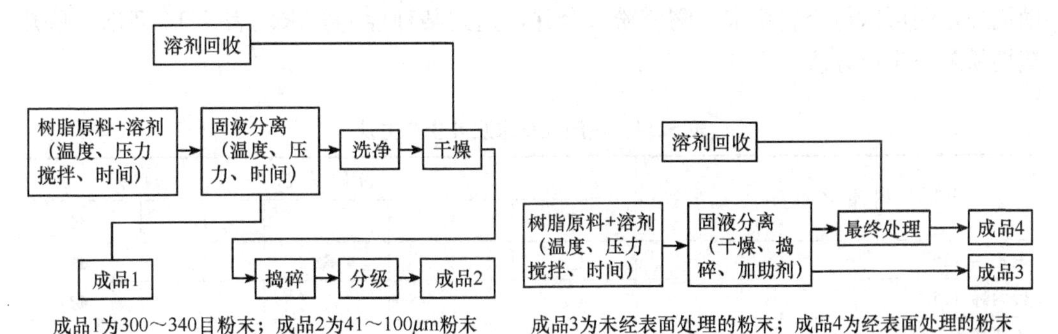

图 5.7　化学粉碎法生产结晶性热塑性粉末工艺流程

图 5.8　化学粉碎法生产非结晶性热塑性粉末工艺流程

一般来说用化学粉碎法生产的粉末颗粒较圆滑，且粒度较细，粒度分布范围较窄。但化学法生产粉末的工艺较复杂，成本也较高。

（三）干湿混合法

所谓干混法是将树脂粉末按所定粒度分级后再在其中掺入颜料、助剂进行高速搅拌混合制成粉末涂料。所用树脂在生产工艺过程中往往直接可以获得一定粒度的粉末。干混法适用于 HDPE、PVC 和 PP 等。

干混法生产粉末，由于各种成分只是通过机械搅拌混合，未经过熔融挤出混炼，所以要求其充分分散是困难的。有时需要升温混合，例如，聚氯乙烯粉末就是通过高速搅拌，使粉末因摩擦而升温进行混合，加上聚氯乙烯粉末具有多孔性，对增塑剂及其他助剂有较好的吸附性，所以多用干混法生产粉末涂料。图 5.9 为干混合法生产粉末涂料的工艺流程。

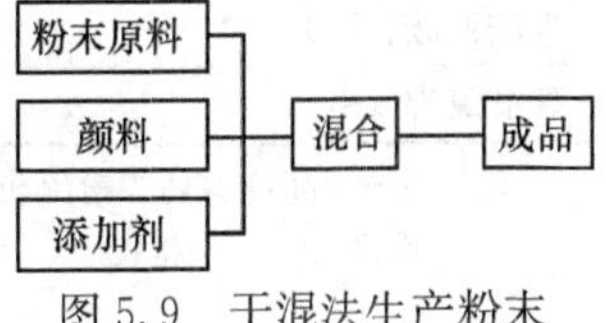

图 5.9　干混法生产粉末工艺流程

干混法的优点和缺点如下。

优点：(1) 生产方法简单，适合小批量、多品种生产。

(2) 设备价格低廉，操作简单。

(3) 生产成本较低。

缺点：(1) 树脂与添加剂不互相熔融，对外观要求严格的产品不适宜。

(2) 对于薄膜涂装有时会出现表面缺陷。

（3）对提高添加剂的分散性有困难。

（四）复合粉碎法

复合粉碎法是包括化学粉碎法在内的二种以上粉碎法并用的方法，用复合粉碎法可以实现二种以上树脂成分的复合化，可以比较容易地生产多成分系的复合粉末。用复合粉碎法生产粉末的一个实例就是日本塞依欣公司开发的“氟树脂多成分系粉末涂料”。这是一种将 PTFE 微细粉末与环氧树脂一起放入反应釜中，溶解、析出、制成粉末的方法。复合粉碎法也可以包括粉末涂料表面改性在内。粉末涂料的表面改性除添加各种助剂外，还可以与金属粉末、陶瓷粉末合并，达到某种性能要求。表 5.14 列出一些热塑性粉末与生产方法。

表 5.14　热塑性粉末及其生产方法

树脂名称	粉碎方法				
	A	B	C	D	E
聚乙烯（PE）	○		●		●
聚丙烯（PP）	○				●
乙烯醋酸乙烯共聚体（EVA）	○				
聚酰胺 11（PA11）	○				●
聚酰胺 12（PA12）	○				●
聚乙烯对苯二酸盐（PET）	○				●
聚醚砜（PES）		●	●	●	
聚苯硫醚（PES）	○	○			
四氟乙烯-乙烯共聚物（PTFE）	○	●	●	●	
聚酰胺 1（PA1）					●
聚醚（酰）亚胺（PE1）					●
聚醚醚酮（PEEK）	○	●	●	●	
聚乙烯醇（PVA）	○				
聚酰亚胺（P1）	○	○			
聚硅氧烷（S1）			○		

注：A——高速剪切式粉碎机；B——喷射式粉碎机；C——复合粉碎；D——化学、物理前处理；E——化学粉碎；○——粗粒子，用子粉末涂装；●——微粉碎，用于改性剂。

第三节　热固性粉末涂料的生产

粉末涂料的生产，就是将树脂、固化剂、颜料、填料和助剂等固体物料，在不使用溶剂或水等介质条件下按配方量比例加进混合机，经充分混合分散后定量加到挤出机熔融混合，然后在压片冷却机上压成簿片，冷却破碎成薄片状，再进空气分级磨粉碎后旋风分离，分离出来的粗粉经振动筛过筛后得到成品，而细粉末通过袋滤器进行回收。整个生产过程是一种物理过程，基本上不存在化学反应。生产工艺流程如图 5.10 所示。

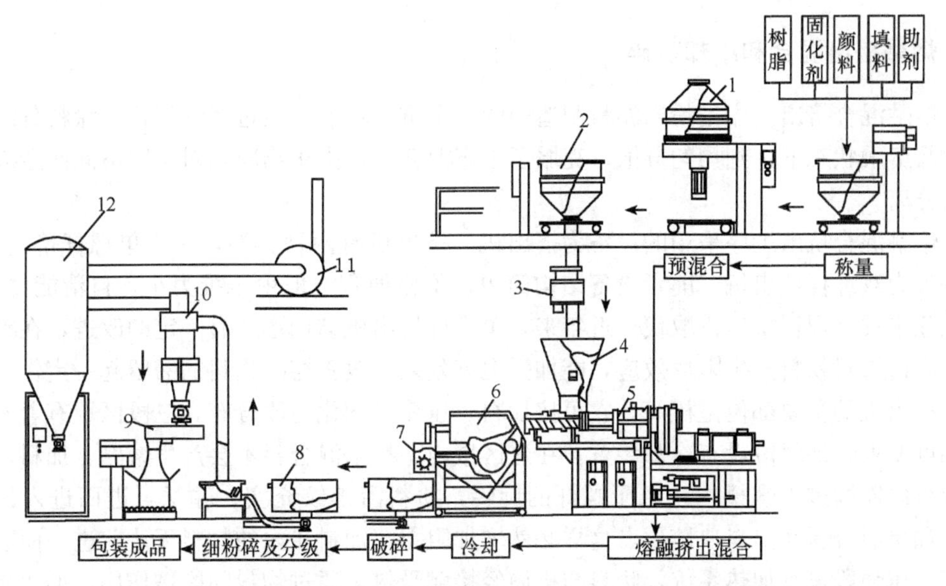

图 5.10　粉末涂料的熔融挤出混合法生产的设备及工艺流程

1. 混合机；2. 预混合加料台；3. 金属分享器；4. 加料机；5. 挤出机；6. 冷却辊；7. 冷却、破碎机；8. 空气分级器；9. 筛分机；10. 旋风分离器；11. 排风机；12. 过滤器

一、原料的预混合

粉末涂料制造中，预混合工序是将树脂粉末、颜料和填料、固化剂、流平剂以及各种助剂等成分按配方混合均匀，为熔融混炼创造一个良好的物态条件，更有利于分散均匀，根据粉末涂料制造工艺的特点，要求混合机具有高效的混合效率。粉末涂料中采用的合成树脂，其熔融温度比较低，所以在混合过程中必须在短时间内完成，这样有利于控制混合机内的温升问题。此外，混合工序是在干粉状态下进行的，在整个过程中应注意粉尘飞扬，要实现密封状态下操作。

在预混设备上，以前有许多生产厂家没引起足够重视，采用环磨机混料着色，甚至采用手工混合，这些方面表面上看多种物料混合均匀，实际上物料之间的均匀性很差，保证不了配方的可靠性、稳定性。物料预混合主要存在二个问题：一是混合时间较长，一般需几十分钟；二是缸体的清色比较麻烦，换较困难。为此我们借其他生产厂家的经验，采用了一种新型高效混合机。它的形状是倒园柱锥形，混合容器部分采用不锈钢制成，内壁光洁度高，磨性强，容器上有大型锅盖，下面有排料阀门密封成封闭容器，通过主轴旋转使物料在容器内形成漩涡进行高速混合。这种高速混合机具有混和物料均匀，混合速度快、操作方便安全；而且物料清理容易，不锈钢容器清洁换色快，是一种理想的混合设备，能保证生产配方的可靠性、稳定性。

生产操作是将配方中所有的粉末状物料投入混合器中，进行混合，混合时间可以通过实验来确定，颜色不同，可以确定不同的时间，一旦稳定了混合时间，最好不要任意变动，否则将影响到物料的分散程度和最后涂膜颜色的波动。

二、熔融挤出混合和冷却破碎

熔融混合挤出工序是粉末涂料制造中的一个重要环节，通过混炼将粉末涂料各组分在树脂熔融状态下达到均匀分散，克服了干态混合时，由于物料相对密度不同而造成组分的分离。

熔融混合挤出工序采用的设备为挤出机，挤出机有两种类型，一为单螺杆挤出机，另一种为双螺杆挤出机，前者设备结构简单、价格便宜，但由于推力小，自清能力差，所以逐步被又螺杆挤出机取代。近年来，单螺杆挤出机结构形式有一定的改进，在螺筒上带有销钉对物料产生阻尼效应，能加强混炼效果，改善熔融物料的滞留起一定作用。

挤出机的主要部位是机筒，它可按加料、压缩和均化三段分布，三段区域有着不同的温度要求，加料段设有冷却装置，在这区域内、粉末混合料不会产生熔融，加料口的粉料可以连续进入螺槽内，由于螺杆的旋转，粉料沿螺纹充实、输送，进而进入压缩段。如果混合料在出料口熔化，这样必然增加阻力，加料斗内的物料无法前进，而造成堵塞。压强段设有加热系统，物料与机筒经接触受热，通过物料间摩擦作用，形成高黏度的熔融物。熔融物中的颜料粒子，由丁受强烈的剪切力作用，过到分散和均化，并逐渐形成质地紧密而均匀的物料。在均化中仍有加热系统，主要是保证出料的稳定和熔融物的均匀。

对于不同性质的物料，需要确定合理的工艺参数，以保证良好的混炼效果，热固性粉末粉涂的挤出工艺要求十分严格，必须控制好挤出温度和物料在机筒内停留时间，这两点是靠杆合理的结构来保证的。

挤出机出来的熔融物应立即挤压成薄片，并及时冷却，不能让熔融物的热量积聚，防止阻分内产生化学变化，影响到产品的质量。

三、粉碎和分级过筛

粉末涂料的粒度是一项很重要的质量指标，一般要求粉末涂料的细度通过 180 目的筛孔。根据粉末涂料的特性，细粉碎的设备应具备以下条件：

（1）能产生较高的冲击力，有效地将物料剪切成较细的粒子。

（2）粉碎室内有大量空气气流通过，控制机体内腔的温度上升。

（3）操作简便，易于清洗换色，可连续运转，生产效率高。

（4）能与分级系统联结，简化操作工艺。

在多种用于粉末涂料生产细粉碎设备中，大多选择了立式离心冲击粉碎机（ACM 磨）。ACM 磨是由粉碎室和分级室两部分组成。粉碎室的下部设有粉碎转子，转子上装有销钉，由主动电机带动高速旋转，分级室设有旋转分级叶片。ACM 磨的工作原理是基于高速旋转磨盘产生的冲击粉碎作用。物料在击柱和衬瓦以及物料相互冲击下完成微粉过程。进入分级区的具有一定粒径的颗粒，同时受到风机引力和由于分级器旋转产生的离心力的作用。对于粒径微小的颗粒，在风机引力的作用下进入成品粉管道。粒径较大的颗粒在离心力的作用下进入粉碎区，进行再粉碎。ACM 磨具有高速粉碎、空气分级、旋风分离、筛分及超细粉分离和粉尘收集等功能。调节微磨粉系统的运行参数可获得理想、稳定的粉末粒径分布。

四、包装

粉末涂料为了防止吸潮，先用聚氯乙烯塑料袋包装，甚至用双层包装，再用塑料绳、塑料环、或橡皮筋等扎口，然后装在纸桶或纸箱中，纸箱用不干胶封口，纸桶用纸桶盖盖严，对远距离运输的纸箱还用捆扎带捆两道，以便搬运方便。

为了运输与搬运方便，一般经包装包装或包装桶的粉末涂料净重是 20kg 或 25kg，有的包装箱两侧留二个提箱口，这样搬运时提箱方便，也容易看到内部包装粉末涂料的颜色，但包装箱里容易带进灰尘和杂质，还增加破损塑料包装袋的概率。

在包装箱上，应印有下列内容：产品名称、型号、颜色；注册商标、是否 ISO 质量管理体系认证；产品生产日期、批号、产品有效期、净重；生产厂名称、地址、电话、传真、网址、邮编；注意事项，包括防晒、防潮、防压等标志。另外，包装箱还要能承受一定的压力，在产品堆放 4～5 层高度时，纸箱不变形，以防纸箱受损，粉末涂料受压结团，影响使用性能。

五、生产的工艺参数

（一）预混合的时间

混合工序是粉末涂料生产过程的首道工序，由于混合是在干粉状态下进行的，因此在混合时物料内部的阻力很大，当混合时间过长物料摩擦会产生积聚热，如果热量达到一定程度，组分中的树脂熔化而结块，使下道工序受阻。同量由于混合时间过长，组分中的颜料的着色力随混合时间的延长而变化，尤其是复色涂料，因混合时间的不同，而造成粉色深浅不一，所以混合时间的必须规定，并且以达到组分均匀为准，每批产品颜色又要达到一致。具体的混合时间，要依据设备的结构、混合效率、颜料的颜色、品种，要通过每次实验确定，如高速混合机一般混合时间以 6～15min 为宜，个别品种也不宜超过 20min。混合时间确定后，绝不能随意变动，以保证产品各项质量指标一致，为下道工序的质量稳定建立牢固的基础。如果预混合时间太短，混合效率太差，那么就加重了挤出机的负担。由于通过挤出机的时间较短，对于混合不好的产品，就可能出现组分不均匀状态，特别是有颜料凝聚成团，应该在预混合工序中给予解聚分散，这是混合机中要解决的问题。

（二）挤出温度

合成树脂的软化温度和熔融黏度，决定着所需要的挤出温度，所以熔融混炼工序必须在规定的温度下进行，这个温度不能引起树脂与固化剂之间的化学反应，但必须足够使树脂熔融成一种流体，保证颜料能有良好的润湿，和获得最大的剪切力。颜料在高黏度介质下，产生较大的剪切力的条件，足够切碎颜料的凝聚团，有利于颜料的分散的和润湿。但是，混炼温度过低，树脂是半熔融状态，颜料粒子无法分散，更就不上树脂与颜料的润湿。树脂熔融黏度过大，造成物料内动阻力太大，使设备负荷超载，不利于设备功能的发挥，并使出料困难。如果混炼温度过高，树脂熔融黏度偏低、介质中剪切力变小，就不利于颜料的分散和混炼。但在某些情况下，挤出时温度高一些，使组分间产生良好的互溶状态，也有利于树脂与颜料间的润湿，使树脂中可能含有的一些低沸点成分挥发，可以避免固化成膜时产生的针孔或缩孔，使涂膜更为平整光亮。所以在确定挤出温度时可根据具体概况，包括采用的原料、产品性能要求等因素来制订，还要看设备结构，是单螺杆还是双螺杆挤出机，决不能千篇一律，生搬硬套。挤出温度对涂膜性能的影响如表 5.15 所示。

表 5.15　挤出温度对涂膜性能的影响

挤出温度/℃	流　平　性	冲击性能/cm	附着力/级	光泽度/%
100	一般	30	2	70.4
110	好	50	1	85.6
120	好	50	1	88.7
130	很差	20	3	62.7

（二）粉末粒度分布和粒径大小

粉末涂料的粒度及其分布是产品质量的一项重要指标，它对涂膜的表面状态、光泽以及喷涂施工的效果和质量有密切关系。粉末涂料的粒度的大小，直接影响着粉末的流动性、静电喷涂施工和涂膜质量，一般来说，粉末的粒度细一些，带电性会好，易于涂装吸附，并能获得平整和较薄的涂膜，但粉末过细，它不但带电效果变差，粉末流动性也变差，且造成堵塞管道又在喷枪口结聚粉末团，同时造成粉尘飞扬，喷涂时吸附效果差，浪费粉末及污染环境，在贮存时易受潮结块。一般粉末涂料的粒度分布应在 20～80μm 之间，从统计分布的规律来看，其中 30～50μm 占总量的 60%～70%。不同类型的涂装设备，其粉末粒度大小的要求是不同的，采用流化床涂装法的粉末粒度可适当大一些，其颗粒大小应控制在 80～150μm，相当于 100 目标筛。

第四节　其他粉末涂料生产方法

一、蒸发法

蒸发法是湿法制造粉末涂料的一种。该法的基本工艺流程为：配制溶剂型涂料→薄膜蒸发或减压蒸发除去溶剂得到固体状涂料→冷却→破碎（或粗粉碎）→细粉碎→分级过筛→产品。此法获得的涂料颜料分散性好，静电涂装施工性能好，涂膜外观及性能表现好，但是工艺流程比较长，有大量回收来的溶剂要处理，设备投资大，制造成本高，推广受到限制。这种方法主要用于丙烯酸粉末涂料的制造，大部分有机溶剂靠薄膜蒸发除去，然后用行星螺杆挤出机除去残余的少量溶剂。

二、喷雾干燥法

喷雾干燥法也是湿法制造粉末涂料的一种方法，这种方法的工艺流程为：配制溶剂型涂料→研磨→调色→喷雾干燥→溶剂和粉末涂料分离→回收溶剂→产品。该法实质上可视为将溶剂型涂料通过喷雾干燥设备进行脱溶剂、干燥得到的粉末涂料。其主要优点有：

（1）配色容易。

（2）可以直接使用溶剂型涂料生产设备，同时加上喷雾设备即可进行生产。

（3）设备清洗比较简单。

（4）生产中的不合格产品可以重新溶解后再加工。

（5）产品的粒度分布窄，球形的多，涂料的输送流动性和静电涂装施工性能好。

缺点是要使用大量溶剂，需要在防火、防爆等安全方面引起高度重视。涂料的制造成本高。这种方法适用于丙烯酸粉末涂料和水分散粉末涂料用树脂的制造。

三、沉淀法

沉淀法基本上是溶剂型（或水性涂料）和粉末涂料两种制造方法的结合，首先配制溶剂型（或水性涂料），然后将其在沉淀剂中沉淀造粒，分级、过滤，最后干燥得产品。其基本工艺流程为：配制溶剂型（或水性涂料）→研磨→调色→借助于沉淀剂作用使液态涂料沉淀成粒→分级→过滤→干燥。使用沉淀法生产的粉末涂料，简单改装溶剂型涂料的设备和生产线即可直接使用，清洗和换色非常容易，制得的粉末涂料粒度分布窄，施工性能与涂膜外观都较理想，但由于它工艺流程长，生产成本高，目前工业化推广甚受限制。

四、水分散法

为了获得更好的表面性能，往往需要更细的粉末颗粒，因此将已经制得的粉末涂料加少量助剂分散于水中进行湿研磨，加工成细度3μm、固含量35%～38%的乳状液体。通常采用液态涂料喷枪喷涂在工件上，可以满足特殊性能（如汽车面涂）要求水分散粉末涂料是由树脂、固化剂、颜料、填料及其助剂熔融混合、冷却、粉碎、过筛得到的粉末涂料。该涂料既有水性涂料的优点，又有粉末涂料的特点。其工艺流程为：配制溶剂型涂料→研磨→调色→借助沉淀剂的作用沉淀造粒→分级→过滤→干燥→产品。

五、超临界流体法

美国Ferro公司开发了超临界流体制造粉末涂料的方法，该法使用超临界状态的高压二氧化碳作为加工流体来分散涂料的各组分，可开发多种传统工艺无法制造的粉末涂料。目前粉末涂料的生产大多使用熔融混合法，无法用于生产热敏性、低温固化的涂料。鉴于熔融法的诸多不足之处，人们对粉末涂料合成工艺不断尝试，取得了一定进展。超临界流体法的开发利用被称为粉末涂料制造方法的革命，对21世纪粉末涂料工业的发展将起到重要作用。其原理如下：二氧化碳在7.25 MPa和31.1℃时达到临界点而液化，此时液态二氧化碳与气态二氧化碳两相之间界面清晰，然而压力略降或温度稍高超过临界点，这一界面立刻消失，称为超临界状态。继续升温或降压，二氧化碳变成气态。超临界态的二氧化碳是一种很好的溶剂，在医药萃取、分离等方面得到广泛应用。利用此原理，将粉末涂料的各种成分称量后加到带有搅拌装置的超临界流体加工釜中，超临界态二氧化碳使涂料的各种成分流体化，这样在低温下就达到了熔融挤出的效果。物料经喷雾和分级釜中造粒，获得产品。整个生产过程可以用计算机控制。这种方法的优点是：

（1）减少了熔融挤出混合工序，降低了加工温度，防止粉末涂料在制造过程中的胶化，可改善产品质量。

（2）加工温度低可以生产多种低温固化涂料。

（3）提高批产量，一般熔融挤出法每批生产 453.592kg，而此法可达到 9071.84kg。

粉末涂料的基体为聚合物，而许多高聚物在合成过程中就可以得到微球状颗粒，结合所选聚合物的特性，采用适当的合成方法可以制得粉末涂料。

第五节　粉末涂料的生产设备

一、预混合器的选择

预混合是粉末涂料生产中的第一道工序，它是将所有的组分进行混合分散为熔融混合挤出创造一个良好的均匀体系。因此，要求预混合器具有较高的均匀分散效率、高的剪切力、搅拌区无死角和密闭性好等特点。综合上述要求的预混合器主要有：高速混合机、捏合机、锥筒式混合机，滚筒式混合机和 V 字型混合器等。图 5.11 为高速混合机结构示意图。

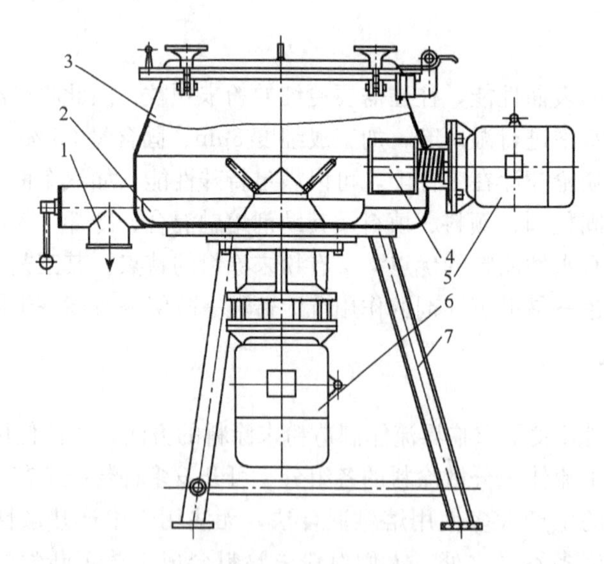

5.11　普通高速混合机示意图

1. 放料阀；2. 搅拌器；3. 粉碎器；4. 粉碎器；5. 粉碎电机；6. 搅拌减速电机；7. 机架

在选择预混合器时，有两种类型设备可供选择时参考，即高速混合机和低速大容积混合器，使用高速混合机时，其对树脂、颜料和填料的分散效率高，即使在所配的物料中存有高黏度成分，它的分散率仍很高，因其一次预混合时间仅需 3～5min，即能有效地粉碎大颗粒树脂。它具有混合时间短、分散效率高和操作灵活方便等优点，不足之处是一次性投料量过少，容易造成批量之间的颜色变化。相比之下，使用低速大容量混合机时，它具有使用人力少，由于一次性投料量大，因此质量也较稳定，不足之处是混合时间较长，一般需要 20～30min，且分散效果略差一点。

二、双螺杆挤出机

它是粉末涂料生产的关键设备，决定涂料产品的性能和生产能力。结构示意图如图 5.12所示。

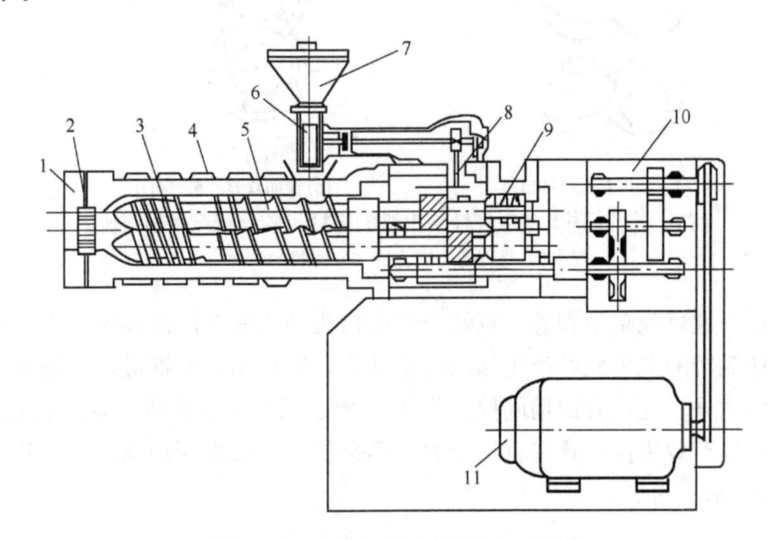

图 5.12　双螺杆挤出机结构示意图

1. 挤出头；2. 断电板；3. 套筒；4. 加热器；5. 螺杆；6. 加料器；7. 料头；8. 传动齿轮；9. 推进轴环；10. 减速器；11. 电机

其工作原理是：在套筒内，等速无能运转的两根螺杆相互蹬着对方，同进紧贴着套筒内壁运动，把物料充分分散，同时向前推进。在此，两根螺杆的旋转方向可以是同向的，也可以是逆向的，不同类型双螺杆挤出机的螺杆齿咬合情况和物料的流动如图 5.13所示。

挤出机混炼效果不好，将影响产品光泽，使光泽下降，同时流平性也变差，还会出现混色不匀，局部胶化，形成板面粒子等弊病。理想的挤出机应具备如下特点：

（1）能产生较高的剪切力，可在较短时间内完成均匀的混合。

（2）准备控制操作中所要求温度。

（3）内无死角，有自洁能力，避免物料积存而固化。

（4）容易清洗，便于换色。

（5）连续运转，可形成生产流水线。

以前粉末涂料生产大多采用单螺杆挤出机作为熔融混合设备，由于该机只有一根螺杆，在机筒内单独旋转，其推力很小，物料熔融后黏度大，难以推向前进，而且它没有自清能力，造成物料部分积存面固化，最终堵塞螺杆被迫停车清理，因此，采用单螺杆

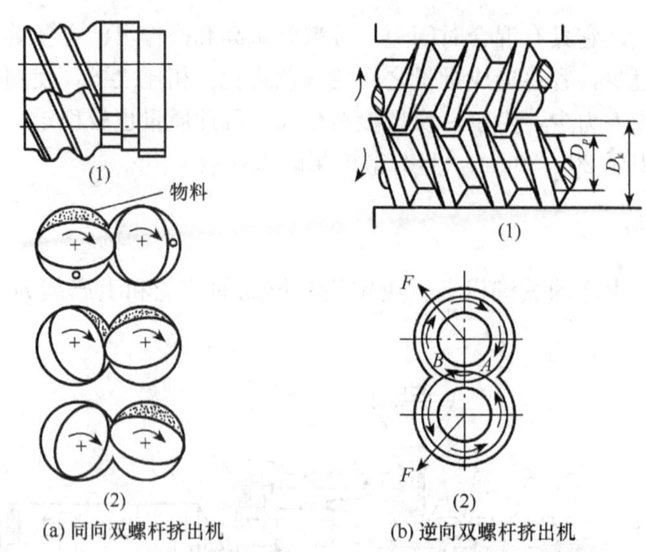

图 5.13　不同类型双螺杆挤出机的螺杆齿咬合情况和物料流向

(1) 螺杆的齿咬合；(2) 物料的流向

撤出机产量低，混炼效果不理想。双螺杆挤出机为两支螺杆同向旋转结构。两螺杆上的精密啮合高速旋转的混炼元件产生强制的推动力，使粉末向前推进，除物料与机筒内壁之间产生摩擦力外，还具有螺槽间捏合作用，所以双螺杆挤出机与单螺杆挤出机相比，混炼效果好，生产效果高，具有自洁能力，不会产生堵塞螺杆现象。其主要参数对比结果如表 5.16 所示。

表 5.16　单螺杆挤出机与双螺杆挤出机对比

项　　目	单螺杆挤出机	双螺杆挤出机
长径比	16.1	16.1
生产效率/(kg/h)	10.8	45～60
螺杆内停留时间/s	96	16
涂层光泽/%	48	60
出色效果	较差	优良
自清效果	无自清能力	具有算清能力
拆却难易程度	拆卸较难	不必拆卸、较易
单位产量耗电/[(kW·h)/kg]	0.65～0.69	0.12～0.15

双螺杆挤出机能使多组分原料在热状态下达到最佳的分散及混炼效果，是获得高品质粉末涂料的重要保证。热固性粉末涂料要求在机内只进行物理性混炼，而不能在机内发生诸如局部固化等化学反应。因此，物料在机内停留时间要短。停留时间取决于螺杆形式、转速和间隙。对双螺杆挤出机而言，停留时间会影响自清理效果是影响挤出机有用效率的重要因素之一。国外 A. P. V 公司的 MPC/V 型逆向旋转双螺杆挤出机在顶部装有螺杆调节阀，调节螺杆间隙，控制物料阻力，目的是控制停留时间在 30s 以内。国

产双螺杆挤出机一般控制在 10s 以内。机筒加热，一般控制在 80～100℃范围，使热量正好满足物料的熔融，热源可用电加热、蒸气或热媒体，以电加热为多。为了保证在熔融挤出过程中摩擦热引起温升，还需要冷却，特别在加料段不但需要机筒外部冷却，还需要中空螺杆冷却，冷却液以水为普遍。加料、压缩和均化段的升温，冷却系统均应能自动控制，以确保温度的平稳。

易于清理，使换色时间缩短，这是提高螺杆挤出机有用效率的另一重要因素，这对单螺杆挤出机尤为重要。国外布斯公司 PLK-46 型单螺杆挤出机螺杆的齿形为圆弧形式，机筒半开，可分段装配。螺杆装配互换性好，易磨损段能单独更换，如新型的 MPC/V 型双螺杆自清理挤出机。

此外，在加料口处，应装有自动定量加料器，并附有金属检测器，以防止金属粒子进入挤出机筒身而损坏机器或影响产品质量。在挤出机出料处应配有冷却带或冷却滚筒。以使物料冷却到 35～40℃，冷却带的末端装有破碎辊，将已呈脆性的薄片粉碎供微粉碎机使用。

20 世纪 90 年代以后，挤出机设备不断完善、提高，主要表现在以下几个方面：

(1) 增设了变频调节的喂料机，具有去除铁等金属杂质（包括铁块、铁锈等）的功能。

(2) 为适应制造低温粉末涂料的需要，增设了“前后内冷”。“前内冷”可以控制物料的出口温度，而后内冷是为了高速高产的需要，确保喂料阶段温升不超过设定温度。

(3) 螺杆排列更加合理，适用于高质（高混炼性能）、高产的不同要求，可以达到更好的经济效果。

(4) 可快速装卸，能在 3min 内打开螺镗，特别适用于经常换色及低温固化粉末涂料的生产。

(5) 减速分动箱润滑油增设冷却装置，温升极低，并设有压力表，可以直视润滑系统情况。

三、压片机

从挤出机挤出的物料呈黏稠的流动态，温度较高，必须尽快冷却，以防止各组分，特别是树脂与固化剂之间发生化学反应。冷却后方可破碎。熔融挤出物的冷却方法有两种：冷却带冷却和冷却辊筒冷却。

1. 冷却带冷却

冷却带冷却系统包括一个双挤压辊轮进料设备、钢带冷却机和指式破碎机。从挤出机出来的熔融挤出物，首先经过一个挤压辊将其压成一定厚度和宽度的薄片，落在终端装有破碎轮的长传输带上，不断地向前推进至破碎轮，接着经破碎轮粉碎成细小薄片。见图 5.14 所示。

压辊内部通冷却水使之冷却，而冷却带则有二种冷却方式：一是水冷，即在其背面用冷却水喷淋进行冷却；二是风冷，即从冷却带上方向冷却带吹冷风。

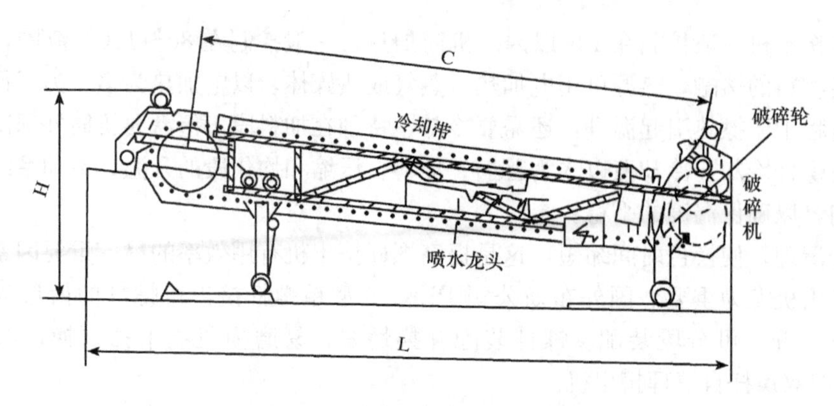

图 5.14　冷却带冷却破碎示意图

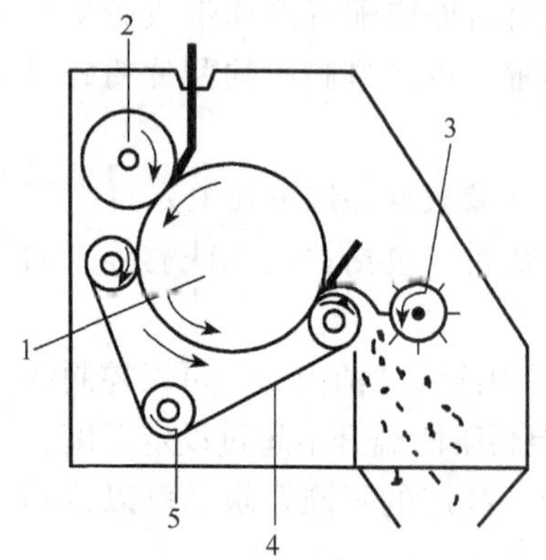

图 5.15　冷却辊筒冷却示意图
1. 辊筒；2. 压辊；3. 销钉破碎机；4. 皮带；5. 导向辊

2. 冷却辊筒冷却

这种工艺是将挤出机挤出的熔融挤出物通过压辊与冷却辊筒之间的缝隙，压成带状薄片，继而经破碎轮粉碎成小薄片，见图 5.15 所示。

冷却辊筒内有冰盐水循环，辊筒表面温度很低，足以保证熔融挤出物的冷却。上述冷却工序通常是在密封体系中进行，密闭系统中充满干燥空气，保证夏季高气温下冰冻的辊筒表面不会有冷露产生。冷却辊筒冷却设备比冷却带设备占地面积少，一般只有后者的 1/5，而且拆卸和组装都很方便，清扫也容易，故而较为优越。

四、空气分级磨

在制造粉末涂料中使用的主要粉碎设备为空气分级磨（一般叫 ACM 磨）。这种粉碎机实际上是锤式粉碎机和空气分离设备相结合的设备，有水平轴型和垂直轴型两种。它具有以下特点：第一，粉碎和分级同时进行，通过大量的空气冷却，物料升温小，适用于粉碎耐热性差、粉碎时因发热而容易发黏的物料；第二，内部装有粒子分级分离转子，产品粒度分布窄，粒度比较均匀；第三，改变分级转子的转速，可以调节粒度；第四，分级转子和粉碎转子拆卸方便，清洗和换色容易。

ACM 分级磨采用两台三相异步电动机作为原动力，带动转盘转子和分级器转动，并利用分级器进行分级。其工作原理是被粉碎的物料由加料器送到粉碎室，通过装在转盘上的金属锤子和物料之间的冲撞进行粉碎，由于冲撞和离心力的作用，被粉碎的物料碰撞到粉碎室内壁上面。此时从粉碎室底部向上移动的气流把粉碎后的粉末通过月牙导向板送至粉碎室上面。接着粉末就改变 180°方向进入分级室，通过分级转子的离心力，粗粉末从分级转子甩出，受到月牙导向板的阻碍作用，跟少量循环气流一起重新回到粉碎室再次粉碎；细粉末受到鼓风机的吸引作用，经分级转子送至旋风分离器进行分离。图 5.16 为 ACM 磨结构示意图。

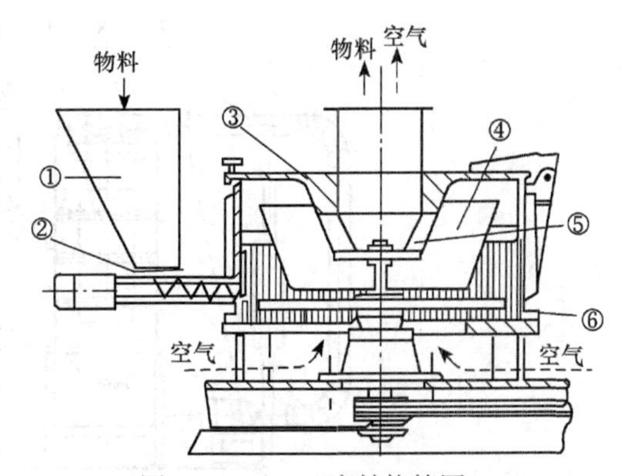

图 5.16　ACM 磨结构简图

1. 料斗；2. 进料器；3. 防涡盖；4. 导流圈；5. 分级转子；6. 粉碎盘

经 ACM 微粉碎机进行粉碎的粉末粒度应适宜，大部分在 80μm 以下，销柱的磨损程度不大，温度升高也较小，改变粉碎转子和分级转子的速度，控制进料量和空气通过量，都可控制粉末涂料的粉碎粒度。ACM 微粉碎机系统，一般采用袋式除尘器，其滤袋都装在一个可移动的支架上，如果要换色，打开袋式除尘器大门，移动凸轮把挂有滤袋的支架推出来，就可方便地清扫袋式除尘器内部或更换袋。

粉末涂料粒子的大小，直接影响高压静电喷涂工艺性能和涂膜性能，如表 5.17 所示。一般说来，粉末粒度越细，其带电效果越好，易于被工件静电吸附。但由于粉细易产生堵枪和喷粉时易飞溅于空间，所以上粉率并不高，有时甚至会造成积聚粉团喷到工件上，影响涂膜外观。另一方面，粉末粒度太细，会造成在贮存时易结块，吸湿性也大，并会造成涂膜表面缺陷光泽。因此，粉末粒度宜控制在 10～80μm，若要形成 80～100μm 厚的涂膜，则大多数（55%）粉末粒子细度要大于 60μm，若粉末粒度分布范围窄，粗大粒子数量少，其施工性能就好，所形成的涂膜流平性也好，其遮盖率也随之提高。

表 5.17　粉末涂料粒子细度对其性能的影响

性能＼粒子细度	小←　　→大	性能＼粒子细度	小←　　→大
沉积效率	好←	贮存稳定性	→好
涂膜流平性	好←	粉尘爆炸	易引起爆炸←
涂膜厚度	薄←　　→厚	粉末回收率	→好
流动性	→好	—	—

五、振动筛

过筛分级是粉末涂料生产的最后一道工序。这了避免有粉末涂料成品中出现粗颗粒或杂质，需经机械筛分级。此分级设备可直接装在 ACM 微粉碎机系统后部，也可作为一独立的分离设备。过大的粉末颗粒可重新回到 AVM 微粉碎机进行回收利用。细粉碎和分级过筛整套设备布置示意图如图 5.17 所示。

过滤筛有多种类型，如离心式筛，超微过筛机，滚筒式过筛机、离心空气分筛器和振动筛等。通常 ACM 磨串装的自动作业机组内多选用竖型筛筒旋转筛或水平筛筒旋转筛。示意图如 5.18、图 5.19 所示。

粉末涂料生产厂常用的振动筛是 G 型筛或罗赛尔筛，其工作原理是振动电机上端重

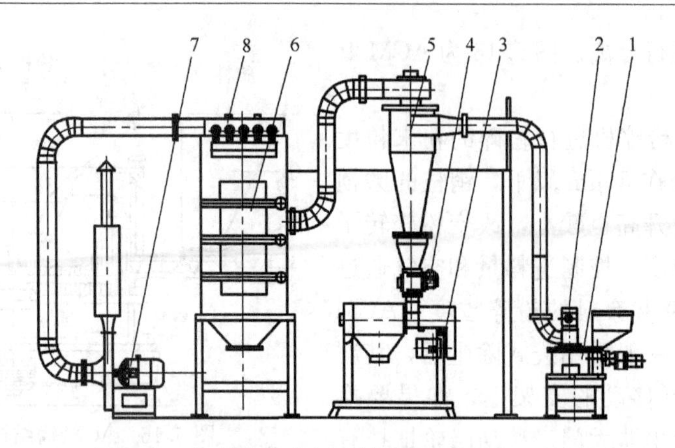

图 5.17 细粉碎和分级过筛整套设备布置示意图

1. ACM 分级磨；2. 副磨；3. 旋转筛；4. 旋转阀；5. 旋风分离器；
6. 袋式过滤器；7. 引风机；8. 脉冲振荡器

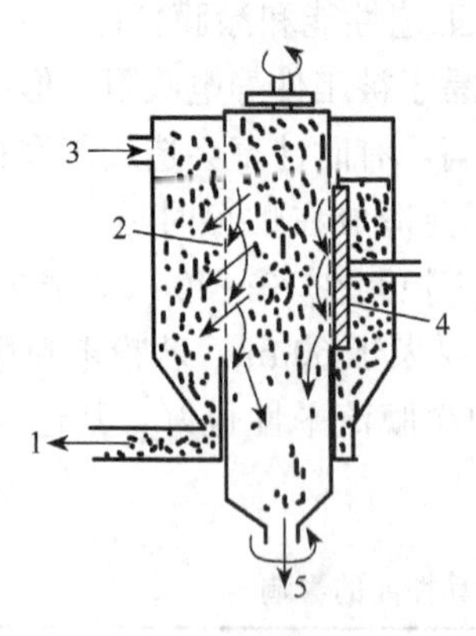

图 5.18 竖型筛筒旋转筛

1. 成品；2. 圆筒筛网；3. 要过筛物料；
4. 反冲洗作空气；5. 粗粉

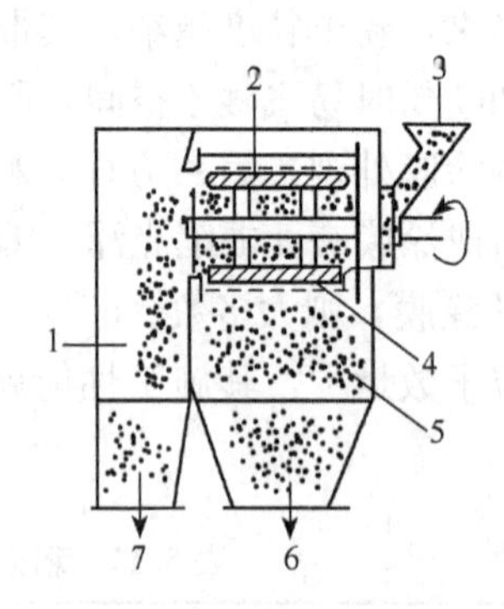

图 5.19 水平筛筒放置筛

1. 粗粉受槽；2. 搅拌刷子；3. 待过筛物料
4. 圆筒筛网；5. 细粉受槽；6. 成品；7. 粗粉

块的旋转引起筛面的水平振动，使中心加入的物料向四边移动，电机下端偏重，快的旋转引起行筛面垂直和切向运动，使筛发生三元回转运动。物料流动方式靠上下偏重的相位调节。振动行筛具有振动频率高，筛网规格可调换，拆卸需有迅速和使用方便等特点。如在筛网涂膜覆抗静电物质或加超声波换能器，其生产效率将会明显提高。

小 结

本章主要介绍了粉末涂料的特性、种类、生产、使用工艺、粉末涂料检测及生产设备选型等基本知识，通过对本章的学习，使读者对粉末涂料的生产与应用有一个较为全面的认识，为日后工作打下坚实的基础。

与工作任务相关的作业

阅读相关书籍，分析粉末涂料的粒径对粉末涂料的质量有何影响？工业生产采取何措施来控制?

知识链接

表5.18是粉末涂料被喷涂中常见问题及解决措施。

表5.18　粉末涂料被喷涂中常见问题及解决措施

问　题	可能原因	解决措施
色差	1. 炉温太高或太低 2. 固化时间太长或太短 3. 固化炉排气不充分	1. 调整固化炉炉温 2. 调整链速 3. 检查排废气系统或增加排废气孔
橘皮	1. 涂层太薄或太厚 2. 固化炉升温速率太快或太慢 3. 固化温度太低 4. 粉末超过储存期，结团 5. 粉末雾化不良	1. 调整喷枪参数或链速 2. 检查并调整固化炉 3. 调整炉温 4. 更换粉末 5. 调整粉末的雾化
缩孔	1. 与其他粉末供应商的粉不相溶 2. 工件前处理不充分 3. 受空气中不相溶物污染 4. 压缩空气中含油或含水超标	1. 彻底清理喷粉系统 2. 检查前处理 3. 检查喷粉区域是否有不相溶物 4. 检查气源、安装过滤器
针孔	1. 喷涂厚度太厚 2. 底材含水气 3. 喷涂电压太高 4. 枪距太近 5. 粉末受潮	1. 降低喷涂厚度 2. 预热工件 3. 降低喷枪电压 4. 调整枪距 5. 与供应商联系
附着力差	1. 底材前处理不充分 2. 涂层固化不充分 3. 涂层太厚 4. 底材变化	1. 检查前处理设备和前处理药液 2. 检查炉温延长固化时间 3. 调整喷涂参数降低厚度 4. 与底材供应商联系
沟槽不易上粉	1. 喷粉出粉角度不当 2. 喷涂“云雾”太宽 3. 工件接地不当 4. 喷涂电压太高 5. 枪距太大 6. 喷粉供粉气压太低或太大 7. 粉末太细	1. 调整喷枪角度使粉末直接对着沟槽 2. 使用小的阻留嘴，与喷枪厂商联系 3. 检查挂具及接地电缆 4. 适当降低喷涂电压 5. 适当缩短枪距 6. 调整供粉气压 7. 降低回收粉的使用
上粉率差	1. 工件接地不当 2. 喷枪电压不合适 3. 粉末受潮 4. 回收粉加入过多 5. 挂具设计不合理 6. 喷枪气压太大 7. 喷粉房排风太强 8. 喷枪电极损坏 9. 粉末在电极上沉积	1. 清洁设备的接地装置和挂具 2. 检查枪、清洁枪或更换枪 3. 更换粉末 4. 降低回收粉的使用 5. 重新设计挂具，减少屏蔽 6. 降低喷涂气压 7. 降低排风 8. 更换电极 9. 清洁电极

续表

问　　题	可 能 原 因	解 决 措 施
冲击或柔韧性差	1. 涂层固化不完全 2. 底材和前处理差 3. 涂层太厚 4. 底材变化 5. 测温度太低	1. 检测炉温 2. 检查底材和前处理药液 3. 降低喷涂厚度 4. 与底材供应商联系 5. 在＞20℃度下放置一段时间再检测
渣子	1. 工件处理不干净留有尘粒 2. 重复使用的回收粉末 3. 喷涂线不清洁 4. 回收粉用网太粗 5. 供应的粉末中有渣子	1. 仔细处理工件表面 2. 换新的粉末 3. 清洁粉房、回收装置、传输带和挂具 4. 使用较细的网 5. 与粉末供应商联系
出粉不匀（吐粉）	1. 粉末流化不好 2. 粉末受潮 3. 粉末太细 4. 输粉管过长 5. 压缩空气太潮 6. 空气压力不稳 7. 文氏管老化，磨损 8. 枪距太近	1. 检查流化空气压力 2. 更换粉末 3. 检查并调整回收粉与原粉比例 4. 适当调整输粉管长度 5. 检查压缩空气，安装干燥装置 6. 检查是否压缩气过载 7. 更换 8. 增大枪距
流化不好	1. 粉末太细 2. 流化床多孔阻流板的孔太细 3. 流化床多孔阻流板阻塞 4. 流化床供应的压力太低 5. 供粉桶内的粉太多或太少	1. 更换粉末 2. 替换 3. 增大供粉压力 4. 粉桶内的粉处于 1/3～3/4 处
在供粉系统中产生“冲击熔融”	1. 过强的供粉速率 2. 粉末粒径不合理 3. 回收粉使用过多 4. 压缩空气温度太高 5. 输粉管打折 6. 输粉管材质选择不当	1. 降低供粉压力 2. 与粉末供应商联系 3. 降低回收粉的使用比例 4. 检查压缩空气温度，附近是否有热源 5. 清除输粉管打折 6. 检查输粉管，需要时更换
小区域变色（补丁）	1. 前处理不彻底 2. 工件有腐蚀物	1. 检查前处理 2. 用化学方法进行前处理清除
不均匀变色	1. 炉温太高或固化时间太长 2. 固化炉排风效果不好 3. 涂膜厚度相差太大	1. 降低炉温，用炉温仪测量炉温 2. 检查排风系统 3. 参照“涂层不均匀”
涂层不均匀	1. 上粉率差 2. 操作者疲劳 3. 粉末粒径不合适 4. 枪的各部分安装不牢 5. 链速不合适 6. 喷枪中出粉不匀（喷射） 7. 枪的往复不匹配链速 8. 枪的布局不合适 9. 枪的角度/距离不合适 10. 充电格局发生干扰	1. 参照上面 2. 轮班工作，或自动喷涂 3. 与粉末供应商联系 4. 检查枪各部分安装确保牢固 5. 调整链速 6. 参照以上 7. 调整喷粉线的参数 8. 调整枪的布局 9. 检查枪的布局 10. 调整枪不要使枪直接相对

第六章　非转化型涂料的生产

学习目标

掌握非转化型涂料中硝基漆和过氯乙烯漆的生产工艺；了解非转化型涂料的常用生产设备等。

必备知识

学生需具备无机化学、有机化学、分析化学等基础化学知识以及涂料化学的基本知识；化工基础知识。

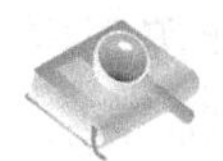

选修知识

学生可选修化学工艺、高分子化学等知识。

案例导入

涂料生产出来以后必须通过施工并变成干燥的固态的涂膜，才能实现涂料的功能。液态涂料施工到被涂物表面后形成可流动的液态涂层（粉末涂料在成膜以前实际上也会出现液态涂层的状态），通常称为“湿膜”。这层“湿膜”需要按照不同的机理、通过不同的方式变成固态的连续的“干膜”，才得到人们需要的涂膜。这个由“湿膜”变成“干膜”的过程称为“干燥”或“固化”。根据树脂基料的性质，涂料干燥成膜的机理可以分为化学干燥和物理干燥两大类。化学干燥是在室温或高温下通过化学交联反应形成三维网状结构（热固性涂料）涂膜，这些交联反应可以通过树脂中不饱和基团（比如说干性油中的不饱和双键）的氧化实现，也可以通过基团之间（比如说氨基和异氰酸酯基）进行缩聚反应来实现。物理干燥主要是靠溶剂的挥发和分子链缠结成膜（溶剂型涂料）或水的挥发和乳胶粒凝聚成膜（乳胶漆）。本章将要讨论的就是以物理干燥为成膜机理的溶剂型涂料——非转化型涂料的生产问题。之所以称之为非转化型涂料，是因为在干燥过程中，成膜物质不发生化学变化，成膜前后分子结构不发生改变，只是溶剂挥发后成膜物质聚集在一起而已。

课前思考题

涂料的固化机理可分为物理固化和化学固化两大类。除了乳胶漆外，是否还有其他类型的涂料是物理固化的？

非转化型涂料主要包括硝酸纤维素涂料、过氯乙烯树脂涂料、纤维素涂料、乙烯类树脂涂料和橡胶涂料等五大类，本章将讨论其中的硝基纤维素涂料和过氯乙烯树脂涂料。

第一节　硝基漆的生产

硝基漆就是前面所说的硝酸纤维素涂料，俗称“喷漆”，是目前比较常见的木器及装修用涂料。优点是装饰作用较好，施工简便，干燥迅速，对涂装环境的要求不高，具有较好的硬度和亮度，不易出现漆膜弊病，修补容易。缺点是固含量较低，需要较多的施工道数才能达到较好的效果；耐久性不太好，尤其是内用硝基漆，其保光保色性不好，使用时间稍长就容易出现诸如失光、开裂、变色等弊病；漆膜保护作用不好，不耐有机溶剂、不耐热、不耐腐蚀。硝基漆的主要成膜物是以硝化棉为主，配合醇酸树脂、改性松香树脂、丙烯酸树脂、氨基树脂等软硬树脂共同组成。一般还需要添加邻苯二甲酸二丁酯、二辛酯、氧化蓖麻油等增塑剂。溶剂主要有酯类、酮类、醇醚类等真溶剂，醇类等助溶剂以及苯类等稀释剂。硝基漆主要用于木器及家具的涂装、家庭装修、一般装饰涂装、金属涂装以及一般水泥涂装等方面。

硝基漆的出现已有100多年的历史，我国于1935年开始生产和应用，当年美国生产硝基漆产量已达4230万加仑（合16000万立升）。硝基漆以它的干燥快、装饰性好、具有较好的户外耐候性等特点，并可打磨、擦蜡上光，以修饰漆膜在施工时造成的疵点等独特性能，非常畅销。当时只有硝基漆可以喷涂，适合大面积施工。美国杜邦公司的产品曾为世界第一条汽车车身涂装流水线采用。

20世纪50年代以后，随着涂料行业技术力量的发展壮大，国内涂料企业有条件改进老产品，研制新产品，采用新工艺，添置新设备，使硝基漆的生产质量提高、品种增加，发展也较为迅速。当时生产的品种主要有：硝基底漆和腻子、硝基工业漆（内用硝基磁漆）、汽车喷漆（外用硝基漆）、木器漆、铅笔漆、皮革漆、塑料漆等。70年代以前，它属于装饰性好的高档涂料产品，产量逐年增长。到80年代中期，我国涂料产品按18大类进行统计后，它的产量和涂料合计总产量之比，还是相对稳定的。

近年来，随着涂料行业的发展，科学技术的进步，为了不断满足社会的需求，一批批新产品先后研制成功，许多合成树脂涂料相继涌现出来。为使涂料产品适应和满足国家工业建设的要求，原化工部在产品结构优化调整方案时提出：“限制前四类（油脂漆、天然树脂漆、酚醛漆、沥青漆），改造两类即硝基漆、过氯乙烯漆，使其质量进一步提高，发展合成树脂漆”。合成树脂漆的发展也挤掉了一部分硝基漆的市场。

一、硝基漆的主要生产原料

（一）硝酸纤维素

硝酸纤维素又称纤维素硝酸酯，呈微黄色，外观像纤维。它的化学分子式是$[C_6H_7O_2(ONO_2)_3]_n$，其中n为聚合度。习惯上用含氮量百分数代表酯化程度。简称NC。俗称硝化纤维素，为纤维素与硝酸酯化反应的产物。以棉纤维为原料的硝酸纤维素称为硝化棉。硝酸纤维素是一种白色纤维状聚合物，耐水、耐稀酸、耐弱碱和各种油类。聚合度不同，其强度亦不同，但都是热塑性物质。在阳光下易变色，且极易燃烧。

在生产加工、包装、贮运和销售、使用中都要注意安全。

根据纤维素的结构，每个环最多只能引入三个硝酸酯基团。硝酸酯基团引入的多少决定了硝酸纤维素的性质和用途。其表征方法通常是用含氮量和代表聚合度的黏度。含氮量13％以上的称为强棉，可用于制造火药；含氮量12.6％的称为胶棉，用于制造爆胶（即硝酸纤维素溶解于硝化甘油中而形成的胶体）和代那迈特（硝化甘油系炸药）；含氮量为8％～12％称为弱棉，可用于制造电影胶片、赛璐珞和硝基清漆等。中国是采用每克硝酸纤维素完全分解所释放的氧化氮气体毫升数进行分类的。

硝酸纤维素的稳定性较差，尤其在含残酸时极易发生分解。经过近20年的研究和发展，才形成现代的工艺过程，它包括两个步骤：纤维素与硝酸的酯化反应和硝酸纤维素的安定处理。尤其对于军用硝酸纤维素的制造，要经过多次洗涤和处理。用于清漆、塑料等低氮量的硝酸纤维素工艺过程简单一些，无需进行较细致的稳定处理，通常经过煮洗工艺即可。纤维素的硝化采用硝-硫混酸进行，混酸的比例、温度以及硝化的温度等，均根据不同含氮量的品号选定。纤维素在硝化前必须经过脱脂等精制过程。

硝酸纤维素的生产是将疏松干燥后的精制棉通过投棉斗，由加热器加热并在烘干器烘干，再用混酸喷洒浸润，在酯化器（即硝化器）中获得硝酸纤维素，经驱酸机使其与酸分离，再经水洗后，依次进行预煮、酸煮、碱煮以除去残酸及不安定的物质。然后，在细断机上切断、打浆并进一步清洗、中和以除去纤维内所含的残酸。调整产品到略呈碱性。最后，将各批产品在混合机内混合，再经过除渣除铁、浓缩、脱水。脱水后的硝酸纤维素含水分不得低于32％，以保证贮存和运输中的安全。

涂料行业中使用的硝酸纤维素的含氮量一般在11.2％～12.2％的范围内，其中用得最多的是含氮量11.5％～12.2％的品种。这是因为含氮量低（低于10.5％）的硝酸纤维素溶解性太差，而含氮量高（高于12.3％）的硝酸纤维素则容易分解爆炸。

不同含氮量的硝酸纤维素在涂料中的用途如图6.1所示。

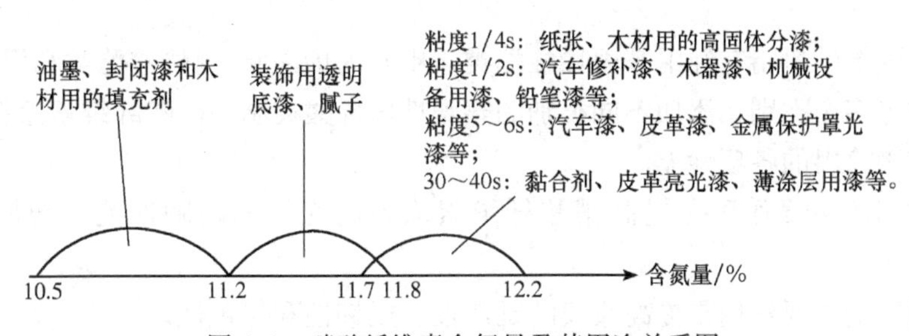

图6.1　硝酸纤维素含氮量及其用途关系图

在涂料行业中使用的硝酸纤维素，应满足表6.1中的各项技术指标。

表6.1　涂料用硝酸纤维素技术指标

项　目	指　标	项　目	指　标
外观	白色或微黄色絮状物	耐热度/min	≥20
含氮量/％	11.2～12.2， 最常用为11.5～12.2	溶解度/(g/100g)	≥99

续表

项　目	指　标	项　目	指　标
黏度/s	1/4～120	湿润剂（乙醇）含量/%	30±1
游离酸（以氢离子计）/(mg/kg)	≤15	灰分/%	≤0.2
燃点/℃	≥180	水分	黏度10s以下5g/10mL；10s以上4g/10mL，溶液澄清透明

（二）树脂

由于以单一的硝酸纤维素作为成膜物质制成的涂料，施工后漆膜光泽较低、附着力也比较差，难以满足使用者的要求，所以大部分的硝基漆都会在硝酸纤维素溶液中添加一些与硝酸纤维素溶液混溶性比较好的树脂，以弥补硝酸纤维素自身的一些缺点。同时还可能降低全漆的成本。

可用于添加到硝酸纤维素溶液中的树脂包括改性松香树脂、聚酮树脂、醇酸树脂、氨基树脂、热塑性丙烯酸树脂、脲醛树脂以及氯醋树脂等。

改性松香树脂的主要作用是在不增加、少增加体系黏度的情况下大幅提高硝酸纤维素涂料的固含量。但是添加改性松香树脂会使得漆膜软化点下降，遇热易发黏，不容易打磨、抛光，户外耐久性下降，因而不适用于生产户外用漆。

聚酮树脂的主要作用是提高硝酸纤维素涂料的附着力、光泽、漆膜丰满度和流平性等。添加了聚酮树脂的硝酸纤维素涂料具有软化点高、柔韧性好等特点。

醇酸树脂的作用是提高硝酸纤维素涂料的附着力、柔韧性、光泽、耐侯性、丰满度和保色性。但是添加了醇酸树脂，会使得硝酸纤维素涂料的硬度和耐磨性有所下降。

氨基树脂的主要作用是延长漆膜的保光性和耐水性。一般采用低醚化度的三聚氰胺甲醛树脂。

热塑性丙烯酸树脂有纯甲基丙烯酸酯类、甲基丙烯酸脂/丙烯酸酯类和甲基丙烯酸/其他乙烯类等多个类别，添加不同类别的热塑性丙烯酸树脂到硝酸纤维素涂料中，能提高硝酸纤维素涂料的各项性能。

脲醛树脂的主要作用是提高硝酸纤维素涂料的光泽和耐晒性能，增加涂料的固含量。

氯醋树脂的主要作用是提高漆膜的延燃性、柔韧性和保色性。

（三）颜料

这里颜料包括颜料和填料。

由于硝酸纤维素涂料的固含量一般较其他类型涂料低，因此颜料的用量也相对较少，以便保证漆膜的光泽、保光性和各项机械性能。加之硝酸纤维素涂料所使用的溶剂一般都是强溶剂，因此在颜料的选择上要特别注重颜料的性能，要求使用的颜料具有较好的着色力、遮盖力、防渗色性和鲜艳性等。在硝酸纤维素涂料中常会用的颜料包括钛白粉、立德粉、铅铬黄、氧化铁黄、镉黄、炭黑、酞菁蓝、铁蓝、群青、氧化铁红、钼铬红、镉红、甲苯胺红、铬绿和酞菁绿等。

硝酸纤维素涂料中常用的填料则包括碳酸钙、沉淀硫酸钡、滑石粉、高岭土、膨润土、碳酸镁、氢氧化铝和硅土等。

（四）溶剂

如前所述，硝酸纤维素涂料是通过溶剂的挥发来固化成膜的，那么溶剂的挥发性就对成膜过程有着非常重要的影响：挥发性太强，则干燥过快，干燥过快会影响漆膜的流平效果和光泽；挥发性太弱，则干燥太慢，干燥过慢则会影响施工的速度。因此在选择溶剂时需要选择挥发性适中的溶剂。

另一方面，所选用的溶剂必须能较好地溶解硝酸纤维素，否则会降低本来就不高的固含量。

然而，一般单一的溶剂难以满足上述要求，所以硝酸纤维素涂料中所用的溶剂一般都是混合溶剂，具体包括真溶剂、助溶剂和稀释剂等三类。真溶剂就是能够真正溶解硝化棉的溶剂，如脂类溶剂和酮类溶剂；助溶剂就是本身不能溶解硝化棉，但是添加后能增强真溶剂的溶解能力，起到辅助作用的溶剂，如醇类溶剂；稀释剂就是起到稀释作用的溶剂，它不能溶解硝化棉，也不能增强真溶剂的溶解作用，但是添加后能调节混和溶剂的挥发速率，同时还能降低混和溶剂的成本，如芳烃类溶剂。

此外，所使用的溶剂还要求具有较好的安全性，不要对环境和人带来太大的污染和毒害作用。

（五）增塑剂

增塑剂是添加到聚合物体系中能使聚合物体系的塑性增加的物质。它的主要作用是削弱聚合物分子之间的次价健，即范德华力，从而增加了聚合物分子链的移动性，降低了聚合物分子链的结晶性，即增加了聚合物的塑性，表现为聚合物的硬度、模量、软化温度和脆化温度下降，而伸长率、曲挠性和柔韧性提高。

增塑剂按其作用方式可以分为两大类型，即内增塑剂和外增塑剂。

内增塑剂实际上是聚合物的一部分。一般内增塑剂是在聚合物的聚合过程中所引入的第二单体。由于第二单体共聚在聚合物的分子结构中，降低了聚合物分子链的有规度，即降低了聚合物分子链的结晶度。例如，氯乙烯-醋酸乙烯共聚物比氯乙烯均聚物更加柔软。内增塑剂的使用温度范围比较窄，而且必须在聚合过程中加入，因此内增塑剂用的较少。

外增塑剂是一个低分子质量的化合物或聚合物，把它添加在需要增塑的聚合物内，可增加聚合物的塑性。外增塑剂一般是一种高沸点的较难挥发的液体或低溶点的固体，而且绝大多数都是酯类有机化合物。通常它们不与聚合物起化学反应，和聚合物的相互作用主要是在升高温度时的溶胀作用，与聚合物形成一种固体溶液。外增塑剂性能比较全面且生产和使用方便，应用很广。现在人们一般说的增塑剂都是指外增塑剂。邻苯二甲酸二辛酯（DOP）和邻苯二甲酸二丁酯（DBP）都是外增塑剂。

增塑剂的品种繁多，在其研究发展阶段其品种曾多达1000种以上，作为商品生产的增塑剂不过200多种，而且以原料来源于石油化工的邻苯二甲酸酯为最多。在增塑剂总产量中，邻苯二甲酸酯占总产量的80%以上，而邻苯二甲酸二辛酯、邻苯二甲酸二丁酯是其主导产品。

一种理想的增塑剂应具有如下性能：

（1）与树脂有良好的相溶性。

（2）塑化效率高。

（3）对热光稳定。

（4）挥发性低。

（5）迁移性小。

（6）耐水、油和有机溶剂的抽出。

（7）低温柔性良好。

（8）阻燃性好。

（9）电绝缘性好。

（10）无色、无味、无毒。

（11）耐霉菌性好。

（12）耐污染性好。

（13）增塑糊黏度稳定性好。

（14）来源广泛，价格低廉。

在选择增塑剂时就要成分考虑上述性能。但是单一的增塑剂往往难以满足上述性能，因此增塑剂一般都是多种搭配使用，取长补短。

在硝酸纤维素涂料中所使用的增塑剂，主要包括低分子化合物类增塑剂、油脂类增塑剂和合成树脂类增塑剂。常用的低分子化合物类增塑剂有邻苯二甲酸二丁酯、邻苯二甲酸二辛酯、磷酸三苯酯、磷酸三甲苯酯、癸二酸二丁酯和癸二酸二辛酯等。常用的油脂类增塑剂有双漂蓖麻油、氧化蓖麻油和环氧化大豆油等不干性油。常用的合成树脂有蓖麻油改性中油度醇酸树脂、蓖麻油改性长油度醇酸树脂、花生油改性醇酸树脂、椰子油改性醇酸树脂、聚丙烯酸酯树脂和改性聚酯等。

二、硝基漆的生产

（一）配方设计

配方设计不是本门课程的重点，此处只是简单介绍硝基漆配方设计的一些原则。

硝基漆是非转化型涂料，涂料成膜前后化学结构基本保持一致，没有明显的变化。硝基漆可以分为挥发分和非挥发分（固体分）两大部分，在设计配方时也可以分成两部分去考虑。

1. 挥发分的配方设计

挥发分包括真溶剂、助溶剂和稀释剂。在设计混合溶剂时，主要从溶解能力、挥发速率、环保与安全性能以及成本等多个方面来综合考虑、优化。一般是先确定稀释剂的品种、用量，然后再确定助溶剂和真溶剂。稀释剂的用量较大，一般占到混合溶剂的40%～60%，一般都是使用苯类溶剂，其中最常用的是甲苯。助溶剂应与真溶剂配套，一是要种类上配套，以保证助溶剂能提升真溶剂的溶解能力；二是用量上要配套，既要保证所有的真溶剂的溶解能力都得到提升，又要保证不浪费过量的助溶剂（因为过量的助溶剂本身对溶解毫无作用）。一般来说，助溶剂的用量为真溶剂的50%～67%。此外，还需要考虑真溶剂、助溶剂和稀释剂挥发速率快慢的搭配，一般要求混合溶剂中慢干溶剂的比例不少于50%。

2. 固体分的配方设计

固体分也就是成膜物质，在硝基漆中主要包括硝酸纤维素、树脂、颜料（含填料）和增塑剂等。固体分的配方设计原则可由图6.2表达。

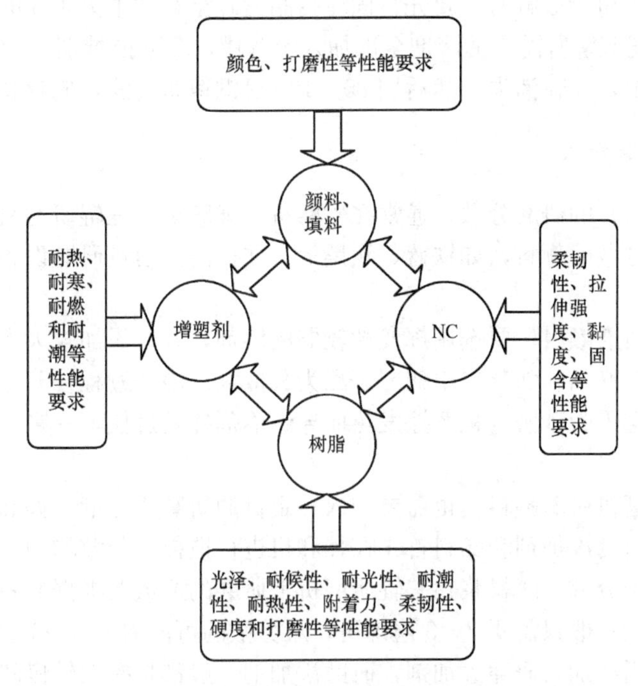

图6.2　硝酸纤维素涂料固体分配方设计原理示意图

图6.2说明，颜料、填料要依据产品颜色的要求和打磨性的要求来选择；硝酸纤维素（NC）根据涂膜的柔韧性、拉伸强度、黏度、固含等性能要求来选定；树脂根据漆膜的光泽、耐候性、耐光性、耐潮性、耐热性、附着力、柔韧性、硬度和打磨性等性能要求来选择；增塑剂则是根据耐热、耐寒、耐燃和耐潮等性能要求来筛选的。

（二）工艺流程

硝酸纤维素涂料的生产工艺与“溶剂型色漆”一章中介绍的工艺类似，主要包括了硝酸纤维素及树脂的溶解、颜料的研磨分散、调漆（含调色）以及过滤包装等四道工序。

1. *硝酸纤维素及树脂的溶解*

硝酸纤维素是一种疏松、多孔、大块的固体，硬树脂等树脂也是固体，在制漆前一般要先用溶剂溶解，配制成硝酸纤维素溶液和树脂溶液，或直接进行生产，或放置备用。

硝酸纤维素溶液和树脂溶液的配制常在带有搅拌器的溶解罐中进行，溶解罐通常采用铝、不锈钢或搪瓷材质。

硝酸纤维素溶解时，一般是先往溶解罐中加入部分稀释剂，在搅拌的情况下慢慢加入硝酸纤维素固体，让稀释剂先润湿硝酸纤维素固体颗粒，20min 后分别加入助溶剂和真溶剂，继续搅拌至硝酸纤维素固体颗粒消失，转移至储罐备用。如果对硝酸纤维素溶液要求较高，不允许机械杂质存在，则可在转移之前用 3～4 层 120 目的绢布，用多面箩筐过滤溶液。

硬树脂等固体树脂溶解时，要先将固体树脂粉碎至粒径不大于 30mm，一般在 20～30mm 的范围。把溶解所需要的溶剂全部加入溶解罐，开动搅拌器，投入树脂，继续搅拌至树脂全部溶解，颗粒消失，然后用 80～100 目铜箩布过滤，储存备用。

2. *颜料的研磨分散*

颜料（含填料）的研磨分散，通常在砂磨机、球磨机、三辊研磨机等研磨设备上进行。对于一些难分散的颜料，如铁蓝、炭黑等，往往需要通过研磨设备的串联才能得到较好的研磨效果。

使用砂磨机研磨颜料，要选用挥发性较弱的溶剂，并且添加较大量的不干性油改性醇酸树脂、双漂蓖麻油和邻苯二甲酸二丁酯为分散剂。砂磨过程在开通冷却水的情况下才能进行，否则会因为砂磨过程摩擦发热而导致溶剂挥发过快，一来污染环境，二来增加损耗。

使用三辊研磨机研磨颜料，也需要加入一定量的研磨添加剂，如邻苯二甲酸二丁酯和醇酸树脂等。研磨添加剂和颜料首先在拌和机进行搅拌，分散均匀后再送到三辊研磨机上进行深度研磨分散。颜料浆在三辊研磨机上研磨的遍数要根据颜料分散的难易程度而定，较易分散的一般只需要 2～3 遍即可，难分散的可能需要 5～6 遍，甚至更多。

研磨过程都需要加入研磨添加剂，研磨添加剂一般都是挥发较慢的介质，常用的有邻苯二甲酸二丁酯、双漂蓖麻油、氧化蓖麻油和邻苯二甲酸二辛酯等。单独使用邻苯二甲酸二丁酯等增塑剂作为研磨添加剂，对颜料的润湿性较差，工业上通常以含有极性基团的醇酸树脂与邻苯二甲酸二丁酯混合物作为研磨添加剂，有时也添加一定量的蓖麻油。

常见颜料的硝基研磨色浆配方如表 6.2～表 6.7 所示。

表 6.2　白色研磨色浆配方

原料名称	质量/kg	原料名称	质量/kg
钛白粉（R 型）	52.5	轧浆不干性油醇酸树脂	24.5
单漂蓖麻油	2.7	邻苯二甲酸二丁酯	20.3

表 6.3　黑色研磨色浆配方

原料名称	质量/kg	原料名称	质量/kg
炭黑	17.7	轧浆不干性油醇酸树脂	48.3
单漂蓖麻油	19	邻苯二甲酸二丁酯	15

表 6.4　红色研磨色浆配方

原料名称	质量/kg	原料名称	质量/kg
大红粉	43.4	轧浆不干性油醇酸树脂	17.6
单漂蓖麻油	23.8	邻苯二甲酸二丁酯	15.3

表 6.5　黄色研磨色浆配方

原料名称	质量/kg	原料名称	质量/kg
中铬黄	57	轧浆不干性油醇酸树脂	20
单漂蓖麻油	11	邻苯二甲酸二丁酯	12

表 6.6　绿色研磨色浆配方

原料名称	质量/kg	原料名称	质量/kg
酞菁绿	37.7	轧浆不干性油醇酸树脂	36.9
单漂蓖麻油	12.7	邻苯二甲酸二丁酯	12.7

表 6.7　蓝色研磨色浆配方

原料名称	质量/kg	原料名称	质量/kg
铁蓝	37.7	轧浆不干性油醇酸树脂	36.9
单漂蓖麻油	2.7	邻苯二甲酸二丁酯	12.7

如前所述，铁蓝、炭黑是难分散颜料，需要三辊研磨机和单辊机等串联操作，工艺比较复杂。工业上往往采用轧片工艺来分散这些难分散颜料。轧片工艺在“溶剂型色漆”一章中已有介绍，此处不再重复。但是需要注意的是，用于生产硝酸纤维素涂料的部分原料易燃易爆，如硝酸纤维素等，生产过程中必须严格按操作规程进行，做足安全防火、防爆措施，以免发生意外事故。

3. 调漆

调漆就是把已制备好的硝酸纤维素溶液、树脂溶液、色浆、增塑剂、溶剂和助剂等混合均匀，调制成漆的过程。调漆工序的具体操作与颜料研磨分散的工艺有关。由砂磨机、球磨机研磨分散得到的色浆黏稠度不太高，一般来说只要按照配方量及加料顺序把未添加的成分添加进去，搅拌均匀，调整好颜色即可。用三辊研磨机研磨分散得到的色浆颜料浓度非常高，色浆十分黏稠，如果直接与硝酸纤维素溶液混合，即使搅拌也难以分散均匀，所以一般不是直接添加，而是先把部分的树脂投入分散缸中，加入大部分的主体色浆（余下部分用于成品的颜色调整），充分搅拌后再分别加入硝酸纤维素溶液、增塑剂、余下的树脂以及助剂等成分，继续搅拌 0.5h 左右，边搅拌边调色，直至与目标色一致，得到的半成品即可进入下一道工序。由轧片工艺对颜料进行分散得到的产物是固体色片，调漆前需要先用混合溶剂溶解成溶液，然后再添加配方中的其他原料，搅拌均匀，调色至与目标色一致即可。

调色是一门专门的技术，此处不做过多的阐述。

4. 过滤包装

过滤的目的就是滤去生产过程中带进去的机械杂质，一般以 120 目绢布或铜箩布，采用多面箩仅需过滤即可达到要求。如果对产品的细度要求特别高，则可采用高速离心机等设备进行过滤。

包装是生产过程的最后一道工序，目前大多数中小涂料企业采用的都是手工灌装、包装。大型涂料企业或者是较先进的涂料生产线，则一般采用自动化灌装与包装工艺。

上述四道工序相互搭配，构成了硝基漆的生产工艺流程，如图 6.3 所示（以三辊机工艺为例）。

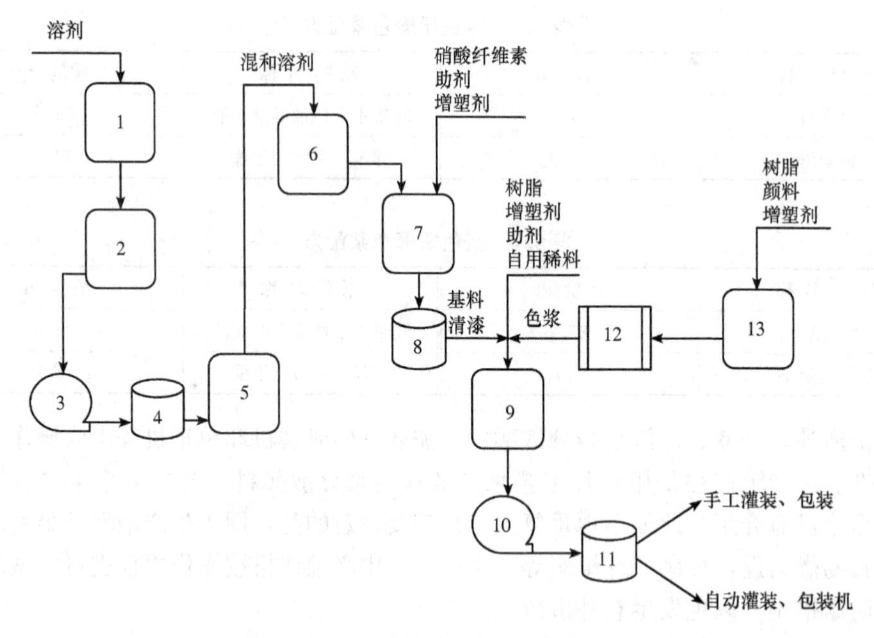

图 6.3　硝基漆生产工艺流程

1. 溶剂计量罐；2. 溶剂混合罐；3. 溶剂泵；4. 过滤机；5. 混合溶剂储罐；6. 混合溶剂计量罐；7. 溶解罐；8. 过滤机；9. 色漆调制罐；10. 齿轮泵；11. 过滤机；12. 三辊研磨机；13. 拌和罐

第二节　过氯乙烯漆的生产

过氯乙烯漆是以过氯乙烯树脂为主要成膜物质，再加入合成树脂、颜料、填料、增塑剂以及有机溶剂等原料调配而成的涂料。我国从 1958 年开始研究过氯乙烯树脂漆，并逐步投入使用。

过氯乙烯漆的特点如表 6.8 所示。

表 6.8　过氯乙烯漆特点

优　点	缺　点
耐化学腐蚀	不耐热酸、热碱
耐候性好，耐紫外光能力强	不耐冰醋酸、王水、浓度 90%以上的浓硫酸、50%以上的硝酸、含水量低于 20%的硝硫混酸
延燃性	不耐部分有机化合物
防霉、防潮、防湿热	不耐热
漆膜干燥快速，平整光亮，可抛光、打蜡	附着力差
抗粉化性好	
保光性、保色性好	

过氯乙烯漆品种较多，除了常规的面漆、二道底漆、底漆、腻子之外，也有一些特色品种，如锤纹漆、防火漆等。过氯乙烯漆主要应用于机电设备、机床、车辆、化工机械、管道、设备、医疗器械以及建筑机械等领域。

一、过氯乙烯漆的常用生产原料

（一）过氯乙烯树脂

过氯乙烯树脂是聚氯乙烯进一步氯化的产物。相对密度（20℃）为 1.6，含氯量 61%～65%，分解温度 140～145℃，溶于丙酮、醋酸酯类、二氯乙烷、氯苯等溶剂，但不溶于汽油和醇类。其黏度决定于所用聚氯乙烯的分子质量，分子质量愈大，氯化后的树脂黏度愈高。高黏度的过氯乙烯主要是供抽丝之用，即氯纶纤维。涂料行业使用的是中黏度和低黏度的树脂。黏度较高的树脂所形成的涂膜具有较好的机械强度，但附着力较差，黏度较低的树脂溶解性好，在很多有机溶剂中很快就能溶解成黏度较低而浓度较高的溶液，但成膜后的延伸性稍差。

过氯乙烯树脂的技术指标如表 6.9 所示。

表 6.9　过氯乙烯树脂技术指标

项　目	指　标	
	一级	二级
外观	白色或淡黄色疏松细颗粒或粉末，允许存在少量疏松块状物，但块状物直径不大于 50mm，无可见杂质	
溶解时间/min	≤60	≤120
黏度（涂-4 杯）/s	低黏度 14～20	低黏度 14～20
	中黏度 20.1～28	中黏度 20.1～28
	—	高黏度 28.1～40
透明度/cm	≥15	≥9

续表

项　目	指　标	
	一级	二级
灰分/%	≤0.1	≤0.2
铁含量/%	≤0.01	≤0.02
水分/%	≤0.5	≤0.5
热分解温度/℃	≥90	≥80
色度/号	≤150	≤300
氯含量/%	61.0～65.0	61.0～65.0

表6.9中的溶解时间，与过氯乙烯树脂的外观有关，树脂粒径越小，结构越疏松，溶解越快；树脂的黏度与树脂的分子质量有关，分子质量越大，黏度越大，漆膜的耐久性和柔韧性就越好，但是附着力越差；透明度与水分都能影响清漆及彩色透明漆的外观，透明度差、含水量高，有时会影响到漆膜的光泽，甚至令漆膜发白，同时降低其他的物理性能；灰分和铁含量过高，会令清漆发浑，透明度差，令色漆外观质量下降；热分解温度的高低影响涂料的贮存稳定性和漆膜的户外耐候性，一般是热分解温度高，涂料贮存稳定性好，漆膜户外耐候性优；氯含量的高低，影响树脂在溶剂中的溶解速度，涂料中常用的氯含量为61.0%～65.0%，在这个含量范围内，过氯乙烯树脂的溶解性和耐化学腐蚀性都比较好。

（二）合成树脂

与硝基漆类似，单独使用过氯乙烯树脂作为成膜物生产的过氯乙烯漆，漆膜附着力较差，光泽较低，丰满度也比较差，因此一般需要加入一定量的其他合成树脂，与过氯乙烯树脂合用，取长补短，提高漆膜的综合性能。与过氯乙烯树脂合用的合成树脂，必须与过氯乙烯树脂有很好的混溶性，能形成透明的漆膜，且有助于提高漆膜的各项性能。

常用的合成树脂包括松香改性酚醛树脂、松香改性蓖麻油醇酸树脂、亚麻油中油度醇酸树脂、热塑性丙烯酸树脂、丙烯酸改性醇酸树脂、聚氨酯改性醇酸树脂、异氰酸酯预聚物与羟基树脂以及醛酮树脂等。

在生产实际中，往往是多种合成树脂共同添加到过氯乙烯树脂中进行制漆，以求获得更全面的性能提高。

松香改性酚醛树脂在过氯乙烯漆中的作用主要是提高漆膜的硬度、耐水性、光泽以及耐打磨性等。添加量不能太大，否则会影响漆膜其他的物化性能及耐久性。

松香改性蓖麻油醇酸树脂在过氯乙烯漆中的主要作用是提高漆膜光泽、丰满度等性能。

亚麻油中油度醇酸树脂在过氯乙烯漆中的主要作用是提高漆膜的附着力、光泽、耐水性和耐候性等。添加量一般不能超过过氯乙烯树脂量的1/5，过多则会在施工时产生“咬底”现象。

热塑性丙烯酸树脂在过氯乙烯漆中的主要作用是提高漆膜的保光性、保色性、丰满度、耐水性和耐候性等。

丙烯酸改性醇酸树脂在过氯乙烯漆中的主要作用是提高漆膜的耐热性、耐化学腐蚀性和耐候性。一般在户外用漆中添加。

聚氨酯改性醇酸树脂在过氯乙烯漆中的主要作用是提高漆膜硬度、耐磨性好抗水性，效果比一般醇酸树脂要好。

异氰酸酯预聚物和羟基树脂一起添加到过氯乙烯漆中，能使漆膜的硬度、光泽、丰满度、附着力、耐磨性和耐候性都有所提高。

醛酮树脂在过氯乙烯漆中的主要作用是提高漆膜附着力、光泽、丰满度和流平性等。

单一的合成树脂添加到过氯乙烯漆中，难以满足多方面的性能提高的要求，所以在生产实际中，往往是多种合成树脂共同添加到过氯乙烯树脂中进行制漆，以求获得更全面的性能提高。

（三）颜料（含填料）

过氯乙烯漆所使用的颜料、填料，与硝基漆中所用的颜料、填料在品种、性能以及作用方面基本上都是一致的，此处不再赘述。

（四）增塑剂

与硝基漆类似，过氯乙烯漆中也需要添加增塑剂，以提高过氯乙烯漆漆膜的柔韧性，个别情况下还能改善涂膜的耐热性、抗寒性、电性能和其他物理性能，降低颜料的分散难度。

增塑剂的性能要求在本章第一节中已有较详细的阐述，此处不再重复。在过氯乙烯漆中，常用的增塑剂有邻苯二甲酸二丁酯、邻苯二甲酸二辛酯、磷酸三甲苯酯、磷酸三甲酚酯、氯化石蜡和五氯联苯等。

单一的增塑剂一般难以满足过氯乙烯漆性能指标的要求，在生产实际中，往往是采用两种或以上的增塑剂搭配使用，效果较好。

（五）助剂

在过氯乙烯漆中，常用的助剂包括稳定剂、防沉剂、流平剂、防浮色剂、消光剂和锤纹助剂等。

由于过氯乙烯树脂对光和热敏感，受到阳光照射或受热都会发生分解反应，产生氯气和氯化氢气体。树脂的不稳定导致过氯乙烯漆也不稳定，贮存稳定性较差。为了保持过氯乙烯树脂涂料稳定，需要在涂料中添加热稳定剂和光稳定剂。常用的热稳定剂分成两类，一类是金属皂，如低碳酸钡、蓖麻油酸钡等；另一类是环氧化合物，如环氧氯丙烷和一些低分子质量的环氧树脂、环氧化油等，用量一般为过氯乙烯树脂量的 4%～5%。常用的光稳定剂也有两类，一类是光屏蔽剂，如炭黑、钛白等颜料；另一类是紫外线吸收剂，如二苯甲酮类化合物等。

（六）溶剂

过氯乙烯漆所用的溶剂主要是酮类、酯类、甲苯和二甲苯的混合物。其中，酮类和酯类是真溶剂，一般以酮类作为主要溶剂，酯类更多起到调节挥发速度的作用；甲苯、二甲苯作为稀释剂使用。这些常用的溶剂在本章第一节中已有描述，此处不再重复。

二、过氯乙烯漆的生产

（一）配方设计

与硝基漆一样，过氯乙烯漆也是依靠溶剂的挥发而干燥成膜的，成膜前后，成膜物的分子结构没有显著的化学变化。过氯乙烯漆的配方设计也可分为挥发分的配方设计和固体分的配方设计两部分。配方设计不是本书的重点内容，此处只做简单介绍。

1. 挥发分的配方设计

如前所述，在过氯乙烯漆中常用的溶剂有酮类、酯类、甲苯和二甲苯等，且一般是它们的混合物（称为混合溶剂）。挥发分的配方，依据各种溶剂对过氯乙烯树脂的溶解度、溶剂自身的挥发速率以及它们对黏度的影响等多方面综合考虑而定。总体而言，酮类溶剂对过氯乙烯树脂的溶解能力最强，一般作为主要真溶剂使用。但是单独使用时由于成膜过程中酮类溶剂挥发过快，漆膜容易泛白、不透明，附着力也变差，所以酮类溶剂一般都与其他溶剂搭配使用。酯类溶剂也能溶解过氯乙烯树脂，但是得到的溶解黏度偏大，挥发速率较慢，单独使用能得到流平较好的漆膜，但是成膜时间太长，影响施工进度。甲苯和二甲苯常温下一般不能溶解过氯乙烯树脂，只能使树脂溶胀；加热虽能溶解，但是加热会使溶剂挥发，也会带来火灾的危险，所以在生产过氯乙烯漆时是不可能利用加热的方法溶解树脂的，因此甲苯和二甲苯一般只能作为稀释剂使用。

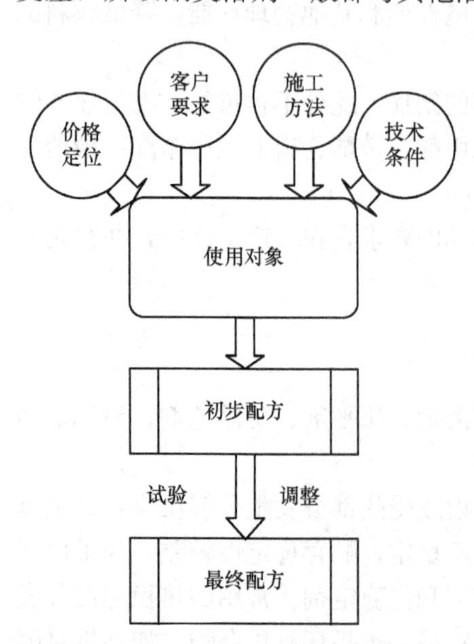

图 6.4　过氯乙烯漆固体分配方设计流程

2. 固体分的配方设计

固体分包括过氯乙烯漆的主要成膜物质过氯乙烯树脂以及其他的成膜物质，如用于改善过氯乙烯漆性能的合成树脂、增塑剂、颜料（含填料）、助剂等。

过氯乙烯漆的固体分的配方设计，大体遵循图 6.4 所示的流程。

如表 6.10 所示的过氯乙烯白色磁漆配方。

表 6.10　过氯乙烯白色磁漆配方

原料名称	用量/质量份	原料名称	用量/质量份
过氯乙烯基料（20%）	32.5	氯化石蜡	0.3
松香改性蓖麻油醇酸树脂（50%±2%）	10	邻苯二甲酸二丁酯	0.3
亚麻油改性醇酸树脂（50%±2%）	4.8	钛白片	16.7
顺丁烯二酸酐改性松香甘油酯（50%±2%）	4	紫外吸收剂（UV-9）	0.5
过氯乙烯自用稀料	30.7	热稳定剂	0.2

注：UV-9，就是2-羟基-4-甲氧基二苯甲酮紫外线吸收剂。

（二）工艺流程

与硝基漆的生产工艺流程类似，过氯乙烯漆的生产工艺流程主要包括过氯乙烯树脂和硬性树脂的溶解、颜料的研磨分散、调漆以及过滤包装等四道工序。

1. 过氯乙烯树脂和硬性树脂的溶解

硬性树脂的溶解在本章第一节中已有介绍，此处从略。

过氯乙烯树脂的溶解，一般先把配置好的混合溶剂加入到溶解罐中，开动搅拌器，然后慢慢加入过氯乙烯树脂，继续搅拌至树脂溶液透明、均匀。用120目丝绢或铜箩布过滤，得到“基料”，储存备用。

如果要生产的是清漆，或粘合剂，则只需要向基料中加入配方中未投加的原料（如合成树脂、增塑剂、助剂等），继续搅拌约0.5h即可得到产品。

2. 颜料的研磨分散

目前，用于生产过氯乙烯漆的颜料的研磨一般采用轧片工艺。具体操作如下：

（1）预热双辊机至60～70℃。

（2）根据研磨配方准确称量各种原料。

（3）将称量好的原料混合均匀。

（4）调整辊距至4mm左右，启动双辊机，将混合均匀的原料加入双辊机中进行辊压。

（5）成片后将辊距调整至2～3mm之间，把之前轧制出来的粗片重新投入双辊机轧延。

（6）把辊距进一步调小至2mm，再次对上一工序的轧片进行轧延，并用刮刀将最新得到的轧片从辊面剥离，放置到清洁的晾片机或盘上降温。

（7）轧片稍凉后送入切粒机进行切粒，一般切成5mm×5mm的方形色片待用。

由于过氯乙烯树脂不耐热，所以轧片时双辊机的辊片温度不宜过高，一般要求控制到90℃以下，生产时通常用冷却水冷却。

此外，轧片温度过高，还会带来其他的不良影响：

（1）当用轧片工艺研磨黑色、蓝色和绿色颜料时，轧片温度过高，会令生产出来的色片在制漆时不易溶解；即使溶解，也会带进去部分细小的颗粒，影响漆膜的平整度和光泽。

（2）原料过分粘辊，影响颜料的进一步分散，对涂料的贮存稳定性和漆膜的光泽都会有不好的影响。

（3）部分颜料会受热燃烧，引发火灾事故，如黄色颜料和中铬绿颜料等。

（4）若使用有机颜料，温度过高会影响颜料的鲜艳度，使颜色变暗。

3. 调漆（含调色）

由于过氯乙烯漆一般都是采用轧片工艺来实现颜料的研磨分散，所以在调漆前要先把色片溶化。常用的色片溶化方法有两种。第一种方法是把各种颜色的色片分别用混和溶剂先溶化，各种色片液以液态的形式用于调漆、调色；第二种方法是先在调漆罐中先加入部分的混和溶剂，在搅拌的情况下加入配方量的色片，直接在调漆罐中溶化色片，溶化过程约需要3～5h，然后再根据配方加料顺序分别加入过氯乙烯基料、增塑剂、硬树脂溶液、余下的混和溶剂以及液态合成树脂等原料，加料完毕后继续搅拌0.5h以上。

如果生产的是单色漆，则上述工序完成后检测指定性能指标（如黏度），合格即可进入下一道工序。如果生产的是复色漆，则过程相对复杂，本书不做深入的探讨。需要注意的是，调漆、配色过程必须搅拌充分，加料顺序要适当，以免造成颜料的凝聚，影响色漆的性能。还有就是过氯乙烯漆的调漆过程不适宜在碳钢设备中进行，因为这会降低过氯乙烯漆的稳定性。

4. 过滤包装

过滤过程主要是为了除去生产过程中带进去的杂质和未分散好的颜料颗粒。过氯乙烯漆的过滤与硝基漆的过滤基本一致，此处从略。

氯乙烯树脂和硬性树脂的溶解、颜料的研磨分散、调漆以及过滤包装等四道工序构成了过氯乙烯漆的生产工艺流程，如图6.5所示。

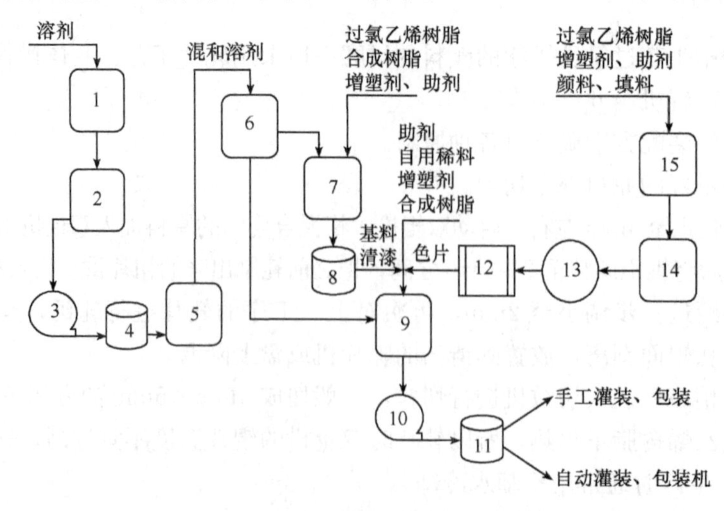

图6.5 过氯乙烯漆的生产工艺流程

1. 溶剂计量罐；2. 溶剂混合罐；3. 溶剂泵；4. 过滤机；5. 混和溶剂储罐；6. 混和溶剂计量罐；7. 溶解罐；8. 过滤机；9. 色漆调制罐；10. 齿轮泵；11. 过滤机；12. 切粒机；13. 双辊炼胶机；14. 搅拌机；15. 拌和机

第三节　非转化型涂料的常用生产设备

下面通过举例的形式简单介绍非转化型涂料的常用生产设备。

一、缸与罐

（一）混合溶剂配制缸

混合溶剂配制缸是一个带搅拌装置的缸体，材质通常为搪瓷、不锈钢等。表6.11是一种工业上常用的混合溶剂配制缸的参数。

表6.11　混合溶剂配制缸参数

容量/m³	2	搅拌器形式	框　式
实际投料量/kg	1700	额定转速/(r/min)	60
材质	搪瓷	电动机额定功率/kW	4

（二）溶解罐

根据工艺要求，溶解罐必须带有搅拌装置。表6.12是一种工业上常用的溶解罐的参数。

表6.12　溶解罐参数

容量/m³	3	搅拌器形式	桨　式
实际投料量/kg	2700	额定转速/(r/min)	130
材质	不锈钢	电动机额定功率/kW	5.5

（三）调漆罐

根据工艺要求，调漆罐必须带有搅拌装置。表6.13是一种工业上常用的调漆罐的参数。

表6.13　调漆罐参数

容量/m³	2.5	搅拌器形式	桨　式
材质	不锈钢	额定转速/(r/min)	130
电动机额定功率/kW	4	—	—

二、研磨分散设备

（一）立式砂磨机

砂磨机是研磨细化物料最高效、最常用的设备。表6.14是一种工业上常用的立式砂磨机的参数。

表 6.14 立式砂磨机参数

型　号	SK80-2A	分散轴转速/(r/min)	830
筒体容积/L	80	最大生产量（kg/h）	1200
主机额定功率/kW	30	分散粒度/μm	1～20

（二）卧式砂磨机

表 6.15 是一种工业上常用的立式砂磨机的参数。

表 6.15 卧式砂磨机参数

型　号	WS30	分散轴转速/(r/min)	1040
有效容积/L	30	分散盘个数	11
主机额定功率/kW	22	泵送能力/(L/min)	12
生产能力（kg/h）	70～700	冷却水通过量/(m^3/h)	3

（三）三辊研磨机

表 6.16 是一种工业上常用的立式砂磨机的参数。

表 6.16 三辊研磨机参数

型　号	SG16″	慢辊转速/(r/min)	14
辊筒工作长度/mm	810	中辊转速/(r/min)	43
电机额定功率/kW	15	快辊转速/(r/min)	130
辊筒直径/mm	406	—	—

三、搅拌及过滤设备

（一）搅拌机

搅拌机有多种形式，表 6.17 是一种工业上常用的浆料搅拌机的参数。

表 6.17 浆料搅拌机参数

型　号	HYJ00	转速/(r/min)	250
最大处理量（H_2O）/m^3	1	电机额定功率/kW	0.75

（二）过滤机

过滤机种类很多，非转化型涂料中常用的有多面箩、高速离心分离机、滤芯过滤机和高速管式分离机等。表 6.18～表 6.21 分别为工业上常用的多面箩、高速离心分离机、滤芯过滤机和高速管式分离机的参数。

表 6.18　多面箩的参数

筛网材质	铜质、丝绢	规格/目	120
工作压力/MPa	0.25～0.35	—	—

表 6.19　高速离心分离机参数

离心筒规格/(mm×mm)	Φ100×750	电机额定功率/kW	5.5
离心筒转速/(r/min)	15000	—	—

表 6.20　滤芯过滤机参数

滤芯个数/个	15	电机额定功率/kW	3
过滤面积/m^2	6	—	—

表 6.21　高速管式分离机参数

分离筒内径/mm	142	分离室高度/mm	730
分离室容积/L	10	转速/(r/min)	14000
生产能力/(m^3/h)	1.5	电机功率/kW	3

小　结

非转化型涂料是一类依赖于溶剂挥发而干燥的涂料，在成膜前后，成膜物质的分子结构无显著变化。硝酸纤维素涂料和过氯乙烯树脂涂料是非转化型涂料的典型代表。

硝酸纤维素涂料是以硝酸纤维素作为主要成膜物质的一类非转化型涂料，具有漆膜干燥快、平整光亮、硬度较大、坚韧、可以打蜡抛光等特点。硝酸纤维素涂料的主要生产原料有硝酸纤维素、用于改善硝基漆性能的各类合成树脂、颜料、填料、增塑剂和溶剂等。硝酸纤维素涂料的配方设计可以分为挥发分的配方设计和固体分的配方设计两部分。硝酸纤维素涂料的生产工艺包括硝酸纤维素和硬性树脂的溶解、颜料和填料的研磨分散、调漆配色以及过滤包装等四道工序，颜料和填料的分散可以采用砂磨机工艺、三辊机工艺和轧片工艺。硝酸纤维素涂料主要用于木器及家具的涂装、家庭装修、一般装饰涂装、金属涂装、一般水泥涂装以及汽车、飞机、机电、轻工产品、机械设备以及军工等方面。

过氯乙烯树脂涂料是以过氯乙烯树脂作为主要成膜物质的一类非转化型涂料，具有漆膜干燥快、平整光亮、可以打蜡抛光、耐化学腐蚀强、耐候性好、防潮、防霉、防湿热等优点，并且具有一定延燃性。但不耐热，附着力也较差，防化学腐蚀范围有限。过氯乙烯树脂涂料的主要生产原料有过氯乙烯树脂、用于改善过氯乙烯漆性能的各类合成树脂、颜料、填料、增塑剂、热稳定剂、光稳定剂和溶剂等。过氯乙烯树脂涂料的配方设计可以分为挥发分的配方设计和固体分的配方设计两部分。硝酸纤维素涂料的生产工艺包括过氯乙烯树脂和硬性树脂的溶解、颜料和填料的研磨分散、调漆配色以及过滤包装等四道工序，颜料和填料的分散一般采用轧片工艺。硝酸纤维素涂料主要用于机电设备、机床、车辆、化工机械、管道、设备、医疗器械以及建筑机械等方面。

与工作任务相关的作业

对比非转化型涂料的生产工艺和普通液态涂料的生产工艺。

知识链接

一 硝酸纤维素的由来

硝酸纤维素于1832年由法国人H. 布拉孔诺用浓硝酸与木材或棉花相作用首次制得。1846年C.F. 舍恩拜使用硝-硫混酸制出了硝酸纤维素，并对其性能进行了研究。发现它的威力比黑火药大2～3倍，可以用于军事。当时只用做炸药，由于它燃烧太快，安定性问题又未解决，爆炸事故频繁。硝化棉的外观与棉花相似，保持有明显的纤维结构。后来采用造纸工业用的细断机将其切碎，经干燥后即得白色粉末状的硝化棉，当时仍只能作为爆破用药。1869年，J.W. 海厄特用一定聚合度的硝酸纤维素加入樟脑和酒精，制成了赛璐珞。1873年，若贝尔在一次实验时割破了手，他随手拿起含氮量比较低的硝酸纤维素敷住了伤口，一个大胆的念头冒出：用硝化甘油与之混合。他立刻动手，把一份火棉溶于九份硝化甘油中。通过这次实验，他得到了一种爆炸力很强的胶状物——炸胶。1884年法国化学家P. 维埃耶用醇-醚溶剂处理硝酸纤维素并碾压成型，制得能缓慢燃烧的单基火药。从此，硝酸纤维素即成为生产各种火药的主要原料，得到大量的生产和应用。未经溶剂塑化成型的硝酸纤维素是属于猛炸药的范畴，不能作为火药应用，因此，它是具有猛炸药的爆炸变化特征的。但由于原料来源和经济上的原因等，现在几乎不用硝酸纤维素作为爆炸用药，而主要用于制造火药。

二 光稳定剂简介

（一）定义

太阳辐射的电磁波在通过空间和臭氧层时，290nm以下和3000nm以上的射线几乎都被滤除，实际到达地面的为290～3000nm的电磁波，其中波长范围为400～800nm（约占40%）的是可见光，波长为800～3000nm（约占55%）的是红外线，而波长为290～400nm（仅占5%）的是紫外线。

涂料、塑料、橡胶、合成纤维等制品在日光或强的荧光下，因吸收紫外线而引发自动氧化，导致聚合物降解，使制品的外观和物理机械性能恶化，这一过程称为光氧化或光老化。紫外线也能穿过人体皮肤表层，破坏皮肤细胞，使皮肤真皮逐渐变硬而失去弹性，加快衰老和出现皱纹。凡能抑制光氧化或光老化过程而加入的一些物质称为光稳定剂。

（二）作用机理

光稳定剂的作用机理因自身结构和品种的不同而有所不同。有的可以屏蔽、反射紫外线或吸收紫外线并将其转化为无害的热能；有的可猝灭被紫外线激发的分子或基团的激发态，使其回复到基态，排除或减缓了发生光反应的可能性；有的因捕获因光氧化产生的自由基，从而阻止了导致制品老化的自由基反应，使制品免遭紫外线破坏。

防晒化妆品中所加入的紫外线吸收剂，其防晒机理也是基于分散或吸收入射到皮肤表面上的紫外线，从而使皮肤避免或减少受到紫外线伤害。

（三）光稳定剂分类

光稳定剂按作用机理可分为光屏蔽剂、紫外线吸收剂、猝灭剂和自由基捕获剂；按化学结构可分为水杨酸脂类、二苯甲酮类、苯并三唑类、三嗪类、取代丙烯腈类、草酰胺类、有机镍化合物类和受阻胺类等。

（四）光稳定剂选择

选择光稳定剂应考虑以下因素：

（1）能有效地吸收 290～400nm 波长的紫外线，或能猝灭激发态分子的能量，或具有捕获自由基的能力。

（2）自身的光稳定性及热稳定性好。

（3）相容性好，使用过程中不渗出。

（4）耐水解、耐水和其他溶剂抽提。

（5）挥发性低，污染性小。

（6）无毒或低毒，价廉易得。

第七章　特种涂料的生产

学习目标

掌握特种涂料中防水涂料、防火涂料的原理及生产；了解防腐涂料、红外防辐射涂料和光固化涂料的原理。

必备知识

学生需具备无机化学、有机化学、分析化学等基础化学以及涂料化学的基本知识；化工基础知识。

选修知识

学生可选修化学工艺、高分子化学等知识。

案例导入

1991年，海湾战争爆发。美国派遣40余架F-117A隐形战斗机参战，共完成1300多次战斗任务，对1600个目标进行打击，表现出色，无一受损。为何F-117A隐形战斗机能躲开雷达的监测和相应的炮火攻击？一方面是由于伊拉克和美国之间军事实力的差距太大，伊拉克难以形成有效的攻击；另一方面则是由于该战斗机具有“隐形”的特点，难以被雷达发现。为了实现战斗机的“隐形”，除了在结构上做了特殊处理外，F-117A隐形战斗机的外表面还采用了隐形涂料，以尽量降低声波的反射。这里的隐形涂料，主要是雷达吸波涂料，包括磁损性涂料和电损性涂料。

像隐形涂料这样具有特殊功能、应用于特殊场合的涂料，属于特种涂料的范畴。除了隐形涂料，特种涂料还包括防水涂料、防火涂料、防腐涂料、红外辐射涂料、光固化涂料、烧蚀涂料、防结腊涂料等。

课前思考题

涂料除了一般的装饰作用和保护作用外，还有哪些功能和作用？

特种涂料是涂料的一个重要分支，是主要针对一些特殊应用场合、特殊要求而设计、生产的涂料。特种涂料开始时只用于国防和工业领域，到了20世纪90年代以后，特种涂料迅猛发展，并逐渐拓展民用特种涂料市场。特种涂料的品种较多，本章重点介绍防水涂料和防火涂料，同时简单介绍防腐涂料、红外辐射涂料和光固化涂料。

第一节　防水涂料的生产

防水涂料是由合成高分子聚合物、高分子聚合物与沥青、高分子聚合物与水泥为主要成膜物质，加入各种助剂、改性材料、填充材料等加工制成的溶剂型、水乳型或粉末型的涂料。该涂料涂刷在建筑物的屋顶、地下室、卫生间、浴室和外墙等需要进行防水处理的基层表面上，可在常温条件下形成连续的、整体的、具有一定厚度的防水层。

一、防水涂料原理

防水涂料的防水原理，一般分为两种。第一种防水原理是防水材料渗入到混凝土内部，堵塞毛细孔或形成憎水层，阻止水的浸入，从而起到防水的作用。乳化沥青、硅溶胶等防水材料的防水原理属于这一种。第二种防水原理是高分子物质在基材表面上形成一层有弹性的整体防水膜，这层防水膜能适应基层的变化而保持漆膜的完整，把水和被保护的基材分隔开，起到防水的效果。聚氨酯防水涂料、弹性丙烯酸酯防水涂料等都属于这一种。

二、防水涂料的生产

防水涂料的分类，有不同的划分方法。防水涂料按类型分，可以分为溶剂型防水涂料、水乳型防水涂料、反应型防水涂料和粉末型防水涂料四大类；按照主要成膜物质划分，可以分为合成高分子防水涂料、有机-无机复合防水涂料、高聚物改性沥青防水涂料和无机粉状防水涂料等四大类。本书采用后一种划分方法，并对每一类的典型代表涂料的生产进行讨论。

（一）合成高分子防水涂料

合成高分子防水涂料就是以合成树脂、合成橡胶或者二者共混改性得到的材料为主要成膜物质，加入适量的改性剂、化学助剂、填充剂或交联固化剂等加工而成，涂刷在基层表面上，能在常温下固化，并形成一定厚度、拉伸强度、伸长率和弹性或弹塑性的防水涂膜的工程材料。

合成高分子防水涂料的典型代表是双组分聚氨酯改性沥青防水涂料。聚氨酯改性沥青，也称作“聚氨酯-沥青混合物”、“沥青-聚氨酯”等，石油沥青聚氨酯通常都是双组分，也有少量单组分的。其中，石油沥青由沥青质和石油质组成，不含活泼氢，不与异氰酸酯基发生反应，在双组分聚氨酯改性沥青防水涂料中仅起到填料的作用。

双组分中的甲组分，是含有端异氰酸酯基的氨基甲酸酯预聚物，一般由混合聚醚树脂和改性多异氰酸酯为主要原料，经过氢转移加成聚合反应制得；乙组分则主要由交联固化剂、调配石油沥青、填充剂和增溶助剂等原料，经过真空脱水，并搅拌混合、研磨分散、过滤和包装等工艺过程加工而成。施工时，先将甲组分和乙组分根据配方比例混合、搅拌均匀。

1. 双组分聚氨酯改性沥青防水涂料甲组分的生产

1）甲组分配方（表 7.1）

表 7.1　甲组分配方

原料名称	用量/kg	原料名称	用量/kg
混合聚醚树脂	70	改性多异氰酸酯	30

2）甲组分的生产工艺流程

（1）对混合聚醚树脂进行真空脱水。

（2）在搅拌的情况下，把脱水后的混合聚醚树脂与多异氰酸酯加入聚合反应釜，继续搅拌，保温。

（3）抽样检验异氰酸酯基含量，若合格，得到聚氨酯预聚体，冷却至 40℃以下、储存备用；若未合格，则继续搅拌至合格为止，然后冷却至 40℃以下、储存备用。

2. 双组分聚氨酯改性沥青防水涂料乙组分的生产

1）乙组分的配方（表 7.2）

表 7.2　乙组分配方

原料名称	用量（质量）/kg	原料名称	用量（质量）/kg
交联固化剂	5	调配沥青	65
填充剂	25	增溶助剂	5

2）乙组分的生产工艺流程

（1）加热溶化调配沥青。

（2）在搅拌的情况下加入填充剂，保温并真空脱水。

（3）继续搅拌，并加入交联固化剂和增溶助剂，保温。

（4）冷却、研磨、过滤，储存备用。

3. 双组分聚氨酯改性沥青防水涂料性能指标

双组分聚氨酯改性沥青防水涂料产品应符合国家标准《聚氨酯防水涂料》（GB/T19250—2003）的规定，如表 7.3 所示。

表 7.3　多组分聚氨酯防水涂料物理力学性能

序　号	项　　目	Ⅰ	Ⅱ
1	拉伸强度/MPa	≥1.9	≥2.45
2	断裂伸长率/%	≥450	≥450
3	撕裂强度/(N/mm)	≥12	≥14
4	低温弯折性	−35	
5	不透水性（0.3MPa，30min）	不透水	

续表

序号	项目		Ⅰ	Ⅱ
6	固体含量/%		≥92	—
7	表干时间/h		≤8	—
8	实干时间/h		≤24	—
9	加热伸缩率/%		≤1.0	
			≤－4.0	
10	潮湿基面粘结强度[a]/MPa		0.50	
11	定伸时老化	加热老化	无裂纹及变形	
		人工气候老化[b]	无裂纹及变形	
12	热处理	拉伸强度保持率/%	80～150	
		断裂伸长率/%	≥400	
		低温弯折性/℃	≤－30	
13	碱处理	拉伸强度保持率/%	60－150	
		断裂伸长率/%	≥400	
		低温弯折性/℃	≤－30	
14	酸处理	拉伸强度保持率/%	80～150	
		断裂伸长率/%	≥400	
		低温弯折性/℃	≤－30	
15	人工气候老化[b]	拉伸强度保持率/%	80～150	
		断裂伸长率/%	≥400	
		低温弯折性/℃	≤－30	

注：a. 仅用于地下工程潮湿基面时要求。
　　b. 仅用于外露使用的产品。

双组分聚氨酯改性沥青防水涂料具有优良的耐久性，稳定的物理力学性能，毒性较低，对环境污染较小，产品的性能也比较稳定，是一种比较不错的防水涂料。能形成连续。整体、无缝且富有弹性的漆膜防水层，漆膜具有较大的拉伸强度、伸长率和弹性，除了简单的平面防水工程外，还适用于形状复杂和变截面的基层的防水工程。

（二）有机-无机复合防水涂料

把合成树脂、合成橡胶、合成树脂与合成橡胶共混改性得到的乳液或这些溶液经喷雾和真空脱水处理形成的粉末等有机高分子材料和硅酸盐水泥、石英等无机粉状材料复合，共同组成的双组分或单组分材料，称为有机-无机复合防水涂料。

双组分聚合物水泥复合防水涂料是有机-无机复合防水涂料的典型代表。它是以聚丙烯酸酯乳液、醋酸乙烯-乙烯共聚乳液以及改性剂、消泡剂、促进剂等组成的基料与高铁高铝水泥、石英粉和分散剂等组成的无机粉料，按照一定的配比配合组成的双组分聚合物水泥复合防水涂料。

1. 双组分聚合物水泥复合防水涂料的生产

双组分聚合物水泥复合防水涂料的生产，或者说配制比较简单。只要将有机组分（液料）、无机组分（粉料）以及适量的水混合，搅拌均匀即可。不同用途的防水涂料，配方不尽相同。用于基层处理的双组分聚合物水泥复合防水涂料，液料、粉料和水的用量比例为10∶7∶14；用于底涂的防水涂料，三者的比例为10∶7∶(0～2)；用于中涂的防水涂料，三者的比例为10∶7∶(0～2)；用于面漆的防水涂料，三者的比例为10∶7∶(0～2)。

2. 双组分聚合物水泥复合防水涂料的性能指标

双组分聚合物水泥复合防水涂料应符合表7.4中的性能指标要求。

表7.4 双组分聚合物水泥复合防水涂料性能指标

项　　目		性能指标
固体分（基料与粉料按10∶7混合）/%		≥65
拉伸强度/MPa		≥2.0
断裂伸长率/%		≥150
低温柔韧性		−10℃，2h，绕ϕ10mm无裂纹
耐热	拉伸强度保持率/%	≥80
	断裂拉伸变化率/%	±20
	低温柔韧性	−5℃，2h，绕ϕ10mm无裂纹
耐碱	拉伸强度保持率/%	≥80
	断裂拉伸变化率/%	±20
	低温柔韧性	−5℃，2h，绕ϕ10mm无裂纹
不透水性		0.3MPa，30min，不透水
表干时间/h		≤4
实干时间/h		≤12

（三）高聚物改性沥青防水涂料

高聚物改性沥青防水涂料有两类，即橡胶改性沥青防水涂料和SBS改性沥青防水涂料。本节只讨论橡胶改性沥青防水涂料。

橡胶改性沥青防水涂料是以石油沥青为基料，加入适量的合成橡胶和有机添加剂等进行改性处理，加工制成的溶剂型或水乳型材料。以溶剂型氯丁橡胶改性沥青防水涂料为例。

1. 溶剂型氯丁橡胶改性沥青防水涂料的生产

溶剂型氯丁橡胶改性沥青防水涂料的生产，在加热釜中进行。把氯丁橡胶、石油沥青和汽油等有机溶剂按配方比例，加入到加热釜中，搅拌成均匀黑色黏稠状液体即可。

2. 溶剂型氯丁橡胶改性沥青防水涂料性能指标

溶剂型氯丁橡胶改性沥青防水涂料产品应满足表 7.5 中的性能指标。

表 7.5　溶剂型氯丁橡胶改性沥青防水涂料性能指标

项　目	性　能
外观	均匀黑色的黏稠状液体
固含量/%	≥35
低温柔韧性	－10℃，2h，绕 φ5mm 圆棒，无裂纹
耐热性	80℃，5h，不起泡，不流淌
不透水性	0.2MPa，30min，不透水
抗裂性	基层裂缝≤0.8mm，涂膜不开裂
黏结强度/MPa	≥0.25
耐碱性	在饱和氢氧化钙溶液中浸泡 15d，无异常

（四）无机粉状防水涂料

水泥基渗透结晶型防水涂料是无机粉状防水涂料的典型代表。它是由硅酸盐水泥、石英砂和特殊活性化学物质组成的水泥基粉状防水材料。

水泥基渗透结晶型防水涂料的生产，先根据配方把各种原料拌和，并在使用前加水调和。调和时先将水加入到搅拌器，在搅拌的情况下加入混合粉体，一般只需搅拌 5min 即能得到均匀的防水涂料。

第二节　防火涂料的生产

防火涂料又称为阻燃涂料，是涂刷于可燃性基材表面，能改变基材表面燃烧性能，阻碍火灾快速蔓延或涂刷于建筑构件上，改善建筑构件耐火性能的一种特种涂料。防火涂料涂覆在基材表面，除具有阻燃作用以外，还具有防锈、防水、防腐、耐磨、耐热以及涂层坚韧性、着色性、黏附性、易干性和一定的光泽等性能。

防火涂料的历史可以追溯到罗马时代，因为在那时候人们就开始用醋和粘土浆液来浸泡木材，对木材进行防火处理。早年也有人使用石膏、灰泥、水泥等与水调和，涂覆于建筑物表面，是建筑物隔热、防火。到了 20 世纪 50 年代，国外已有环保型的水溶性和水乳型防火涂料出现。之后，各种聚烯烃乳液、聚卤代烯烃乳液、丙烯酸乳液以及各种共聚乳液的防火涂料陆续涌现，大大丰富了防火涂料的品种。我国的防火涂料研究和应用比国外稍晚，但 20 世纪 80 年代以来发展迅猛，也研制出了大量性能优良的防火涂料。

一、防火涂料防火原理

燃烧是一种快速的有火焰发生的剧烈的氧化反应，反应非常复杂，燃烧的产生和进行必须同时具备三个条件，即可燃物质、助燃剂（如空气、氧气或氧化剂）和点火源

（如高温或火焰）。要灭火或者阻止火的蔓延，就必须切断燃烧过程中的三要素中的任何一个，例如，降低温度、隔绝空气或可燃物。

防火涂料依据其组成和防火原理，可分为非膨胀型防火涂料和膨胀型防火涂料。下面分别介绍这两类防火涂料的防火原理。

（一）非膨胀型防火涂料的防火原理

非膨胀型防火涂料就是涂层受热时体积基本上不发生变化，也就是涂层不膨胀的一类防火涂料。根据所选用基料的不同，又可以细分为结构型非膨胀型防火涂料、添加型非膨胀型防火涂料和不燃型非膨胀型防火涂料三种。

结构型非膨胀型防火涂料就是构成涂料基料的有机聚合物在结构上就含有大量的卤素、氮元素和磷元素等具有阻燃性能的成分，这一类防火涂料的防火原理与阻燃剂一致。由于结构型非膨胀型防火涂料中含有较大比例的无机颜料、填料，也就是说有机聚合物的浓度相对较小，使得涂层单位面积上受热分解产生的可燃物较少，相当于切断燃烧三要素中的可燃物，从而提高了涂层的难燃性和耐热性；大量的无机颜料、填料在高温下脱水、分解、熔融、蒸发，会吸收大量的热，相当于切断燃烧三要素中的点火源；颜料、填料分解出来的气体（如水蒸气等），能冲淡可燃性气体和氧气的浓度，相当于降低了燃烧三要素中的可燃物和助燃剂的浓度；颜料、填料熔融后能形成一层无机覆盖层，使得空气与基材表面隔离，相当于切断了燃烧三要素中的助燃剂。

添加型非膨胀型防火涂料的防火原理与结构型非膨胀型防火涂料的防火原理一样，不同的就是具有阻燃性能的卤素、氮元素和磷元素等成分不是在有机聚合物的结构上，而是单独添加到涂料当中的。

不燃型非膨胀型防火涂料由不燃的无机基料配合无机颜料、填料组成，主要依赖于涂层自身的不燃性以及在高温下涂层熔融形成的致密的封闭保护层，使得基材与空气隔离，切断了燃烧三要素中的助燃剂，阻止或延缓了基材的燃烧。不燃型无机防火涂料的附着力和物理机械性能都比较差，一般只用于建筑防火和暂时性的防火场合。

非膨胀型防火涂料在大火时不能有效保护基材，一般用于木制品、塑料制品表面防止小火引燃和火势蔓延。

（二）膨胀型防火涂料的防火原理

膨胀型防火涂料施工成膜后，在正常温度下是普通的漆膜，但是在燃烧或高温的情况下，漆膜软化并且体积增大，即膨胀。体积增大主要体现在漆膜厚度的增加，厚度增大的程度与漆膜的组成有关，一般能增大几十倍到一百倍，有些甚至能到几百倍。根据平壁面热传导的传热公式：

$$Q=\frac{\lambda}{\delta}A\Delta T \tag{7.1}$$

式中，Q——热传导的传热速率，W；

λ——涂层的导热系数，W/(m·K)；

δ——涂层的厚度，m；

A——涂层的面积，m^2；

ΔT——传热温差，即涂层外表面的温度和基材表面的温度之差，K。

由式（7.1）可知，从涂层外表面往基材表面传热的速率 Q 与涂层的导热系数 λ、传热面积 A 以及温差 Δt 成正比，与涂层的厚度 δ 成反比。在涂层的导热系数 λ、传热面积 A 以及温差 Δt 一定的情况下，涂层的厚度 δ 越大，传热速率越低。也就是说，当涂层受热膨胀时，δ 增大，从而降低了传热速率 Q，延缓了基材的燃烧。如果涂层膨胀100倍，那么单位时间内传到基材表面的热量仅为不膨胀时的1/100。实际上，涂层受热膨胀时，涂层自身的导热系数也会下降。一般的涂层在常温下的导热系数 λ 在（1.163～8.141）$\times 10^{-4}$ W/(m·K)，而膨胀后形成的泡沫碳质层的导热系数却只有 2.33×10^{-5} W/(m·K) 左右，比常温下的导热系数要小得多。两个因素共同作用的结果，就是膨胀后基材表面单位时间内接收到的热量比不膨胀时要小得多，仅为不膨胀时的几十分之一到几百分之一。因此能有效地延缓甚至杜绝了火势的蔓延，保护了基材。

二、防火涂料的生产

（一）非膨胀型防火涂料的配制原则

结构型非膨胀型防火涂料的主要成膜物质为氯化烯烃树脂、卤化醇酸树脂和卤化环氧树脂等。但是一般不会使用纯粹的结构型防火涂料，因为成本太高。通常是往这些阻燃树脂中添加部分的阻燃剂和颜料、填料，既可提高阻燃效果，又能降低成本。常用的阻燃剂有 Sb_2O_3 等。

添加型非膨胀型防火涂料一般都是在合成树脂中添加卤代烃、氯化石蜡以及 Sb_2O_3 等主要阻燃剂，并辅以磷酸盐、硼酸盐、云母粉、滑石粉、石棉粉以及石棉纤维等无机填料，经充分分散而制得。

不燃型非膨胀型防火涂料常用的无机基料包括硅溶胶、水玻璃、磷酸盐、水泥等，常用的无机颜料和填料包括锌钡白、钛白粉、氧化锌、氧化铝、石棉粉、高岭土、滑石粉、碳酸钙、硅藻土、珍珠岩、耐火土、细砂子、火山灰、石棉纤维和二氧化硅纤维等。

（二）膨胀型防火涂料的配制原则

膨胀型防火涂料一般由发泡剂、成碳剂和成碳催化剂组成。发泡剂在一定温度下能分解，并产生不燃性气体，起发泡的作用，常用的发泡剂都是含氮或者含卤素的化合物，如三聚氰胺、双氰胺、尿素和氯化石蜡等，他们在受热分解时能放出氮气、氨气、卤化氢或氮氧化合物等不燃性气体。成碳剂在催化剂的作用下受热会脱水、碳化，为发泡剂提供碳质骨架。成碳剂的含碳量决定它的碳化速度，而羟基含量则决定了它的脱水速度。常用的成碳剂有蔗糖、山梨糖醇、淀粉、季戊四醇和二聚季戊四醇等。成碳催化剂是分解温度比成碳剂低，能分解出促使成碳剂脱水、碳化的磷酸等的一类化合物。常用的成碳催化剂有磷酸氢二铵、磷酸尿素、磷酸二氢铵、磷酸胍尿素、聚磷酸铵、聚磷酸氨钾和三聚氰胺磷酸盐等。

发泡剂、成碳剂和成碳催化剂缺一不可，且要与基料树脂等原料相互匹配。只有当基料树脂的熔融温度、发泡剂的分解温度和泡沫碳化的温度配合得当，才能获得理想的海绵状结构，从而获得良好的防火性能。

颜料对于膨胀型防火涂料的防火性能及其他性能都有影响。一般在膨胀型防火涂料中都选用金属氧化物类的颜料，而不选用有机颜料。此外，钛白粉和二氧化锆在颜料中具有最高的反射常数，用它们作颜料，能提高涂层的热反射能力，提高防火性能；磷酸盐和锑酸盐则具有较低的热辐射常数，在防火涂料中添加这类物质也有利于提高防火性能。

（三）防火涂料配制实例

1. 非膨胀型防火涂料实例——电缆防火涂料

1）配方（表 7.6）

表 7.6　电缆防火涂料配方

原料名称	用量（质量）/份	原料名称	用量（质量）/份
EPDM（乙烯-丙烯-二烯系三元共聚物）橡胶	100	氢氧化铝	80
耐高温石蜡油（Sunpar 2280）	80	—	—

2）性能

氧指数≥30。

2. 膨胀型防火涂料实例—超薄型丙烯酸乳液防火涂料

1）配方（表 7.7）

表 7.7　超薄型丙烯酸乳液防火涂料配方

原料名称	用量（质量）/份	原料名称	用量（质量）/份
苯丙乳液	25.0	聚磷酸铵	21.0
钛白粉（R 型）	6.0	三聚氰胺	10.5
羧甲基纤维素（40%）	3.5	六偏磷酸钠（100%）	4.0
去离子水	26.0	OP-10	0.5
季戊四醇	3.5	—	—

2）性能（表 7.8）

表 7.8　超薄型丙烯酸乳液防火涂料性能

项　目	性　能	项　目	性　能
耐燃时间/s	37.2	附着力/级	2
火焰传播比值	11.8	耐水性（24h）	不起泡
细度/μm	42	黏度（加水 20%）/s	24.0
表干时间/h	2.0	容器中状态	无结块，搅拌后呈均匀白色乳状
实干时间/h	16.0	—	—

第三节　其他特种涂料简介

一、防腐涂料

腐蚀是一个普遍存在的现象，全世界每年由于腐蚀而带来的损失接近 10000 亿美元，占各国总 GDP 的 2%～4%。在我国，腐蚀问题也十分严重，每年由于腐蚀带来的经济损失大约 8000 亿元，约占我国 GDP 的 3%。钢铁是最主要的金属材料，也是最容易发生腐蚀的材料之一，防腐蚀涂料则是解决钢铁腐蚀问题的最好的配套材料之一。正因为腐蚀问题的严重，防腐涂料的需求也十分巨大，目前，防腐涂料是产量仅次于建筑涂料的涂料品种。

防腐涂料的防腐蚀作用机理，可认为包括两大方面，即聚合物的防腐作用和防锈颜料的防腐作用。

聚合物的防腐作用主要体现为涂层的屏蔽作用。钢铁表面要发生腐蚀，必须和空气及空气中的水汽接触，只要把钢铁和空气隔绝，那么钢铁就可以避免腐蚀的发生。涂层有一定的屏蔽作用，但是涂层一般都具有透气、透水性，故不能把钢铁和空气绝对地隔离，因此屏蔽作用只是防腐机理中的一个，该作用只能弱化腐蚀的程度。弱化作用的大小与聚合物的组成与结构有关。有学者认为，聚合物的某些基团吸附在金属表面，能阻止被水的取代，在没有水或者水少的情况下，金属的腐蚀问题就能得到解决或者延缓；如果水和氧气对涂层的渗透性比较小，涂料中的基料耐皂化，则防腐性能会更好。

防锈颜料的防腐作用，包括物理防腐、化学防腐和电化学防腐等三方面的作用。物理防腐作用主要是利用防锈颜料和成膜物质之间的化学反应生成致密的防腐涂层，起到一定的屏蔽作用而防腐。化学防锈作用主要是利用防锈颜料的碱性，在钢铁表面形成碱性环境，延缓钢铁的生锈；或是利用碱性的颜料中和渗入涂层中的有害的酸性物质或碱性物质（当颜料为两性氧化物或两性氢氧化物时）。电化学防锈作用可以通过电极电位比钢铁低的金属颜料的“自我牺牲”来保护钢铁；也可以利用防锈颜料在水的作用下形成的防腐离子使金属表面钝化，从而起到防锈的作用。

常用的防腐涂料有氟树脂防腐涂料、聚苯硫醚防腐涂料、氯化聚醚防腐涂料、聚苯胺防腐涂料、聚氨酯防腐涂料、环氧树脂防腐涂料、橡胶涂料、玻璃鳞片防腐涂料和富锌防腐涂料等。

与其他类型的涂料一样，防腐涂料也需要朝着环保的方向发展，粉末防腐涂料、水性防腐涂料是防腐涂料的两个重要的发展方向。在性能方面，厚膜化、高耐久性、无污染或低污染、低成本、易施工是防腐蚀涂料发展的方向。

二、红外辐射涂料

红外辐射，习惯上称为红外或者红外线，也称为热辐射。在 200 多年以前，英国的天文学家威郝·谢开就发现了红外线。

热量的传递以三种方式进行，包括传导传热、对流传热和辐射传热等。在温度较高

（如 700℃以上）时，热量传递主要通过辐射的方式进行。温度越高，辐射传热越明显。在辐射传热时，被加热物体对于不同波长的红外辐射具有不同的吸收率。为了提高辐射传热的效率，则要求辐射热源的发射光谱与被加热物体的吸收光谱匹配。要达到光谱匹配，可采用两种方法。第一种方法是改变辐射源的温度，从而改变其发射光谱；第二种方法是改变被加热物体的表面状况，改变吸收光谱，从而与发射光谱匹配。由于辐射源通常都是固定的，所以改变其状态不容易，而改变被加热物体表面的状态，则相对容易，常用的方法就是在被加热物体表面涂上一层具有一定厚度的涂料，这种用来改变被涂物表面吸收光谱波长的涂料就是我们所说的“红外辐射涂料”。

红外辐射涂料主要用于建筑物屋顶和外墙表面的涂饰。经过涂饰的屋顶、墙体能将建筑物吸收的日光灯热量以一定的波长范围辐射到空中，从而达到降温的效果。研究表明，当涂层的辐射波长在 8～13.5μm 范围时，辐射传热效果最好，因此在选择红外辐射涂料的原料时，一般要考虑原料的辐射性能。同时，如果涂层的辐射波长全部都在 8～13.5μm 范围内，那么该涂层对于辐射到其上面的波长不在该范围的能量，起到镜面的作用，也就是把这些波长不在 8～13.5μm 范围的能量全部反射回去。因此该涂层也起到了隔热的作用。这些涂饰在建筑物屋顶和外墙的红外辐射涂料，就是在对大部分阳光反射和对波长在 8～13.5μm 范围的能量的高效向外辐射的双重作用下，起到隔热、节能的作用。其实，当这些红外辐射涂料涂饰于建筑物屋顶和外墙时，一般都是涂饰于防水涂料外层的，所以红外辐射涂料还起到保护防水涂层的作用。

红外辐射涂料的另一种常见的用途就是涂饰于炉窑内壁。基尔霍夫定律认为，任何辐射体在一定的温度下，其辐射率和吸收率的比值不变。因此，当给炉窑内壁涂饰上一层辐射率较高的涂层时，该涂层由于具有较高的吸收率，能较好地吸收热源的热量；又由于该涂层具有较高的辐射率，涂层上的热量又能很好地辐射给待加热的物体，强化了辐射传热，提高了总的传热效率。

目前世界上红外涂料生产技术较为发达的国家有英国、美国和日本等。红外辐射涂料通常是将红外辐射粉末分散于漆料中而形成。红外辐射粉末一般为金属氧化物，也有非金属化合物，常见的原料有 Cr_2O_3、TiO_2、Fe_2O_3、ZrO_2、MnO_2、Ni_2O_3、Co_2O_3、CuO、SiO_2、Al_2O_3和 SiC 等，工业上有时也会使用一些工业废渣和矿物原料作为红外辐射粉末的原料，以降低涂料的原料成本。红外辐射涂料常用的基料有丙烯酸树脂、苯乙烯-丙烯酸共聚树脂、聚氨酯树脂和聚乙烯醇缩醛类树脂等。常用分散的设备有高速分散机、三辊机等。

三、光固化涂料

光固化涂料也称为光敏涂料，顾名思义，就是对光敏感、通过光的作用实现固化的涂料。由于所用到的光源一般为紫外光，所以也称为紫外光固化涂料。与传统的自然干燥或者加热固化涂料相比，紫外光固化涂料具有多方面的优点，如能量利用率高、低污染或无污染、固化速度快、涂料性能好等。由于固化过程无需加热，紫外光固化涂料特别适用于热敏性的基材，如木材、塑料等。但对于形状不规则的被涂物，由于紫外光不能照射到所有涂层表面，因此操作起来就比较困难。

紫外光固化涂料主要由光敏树脂、光引发剂和稀释剂等组成，同时也需要加入热稳定剂等添加剂。如果是色漆，则还需要将颜填料分散到漆料当中。光敏树脂一般为不饱和低分子预聚物或齐聚物，常见的有不饱和聚酯和丙烯酸类低聚物等。光引发剂是一些容易吸收紫外光并产生活性自由基的化合物，常见的光引发剂有二苯甲酮和安息香烷基醚类等物质。紫外光固化涂料用的稀释剂，通常为活性稀释剂，在降低了涂料黏度的同时，也会参与固化成膜的反应，常见的紫外光固化涂料用稀释剂有苯乙烯和丙烯酸酯等。

由于价格相对较高，紫外光固化涂料在木器家具中仍未得到普遍的应用，但其能量利用率高、污染低等特点与我国“十一·五”规划以及低碳经济的要求是一致的，随着技术的进步和全球对于环境保护的日益重视，紫外光固化涂料必定迎来快速的发展。

小 结

特种涂料是涂料的一个重要分支，是主要针对一些特殊应用场合、特殊要求而设计、生产的涂料。

防水涂料的防水原理，一般分为两种。第一种防水原理是防水材料渗入到混凝土内部，堵塞毛细孔或形成憎水层，阻止水的浸入，从而起到防水的作用。第二种防水原理是高分子物质在基材表面上形成一层有弹性的整体防水膜，这层防水膜能适应基层的变化而保持漆膜的完整，把水和被保护的基材分隔开，起到防水的效果。防水涂料按照主要成膜物质划分，可以分为合成高分子防水涂料、有机-无机复合防水涂料、高聚物改性沥青防水涂料和无机粉状防水涂料等四大类。合成高分子防水涂料以合成树脂、合成橡胶或者二者共混改性得到的材料为主要成膜物质，加入适量的改性剂、化学助剂、填充剂或交联固化剂等加工而成；有机-无机复合防水涂料由合成树脂、合成橡胶、合成树脂与合成橡胶共混改性得到的乳液或这些溶液经喷雾和真空脱水处理形成的粉末等高分子材料和硅酸盐水泥、石英等无机粉状材料复合而成；高聚物改性沥青防水涂料的代表橡胶改性沥青防水涂料以石油沥青为基料，加入适量的合成橡胶和有机添加剂等进行改性处理，加工制成；无机粉状防水涂料的典型代表水泥基渗透结晶型防水涂料由硅酸盐水泥、石英砂和特殊活性化学物质加工而成。

防火涂料又称为阻燃涂料，是涂刷于可燃性基材表面，能改变基材表面燃烧性能，阻碍火灾快速蔓延或涂刷于建筑构件上，改善建筑构件耐火性能的一种特种涂料。防火涂料依据其组成和防火原理，可分为非膨胀型防火涂料和膨胀型防火涂料。非膨胀型防火涂料就是涂层受热时体积基本上不发生变化，也就是涂层不膨胀的一类防火涂料。根据所选用基料的不同，又可以细分为结构型非膨胀型防火涂料、添加型非膨胀型防火涂料和不燃型非膨胀型防火涂料三种。结构型非膨胀型防火涂料就是构成涂料基料的有机聚合物在结构上就含有大量的卤素、氮元素和磷元素等具有阻燃性能的成分，具有阻燃作用；添加型非膨胀型防火涂料中具有阻燃性能的卤素、氮元素和磷元素等成分不是在有机聚合物的结构上，而是单独添加到涂料当中的；不燃型非膨胀型防火涂料由不燃的无机基料配合无机颜料、填料组成，主要依赖于涂层自身的不燃性以及在高温下涂层熔融形成的致密的封闭保护层，使得基材与空气隔离，切断了燃烧三要素中的助燃剂，阻止或延缓了基材的燃烧。膨胀型防火涂料则是通过涂层受热时涂层的膨胀增厚以及涂层导热系数的下降来降低传热速率，达到防火的目的。

防腐涂料的防腐蚀作用机理，可认为包括两大方面，即聚合物的防腐作用和防锈颜料的防腐作用。红外辐射涂料主要用于建筑物屋顶和外墙表面的涂饰。经过涂饰的屋顶、墙体能将建筑物吸收的日光灯热量以一定的波长范围辐射到空中，从而达到降温的效果。光固化涂料也称为光敏涂料，对光敏感、通过光的作用实现并加速涂膜的固化。

与工作任务相关的作业

根据日常生活的观察，提出一种具有特殊功能的概念涂料，通过各种渠道搜索此类涂料是否已存在。若存在，查找其配方及生产工艺；若尚未存在，请查阅资料并提出大致的实现方案，有条件者可以尝试实施该方案，并分析该涂料的性能。

知识链接

建筑防水小百科

（一）水的特性

水是无孔不入的，它藉著风压、对流、冲击、附着、毛细等力量，逐渐渗入建筑内部，而且在渗透的过程不易从表面发觉。换言之，找寻漏水原因必须深入“内脏”研判，才能对症下药。

（二）水与水蒸气的压力变化

水一旦渗透到建筑物里面，在有限的空间内，等太阳一晒，产生热能，就形成水蒸气，这些水蒸气产生大量的压力足以破坏原有的防水层，甚至破坏表面的装璜及饰材（如油漆脱落、壁纸发黑、磁砖鼓起、木质地板膨鼓）这中间的变化是：1mol 的水的质量为 18g，在 20℃时体积为 18.03cm^3；而 1mol 的水蒸气，20℃体积为 24.04L＝24040cm^3。换句话说，一单位的水，如果全部变成水蒸气，在建筑物内部有限度的空间里面，能膨胀 1333.3 倍，从而产生一个巨大的压力，这个压力的破坏性足以让建筑物外表的材料剥落。所以我们时常发现防水胶施工在含水的泡沫水泥上，不久就整个鼓起剥落了。

（三）防水必须做在坚实的躯体上面

与防水材料接著的界面必须不可有膨鼓、起沙、蜂巢、木头、纸屑、污泥、小石块，也不能做在松动不牢固的表体上，原因是附着性不良，再加上太阳紫外线破坏，建筑物本身热胀冷缩，以及水蒸气压力破坏，容易造成防水层老化、失败。

（四）正面防水优于负面防水

如屋顶防水，直接做在屋顶表面，墙壁防水应直接做在外墙、水箱漏水直接做在水箱内层、浴室渗水就要将浴缸、磁砖打除，重新做防水，为什么呢？水有压力会往他处扩散，房子里死角的地方也不容易施工。这里所讲的“优于”是相对比较的，而非绝对性的。

因为随着科技的发达，市面上陆续有人推出负面施工的防水材料——抗负水压的硅酸质系列渗透性粉末，以及高低压注入合成树脂产生膨胀结晶体，亦可防水，但是并非所有的场合都可成功的施工，所以非不得已，应该采用正面防水施工。

（五）围堵式的防水容易失败

防水应该从根源治起，不宜用围堵方法，水是无孔不入，也会产生压力破坏，必须找到渗水、漏水的根源，才能对症下药，得以根治。

（六）止漏

不管水压的大小，不管下几天的雨，也不管屋顶有没有积水，都不可以漏水，这才叫做防水止漏。

（七）“不花钱的防水”观念

要达到防水的功效不一定要花钱，混凝土除了发生“劣化”外，本身就有防水功能。

（八）没有一种材料是万能的

任何一种防水材料都有它的独特性、适用性。“万金油”的观念是错误的。

（九）选用防水材料优劣的判断标准（如何适材适地使用材料）

（1）与躯体的接着性。
（2）弹性伸长率。
（3）透水性。
（4）抗压、撕裂强度。
（5）耐候性、抗老化性。
（6）表面装饰材料的接着性。

主要参考文献

仓理．2005．涂料工艺．北京：化学工业出版社．

陈斌，赵彬霞．1999．橡胶改性沥青防水涂料的制备．陕西化工 28（4）：17～18，22．

陈富生，李保材．2000．热固性粉末涂料配方设计之我见．涂料技术（3）：10～15．

陈立军，张心亚，黄洪，等．2005．纯丙乳液研究进展．中国胶黏剂 14（9）：34～38．

陈兴娟．2004．环保型涂料生产工艺及应用．北京：化学工业出版社．

崔学军，李国军，任瑞铭．2007．无机防火涂料的制备．涂料工业 37（12）：57～60．

段质美．2004．对乳胶漆 VOC 的再认识．涂料工业 34（9）：24～26．

冯胜山，鲁晓勇，许顺红．2007．高温红外辐射节能涂料的研究现状与发展趋势．工业加热，36（1）：10～15．

冯素兰，张昱斐．2004．粉末涂料．北京：化学工业出版社．

弗利克．1993．涂料原材料手册．陈山南译．北京：化学工业出版社．

郭远凯，林艳霞．2005．聚丙烯酸酯共聚乳液的合成研究．广东化工，（9）：11～12．

韩雪峰，冯冬然，艾艳玲，等．2008．粉煤灰填充双组分聚氨酯防水涂料的制备．精细与专用化学，（1）：65～67．

贺英．2007．涂料树脂化学．北京：化学工业出版社．

黄金荣．2008．聚合物水泥防水涂料的制备及其性能研究．中国建筑防水（3）：15～18．

黄锦霞，张洪涛．2007．乳液聚合新技术及应用．北京：化学工业出版社．

黄锡豪，陈国强．2007．第三代硝基清漆的研制．广东化工，34（165）：21～23．

黄玉媛．2008．涂料配方．北京：中国纺织出版社．

姜英涛．2002．涂料基础．北京：化学工业出版社．

李丽．2007．涂料生产与涂装工艺．北京：化学工业出版社．

李正仁．2007．热塑性粉末涂料用树脂．现代涂料与涂装，10（5）：30～34．

廖群晖，袁玉瑾．2008．一种新型的氨基树脂制备方法．上海涂料，46（11）：12～14．

林安，周苗银．2004．功能性防腐蚀涂料及应用．北京：化学工业出版社．

林宣益．2004．乳胶漆的成膜机理．中国涂料，（5）：43～45，III．

刘安华．2005．涂料技术导论．北京：化学工业出版社．

刘国杰．2002．特征功能性涂料．北京：化学工业出版社．

刘会元，牛广扶．2003．乳胶漆生产工艺的控制及助剂的应用．涂料工业，33（8）：29～31．

刘薇薇，江庆梅，张心亚，等．2006．超低 VOC 建筑内墙乳胶漆的配方设计．河南化工，23（11）：5～7．

吕维华，王荣民，何玉凤，等．2008．高固体分硝基漆的制备．现代涂料与涂装 11（4）：15～18．

罗帅岭．2008．国内聚氨酯防水涂料的现状和发展．科技信息（1）：34～35．

孟兆瑞．1996．建筑用乳胶漆．新型建筑材料（8）：17～19．

穆锐．2002．涂料实用生产技术与配方．南昌：江西科学技术出版社．

南仁植．2004．粉末涂料与涂装实用技术问答．北京：化学工业出版社．

南仁植．2008．粉末涂料与涂装技术．北京：化学工业出版社．

倪玉德．2003．涂料制造技术．北京：化学工业出版社．

庞启财．2003．防腐蚀涂料涂装和质量控制．北京：化学工业出版社．

沈春林．2008．防水涂料配方设计与制造技术．北京：化学工业出版社．

沈慧芳，黄洪，陈焕钦．2004．成膜助剂在乳胶漆中作用分析．合成材料老化与应用 33（26）：41～43．

隋智慧．2002．氨基树脂的研究进展．皮革化工 19（4）：10～14．

孙全楼，谢晖，黄莉．2007．醇酸树脂水性化研究进展．化工时刊 21（2）：31～35．

唐仲谋．2000．防火涂料的研究现状和发展方向．邵阳高等专科学校学报 13（3）：211～212．

涂伟萍．2006．水性涂料．北京：化学工业出版社．

王民信，胡汉锋. 2004. 硝基漆的过去、现在和将来. 中国涂料（3）：8～9.
吴观炎. 1994. 防火涂料的发展. 上海涂料（1）：16～21.
吴宗汉. 2007. 高性能防腐涂料的进展及应用. 涂料工业 37（1）：46～49.
武利民. 1999. 涂料技术基础. 北京：化学工业出版社.
徐小琳，邵谦. 2006. 核壳型乳液聚合研究进展. 胶体与聚合物 24（1）：36～39.
徐永祥，高彦芳，郭宝华，等. 2004. 醋酸乙烯酯乳液聚合的研究进展. 石油化工，33（9）：885～890.
薛中群. 2007. 我国涂料用树脂的技术进展. 中国涂料 22（1）：3～5.
闫福安. 2008. 涂料树脂合成及应用. 北京：化学工业出版社.
杨春晖. 2003. 涂料配方设计与制备工艺. 北京：化学工业出版社.
杨志强. 1995. 聚合物乳液研究进展. 化学建材（3）：116～117.
殷武，孔志元，朱柯，等. 2002. 丙烯酸树脂无皂乳液的研究. 涂料工业（8）：1～3.
于春洋. 2003. 乳胶漆成膜机理的最新进展. 全面腐蚀控制 13（2）：33～35.
张朝平. 2005. 抗碱底漆及其在外墙涂装中的应用. 中国涂料 20（1）：35～36.
张理齐. 2000. 高辐射率红外涂料的实验及应用. 加热设备（4）：36～39.
张贻鑫. 2002. 乳胶漆生产工艺流程简述. 新型建筑材料（10）：76～77.
张志东，张骆梵. 2003. 树脂合成操作 750 例. 北京：中国建材工业出版社.
赵金榜. 2007. 中国涂料现状及今后发展热点（一）. 电镀与涂饰 26（8）：26～28.
赵全生. 1998. 建筑乳胶漆的制备及使用. 新型建筑材料（3）：7～10.
郑公勋. 2005. 乳胶漆的 PVC 和 CPVC. 现代涂料与涂装（05）：17～19，23.
郑顺兴. 2007. 涂料与涂装科学技术基础. 北京：化学工业出版社.
邹军，王浩. 2004. 湿固化聚氨酯防水涂料的制备. 化学推进剂与高分子材料 2（2）：45～47.